全国高等职业教育园林类专业“十四五”规划教材

园林 AutoCAD 辅助设计

（第3版）

主　编　李高锋　杨向黎
副主编　张　丹　李　杰　张　阔

黄河水利出版社
·郑州·

内 容 提 要

本教材内容分为 AutoCAD 2020 基本操作技能和 AutoCAD 2020 园林应用综合案例两个模块。模块一介绍了 AutoCAD 2020 基本操作技能,包括认识 AutoCAD 2020、绘制简单二维图形、绘制复杂二维图形、应用图块与外部参照、注写文字与绘制表格、标注尺寸与查询图形信息、输出与打印图形;模块二介绍了 AutoCAD 2020 园林应用综合案例,包括绘制园林设计方案图、绘制园林工程施工图。本书打破了传统 AutoCAD 教材的理论体系,以工程实例为载体,用模块、项目、任务来组织教学内容,适合"教、学、做"一体化教学方式,从而强化实践活动,突出技能训练,缩短理论与实践的差距。

本教材内容全面,结构合理,图文并茂,实例丰富,不仅适合于高职高专园林技术、园林工程技术、城市园林、景观设计等专业的教学需要,也可作为园林行业、相关专业设计人员自学及提高技能的参考书。

图书在版编目(CIP)数据

园林 AutoCAD 辅助设计/李高锋,杨向黎主编. —3 版.
—郑州:黄河水利出版社,2021.1 (2024.2 修订重印)
全国高等职业教育园林类专业"十四五"规划教材
ISBN 978-7-5509-2913-5

Ⅰ.①园… Ⅱ.①李… ②杨… Ⅲ.①园林设计-计算机辅助设计-AutoCAD 软件-高等职业教育-教材 Ⅳ.①TU986.2-39

中国版本图书馆 CIP 数据核字(2021)第 015764 号

组稿编辑:王志宽 电话:0371-66024331 E-mail:278773941@qq.com

出 版 社:黄河水利出版社
地址:河南省郑州市顺河路黄委会综合楼 14 层 邮政编码:450003
发行单位:黄河水利出版社
发行部电话:0371-66026940、66020550、66028024、66022620(传真)
E-mail:hhslcbs@126.com
承印单位:河南承创印务有限公司
开本:787 mm×1 092 mm 1/16
印张:18.5
字数:430 千字
版次:2010 年 2 月第 1 版 印次:2024 年 2 月第 2 次印刷
2016 年 8 月第 2 版
2021 年 1 月第 3 版

定价:38.00 元

全国高等职业教育园林类专业“十四五”规划教材
编审委员会

出版说明

近年来，随着社会的进步和人们生活水平的提高，人类对生存环境的质量要求越来越高，园林作为生态环境建设的重要组成部分和提高人类生存环境质量的重要凭借手段，越来越受到环境决策者和建设者的重视，特别是在城市，生态园林建设已成为解决社会快速发展所带来的环境问题的主要方式之一，因而以服务和改造室内外环境为基本内容的园林专业也随之迅速发展，新观念、新技术不断涌现，社会对园林工程专业高端技能型人才的要求也不断提高。

为了配合全国高等职业教育园林类专业的教学改革与教材建设规划，按照国家对高等职业教育园林专业人才培养目标定位和市场对园林专业人才专业知识及实践技能的要求，在对现有园林工程专业教材出版情况进行深入调研并充分征求各课程主讲老师意见的基础上，我社组织出版了这套“全国高等职业教育园林类专业‘十四五’规划教材”。教材的编写立足于高起点、出精品，本着知识传授与能力培养并重的原则，以培养园林高级专业技术人才为目标，着重加强职业教育的技能培养特色，重点突出实验、实训教学环节。

本系列教材的编写和出版得到了全国多所园林类高等职业院校的大力支持，我们特别邀请了多所高等院校相关专业的老师对稿件进行了严格审查把关。正是由于他们的辛勤工作和无私奉献，才使得这些教材能够在最短的时间内付梓，并有效保证了教材的整体水平和质量。在此，对推进此次教材编写与出版工作的各院校领导、参编和审稿的老师表示衷心的感谢和诚挚的敬意。

诚然，人才的培养需要教育者长期坚持不懈的努力，好的教材也需要经过时间的考证和实践的检验。希望各院校在使用这些教材的过程中提出改进意见与建议，以便再版时不断修改和完善。

黄河水利出版社

第 3 版前言

园林 AutoCAD 辅助设计是园林类专业一门实践性很强的专业技能课,其编写的目标是围绕园林行业一线工作要求,着力提高学生职业技能和服务能力,以适应企业的需要。为此,本书在第 2 版的基础上,针对设计员等岗位要求,打破了传统 AutoCAD 教材的理论体系,以技能为目标,以应用为原则,以工程实例为载体,用模块、项目、任务来组织教学内容,“教、学、做”一体化,从而强化实践活动,突出技能训练,缩短理论与实践的差距。

本书作者系各高职高专院校多年从事计算机辅助设计教学与园林设计工作的教师,他们具有丰富的教学实践经验与教材编写经验,为园林企事业单位培养和输送了大量的园林设计工作者。在教材的编写工作中,他们能够准确地把握学生的学习能力,具有由浅入深、由易到难的特点。

本教材重点介绍了 AutoCAD 2020 基本操作技能和 AutoCAD 2020 园林应用综合案例。全书分为两个模块九个项目,模块一 AutoCAD 2020 基本操作技能,包括认识 AutoCAD 2020、绘制简单二维图形、绘制复杂二维图形、应用图块与外部参照、注写文字与绘制表格、标注尺寸与查询图形信息、输出与打印图形;模块二 AutoCAD 2020 园林应用综合案例,包括绘制园林设计方案图、绘制园林工程施工图。在本书的编写过程中,通过项目结合任务介绍命令,使学生能清晰地了解命令的基本功能和使用技巧,项目后设有案例实训、思考与练习,以便在巩固所学知识的基础上,提高学生的绘图能力;通过绘制园林设计方案图、绘制园林工程施工图等园林应用综合案例,综合了前面所学的知识和技能,使学生掌握园林设计图的绘制流程与绘制技巧,加强了课堂教学与岗位需要的对接。

本教材由河南林业职业学院、山东农业工程学院、长沙环境保护职业技术学院、河北环境工程学院等单位合作编写,由李高锋、杨向黎担任主编,由张丹、李杰、张阔担任副主编。参加编写的人员及分工如下:模块一项目一、项目七由李杰、巩如英编写,模块一项目二、项目三由张丹编写,模块一项目四、模块二项目一由李高锋编写,模块一项目五、项目六由杨向黎编写,模块二项目二由张阔编写。由李高锋完成全书的统稿工作。

本教材在编写过程中,参阅了诸多专家学者的专著、教材,在此对其作者表示最衷心的感谢!

由于编者水平有限,书中内容不当之处在所难免,敬请读者批评指正!

作　者

2020 年 10 月

目 录

模块二　AutoCAD 2020 园林应用综合案例

模块一　AutoCAD 2020 基本操作技能

项目一　认识 AutoCAD 2020

【学习目标】

1. 了解 AutoCAD 在园林设计中的应用。
2. 掌握 AutoCAD 2020 的安装、运行、退出的方法及步骤。
3. 熟悉 AutoCAD 2020 的工作界面。
4. 掌握 AutoCAD 命令、视图、文件的操作方法。
5. 了解设置绘图环境的内容与方法，掌握创建图形样板的内容与方法。
6. 会安装、运行、退出 AutoCAD 2020。
7. 会灵活进行 AutoCAD 辅助绘图工具的设置，能熟练进行命令、视图、文件的操作。
8. 会创建图形样板。

【工作任务】

任务 1　AutoCAD 2020 的安装、运行与退出

任务 2　创建图形样板

任务 1　AutoCAD 2020 的安装、运行与退出

【学习目标】

1. 了解 AutoCAD 在园林设计中的应用。
2. 掌握 AutoCAD 2020 安装、运行、退出的方法及步骤。
3. 熟悉 AutoCAD 2020 的工作界面。
4. 会安装、运行、退出 AutoCAD 2020。

任务描述

AutoCAD 是进行园林设计常用的软件之一，它像其他软件一样需要安装才能应用。应用 AutoCAD 2020 进行园林设计，首先要熟悉 AutoCAD 2020 的工作界面，同时还要了解

AutoCAD 软件在园林设计中的用途。

任务分析

AutoCAD 2020 需要有相应的软、硬件的支持才能安装与运行,安装 AutoCAD 2020 时要在安装向导的提示下逐步进行。用户要掌握 AutoCAD 2020 命令的操作方法与技巧,必须进行各命令的学习,完成任务之后要退出程序。

相关知识

一、AutoCAD 在园林设计中的应用

AutoCAD 已经成为设计行业必不可少的、方便快捷的设计工具。在园林设计中采用 AutoCAD 可将方案设计、图形绘制、工程预算等环节形成一个相互关联的有机整体。

(一)降低人员劳动强度、加快工程设计的速度

借助计算机可以有效降低设计人员的劳动强度,节省描图、制图的材料消耗,同时,在计算机上校核方案具有可观性好、修改方便和不破坏原始方案等优点。设计者每做一项工程设计就可以将其中有用的图样制作成块,作为园林素材存入图库,当有类似的需要时,可通过调用图库中的素材而不必重画,既减轻了设计者的劳动强度,又大大加快了工程设计的速度。

(二)便于设计师之间及设计师与甲方之间的交流

使用计算机辅助设计还能够通过互联网更加有效地进行分工协作,在较大的工程中,要求园林工程设计者同建筑师、结构工程师,以及水电、道路等专业人员相互协调、紧密配合。即各类专业人员通过计算机联网实现数据资源共享,使设计方案更加完美。

通过 AutoCAD 精确地模拟生成数字地面模型及建筑、植物、道路等地表景物景观框架,然后在三维动画制作软件中赋予各种材质、光源、环境因子,并通过照相机模拟人的正常视点、视域在主游线上的旋转、移动,连成一连串的视点轨迹,达到多角度、多视点、全方位观察设计的效果,使人有一种身临其境的真实感,在与用户单位交流时亦有一个良好的媒体与界面,而在设计过程中可以及时发现、弥补一些隐存的缺陷与不足,使设计更加完善。

(三)便于资料的保存及查阅

园林设计的另一个重要组成部分是资料的积累与保存。传统的手工绘制图纸归档既浪费时间,又占用大量的空间,并且随着时间的推移,容易发生霉变及其他不可预测的灾难性后果。利用计算机系统可以更加科学地管理园林工程设计图纸,把完成的图文资料保存在磁盘上,或者刻成光盘,这样不仅方便查阅,而且可以多次备份,大大增加了资料的安全性。

二、AutoCAD 2020 的新功能

(1)新的深色主题。使用图标颜色优化了背景颜色以提供最佳对比度,从而不会分

散对绘图区域的注意力,让用户的焦点保持在此处。

(2)“块”选项板。提供有多种插入块的方法:“插入”、“工具选项板”和“设计中心”。在插入块的工作流中为块提供更好的视觉预览。选项板提高了查找和插入多个块的效率。

(3)清理重新设计。“清理”功能更易于清理和组织图形。控制选项基本相同,但定向更高效了,并且“预览”区域可以调整大小。

(4)DWG 比较增强功能。DWG 比较功能可以在比较状态下直接将当前图形与指定图形一起进行比较和编辑。比较在当前图形中进行。在当前图形或比较图形中所做的任何更改会动态比较并亮显。

为了便于在比较状态下直接编辑,此功能的选项和控件已从功能区移到绘图区域顶部的固定工具栏。大多数选项都已合并到“设置”控件中并得到了增强。可以轻松从工具栏切换比较,以及从“设置”控件切换差异类型的显示。

(5)测量几何图形选项:快速测量。使用 MEASUREGEOM 命令的新“快速”选项,测量速度变得更快。使用此选项,可以快速查看二维图形中的尺寸、距离和角度。

(6)性能增强。新安装技术显著缩短了固态驱动器(SSD)上的安装时间,通常缩短约一半时间。

外部参照、块和支持文件的网络访问时间已得到改进。

(7)支持云服务。AutoCAD 2020 支持在使用“保存”“另存为”“打开”命令时,连接和存储到多个云服务提供商。

(8)保存到 Web 和 Mobile 增强功能。AutoCAD 2020 包括对 AutoCAD Web 和 AutoCAD Mobile 的其他支持。增强功能如下所示:包括图形文件(保存以供 AutoCAD Web 和 AutoCAD Mobile 访问)的外部参照;CAD 管理员控制实用程序包括“联机内容”选项卡上的新复选框,可禁用 SAVE TO WEB MOBILE 和 OPEN FROM WEB MOBILE 命令等。

(9)网络安全性增强。

任务实施

一、安装 AutoCAD 2020

(一)解压 AutoCAD 2020 简体中文安装版文件

右键单击 AutoCAD 2020 中文版软件安装包压缩包 AutoCAD2020,选择 解压到 AutoCAD2020\(E);双击解压完成后的文件夹 AutoCAD2020,在此文件夹内有安装程序图标 AutoCAD_2020_Simplified_Chinese_Win_64bit_dlm.sfx,双击此图标,会出现解压程序,更改解压路径,点击“确定”,系统进行自解压。

(二)安装 AutoCAD 2020

(1)解压完成,系统初始化后弹出如图 1-1-1 所示的安装界面,点击“安装”,系统就开始安装 AutoCAD 2020。

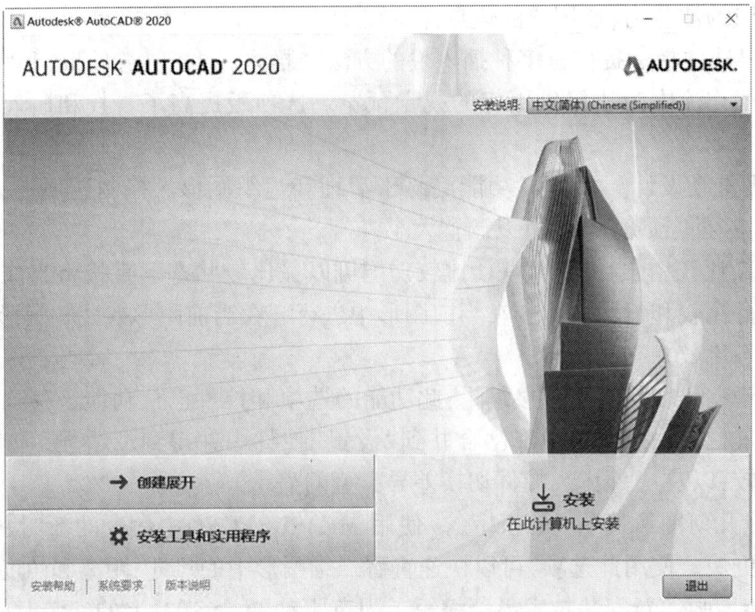

图 1-1-1　AutoCAD 2020 安装界面

(2)在弹出图 1-1-2 所示的“许可协议”对话框中,单击“我接受”,再单击“下一步”。

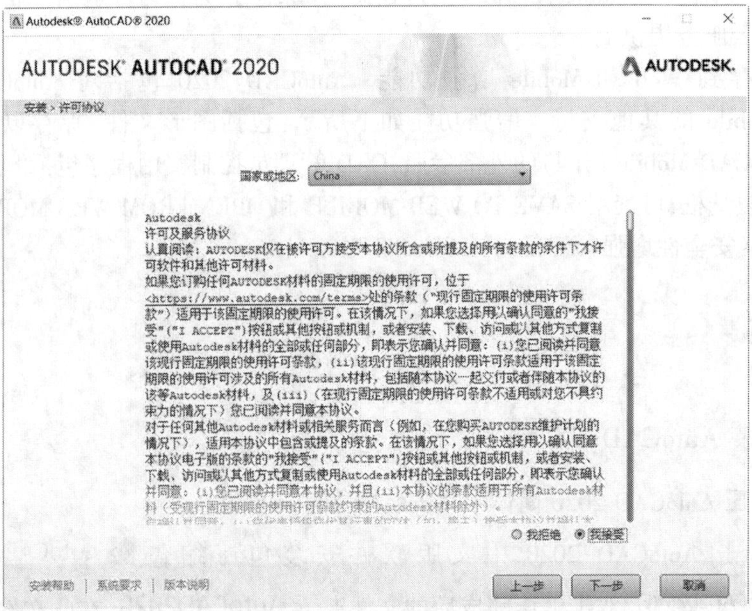

图 1-1-2　“许可协议”对话框

(3)在弹出图 1-1-3 所示的“配置安装”对话框中,自定义“安装路径”并选择配置文件,单击“安装”,系统开始安装 AutoCAD 2020。

(4)系统弹出图 1-1-4 所示的“安装完成”对话框,完成 AutoCAD 2020 安装。

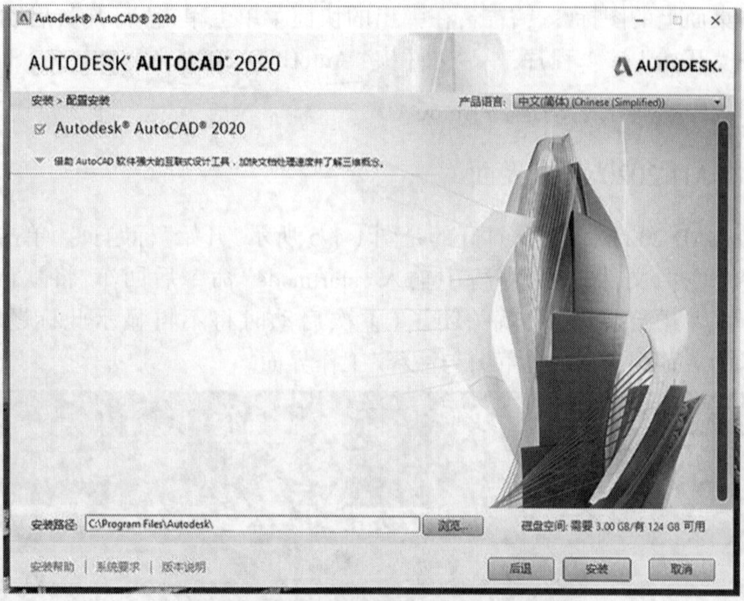

图 1-1-3　“配置安装”对话框

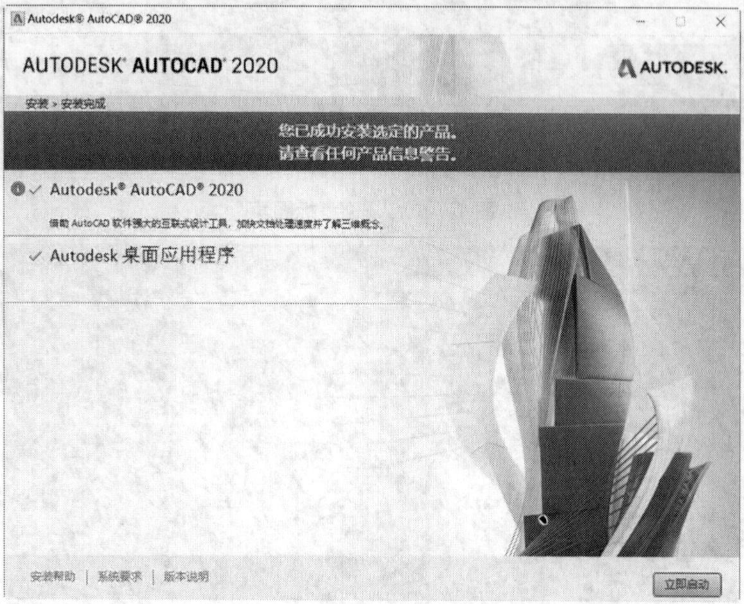

图 1-1-4　“安装完成”对话框

(5)在“安装完成”对话框中，单击“立即启动”，系统启动 AutoCAD 2020，按照系统提示进行注册。

二、启动运行 AutoCAD 2020

通常，用户启动运行 AutoCAD 2020 有以下三种方法：

(1)双击桌面上的“AutoCAD 2020 - 简体中文(Simplified Chinese)”图标，启动 AutoCAD 2020。

(2)单击桌面上的图标，右击，在弹出的快捷菜单上单击“打开”，启动 AutoCAD。

(3)单击“开始” “程序” 文件夹“AutoCAD 2020 - 简体中文(Simplified Chinese)” AutoCAD 2020 - 简体中文 (Simpli...，启动运行 AutoCAD。

三、AutoCAD 2020 工作界面

启动 AutoCAD 2020 后，默认打开的是图 1-1-5 所示“开始”标题页。单击“开始绘制”按钮，新建一个空白文件，在命令行中输入“startmode”命令后回车，将默认值“1”改为“0”，然后回车，“开始”标题页就关闭了(下次启动时将不再显示此标题页)，出现如图 1-1-6 所示的 AutoCAD 2020“草图与注释”工作界面。

图 1-1-5 “开始”标题页

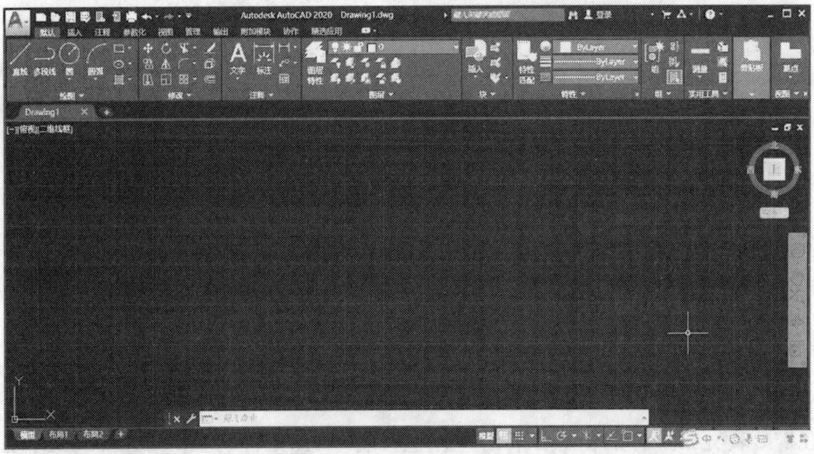

图 1-1-6 AutoCAD 2020“草图与注释”工作界面

单击标题栏上的按钮，在下拉菜单中单击“显示菜单栏”，如图 1-1-7 所示；点击菜单栏的“工具”菜单，点击“选项板”，点击“功能区”，关闭功能区(见图 1-1-8)。

打开菜单栏的“工具”，点击“工具栏”，点击“AutoCAD”，把“标准”“样式”“图层”“特性”“绘图”“修改”勾选上(见图 1-1-9)。

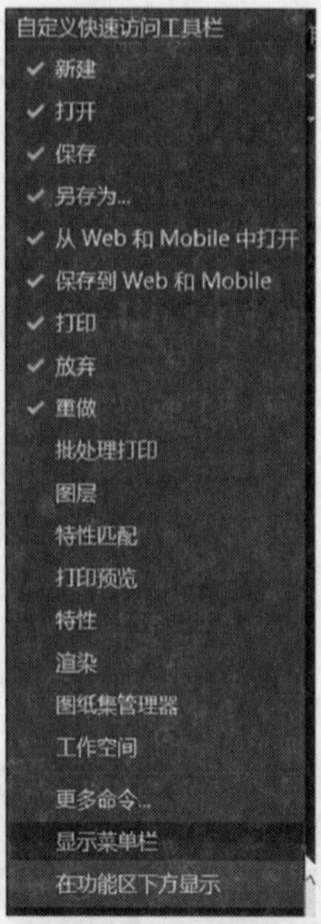

图 1-1-7 “自定义快速访问工具栏”菜单

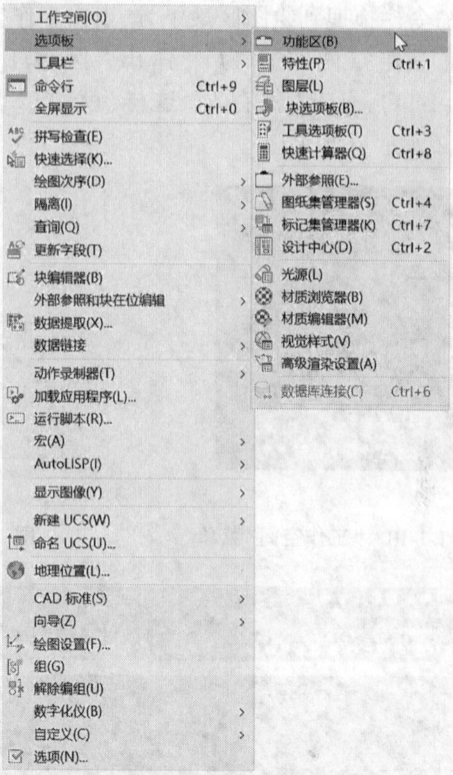

图 1-1-8 关闭“功能区”

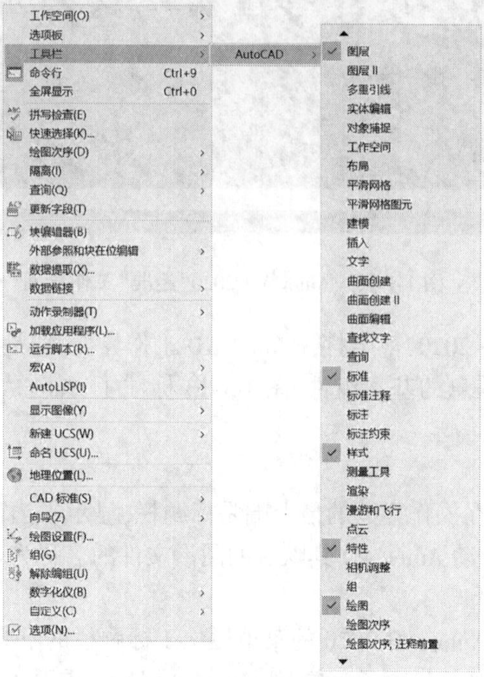

图 1-1-9 打开工具栏

把命令栏拖拽到绘图区最下方,点击工作空间按钮,弹出菜单(见图 1-1-10),点击“将当前工作空间另存为”,弹出“保存工作空间”对话框,输入名称如“经典”(见图 1-1-11),点击“保存”。这样,就可以设置 AutoCAD 2020“经典”工作界面,如图 1-1-12 所示。

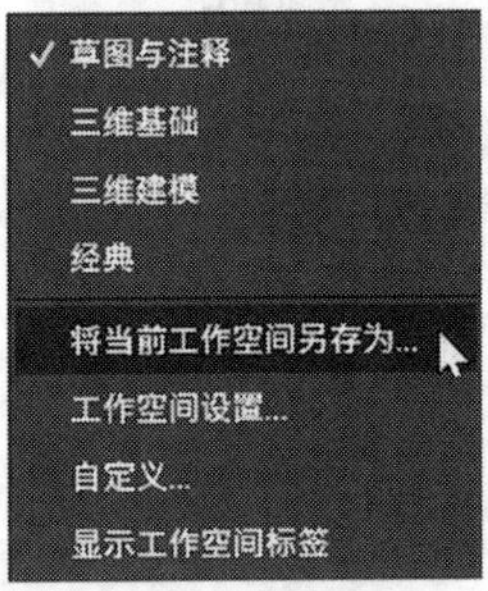

图 1-1-10 “工作空间”菜单

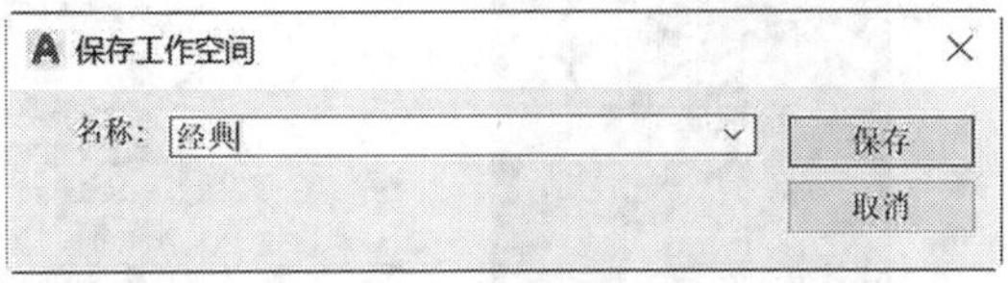

图 1-1-11 “保存工作空间”对话框

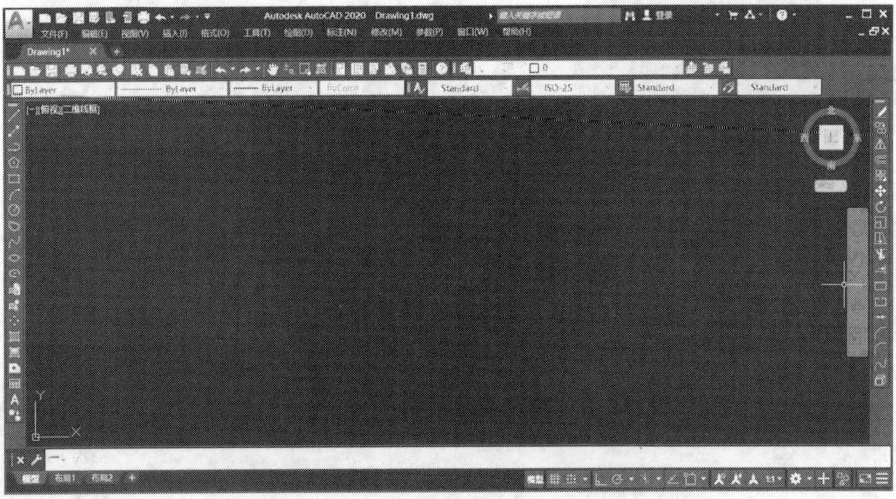

图 1-1-12 AutoCAD 2020“经典”工作界面

每次启动 AutoCAD 2020,都会打开 AutoCAD 工作界面,它是用户的工作空间,它包括用于设计和接收设计信息的基本组件,图 1-1-13 标注了 AutoCAD 2020 工作界面主要部分的名称。

(一)标题栏

如图 1-1-13 所示,在操作界面的最上端是标题栏,显示了当前软件的名称、用户当前操作文件的名称等。启动 AutoCAD 其默认的图形文件的名称为 Drawing1. dwg。

(二)菜单栏

如图 1-1-13 所示,AutoCAD 2020 的菜单栏位于标题栏的下方,与 Windows 程序一样,菜单栏也是下拉形式的,并包含子菜单,如图 1-1-14 所示,是执行相应操作的途径之一。

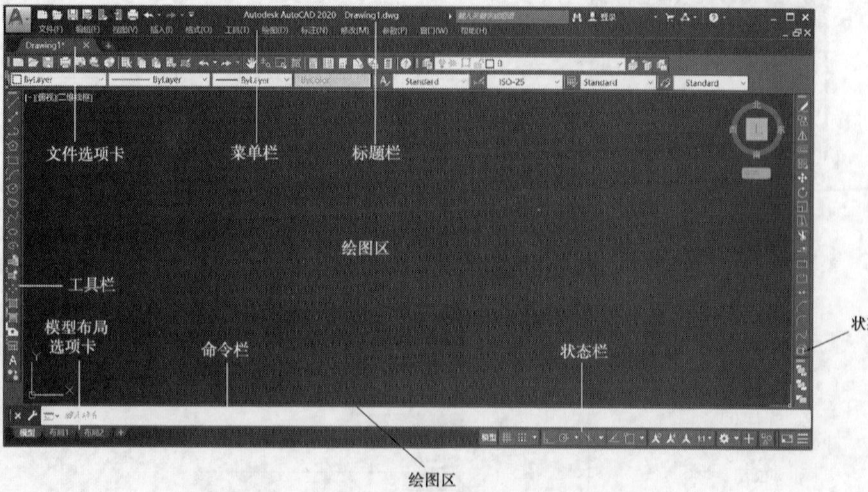

图 1-1-13　AutoCAD 2020 工作界面及名称

一般来讲，AutoCAD 2020 下拉菜单有以下 3 种类型：

(1)右边带有小箭头的菜单项。表示该菜单后面带有子菜单，将光标放在上面会弹出它的子菜单，如图 1-1-14 所示。

图 1-1-14　带有子菜单的菜单命令

(2)右边带有省略号的菜单项。表示单击该项后会弹出一个对话框，如图 1-1-15 所示。

(3)右边没有任何内容的菜单项。选择它可以直接执行一个相应的 AutoCAD 命令，在命令提示窗口中显示出相应的提示。例如：单击“绘图” ➤ “直线”命令，用户就可以在绘图区画直线。

(三)工具栏

工具栏是 AutoCAD 执行各种操作最方便的途径，包括常用的 AutoCAD 工具，还有一些 Microsoft Office 标准工具，是一组图标型按钮的集合，单击这些图标按钮就可以调用相应的命令。对工具栏的操作有如下几种。

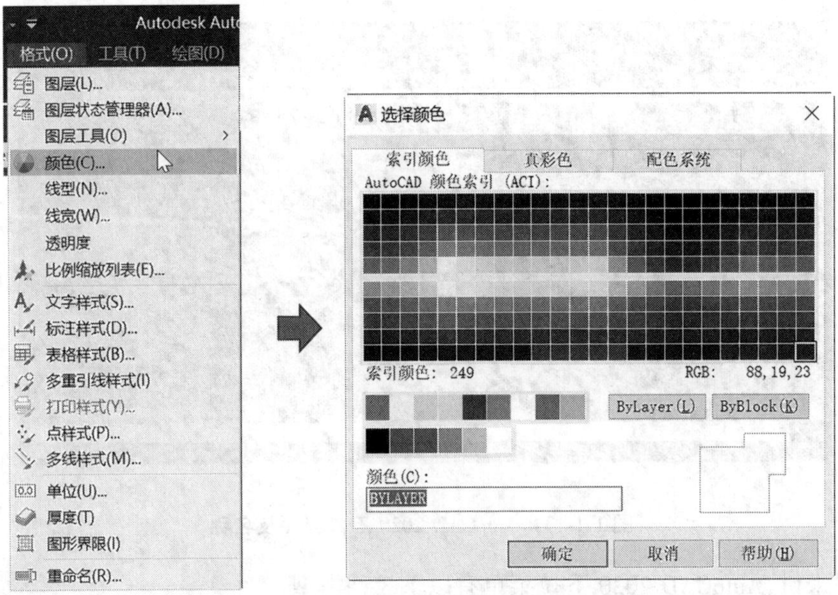

图 1-1-15 打开相应对话框的菜单命令

1. 固定(浮动)工具栏

绘图窗口的四周边界为工具栏的固定位置,在此位置上的工具栏不显示名称,在工具栏的最左端或最上端有一个控制柄,如图 1-1-16 所示,鼠标拖动控制柄可以调整相应工具的位置。

图 1-1-16 固定工具栏

拖动固定工具栏的控制柄到绘图窗口,工具栏变为浮动状态,如图 1-1-17 所示。拖动工具栏的上、下、右边框可以改变工具栏的形状。

图 1-1-17 浮动工具栏

2. 打开(关闭)工具栏

将光标放在任一工具栏的非按钮区,单击鼠标右键,系统会弹出如图 1-1-18 所示的工具栏快捷菜单,其名称前有"√"的表示已经开启,单击"√"可以将其关闭。单击任何一个未在工具栏显示的工具名称,就可以开启该工具。一般工具栏开启后是浮动在绘图区中的,如图 1-1-17 所示,单击"×"可以将其关闭。

3. 弹出工具栏

右下角带有小黑三角的工具按钮,表示该工具箱具有弹出工具栏。弹出工具栏表示这一位置还包含了若干工具,这些工具可以执行与第一个工具有关的命令,如图 1-1-19 所示。在工具图标上单击,并按住鼠标,就会显示弹出图标,按住鼠标并拖动到对应的图标上,就可以执行相应的命令。

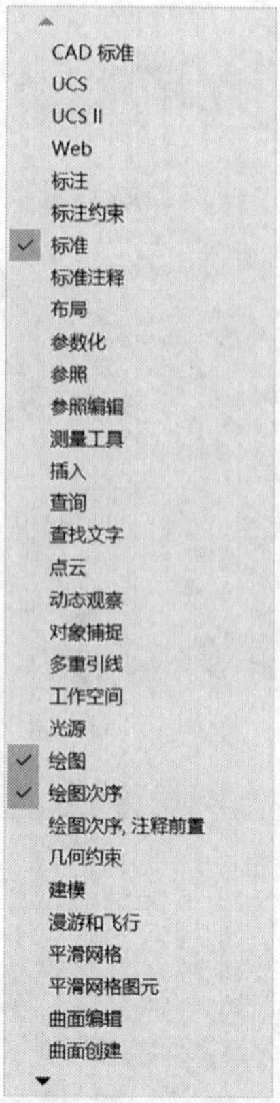

图 1-1-18 工具栏快捷菜单

图 1-1-19 弹出工具栏

(四)绘图区

绘图区是显示、绘制和编辑图形的区域,如图 1-1-13 所示。根据窗口大小和显示的其他组件(例如工具栏和命令行)的数目,绘图区域的大小将有所不同。绘图区的左下角是坐标系图标,表示当前使用的坐标系和坐标方向;十字光标由鼠标控制,其交叉点的坐标值在状态栏中显示。

1. 改变绘图区背景颜色

系统默认的绘图区背景颜色为黑色,若要改变绘图区背景颜色,可进行如下操作:单击“工具”菜单,在下拉菜单中单击“选项”,弹出“选项”对话框,单击“显示”选项卡,如图 1-1-20 所示;单击“窗口元素”选项组中的“颜色”,弹出如图 1-1-21 所示的“图形窗口颜色”对话框,在右侧“颜色”下拉列表中选择某种颜色,单击“应用并关闭”按钮,即可改变绘图区背景的颜色。

2. 调整十字光标的大小

系统默认设置十字光标的长度为屏幕大小的 5%,用户可以根据绘图的实际需要更改其大小,更改光标大小的方法如下:

在图 1-1-20 所示的“显示”选项卡中拖动右下部“十字光标大小”滑块,或在文本框中输入数值,即可调整十字光标的大小。

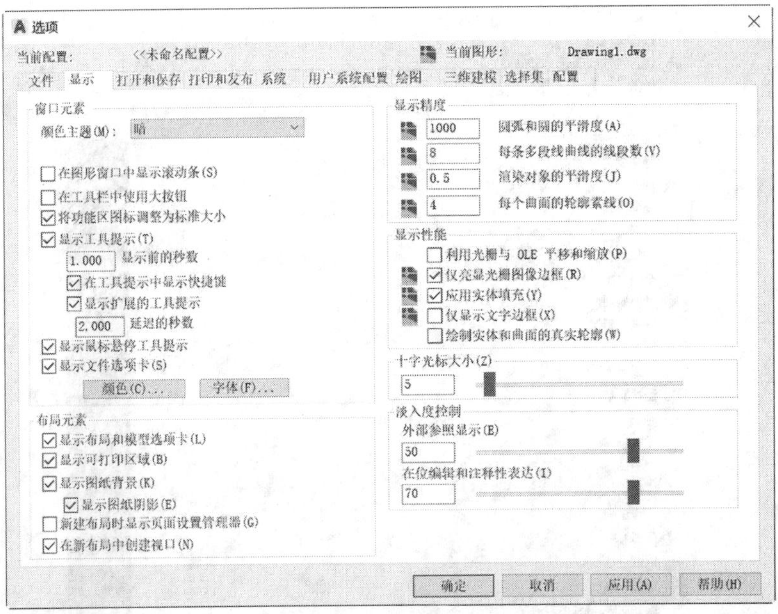

图 1-1-20 “选项”对话框

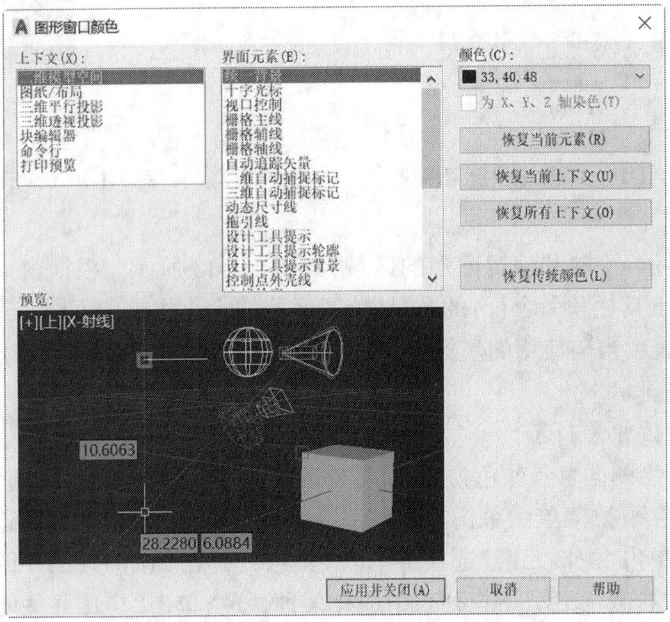

图 1-1-21 “图形窗口颜色”对话框

3. 设置自动保存时间间隔及保存的位置

在图 1-1-20 所示的“选项”对话框中单击“打开和保存”选项卡,如图 1-1-22 所示,单击“文件安全措施”选项组中的“自动保存”复选框,在其下方的文本框中输入自动保存的间隔时间即可。系统默认的自动保存时间为 10 分钟。

在图 1-1-20 所示的“选项”对话框中选择“文件”选项卡,如图 1-1-23 所示,单击“自动保存文件位置”左侧“+”,展开显示自动保存的路径,单击该路径,并单击右上侧“浏

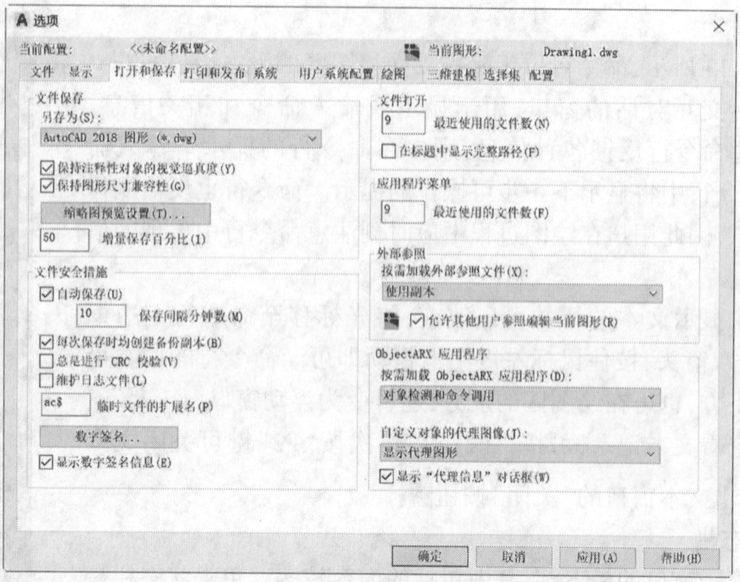

图 1-1-22　“打开和保存”选项卡

览”按钮,弹出修改自动保存文件位置的对话框即可修改文件自动保存位置。系统默认的文件保存位置为“C:\Users\Administrator\appdata\local \temp\”。

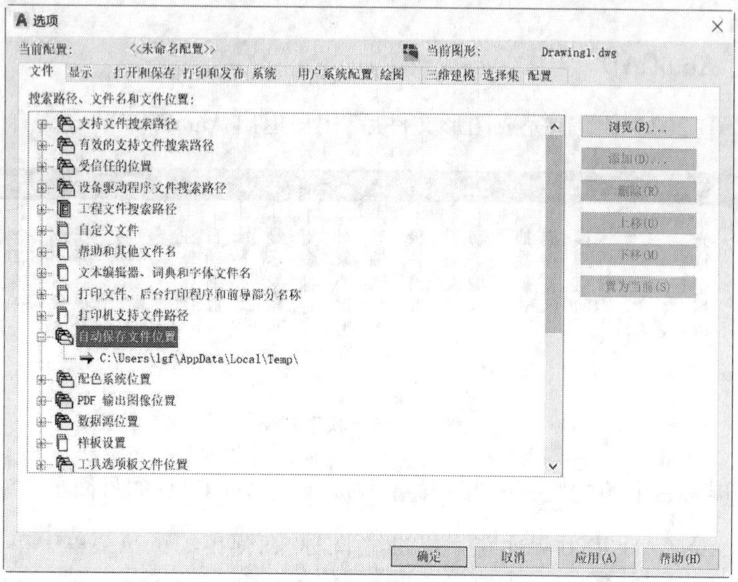

图 1-1-23　“文件”选项卡

(五)模型布局选项卡

模型布局选项卡可实现在模型空间和图纸空间之间进行切换。一般情况下,先在模型空间创建图形,然后创建布局绘制和打印图纸空间中的图形。AutoCAD 可以在一个布局上建立多个视图,同时,一张图纸可以建立多个布局且每一个布局都有相对独立的打印设置。

(六)命令行

如图 1-1-13 所示,命令行位于操作界面绘图区的下方,是用户与 AutoCAD 进行交互对话的窗口,用于显示或输入命令和相关信息。AutoCAD 通过命令行反馈各种信息,用户在命令行的提示下输入命令,然后在命令行中将显示下一步可操作的提示。命令行也反馈操作者出错的信息,因此用户在绘图过程中应时刻注意命令行中出现的信息。

命令行中显示文本的行数可以改变,将光标移至命令行上边框处,光标变为双箭头,按住鼠标左键向上拖动即可。命令行的位置可在绘图区的下方,也可在绘图区的上方,还可变为浮动窗口。

如果要查看文本记录,可按 “F2”键,再次按“F2”键可关闭文本窗口,或者单击文本窗口的“关闭”按钮 ×。

图 1-1-24 状态栏快捷菜单

(七)状态栏

状态栏位于窗口的最下部,其中包括的内容较多。单击状态栏最右端的“自定义”按钮 ☰,系统会弹出如图 1-1-24 所示的快捷菜单,然后选择要显示的项目。其名称前有“√”的表示已经开启,单击“√”可以将其关闭。使用这些按钮可以打开常用的绘图辅助工具。如图 1-1-25 所示。

四、退出 AutoCAD

在 AutoCAD 2020 中绘制完成图形文件后,用户退出 AutoCAD 的方法有以下几种:

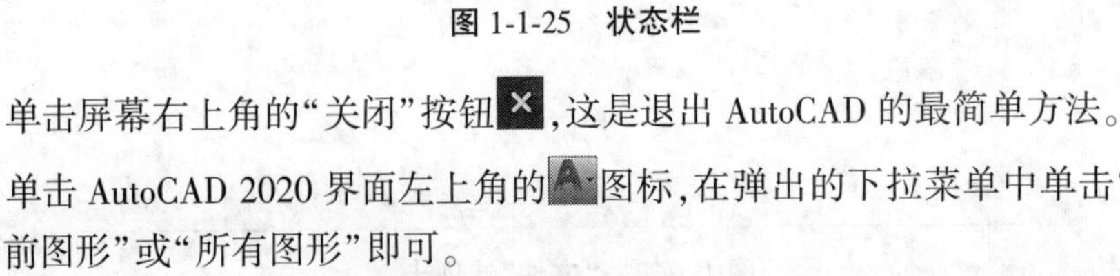

图 1-1-25 状态栏

(1)单击屏幕右上角的“关闭”按钮 ×,这是退出 AutoCAD 的最简单方法。

(2)单击 AutoCAD 2020 界面左上角的 A 图标,在弹出的下拉菜单中单击“关闭”➤选择“当前图形”或“所有图形”即可。

(3)在键盘上按“Alt+F4”或“CTRL+Q”组合键。

(4)在命令行输入“Quit”或“Exit”,回车。

应用以上任何一种关闭方法,如果有未存盘的图形文件,系统会弹出如图 1-1-26 所示的对话框,单击“是”将文件存盘后,退出 AutoCAD;或单击“否”,系统直接退出 AutoCAD。

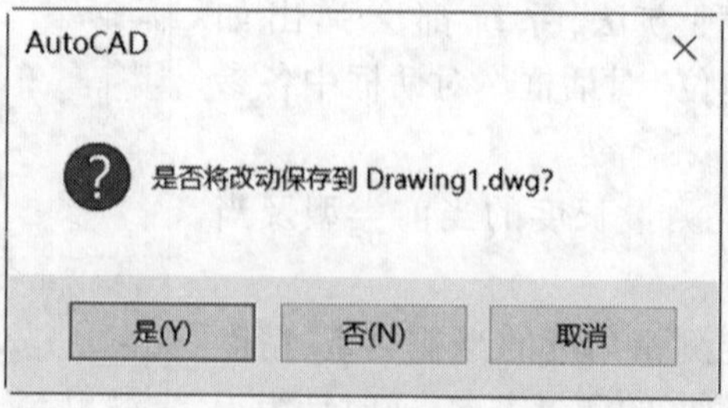

图 1-1-26 保存文件提示窗口

任务 2 创建图形样板

【学习目标】

1. 了解设置绘图环境的内容与方法,掌握辅助绘图工具的使用方法。
2. 掌握 AutoCAD 命令、视图、文件的操作方法。
3. 掌握创建图形样板的内容与方法。
4. 会设置绘图环境,能根据绘图需要熟练运用辅助绘图工具。
5. 能熟练进行命令、视图、文件的操作。
6. 会创建图形样板。

任务描述

创建适合绘制园林设计图的图形样板,并保存。

任务分析

在绘制园林设计图时,总要进行大量重复性的设置工作,如绘图环境、常用的线型等。如果每次绘制图样都要进行反复设置,就会浪费大量的时间。为了解决这个问题,我们可以创建适合自己的图形样板。在每次绘制图样时,只需调用图形样板即可。

相关知识

一、设置绘图环境

(一)绘图单位

设置绘图单位的命令主要有两种方法:

(1)在命令行中输入“DDUNITS” 或“UNITS”,回车。

(2)单击菜单栏“格式” ➤ “单位”。

执行以上任何一种方法,系统都会弹出如图 1-1-27 所示的“图形单位”对话框。对话框中各参数设置如下:

“长度”选项组:指定测量长度的当前类型及当前单位的精度。

“角度”选项组:指定测量角度的当前类型、精度及旋转方向。系统默认角度的测量方向:逆时针为正值,顺时针为负值。

“插入时的缩放单位”下拉列表框:控制使用工具选项板拖入当前图形或块的测量单位。如果块或图形创建时使用的单位与该选项指定的单位不同,则在插入这些块或图形时,将对其按比例缩放。插入比例是源块或图形使用的单位与目标图形使用的单位之比。如果插入块时不按指定单位缩放,则选择“无单位”选项。

“输出样例”选项组:显示当前输出的样例值。

“光源”选项组:指定光源强度的单位。

“方向”按钮:单击该按钮,可在弹出的如图 1-1-28 所示的对话框中进行方向控制设置。

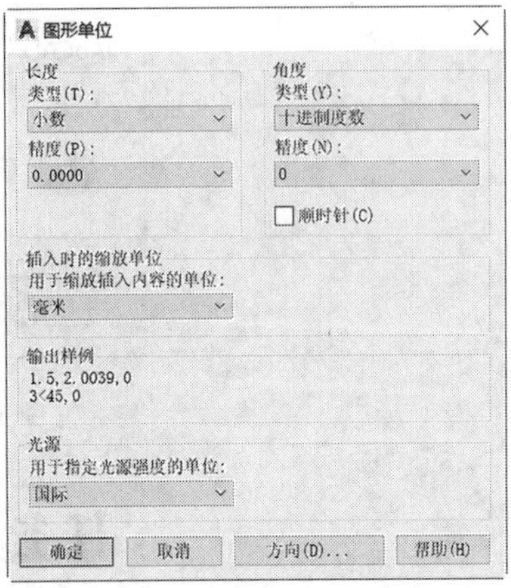

图 1-1-27　“图形单位”对话框

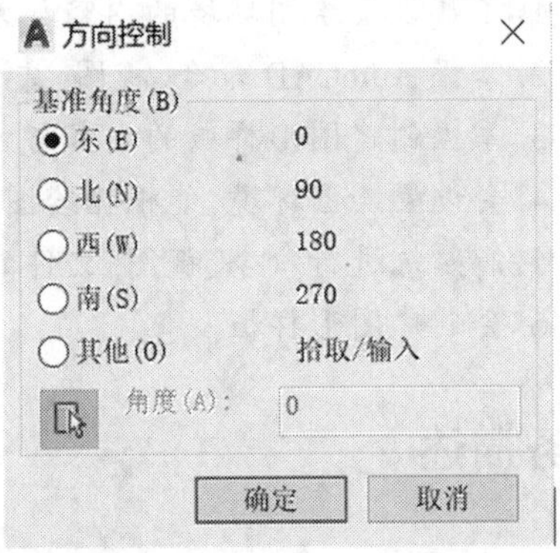

图 1-1-28　“方向控制”对话框

(二)图形界限

执行绘图界限的命令主要有两种方法:

(1)在命令行中输入“LIMTS”,回车;

(2)单击菜单栏“格式”➤“图形界限”。

执行以上任何一种方法,根据系统提示输入图形边界左下角的坐标后回车,输入图形边界右上角的坐标后回车。执行命令后,命令行提示各选项含义如下:

开(ON):使绘图边界有效。系统在绘图边界以外拾取的点视为无效。

关(OFF):使绘图边界无效。系统在绘图边界以外拾取的点视为有效。

动态输入角点坐标:可以直接在光标右下角屏幕上输入角点坐标,输入了横坐标值后按“,”键,接着输入纵坐标值。也可以在光标位置单击以确定角点位置。

(三)图层

执行图层特性的命令有以下三种方法:

(1)单击菜单栏中“格式”➤“图层”。

(2)单击“图层”工具栏上的“图层特性管理器”按钮。

(3)在命令行中输入“Layer”,回车。

执行以上任何一种方法,系统会弹出“图层特性管理器”工具面板,如图 1-1-25 所示。

使用“图层特性管理器”可以对图层进行各种设置,如创建新图层,设置当前图层,设置图层的颜色、线型和线宽,设置图层是否关闭和冻结等,同时还可以对图层进行管理,如图层的切换、图层的显示控制等。如图 1-1-29 所示,每个图层都包括“名称”“状态”“开”

"冻结""锁定""颜色""线型""线宽"等参数。

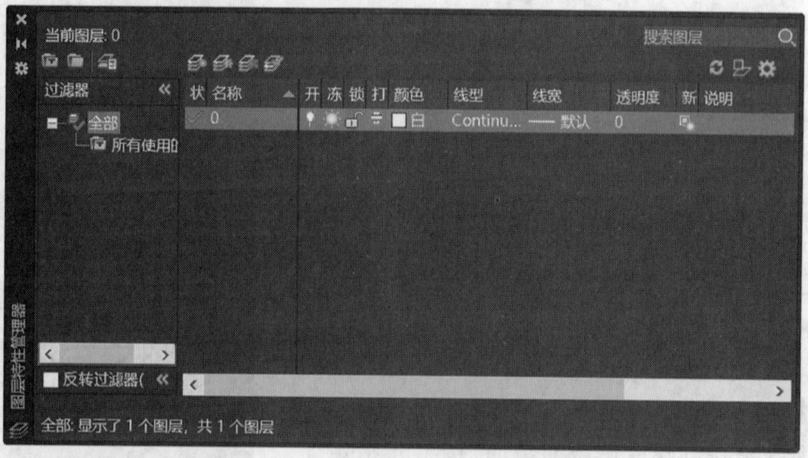

图 1-1-29 "图层特性管理器"对话框

(四)对象特性

执行修改对象特性的命令主要有以下四种方法:

(1)在命令行中输入"DDMODIFY"或"PROPERTIES",回车。

(2)单击菜单栏"工具" ➤ "选项板" ➤ "特性"。

(3)单击菜单栏"修改" ➤ "特性"。

(4)单击标准工具栏中的"特性"按钮。

执行以上任何一种方法,系统会弹出如图 1-1-30 所示的"特性"工具面板。利用它可以方便地设置或修改对象的各种属性。

二、设置辅助绘图工具

用户通常利用 AutoCAD 的辅助工具快速、准确地绘图,如图 1-1-25 所示,常用的辅助工具有以下几种。

(一)捕捉模式

捕捉是指 AutoCAD 可以生成一个隐含分布于屏幕上的栅格。这种栅格可以捕捉光标,使光标只能落到其中的某一个栅格点上。捕捉可分为矩形捕捉和等轴测捕捉两种,系统默认为矩形捕捉。用户可以设定捕捉模式在 X 轴和 Y 轴方向上的间距,也可以改变捕捉模式与图形界限的相对位置。等轴测捕捉表示在绘制正等轴测图时的捕捉模式。

(二)栅格显示

AutoCAD 中的栅格由有规则的点的矩阵组成,延伸到指定为图形界限的整个区域,利用栅格可以对齐对象并直观显示对象之间的距离。栅格并不是图形,虽在屏幕中可见,但不会被打印成图形中的一部分。

单击状态栏中的"栅格显示"按钮或按"F7"键可打开或关闭栅格。设置栅格在 X 轴或 Y 轴方向间距的方法有以下几种:一是在命令行中输入"DSETTINGS 或 DS, SE 或 DDRMODES",回车;二是单击菜单栏中的"工具" ➤ "绘图设置";三是右击"栅格显示"按钮,在弹出的快捷菜单中单击"网格设置..."。运用上述任何一种方法,系统都会弹出如

图 1-1-31 所示的“草图设置”对话框,在对话框“栅格间距”中即可设置栅格在 X 轴或 Y 轴方向的间距。

(三)正交模式

正交模式下,在绘图过程中,光标只能沿 X 轴或 Y 轴方向绘图,在此模式下绘制的线段都平行于 X 轴或 Y 轴。执行该模式的方法常用的有以下三种:一是直接单击状态栏中的“正交模式”按钮;二是按“F8”键;三是在命令行中输入“ORTHO”,回车。

(四)极轴追踪

极轴追踪是在创建或修改对象时,按事先给定的角度增量和距离增量来追踪特征点,极轴追踪的距离增量和角度增量以及相关联的捕捉模式的设置,可以通过如图 1-1-31 所示的“草图设置”对话框中“捕捉和栅格”选项卡及图 1-1-32 所示的“极轴追踪”选项卡来完成。

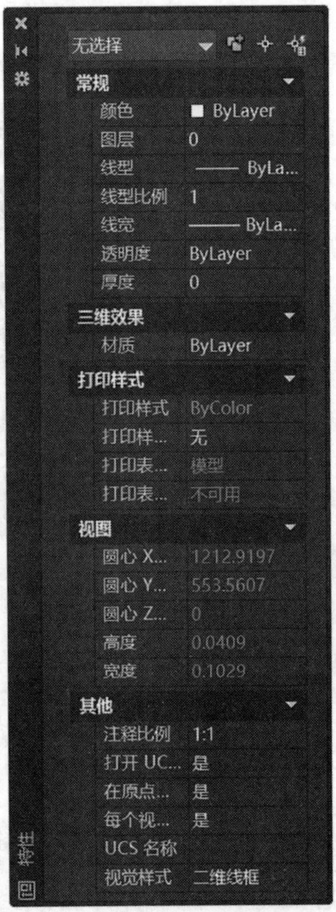

图 1-1-30　“特性”工具面板

1. 设置极轴距离

如图 1-1-31 所示,在“草图设置”对话框中的“捕捉和栅格”选项卡下,即可设置极轴距离增量。

2. 设置极轴角度

如图 1-1-32 所示,在“草图设置”对话框中的“极轴追踪”选项卡下, 即可设置极轴角度增量。在“增量角”下拉列表框中可以选择预设角度,也可直接输入角度数值。

3. 对象捕捉追踪设置

如图 1-1-32 所示,在“草图设置”对话框中的“极轴追踪”选项卡下的“对象捕捉追踪设置”选项组中,选中“仅正交追踪”表示在追踪时,系统仅在水平和垂直方向上显示追踪数据;选中“用所有极轴角设置追踪”表示在追踪时,系统可以在设置的极轴追踪角度和附加角度所确定的一系列方向上显示追踪数据。

4. 极轴角测量

用于设置极轴角的角度测量采用的参考基准。“绝对”是相对于水平方向逆时针测量,“相对上一段”是以上一段对象为基准进行测量。

(五)对象捕捉

在工程绘图中经常使用该功能。开启该功能,系统将根据设定的捕捉方式对图形元素中特殊几何点(如端点、中点、圆心、切点等)进行捕捉。在 AutoCAD 2020 中,启用对象捕捉模式的方式有:一是单击状态栏中“对象捕捉”按钮;二是按“F3”键;三是在“草图设置”对话框中的“对象捕捉”选项卡中选中“启用对象捕捉”复选框,如图 1-1-33 所示。

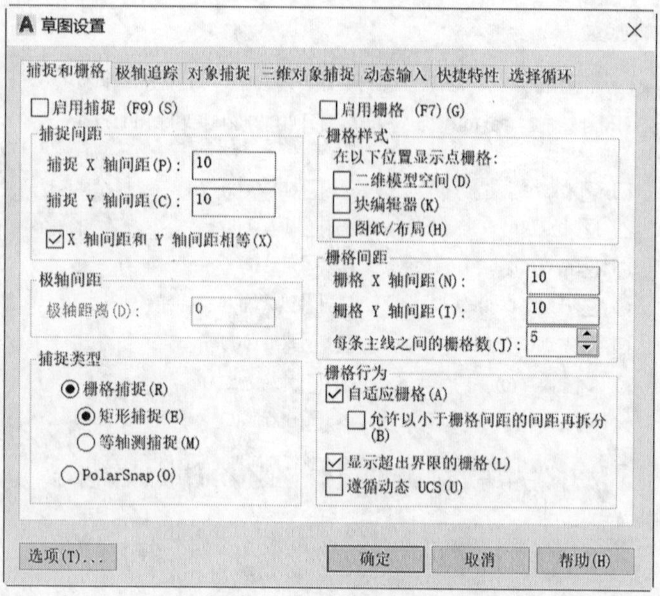

图 1-1-31　“草图设置”对话框

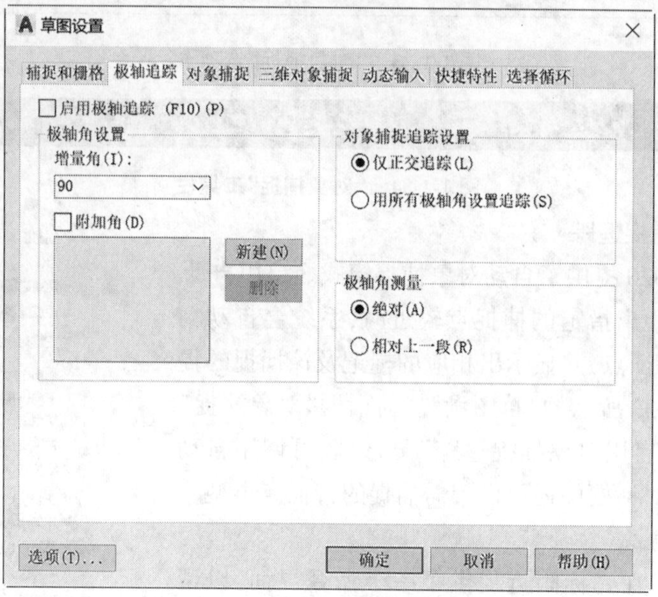

图 1-1-32　“极轴追踪”选项卡

在绘图过程中，对象捕捉功能的调用有以下几种方式：

(1)在“草图设置”对话框中的“对象捕捉”选项卡中选中相应的特征点复选框，如图 1-1-33 所示。

(2)单击“对象捕捉”工具栏中相应的特征点按钮，如图 1-1-34 所示为“对象捕捉”工具栏。

(3)按住“Ctrl”键或“Shift”键，右击，在弹出的如图 1-1-35 所示的“对象捕捉”快捷菜单中选择相应的特征点。

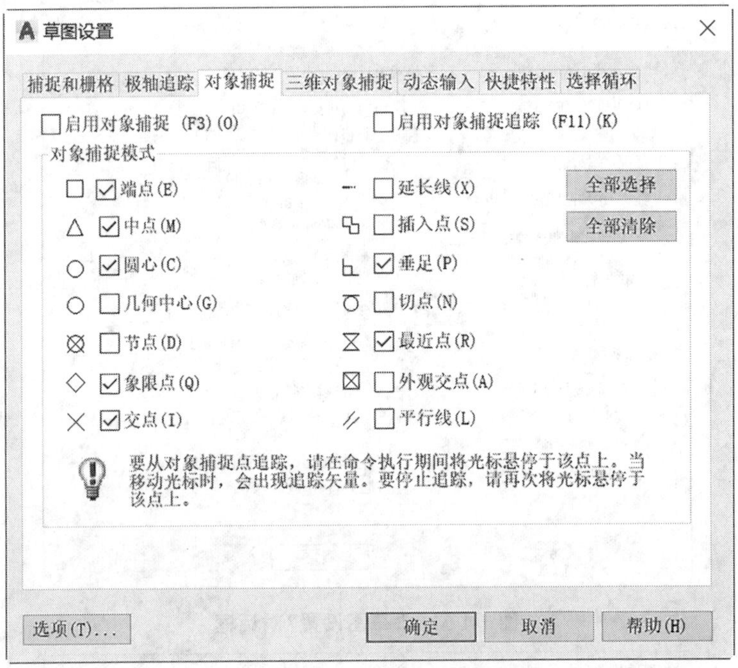

图 1-1-33　“对象捕捉”选项卡

图 1-1-34　“对象捕捉”工具栏

(六)对象捕捉追踪

AutoCAD 2020 提供了自动对象捕捉模式。启用自动捕捉功能,光标距离指定的捕捉点较近时,系统会自动精确地捕捉这些特征点,并显示出相应的标记及该捕捉的提示。在如图 1-1-33 所示的“草图设置”对话框“对象捕捉”选项卡中点选“启用对象捕捉追踪”复选框,可调用自动捕捉功能,在此对话框中还可设置需捕捉的特征点类型。

(七)动态输入

“动态输入”在光标附近提供了一个命令界面,以帮助用户专注于绘图区域。打开动态输入时,工具提示栏将在光标旁边显示信息,该信息会随光标移动动态更新。当某命令处于活动状态时,工具提示栏将为用户提供输入的位置。

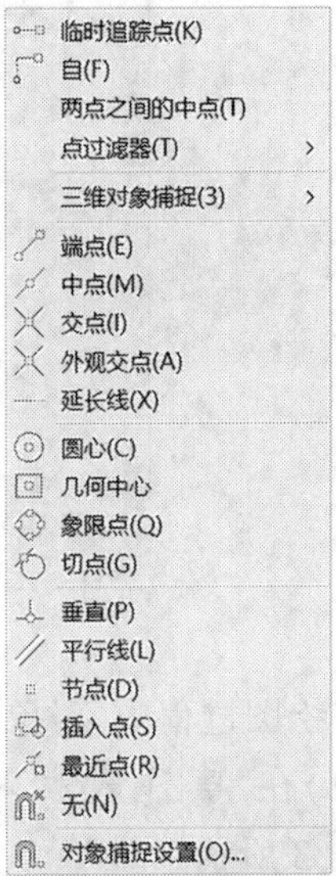

图 1-1-35　“对象捕捉”快捷菜单

(八)显示/隐藏线宽

可以在图形中打开和关闭线宽，并在模型空间中以不同于在图纸空间布局中的方式显示。

三、命令的操作方法

AutoCAD 交互绘图必须输入必要的指令和参数。常见的 AutoCAD 命令操作方法有以下几种。

(一)启动命令

1. 在命令行窗口输入命令

在命令行窗口单击,看到闪烁的光标后输入命令,按“Enter”键或者“空格”键确认执行命令,然后按照提示信息一步一步进行操作即可。在执行命令的过程中,系统经常会提示用户进行下一步的操作,其命令行提示的各种特殊符号的含义如下:

如图 1-1-36 所示,命令提示行有带[ ]符号的内容,表示该命令下可执行且以“/”隔开的各个选项,若要选择某个选项,只需输入( )内的代号即可。

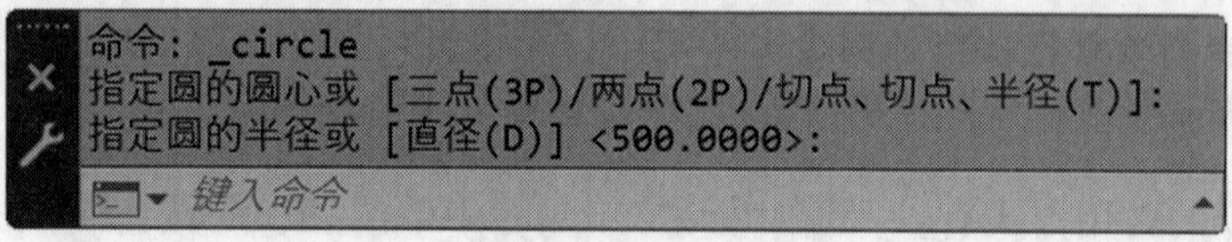

图 1-1-36　命令行窗口

命令行中有带< >符号的内容,表示该符号内的值是当前默认值或上次操作时用的值。直接按“Enter”键或者“空格”键,表示采用尖括号中的值,也可输入新的数值。

2. 使用菜单命令

单击菜单中相应命令后,在命令行中可以看到对应的命令说明及命令名。

3. 单击工具栏中的命令按钮

单击工具栏中的命令按钮后,在命令行中也可以看到对应的命令说明及命令名。

4. 使用快捷菜单

在绘图区空白处右击,会弹出一个如图 1-1-37 所示的快捷菜单,根据需要选取相应的选项即可。

图 1-1-37　快捷菜单

(二)重复使用最近使用的命令

重复使用最近使用的命令,可执行以下操作之一:

(1)在命令行中单击并按“↑”或“↓”键来切换输入的命令。

(2)单击命令文本框左侧的“近期使用的命令”按钮。

(3)在命令行中单击鼠标右键并选择“最近使用的命令”。

(4)在绘图区域中单击鼠标右键,然后从“最近的输入”列表中选择一个命令。

单击要使用的命令,命令被重新启动。

(三)重复上一个命令

命令完成后,将光标置于“命令”提示文本框中,按 “Enter”键或者“空格”键,即执行上一个命令。

(四)完成命令输入

要接受输入的值或完成命令,可执行下列操作之一:

(1)按“Enter”键,或者按“空格”键。

(2)在绘图区单击鼠标右键,在弹出的快捷菜单中选择“确认”(或只是单击鼠标右键)。

(五)取消命令

取消命令的操作方式有:一是随时按“Esc”键;二是鼠标右击,在弹出的快捷菜单中选择“取消”。

(六)撤销与恢复已执行的命令

1. 撤销命令

撤销命令的常用方式有:一是在“标准”工具栏中单击“放弃”按钮,也可单击该按钮右侧小三角显示下拉菜单,在下拉菜单中选择需要撤销到哪一步即可;二是在命令行中输入“U”或“UNDO”回车,可撤销前一次命令,多次输入该命令可撤销前几次的命令;三是在某些命令的执行过程中,命令行提供了“放弃(U)”选项,选择该选项可撤销上次命令,连续选择“放弃”选项可连续撤销前几次的命令;四是按快捷键“Ctrl+Z”可撤销最近的操作命令,多次按此快捷键可撤销多步命令。

2. 恢复已撤销的命令

恢复已撤销命令的方式有:一是在命令行中使用“U”或“UNDO”命令后,接着在命令行输入“REDO”,回车;二是在“标准”工具栏中单击“重做”按钮,也可单击该按钮右侧小三角显示下拉菜单,在下拉菜单中选择需要恢复到哪一步即可;三是按快捷键“Ctrl+Y”可恢复最近的操作命令,多次按此快捷键可恢复多步命令。

四、视图的操作方法

(一)视图的缩放与平移

视图是观察设计场地的窗口,由于利用 AutoCAD 绘图一般按 1∶1的比例进行,因此设计师面对的设计场地很大,而屏幕上能够显示的视图范围是有限的,经常要放大图形中的局部做细部设计、查看细节,或者将视图移动到场地的其他部分,查看局部特征后,需要将图形缩小以观察总体布局。缩放与平移视图常用的方法如下。

1. 鼠标滚轮操作

鼠标的两个按键之间有一个小滚轮,滚轮可以按下或滚动,可以使用滚轮在图形中进行缩放和平移,而无须使用任何 AutoCAD 命令。鼠标操作与 AutoCAD 命令的对应关系如下:

(1)实时平移：在一点上按住滚轮并拖动鼠标，到另一点松开，就像在绘图桌上用手推图纸一样。

(2)实时缩放：以当前光标位置为中心，向前滚动滚轮为放大视图，向后滚动滚轮为缩小视图。

(3)范围缩放：双击滚轮，缩放以显示图形范围，并使所有对象最大显示。

2. 工具栏和菜单

视图控制命令组在“标准”工具栏上，如图 1-1-38 所示，单击即可启动运行。

图 1-1-38　视图控制命令组

单击菜单栏中的“视图”，如图 1-1-39 所示，在右侧的二级菜单中也可启动对视图的“缩放”“平移”操作。

将光标放在任一工具栏的非按钮区，右击，系统会弹出如图 1-1-18 的工具栏快捷菜单，连续点击该快捷菜单下面的黑三角按钮，出现“缩放”菜单后，在“缩放”菜单上单击，打开图 1-1-40 所示的缩放工具栏。

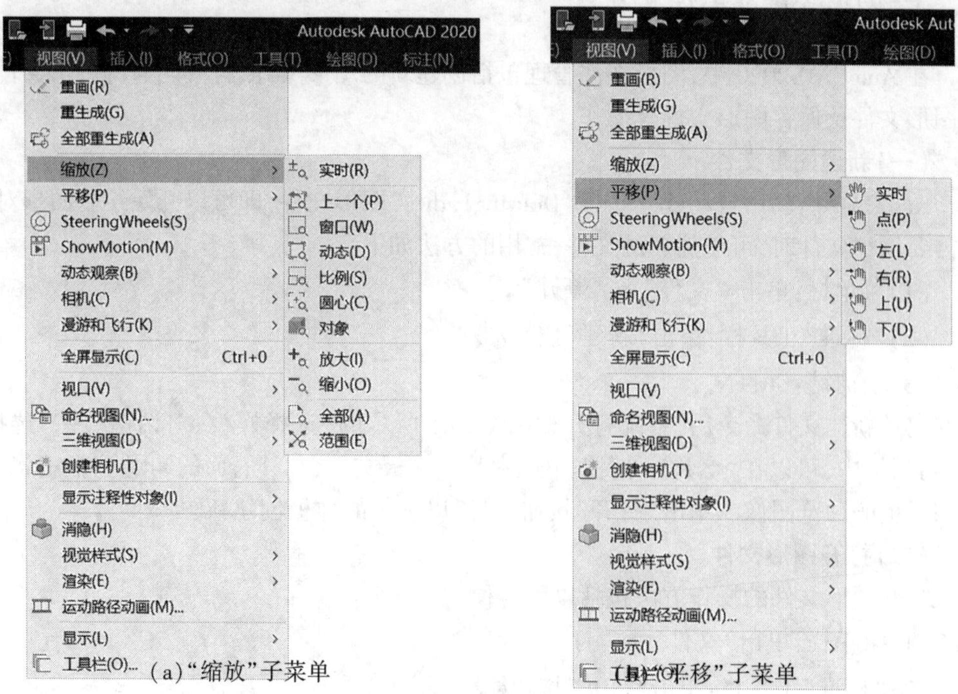

(a)“缩放”子菜单　(b)“平移”子菜单

图 1-1-39　视图菜单

图 1-1-40　缩放工具栏

视图控制命令的功能和操作如下：

(1)实时平移:移动视图的位置。按住鼠标的左键拖动鼠标,到合适的位置后松开左键。

(2)实时缩放:按住鼠标左键,向上拖动为放大,向下拖动为缩小。

(3)窗口缩放:鼠标单击矩形区域的一个角点,移动光标到另一个角点,单击,矩形区域内将充满作图区。

(4)全部缩放:显示用户定义的图形界限和图形范围,有图形的区域都显示出来。

(5)缩放上一个:单击回到前一个视图。

(二)图形的重新生成

连续对视图操作,可能会遇到控制失效的现象,在缩放时状态栏上提示“已无法进一步缩放”,在平移时提示“已到界限最上/下/左/右边界”,说明 AutoCAD 为显示准备的虚拟屏数据需要更新,重新生成后可继续操作。

操作方法:单击菜单栏中的“视图” ➤ “重生成”或“全部重生成”即可。

五、图形文件的操作

在 AutoCAD 2020 中,图形文件管理包括创建新的图形文件、打开已有的图形文件、关闭图形文件及保存图形文件等操作。

(一)新建图形文件

AutoCAD 启动后自动建立一幅“Drawing1. dwg”图形文件,即可以开始绘制图形对象,当需要增加文件时,可创建新的文件,常用的方法如下：

(1)菜单栏:单击 “文件” ➤ “新建”。

(2)“标准”工具栏:单击“新建”按钮。

(3)快捷键:Ctrl+N。

启动新建文件命令后,系统打开如图 1-1-41 所示的“选择样板”对话框。在“选择样板”对话框中,可以在“名称”列表框中选中某一样板文件,在其右面的“预览”框中将显示出该样板的预览图像。单击“打开”按钮,可以以选中的样板创建新图形。

(二)打开图形文件

打开图形文件的操作方法包括以下 3 种：

(1)菜单栏:单击“文件” ➤ “打开”。

(2)“标准”工具栏:单击“打开”按钮。

(3)快捷键:Ctrl+O。

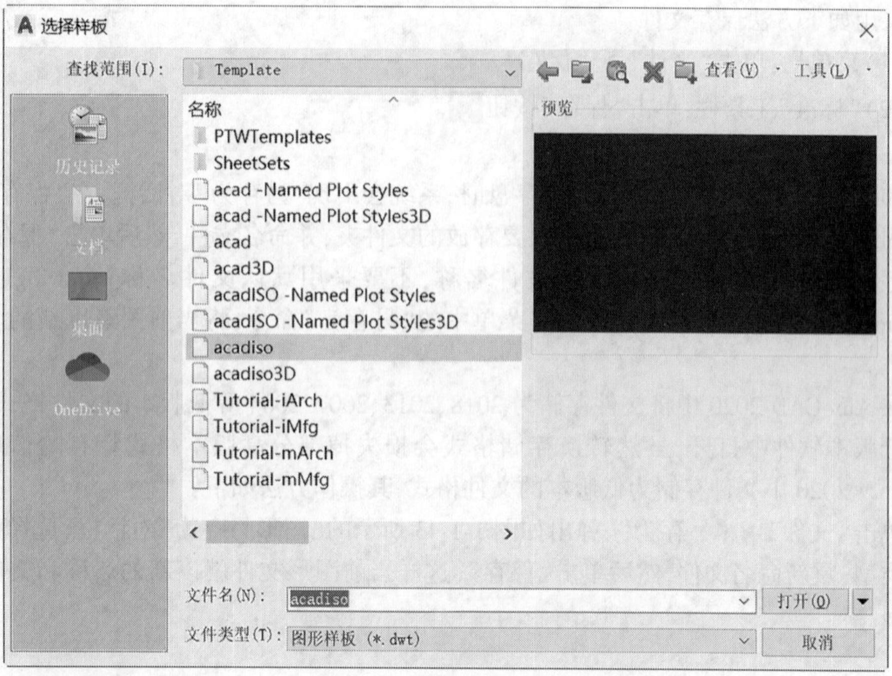

图 1-1-41 “选择样板”对话框

执行上述命令后,打开如图 1-1-42 所示“选择文件”对话框,选择要打开的图形文件,然后单击“打开”;或者双击需要打开的文件。默认情况下,打开的图形文件的格式为“ *.dwg”。

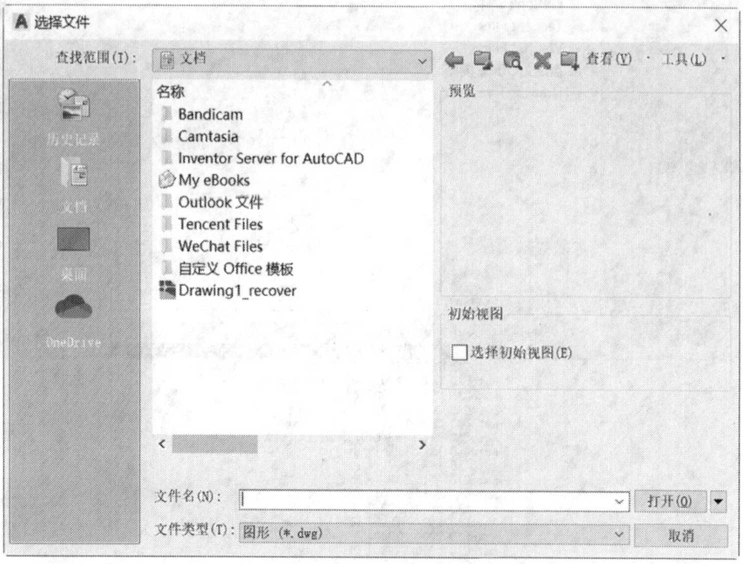

图 1-1-42 “选择文件”对话框

(三)保存图形文件

在绘图过程中要随时保存文件,以免因意外情况导致文件丢失,在 AutoCAD 2020 中,可以采用如下方法保存文件：

(1)菜单栏：单击“文件” ➤ “保存”。

(2)“标准”工具栏：单击“保存”按钮。

(3)快捷键：Ctrl+S。

如果是新建文件，在进行第一次存盘时，系统会出现“另存为”对话框，在“保存于”的下拉列表中，单击选择磁盘，双击进入要存放的文件夹，并命名文件，然后单击“保存”。

存盘时一定要输入自定义的文件名称，不要采用默认文件名称“drawing1. dwg”“drawing2. dwg”等。可以选择“文件”菜单中的“另存为”命令，将当前图形以新的名称保存。

在 AutoCAD 2020 中将文件存储为 2018、2013、2007、2004 等低版本的文件格式，以方便在低版本软件中打开，虽然转换存储格式会损失掉部分高版本格式特有的信息。将 AutoCAD 2020 中文件存储为低版本的文件格式，其操作方法如下：

单击“文件” ➤ “另存为”，弹出如图 1-1-43 所示的“图形另存为”对话框，选择存储的文件类型，重新命名文件，然后单击“保存”，这样当前图形文件就以新的名称和文件类型保存。

图 1-1-43　“图形另存为”对话框

任务实施

一、启动 AutoCAD 2020

双击桌面上 AutoCAD 2020 快捷图标，启动运行 AutoCAD 2020，进入到用户界面，如图 1-1-12 所示。

二、设置绘图环境

（一）设置样板样式

单击“文件”菜单中的“新建”命令，在弹出的“选择样板”对话框中，单击“打开”按钮右边的三角按键，选择“无样板打开-公制(M)”，如图 1-1-44 所示，单击即可。

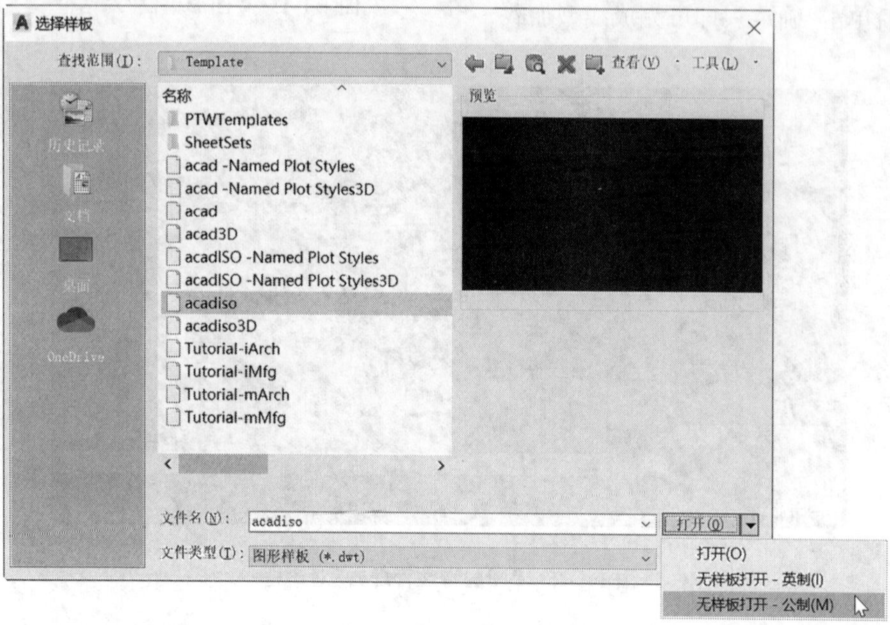

图 1-1-44　“选择样板”对话框

（二）设置绘图单位

单击菜单栏中的“格式” ➤ “单位”，弹出图 1-1-27 所示的“图形单位”对话框，在此对话框中设置绘图单位：长度、角度、插入时的缩放单位等。参数设置参考图 1-1-45。

（三）设置图层及图线

（1）单击对象特性工具栏中的图层按钮，或单击“格式” ➤ “图层”，弹出“图层特性管理器”对话框,单击“新建图层”按钮 ,在图形中创建一个新图层,系统自动命名为“图层 1”,如图 1-1-46 所示。此时图层名称呈现为可编辑状态,输入图层名,如“中心线”,该图层就更名为“中心线”。

(2)单击“中心线”图层上的线型图标“Continuous”,弹出如图 1-1-47 所示的“选择线型”对话框,在其中选择“CENTER”选项,然后单击“确定”完成线型设置。若对话框中没有“CENTER”选项,单击“加载”,弹出如图 1-1-48 所示“加载或重载线型”对话框,选中“CENTER”项,然后单击“确定”,即可完成线型加载。

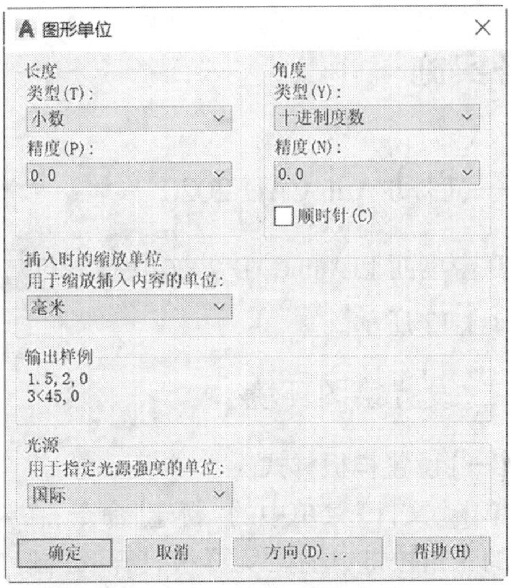

图 1-1-45　“图形单位”对话框

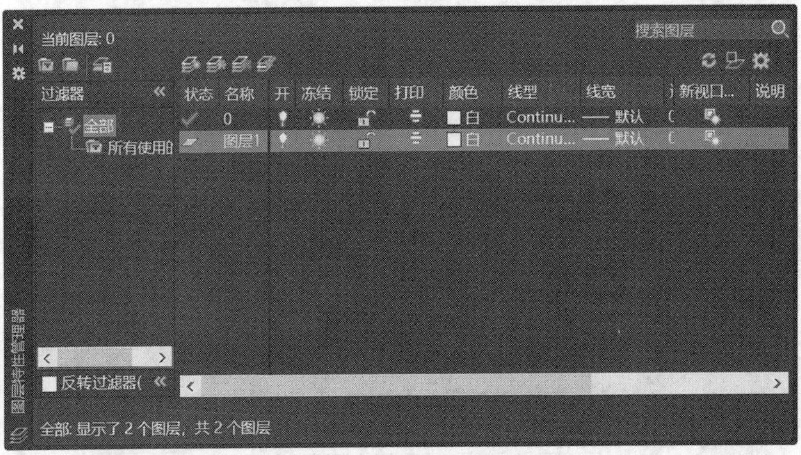

图 1-1-46　“图层特性管理器”对话框

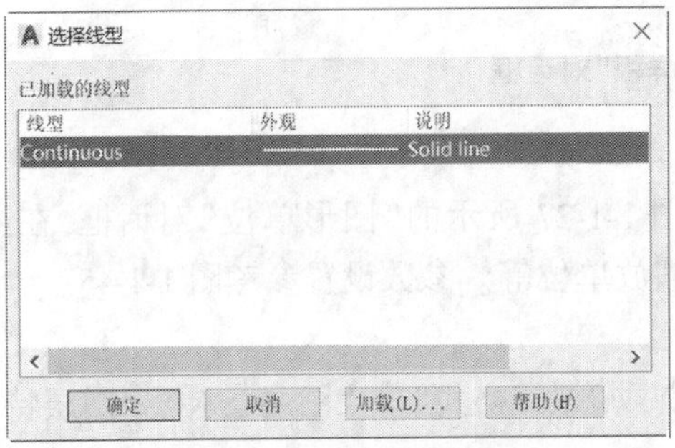

图 1-1-47　“选择线型”对话框

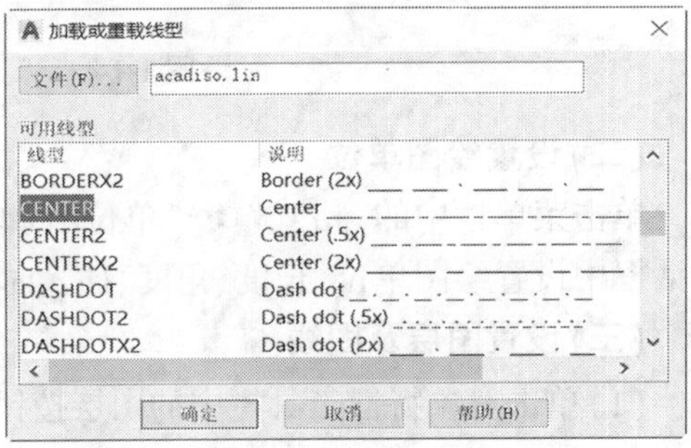

图 1-1-48　“加载或重载线型”对话框

(3)单击“中心线”图层上的线宽图标，弹出如图 1-1-49 所示的“线宽”对话框，在其中选择“0. 25 mm”选项，然后单击“确定”完成线宽设置。

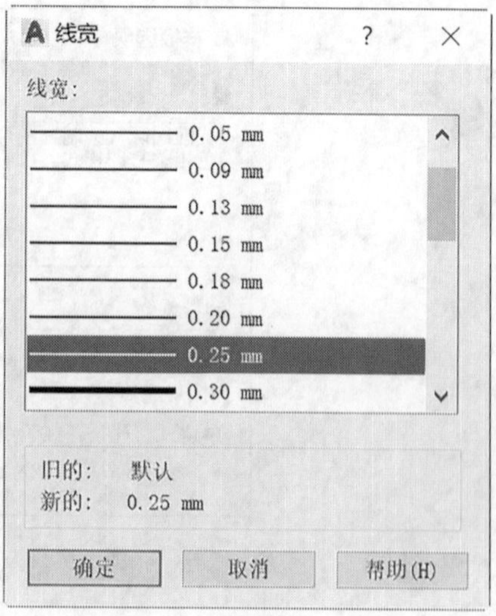

图 1-1-49　“线宽”对话框

(4)单击“图层特性管理器”对话框中的“新建图层”按钮，重复上述操作，在图形中创建新的图层，如“建筑”“道路”“植物”“填充”“标注”“文字”等，各图层参数设置可参考图 1-1-50。单击“图层特性管理器”对话框“关闭”按钮 ×，完成图层特性的设置。至此，图形样板已经建立。

三、保存图形样板

在执行了文件的“保存”或“另存为”命令后，弹出如图 1-1-43 所示的“图形另存为”对话框，在“保存于”下拉列表中指定样板文件的保存路径，在“文件类型”下拉列表中选择“AutoCAD 图形样板(＊. dwt)”项，然后输入样板文件名称，并选择保存文件的磁盘位置。单击“保存”，弹出如图 1-1-51 所示的“样板选项”对话框，在“说明”栏内可以输入对该模板的简短描述，如“园林设计”等，并确定测量单位为“公制”，单击“确定”，完成图形样板的创建。

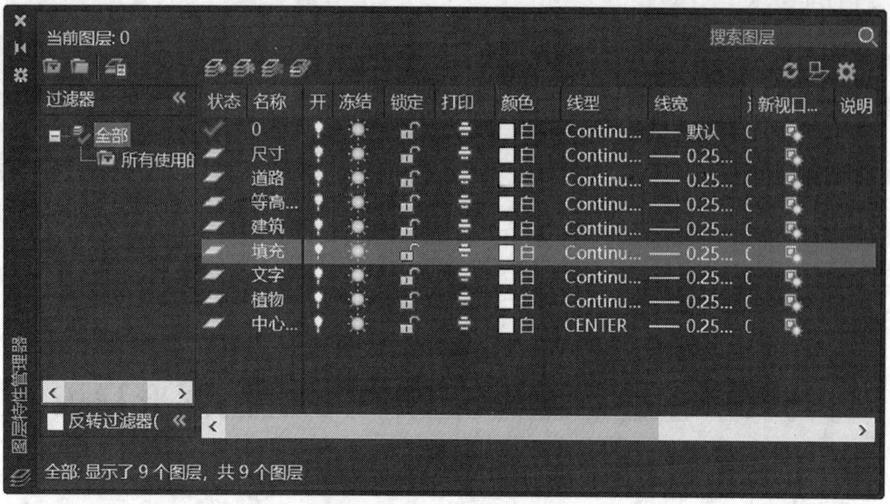

图 1-1-50　设置图层参数

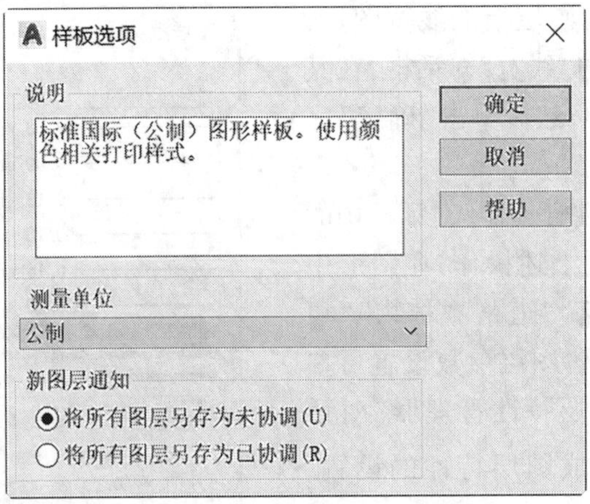

图 1-1-51　“样板选项”对话框

案例实训

实训 1　显示图形文件

一、任务描述

打开图形文件,并进行图形文件显示操作(包括各种形式的放大、缩小和平移等)。

二、目的要求

(1)掌握 DWG 文件的灵活显示方法。
(2)能熟练进行图形文件的放大、缩小和平移等操作。

三、操作步骤

(1)单击菜单栏中的“文件” ➤ “打开”,打开“选择文件”对话框。
(2)打开一个图形文件。
(3)对其进行实时缩放、局部放大、平移等操作。

实训 2　创建名称为“园林 1. dwt”的图形样板

一、任务描述

根据国家制图标准和园林设计的特点,创建名称为“园林 1. dwt”的图形样板文件。

二、目的要求

(1)掌握设置绘图环境的方法。

(2)会设置绘图单位、图层。

(3)能熟练新建文件和保存文件。

三、操作步骤

(1)启动 AutoCAD 2020。

(2)设置绘图环境。

①设置样板样式。

②设置绘图单位。

③设置图层及图线。

(3)保存图形样板。

具体内容与参数设置,参照“模块一项目一任务 2”任务实施。

思考与练习

1. AutoCAD 常用的文件格式有哪几种?

2. 启动 AutoCAD 命令的方法有哪些?

3. 如何进行视图的缩放与平移?如果无法对视图进一步缩放或平移,应如何操作?

4. 如何打开、关闭、保存图形文件?

5. 如何设置 AutoCAD 2020 经典空间?AutoCAD 2020 经典空间工作界面包括哪些内容?

6. 如何打开和关闭工具栏?如何将浮动在作图区中的工具栏改变为固定工具栏?

7. 在 AutoCAD 2020 中,用户可以使用哪些方法来重复执行命令?要撤销前面所执行的命令又该如何操作?

8. 如何创建图形样板?

项目小结

本项目主要介绍了 AutoCAD 2020 的安装、运行、退出和创建图形样板的方法与步骤,它们是绘图之前的一些准备工作,也是利用 AutoCAD 绘制图样必须掌握的基本技能。命令、视图、图形文件和辅助绘图工具的正确操作及熟练程度,是用户更好地应用 AutoCAD 进行绘图、提高绘图效率的基础。

项目二　绘制简单二维图形

【学习目标】

1. 了解简单二维图形在园林设计图中的作用。

2. 掌握坐标输入法。

3. 掌握选择对象的方法,掌握夹点编辑对象的方法。

4. 掌握利用绘图命令(直线、射线、多段线、矩形、构造线、正多边形、圆及圆弧、椭圆及椭圆弧、点、样条曲线)绘制简单二维图形的方法。

5. 掌握利用修改命令(删除、修剪、偏移、拉伸、旋转、镜像、延伸、复制、分解)编辑简单二维图形的方法。

6. 能灵活运用坐标输入法输入点的坐标。

7. 能熟练使用绘图命令和修改命令绘制和编辑简单二维图形。

【工作任务】

任务 1　绘制图纸幅面线、图框线、标题栏

任务 2　绘制地花图案

任务 3　绘制模纹花坛平面图

任务 1　绘制图纸幅面线、图框线、标题栏

【学习目标】

1. 了解国标对图纸幅面规格的要求。

2. 理解坐标输入法,掌握相对直角坐标输入法与相对极坐标输入法。

3. 熟练掌握绘图命令(直线、射线、多段线、矩形)、修改命令(偏移、拉伸、修剪、删除)的操作方法。

4. 能熟练利用坐标输入法输入点的坐标。

5. 能熟练运用绘图命令、修改命令绘制和编辑图纸的幅面线、图框线、标题栏。

任务描述

图纸的幅面线、图框线、标题栏是界定所绘图纸的大小和范围的轮廓线,《房屋建筑制图统一标准》(GB/T 50001—2017)、《风景园林制图标准》(CJJ/T 67—2015)中有明确的规定,用户在绘图时应严格遵守,以保证图纸统一、便于交流、满足设计施工管理等要求。

按图 1-2-1 所示尺寸,绘制 A3 图纸的幅面线、图框线和标题栏。

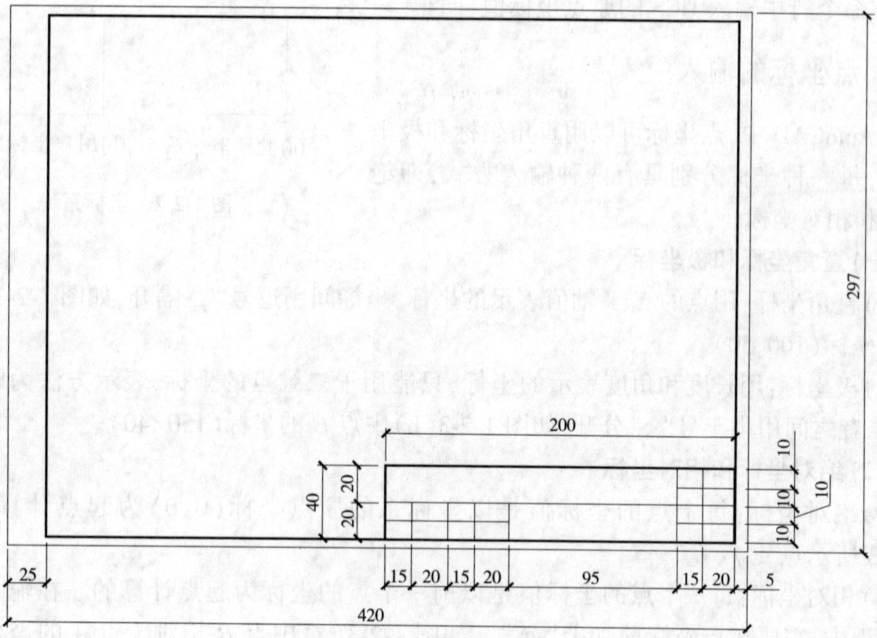

图 1-2-1　A3 图纸幅面线、图框线与标题栏　（单位：mm）

任务分析

国标规定了五种幅面的图纸，每种幅面的图纸大小不同，幅面线、图框线间的尺寸也不尽一致，具体参见《房屋建筑制图统一标准》(GB/T 50001—2017)、《风景园林制图标准》(CJJ/T 67—2015)。标题栏位于图纸的右侧或下面的图框线内，工程用标题栏可根据工程需要确定其格式、尺寸及分区。图 1-2-1 所示的是学生作业用 A3 图纸的标题栏的尺寸。

相关知识

一、坐标系

AutoCAD 有两个坐标系：一个是被称为世界坐标系(WCS)的固定坐标系，一个是被称为用户坐标系(UCS)的可移动坐标系，如图 1-2-2 所示。默认情况下，这两个坐标系在图形中是重合的。

通常在二维视图中，WCS 的原点为 X 轴和 Y 轴的交点(0,0)，WCS 的 X 轴正方向为水平向右，Y 轴正方向为垂直向上。默认情况下，坐标系中的角度以 X 轴的正方向为 0°，以此为起始方向，逆时针旋转为正值，顺时针旋转为负值。

将世界坐标系改为用户坐标系的方法如下：

单击菜单栏“工具”➤“新建(UCS)”➤“原点”命令；或者，在命令行中输入“USB”，回车，在命令行中输入 UCS 的原点坐标值，回车。

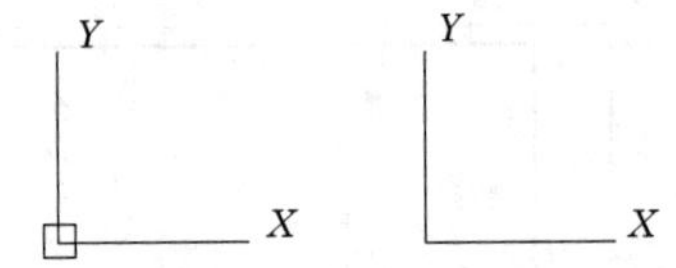

(a)世界坐标系　(b)用户坐标系

图 1-2-2　坐标系

二、点坐标的输入

在 AutoCAD 中，点坐标可以用直角坐标和极坐标表示，每一种坐标分别具有两种输入方式，即绝对坐标和相对坐标。

（一）直角坐标和极坐标

（1）直角坐标：用点的 *X*、*Y* 轴值表示的坐标，坐标间用逗号“，”隔开，如图 1-2-3（a）中点 *A* 的坐标（100,50）。

（2）极坐标：用长度和角度表示的坐标，只能用于二维点的坐标，表示方法为距离和角度，二者之间用小于号“<”分开，如图 1-2-3（b）中点 *C* 的坐标（150<40）。

（二）绝对坐标和相对坐标

（1）绝对坐标：每个点的坐标值是以坐标系的原点坐标（0,0）为起点计算的，如图 1-2-3 所示点 *A*、点 *C*。

（2）相对坐标：每一个点的坐标值是以前一个点的坐标为起点计算的。在输入点坐标的过程中，需要在点坐标前加上“@”。如图 1-2-3（a）中点 *B* 相对于点 *A* 的坐标为@ 150,200；图 1-2-3（b）中点 *D* 相对于点 *C* 的坐标为@ 200<60。

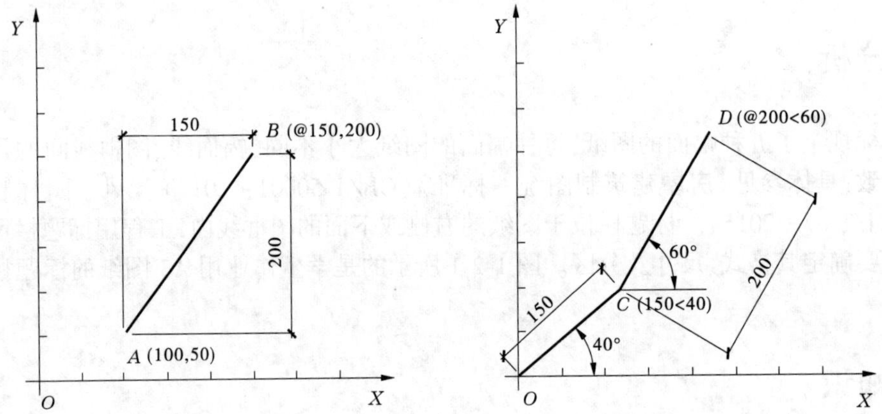

(a)直角坐标　(b)极坐标

图 1-2-3　点的坐标

提示：

在坐标输入前必须关闭中文输入法，坐标值、逗号等命令参数只识别半角英文字符，全角中文字符被视为非法字符，命令不能执行。

三、选择对象的方式

（一）单击

用鼠标指向一个图形对象，亮显后单击，该对象变为蓝色（默认颜色）时，表示被选中，可以连续单击选择其他对象。

(二)全选

要选择图形的全部对象时，通过键盘“Ctrl+A”选择，也可在命令行提示“选择对象：”时，输入“ALL”后回车，此时绘图区域中所有对象均被选中。

(三)窗口选择

在图形左侧用鼠标单击 *A* 点，向右下侧拖动鼠标至 *B* 点，这时在 *A*、*B* 两点之间出现了一个蓝色显示的实线框窗口，该窗口即表示选择的范围，如图 1-2-4(a)所示。将鼠标在 *B* 点单击，则所有被包围在选择窗口中的图形对象被选中，如图 1-2-4(b)所示。

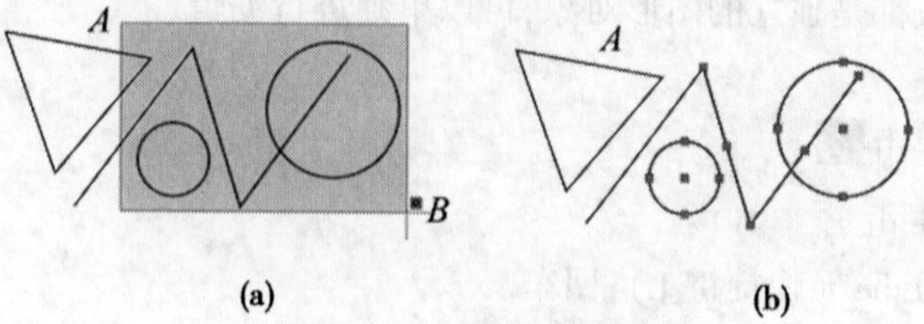

图 1-2-4　窗选图形对象

(四)窗交选择

在图形右侧用鼠标单击点 *B*，向左上侧拖动鼠标至 *A* 点，这时在 *B*、*A* 两点之间出现了一个绿色显示的虚线框窗口，该窗口即表示选择的范围，如图 1-2-5(a)所示。将鼠标在 *A* 点单击，则所有被窗口穿越和包围在窗口中的图形对象全部被选中，如图 1-2-5(b)所示。

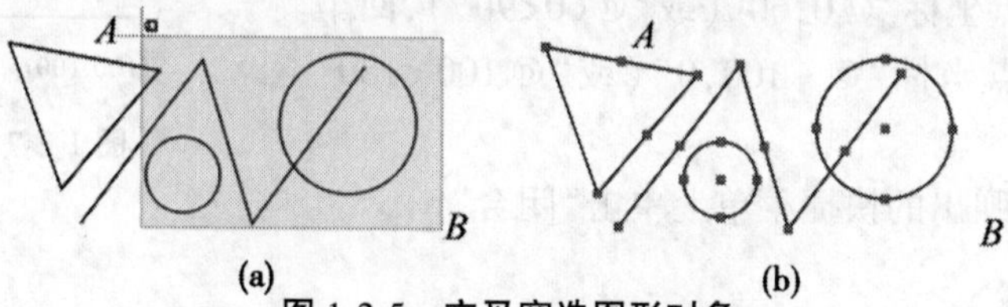

图 1-2-5　交叉窗选图形对象

(五)栏选

在命令行中输入“SELECT”，回车；输入“F”，回车；指定栏选点，回车，结束命令，与栏选线(虚线)相交的所有对象即被选中。该方法常结合“修改”工具栏中的“删除”“修剪”“延伸”命令使用。如删除图 1-2-6(a)中的直线，其操作方法如下：

单击“删除”按钮，输入“F”，回车，命令行提示“第一栏选点：”，在作图区中单击 *A* 点，移动鼠标到 *B* 点单击，两点之间出现一条虚线，然后移动鼠标到 *C* 点单击，右击，单击“确认”，栏选结束。这时虚线所穿过的对象均被选中，如图 1-2-6(b)所示；右击，图中的直线都被删除，如图 1-2-6(c)所示。

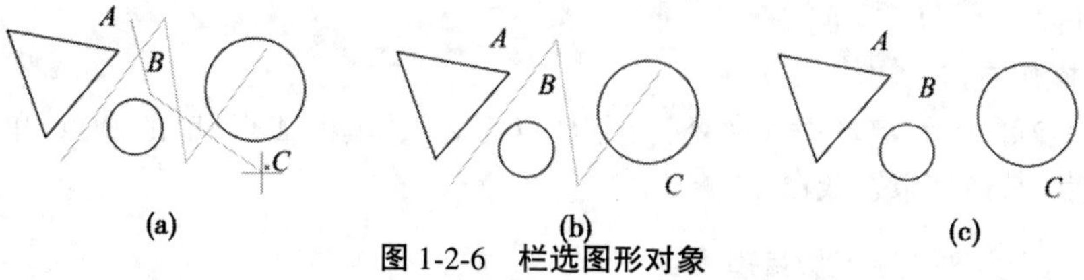

图 1-2-6　栏选图形对象

(六)反选择

把选中的对象从选择集中剔除。按住“Shift”键后,执行单击、窗选或交叉窗选,则被选中的对象的选择状态取消,从选择集中剔除;或按“Esc”键;或右击,在弹出的快捷菜单中单击“全部不选”,可放弃已选择的所有对象。

四、直线

启动直线命令,可以绘制两个坐标点之间的直线段,持续输入点则可以创建一系列连续的线段,每条线段都是独立的图形对象,可以单独进行编辑。

(一)启动命令

绘图工具栏:单击 ╱ 。

“绘图”菜单:单击 ╱ 直线(L) 。

命令行:输入“Line”(快捷键 L),回车。

(二)操作方法

如图 1-2-7 所示,以点 *A*(100,100)为起点,绘制一个 100×60 的矩形。

(1)启动直线命令。

(2)输入 *A* 点坐标“100,100”,回车。

(3)输入 *B* 点坐标“@ 100,0”(或“@ 100<0”),回车。

(4)输入 *C* 点坐标“@ 0,60”(或“@ 60<90”),回车。

(5)输入 *D* 点坐标“@ -100,0”(或“@ 100<180”),回车。

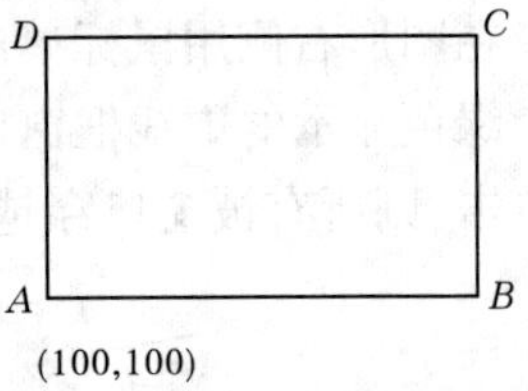

图 1-2-7　绘制矩形

(6)右击,在弹出的快捷菜单上单击“闭合”。

提示:

在绘制直线的过程中,右击鼠标弹出的快捷菜单和直线命令行中的选项含义:“放弃”是指放弃当前绘制的直线,回到上一点;“闭合”是指封闭直线段,使之首尾相连成封闭的多边形。

五、射线

射线是一端固定、另一端无限延伸的直线。射线命令主要用于绘制辅助线。启动命令后,指定射线的起点和通过点,即可绘制一条射线。

(一)启动命令

“绘图”菜单:单击 ↗ 射线(R) 。

命令行:输入“Ray”,回车。

(二)操作方法

如图 1-2-8 所示,启动射线命令,指定 *O* 点为起点,单击 *A* 点、单击 *B* 点、单击 *C* 点为射线通过点,右击结束射线命令。

六、多段线与多段线编辑

利用多段线命令可以创建相互连接的序列线段,在同一序列线段中可以包含直线段、弧线段或两者兼有的组合线段。多段线是单个对象，但每一段均可定义起始和终止的宽度，圆弧在起点处总是与前面的对象相切。

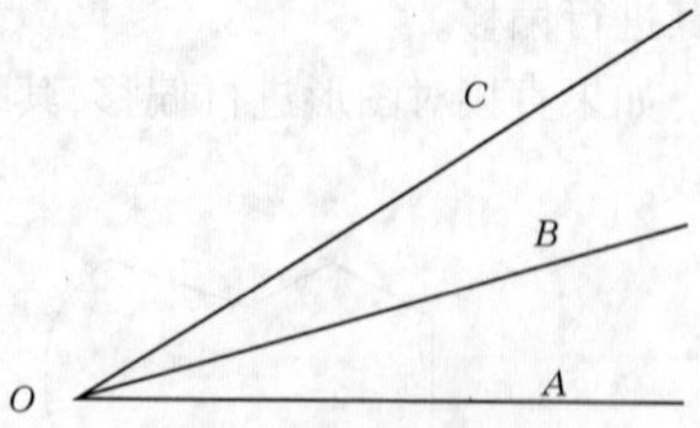

图 1-2-8　绘制射线

（一）绘制多段线

1. 启动命令

绘图工具栏：单击。

“绘图”菜单：单击 多段线(P)。

命令行：输入“Pline”（快捷键 PL），回车。

2. 操作步骤

绘制如图 1-2-9 所示的多段线。

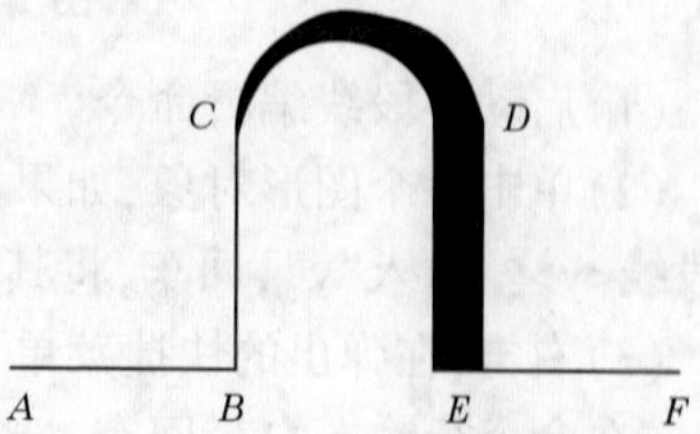

图 1-2-9　绘制多段线

（1）启动多段线命令，打开“正交”模式。

（2）单击 A 点，沿水平方向向右移动光标，输入“50”，回车，从 B 点垂直向上移动光标，输入“50”，回车。

（3）右击，在弹出的快捷菜单上，单击“圆弧”；右击，单击“宽度”，输入 C 点宽度“0”，回车，输入 D 点宽度“10”，回车，沿 C 点水平方向向右移动光标，输入“50”，回车。

（4）右击，单击“直线”，沿 D 点垂直向下移动光标，输入“50”，回车。

（5）右击，单击“宽度”，输入 E 点宽度“0”，回车，输入 F 点宽度“0”，回车，沿 E 点水平方向移动光标，输入“50”，回车，结束多段线的绘制。

（二）编辑多段线

多段线可以进行多项编辑，如修改其宽度、开口或封闭、移动顶点位置、增减顶点数、样条曲线化、直线化和拉直等，合并和拟合较为常用。

如果直线、圆弧或另一条多段线的端点相互连接或接近，则可以将它们合并到打开的多段线。如果端点不重合，而是相距一段可设定的距离（称为模糊距离），则通过修剪、延伸或将端点用新的线段连接起来的方式来合并端点。

1. 启动命令

工具栏：在任意工具栏上右击，单击“修改Ⅱ”，打开如图 1-2-10 所示的“修改Ⅱ”工具栏，单击。

图 1-2-10　“修改Ⅱ”工具栏

“修改”菜单：单击“对象”➤“多段线”。

命令行：输入“Pedit”（快捷键 PE），回车。

2. 操作步骤

例 1：图 1-2-11(a)所示为直线、多段线及圆弧围合成的图形，将其转变为多段线，并对其进行偏移。

如果直接对图形进行偏移,其结果如图 1-2-11(b)所示,不能转变为首尾相连的内轮廓线。

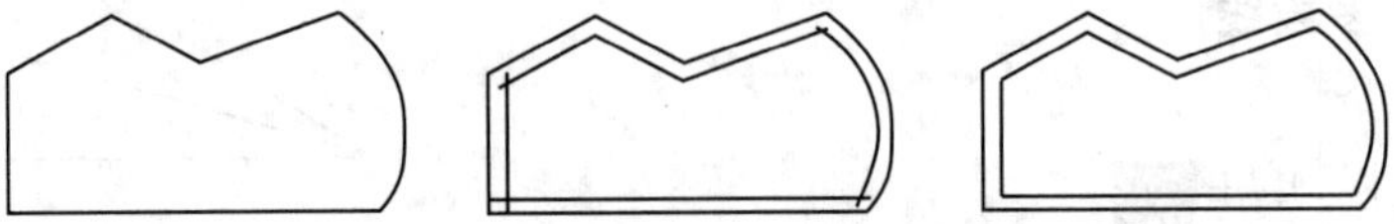

(a) (b) (c)

图 1-2-11 一般图线转变为多段线

(1)启动多段线编辑命令。

(2)单击一个图形对象,如果这个对象不是多段线,则命令行提示:是否将其转换为多段线<y>? 输入“y”,回车,将其转变为多段线。

(3)右击,在弹出的快捷菜单上单击“合并”,选择要合并的对象,右击,完成多段线转换(或在命令行输入“J”,回车;选择要合并的对象,回车,回车)。

(4)使用偏移命令,对多段线进行偏移,结果如图 1-2-11(c)所示。

例 2:将图 1-2-12(a)所示的多段线拟合为曲线。

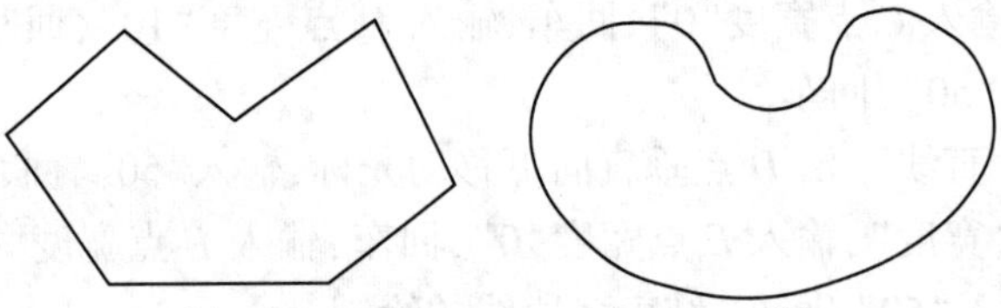

(a) (b)

图 1-2-12 拟合多段线

(1)启动多段线编辑命令。

(2)单击多段线,右击在弹出的快捷菜单上单击“拟合”,回车,此时多段线拟合为曲线,如图 1-2-12(b)所示(或在命令行输入“F”,回车;选择要拟合的对象,回车,回车)。

七、矩形

通过定义矩形两个对角点的位置完成矩形的绘制。

(一)启动命令

绘图工具栏:单击 ;

“绘图”菜单:单击 矩形(G);

命令行:输入“Rectang”(快捷键 REC),回车。

(二)操作步骤

执行矩形命令可以绘制直角矩形、圆角矩形和倒角矩形。

例 1:绘制如图 1-2-13(a)所示的矩形(200×150)。

(1)启动矩形命令。

(2)单击 *A* 点,输入“@ 200,150”,回车,即可得到长 200、宽 150 的矩形。

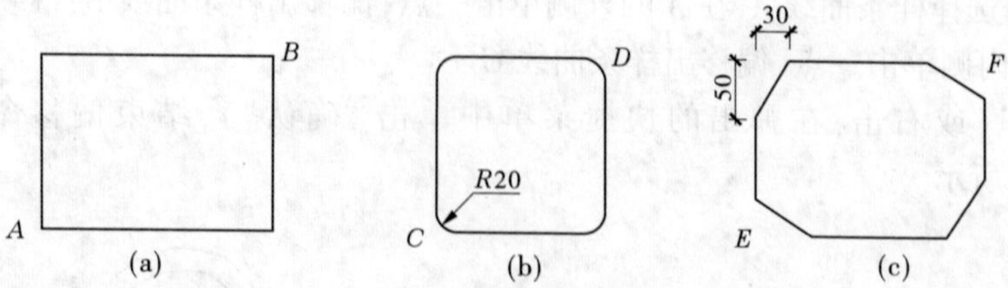

图 1-2-13　绘制矩形

例 2:绘制如图 1-2-13(b)所示的矩形(150×150)。

(1)启动矩形命令。

(2)右击,在弹出如图 1-2-14 所示的快捷菜单中单击"圆角"(或在命令行中输入"F",回车),输入"R",回车,输入半径值"20",回车。

(3)单击 C 点,输入"@150,150",回车,结果如图 1-2-13(b)所示。

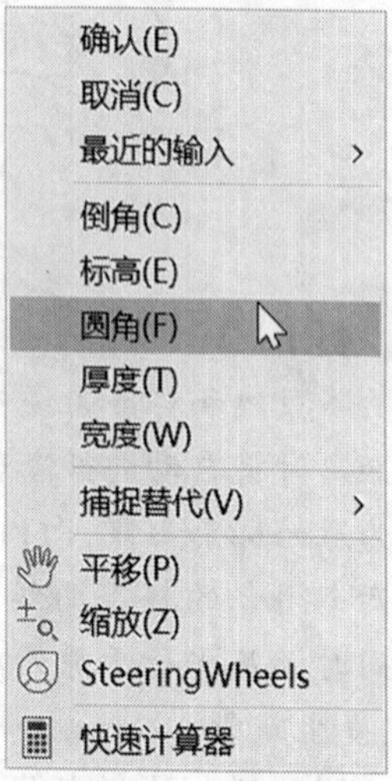

图 1-2-14　快捷菜单

例 3:绘制如图 1-2-13(c)所示的矩形(200×150)。

(1)启动矩形命令。

(2)右击,在弹出图 1-2-14 所示的快捷菜单中单击"倒角"(或在命令行中输入"C",回车),输入矩形的第一个倒角距离"30",回车,再输入矩形的第二个倒角距离"50",回车。

(3)单击 E 点,输入"@200,150",回车,结果如图 1-2-13(c)所示。

提示:

如果设置的圆角或倒角显示不出来,说明圆角的半径或倒角的距离相对于边长来说过大或过小。如果过大,则需要重新设置;如果过小,则需要通过视图缩放来显示。

若设置参数不变,再次启动矩形命令时仍以该参数绘制矩形。如当前绘制的是倒角矩形,若要绘制直角矩形,则需要把两个倒角距离都设置为 0。

八、偏移

偏移命令可以创建一个与选择对象平行的新对象,如同心圆、平行线、平行曲线等。

(一)启动命令

修改工具栏:单击⊆。

"修改"菜单:单击 ⊆ 偏移(S)。

命令行:输入"Offset"(快捷键 O),回车。

(二)操作步骤

例 1:利用指定偏移距离 100,将图 1-2-15(a)所示的样条曲线 A 进行偏移。

(1)启动偏移命令。

(2)输入偏移距离"100",回车。

(3)单击选择样条曲线 A,在 A 的外侧单击一点,偏移出样条曲线 B;继续选择样条曲线 A,在 A 的内侧单击一点,偏移出样条曲线 C。

(4)回车(或右击,在弹出的快捷菜单中单击“确认”),结束偏移命令,结果如图 1-2-15(b)所示。

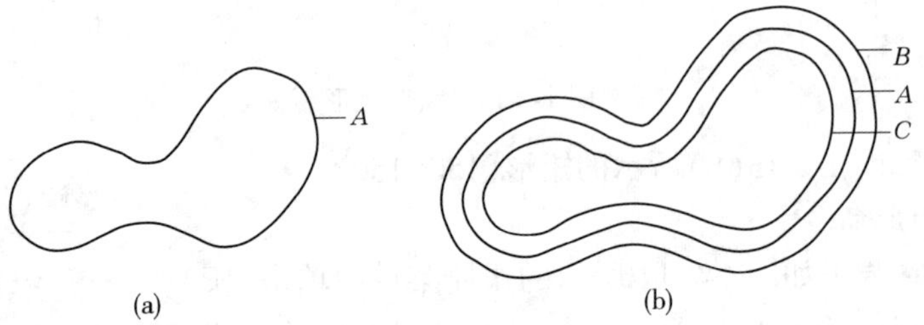

图 1-2-15　根据指定偏移距离偏移样条曲线

提示:

多段线和样条曲线在偏移距离大于可调整的距离时将自动进行修剪,如图 1-2-16 所示,虚线为原始样条曲线,向内侧偏移时自动修剪,分成两个闭合的样条曲线,向外侧偏移时由于不能同时满足平行于原始对象和自身光滑两个条件,发生断裂。

图 1-2-16　样条曲线的偏移效果

例 2:选择通过点偏移对象,将图 1-2-17(a)中的直线 a 通过三角形的三个顶点进行偏移。

(1)启动偏移命令。

(2)右击,在弹出的快捷菜单中单击“通过”,或在命令行中输入“T”,回车。

(3)单击选择直线 a,然后捕捉 A 点单击;重复选择直线 a,捕捉 B 点单击;重复选择直线 a,捕捉 C 点单击。

(4)回车(或右击,然后单击“确认”),结果如图 1-2-17(b)所示。

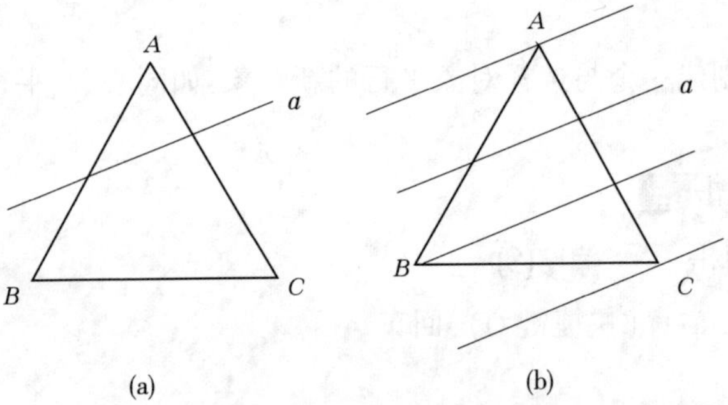

图 1-2-17　选择通过点偏移图形

九、拉伸

拉伸命令用来拉伸与交叉窗口相交的对象,如直线、多段线、样条曲线、圆弧、矩形、二维实体等,并且包含在交叉窗口内的端点被移动,而窗口外的端点不被移动。

(一)启动命令

修改工具栏:单击。

“修改”菜单:单击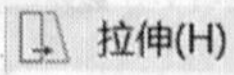。

命令行:输入“Stretch”(快捷键 S),回车。

(二)操作步骤

通过拉伸改变花架尺寸的大小,如图 1-2-18 所示。

(1)启动拉伸命令。

(2)单击 *A* 点,拖动鼠标到 *B* 点,以交叉窗选的方式选中花架的右半边,如图 1-2-18(b)所示,右击。

(3)打开“正交”模式,在花架右下方单击一点作为拉伸基点,向右拖动鼠标如图 1-2-18(c)所示,输入拉伸的长度“600”,回车,结果如图 1-2-18(d)所示,花架的宽度拉伸后为 2200。

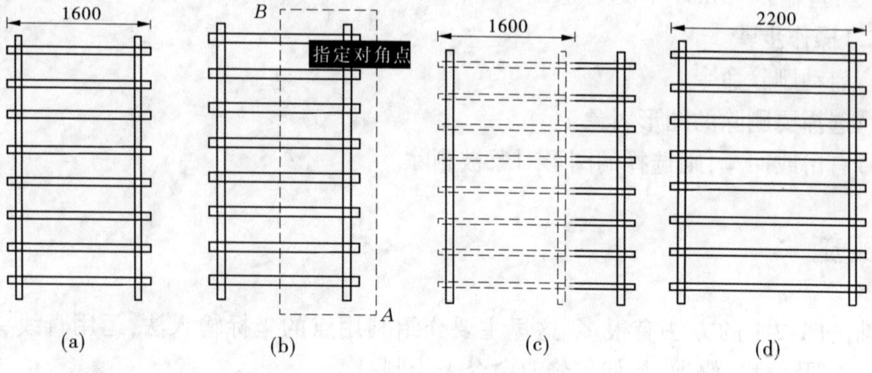

图 1-2-18　拉伸对象

十、修剪

修剪命令是以指定的图形对象为剪切边,将要修剪的对象剪去超出的部分。

(一)启动命令

修改工具栏:单击。

“修改”菜单:单击。

命令行:输入“Trim”(快捷键 TR),回车。

(二)操作步骤

逐一修剪对象,以三角形的边为边界完成图 1-2-19(a)中的两条直线的修剪。

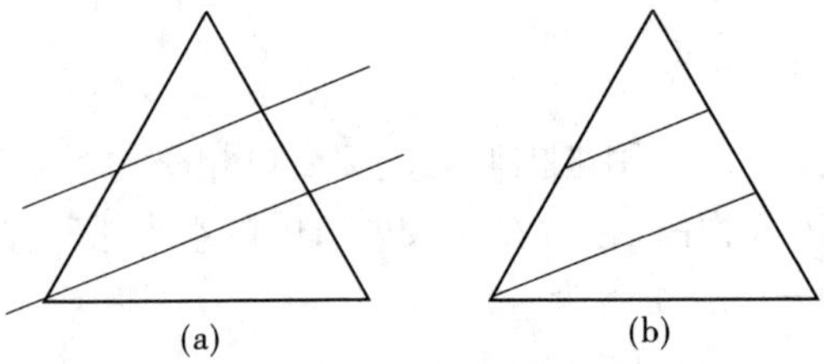

图 1-2-19　逐一修剪对象

(1)启动修剪命令。

(2)选择三角形的边作为剪切边,右击。

(3)逐一单击对象上要剪掉的部分。

(4)回车结束命令(或右击,在弹出的快捷菜单中单击“确定”),结果如图 1-2-19(b)所示。

十一、删除

(一)启动命令

修改工具栏:单击。

“修改”菜单:单击 删除(E)。

命令行:输入“Erase”(快捷键 E),回车。

(二)操作步骤

(1)启动删除命令。

(2)选择要删除的图形对象。

(3)右击或回车,则选择的图形对象被删除。

任务实施

绘制图 1-2-1 的方法有很多,这里主要介绍利用点的坐标输入法,运用直线、矩形等绘图命令以及偏移、修剪、拉伸等修改命令来绘制。

一、绘制幅面线

启动矩形命令,指定第一个角点:在绘图区内单击任一点 A;指定另一个角点:输入角点坐标“@ 420,297”,回车,这样即可得到幅面线,如图 1-2-20 所示。

二、绘制图框线

启动偏移命令,把幅面线向内偏移 5。

启动拉伸命令,以交叉窗口选择刚偏移的矩形的左侧的两个端点,右击结束选择对象,打开“正交”模式,鼠标在绘图区单击一点作为拉伸基点,向右拖动鼠标,输入拉伸的长度“20”,回车,结果如图 1-2-21 所示。

图 1-2-20　绘制幅面线

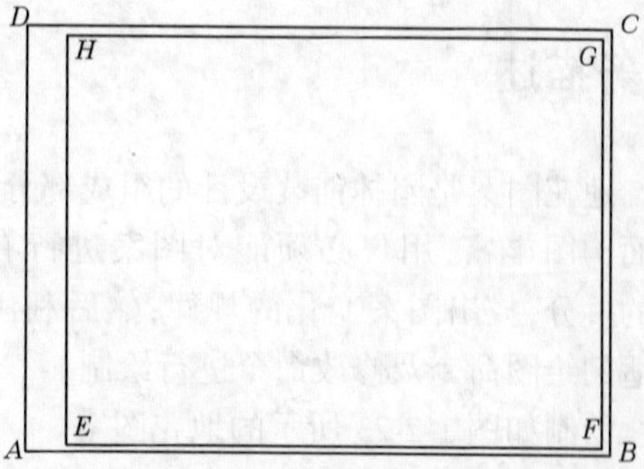

图 1-2-21　绘制图框线

三、绘制标题栏

启动直线命令，打开“对象捕捉”模式和“正交”模式，捕捉 *F* 点后单击，调整鼠标方向向上为 *Y* 轴向，输入“40”，回车，得到 *L* 点；调整鼠标方向向左为 *X* 轴向，输入“200”，回车，得到 *M* 点；调整鼠标方向向下为 *Y* 轴向，捕捉到与图框线的垂足 *N* 点后单击，回车结束直线命令，得到标题栏外框线。

启动直线命令，捕捉 *MN* 的中点 *P* 后单击，捕捉 *FL* 的中点 *Q* 后单击，回车结束直线命令，得到标题栏水平中线 *PQ*。

启动偏移命令，将直线 *PQ* 向上、向下各偏移 10；将直线 *MN* 向右依次偏移 15、20、15、20、95、15，回车结束偏移命令。

启动修剪命令，修剪多余的线段，结果如图 1-2-22 所示。

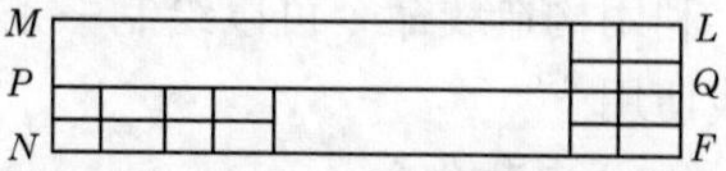

图 1-2-22　绘制标题栏

四、调整线宽

选择图框线、标题栏外框线，打开线宽控制器，选择 0.35 即可。

提示：

绘制直线、多段线时，打开“正交”模式，调整鼠标方向为 *X* 轴向或 *Y* 轴向，直接输入直线的长度即可得到下一端点。

任务 2　绘制地花图案

【学习目标】

1. 了解地花图案的造型特点。

2. 熟练掌握绘图命令（构造线、正多边形、圆及圆弧、椭圆及椭圆弧、点）、修改命令（旋转、镜像）的操作方法。

3. 能正确运用绘图命令、修改命令绘制和编辑地花图案。

任务描述

地花图案是园林铺装设计的组成部分,平面构图丰富,用户必须能对图案进行有效的拆分,找出图案变化的规律,然后利用合适的绘图命令及修改命令进行绘制。

绘制如图 1-2-23 所示的地花图案。

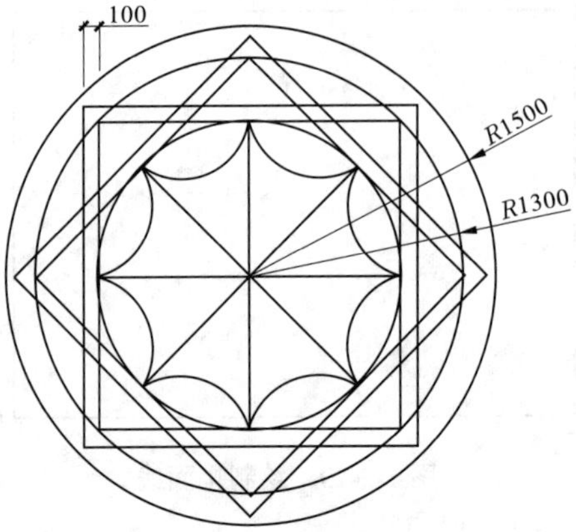

图 1-2-23　地花图案

任务分析

地花图案一般有规则的几何外形,如圆形、方形、椭圆形等,内部的纹样呈规律性变化,如对称、均分等。只有把握了它的变化规律,并选择 AutoCAD 有关命令进行绘制,才能提高作图效率。

相关知识

一、构造线

利用构造线命令可以绘制一条向两个方向无限延伸的直线,在绘图中一般用来作辅助线使用。

(一)启动命令

绘图工具栏:单击 。

“绘图”菜单:单击 构造线(T)。

命令行:输入“Xline”(快捷键 XL),回车。

(二)操作步骤

绘制如图 1-2-24 所示的构造线 *A*、*B*、*C*。

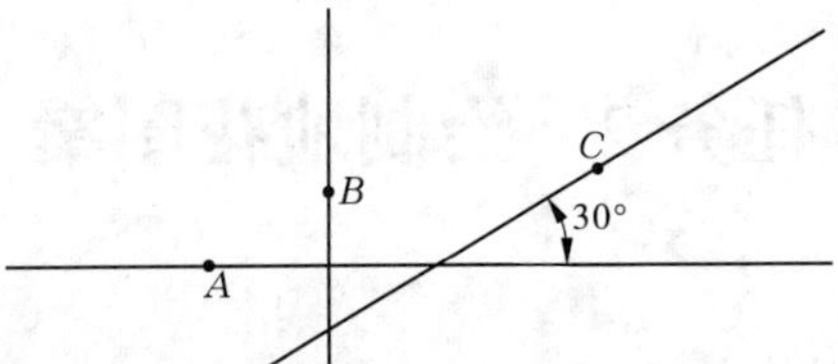

图 1-2-24　构造线的绘制

(1)启动构造线命令。

(2)在命令行中输入选项“H”,回车(或右击,在弹出的如图 1-2-25(a)所示的快捷菜单中选择“水平”),单击 *A* 点,右击结束命令。

(3)右击,在弹出的如图 1-2-25(b)所示的快捷菜单中选择“重复 XLINE(R)构造线”,在命令行中输入“V”,回车(或右击,在弹出的快捷菜单中选择“垂直”),单击 B 点,右击结束命令。

(a) (b)

图 1-2-25 快捷菜单

(4)右击,在弹出的快捷菜单中选择“重复 XLINE(R)”,在命令行中输入选项“A”,回车(或右击,在弹出的快捷菜单中选择“角度”),输入“30”,回车,单击 C 点,右击结束构造线的绘制。

二、正多边形

利用正多边形命令可以绘制 3~1024 条边长相等的多边形,这是绘制正三角形、正五边形、正六边形、正八边形等图形的快捷方法。

(一)启动命令

绘图工具栏:单击。

“绘图”菜单:单击 多边形(Y)。

命令行:输入“Polygon”(快捷键 POL),回车。

(二)操作步骤

正多边形有两种绘制方法:一种是已知多边形的中心与内接圆或外切圆的半径;另一种是已知正多边形一条边的长度和位置。

例 1:绘制如图 1-2-26(a)、(b)所示的正六边形。

(1)启动正多边形命令。

(2)输入正多边形的边数“6”,回车。

(3)单击 O 点,指定为绘制正多边形的中心点,在动态输入选项中,如图 1-2-27(a)单击“内接于圆”或“外切于圆”(或者右击,在弹出的如图 1-2-27(b)所示的快捷菜单中单击

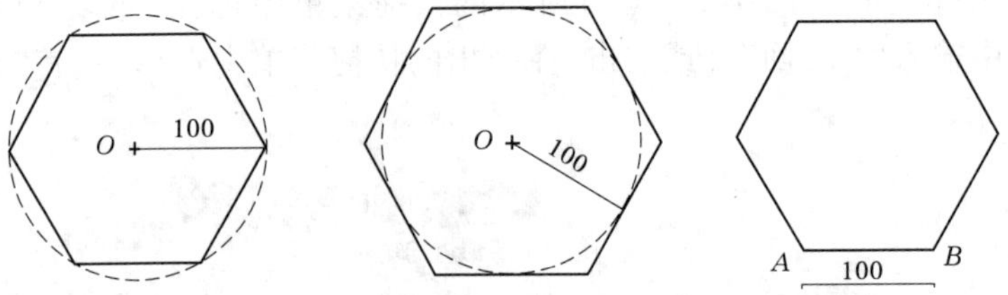

(a)内接于圆　　(b)外切于圆　　(c)边

图 1-2-26　**绘制正六边形**

“内接于圆”或“外切于圆”),输入圆的半径“100”,回车。结果如图 1-2-26(a)、(b)所示。

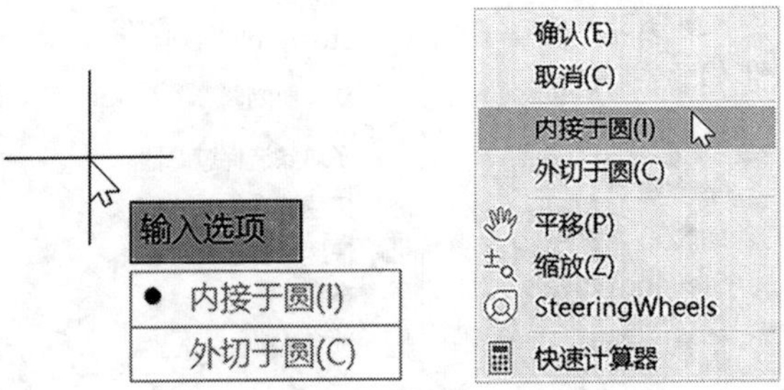

(a)　　(b)

图 1-2-27　**快捷菜单**

例 2:绘制如图 1-2-26(c)所示的正六边形。

(1)启动正多边形命令。

(2)输入正多边形的边数“6”,回车。

(3)在命令行中输入选项“E”,回车;或右击,在弹出的如图 1-2-28 所示的快捷菜单中单击“边(E)”。

(4)在作图区中单击 A 点,输入“@ 100,0”,回车。

提示:

选择选项“边(E)”绘制正多边形,只要指定多边形的一条边,系统将按逆时针方向创建该正多边形。

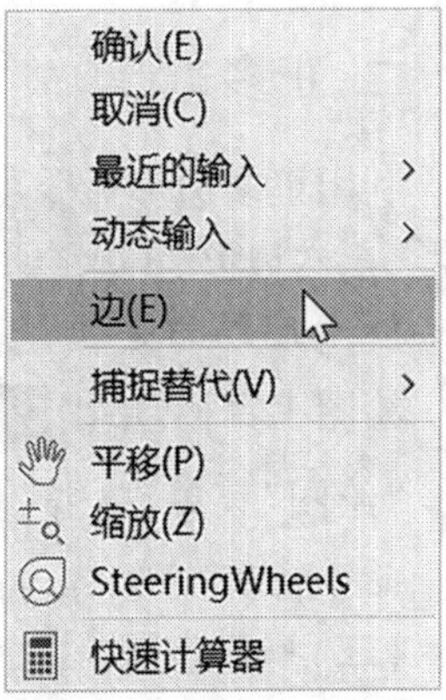

图 1-2-28　**快捷菜单**

三、圆

要创建圆,可以指定圆心、半径、直径、圆周上的点和其他对象上的点的不同组合。

(一)启动命令

绘图工具栏:单击。

“绘图”菜单:单击 圆(C) 。

命令行:输入“Circle”(快捷键 C),回车。

(二)操作步骤

绘图菜单“圆”命令的下拉菜单中有6种绘制圆的方法,如图1-2-29所示。其中通过“相切、相切、半径(T)”或“相切、相切、相切(A)”绘制圆命令,需要打开对象捕捉,并指定对象与圆的递延切点。

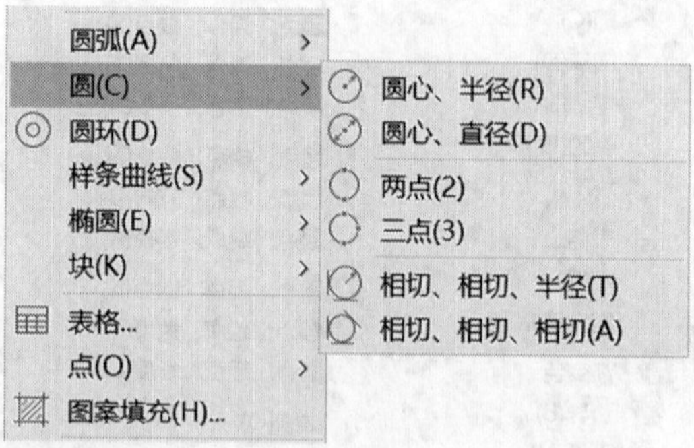

图1-2-29　“绘图”菜单“圆”命令的下拉菜单

例1:如图1-2-30(a)所示,绘制半径为50的圆。

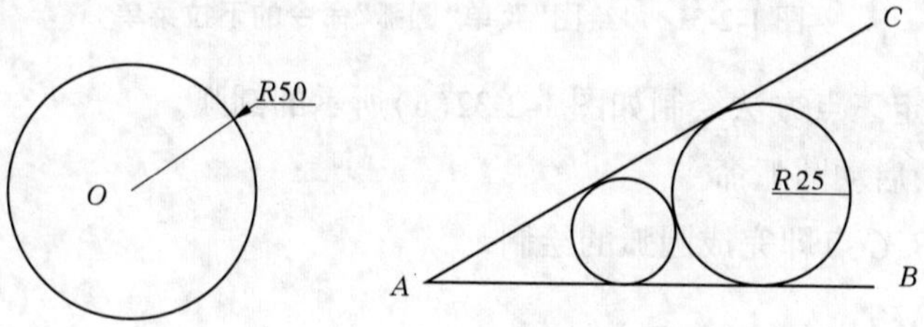

(a)指定“圆心、半径”　　(b)利用相切元素绘制圆

图1-2-30　绘制圆

(1)启动圆命令。

(2)单击 *O* 点,输入“50”,回车。

例2:如图1-2-30(b)所示,在直线 *AB* 和 *AC* 间绘制圆。

(1)执行“绘图”➤“圆➤“相切、相切、半径(T)”命令,在作图区中单击直线 *AB* 和 *AC*,输入“25”,回车。

(2)执行“绘图”➤“圆”➤“相切、相切、相切(A)”命令,在作图区中单击直线 *AB*、*AC* 和圆即可。

四、圆弧

要绘制圆弧,可以指定圆心、端点、起点、半径、角度、弦长和方向等各种组合形式。

(一)启动命令

绘图工具栏:单击。

“绘图”菜单:单击 圆弧(A) 。

命令行:输入“Arc”(快捷键A),回车。

(二)操作步骤

“绘图”菜单“圆弧”命令的下拉菜单中有 11 种绘制圆弧的方法,如图 1-2-31 所示。

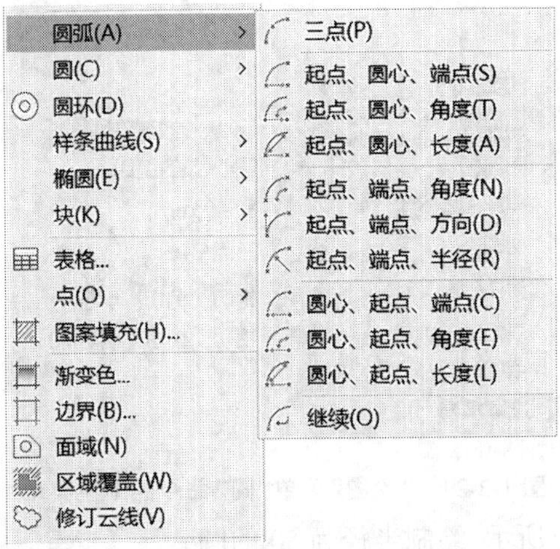

图 1-2-31　“绘图”菜单“圆弧”命令的下拉菜单

例 1:利用指定三点方法绘制如图 1-2-32(a)所示的圆弧。

(1)单击 ,启动圆弧命令。

(2)单击 *A*、*B*、*C* 点即完成圆弧的绘制。

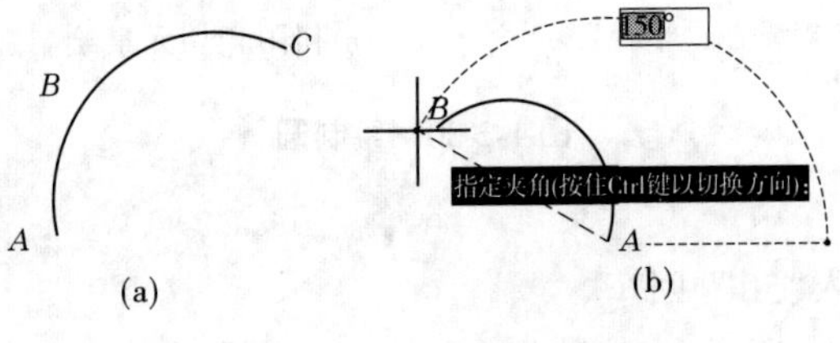

图 1-2-32　指定三点绘制圆弧

例 2:利用“起点、端点、角度”命令绘制如图 1-2-32(b)所示的圆弧。

(1)单击菜单“绘图” ➤ “圆弧” ➤ “起点、端点、角度”。

(2)在作图区中单击 *A*、*B* 点,输入角度“150”,回车。

提示:

除默认画弧外,其他方法都是从起点到端点逆时针方向画弧。

用“圆弧”命令下拉菜单中的“继续”命令绘制的圆弧与上一线段或圆弧相切,继续画圆弧,提供端点即可。

五、椭圆及椭圆弧

(一)启动命令

绘图工具栏:单击 。

"绘图"菜单:单击 椭圆(E) 。

命令行:输入"Ellipse"(快捷键 EL),回车。

(二)操作步骤

例 1:利用"轴端点"绘制如图 1-2-33(a)所示的椭圆。

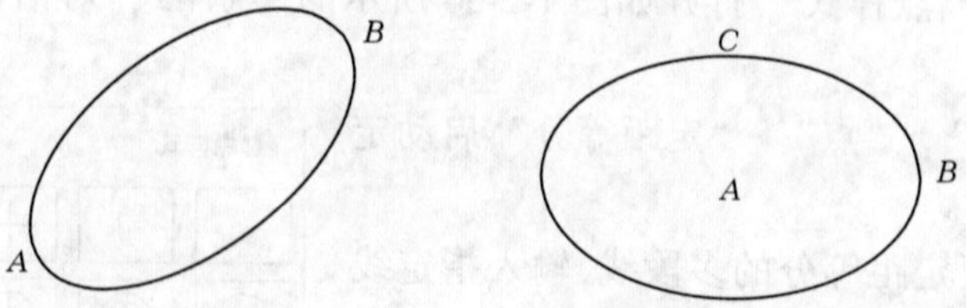

(a)利用"轴端点"　(b)利用"中心点"

图 1-2-33　绘制椭圆

(1)单击 ,启动椭圆命令。

(2)单击 *A* 点,指定椭圆的轴端点,单击 *B* 点,指定椭圆另一轴端点,输入"30",回车,以指定另一条半轴的长度,或单击一点。

例 2:利用中心点命令绘制图 1-2-33(b)所示的椭圆。

(1)执行"绘图"➤"椭圆"➤"圆心"命令。

(2)在作图区中单击 *A* 以指定椭圆的中心点,输入"@ 60,0",回车,以指定轴端点,输入"40",回车,来指定另一条半轴长度。

六、点、定数等分与定距等分

点在 AutoCAD 中有多种不同的表示方式,用户可根据需要进行大小与样式的设置。定数等分和定距等分是在一个线对象的长度等分点上放置点对象或图块。

(一)启动命令

绘图工具栏:单击 。

"绘图"菜单:单击 点(O) 。

命令行:输入"Point"(快捷键 PO),回车。

(二)操作步骤

"绘图"菜单"点"命令的下拉菜单中列有 4 种绘制点的方法,如图 1-2-34 所示。

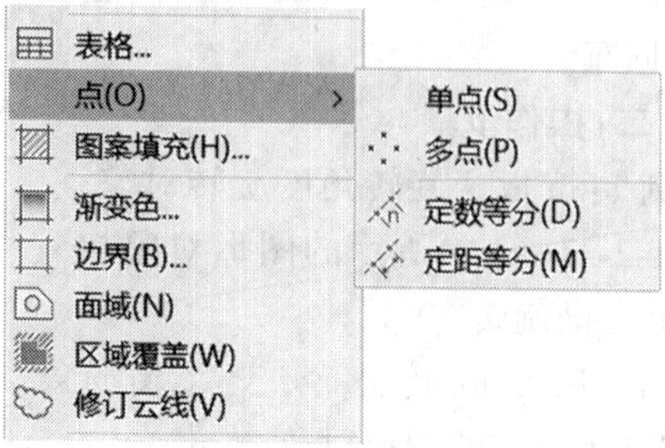

图 1-2-34　"绘图"菜单"点"命令的下拉菜单

例:如图 1-2-35 所示,用定距等分沿多段线间距 150 插入定位点。

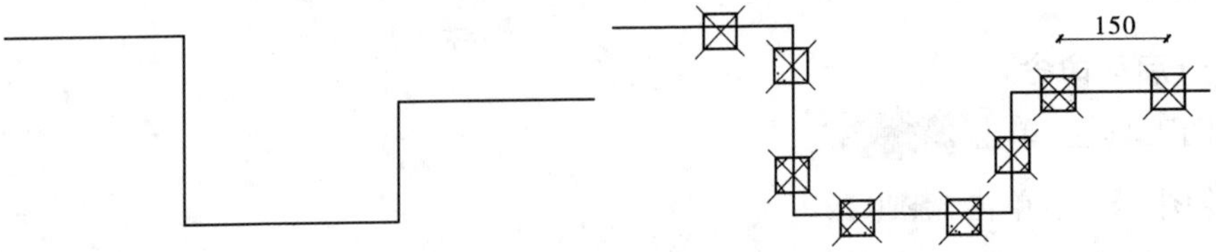

(a)　　(b)

图 1-2-35　定距等分对象

(1)设置点样式。

单击“格式” ➤ “点样式”,打开如图 1-2-36 所示的“点样式”对话框,选择点样式符号,单击“确定”。

(2)单击“绘图” ➤ “点” ➤ “定距等分”,启动定距等分命令。

(3)单击选择要定距等分的多段线,输入指定线段的长度“150”,回车,结果如图 1-2-35(b)所示。

提示:

在定距等分对象过程中,单击选择对象的点距离哪一端近,就从哪一端点开始测量。定数等分与定距等分常用于沿园路等弯曲对象放置坐凳、果皮箱、树木栽植点等定位点。

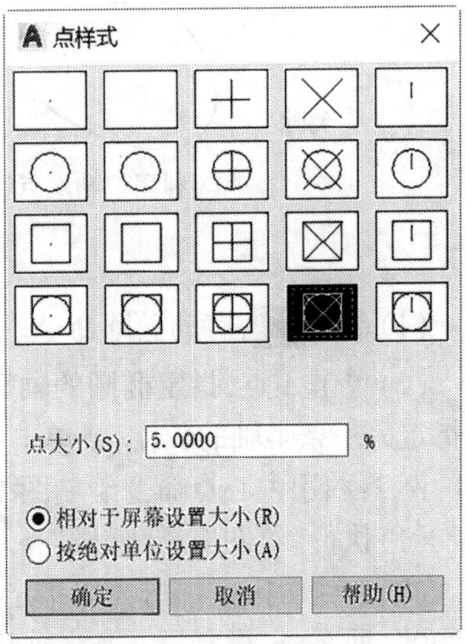

图 1-2-36　“点样式”对话框

七、旋转

旋转命令可以将某一对象绕指定的基点旋转一定的角度。

(一)启动命令

修改工具栏:单击 。

“修改”菜单:单击 旋转(R)。

命令行:输入“Rotate”(快捷键 RO),回车。

(二)操作步骤

例 1:按指定旋转角度旋转对象,将图 1-2-37(a)中所示的图形对象按顺时针方向旋转 30°。

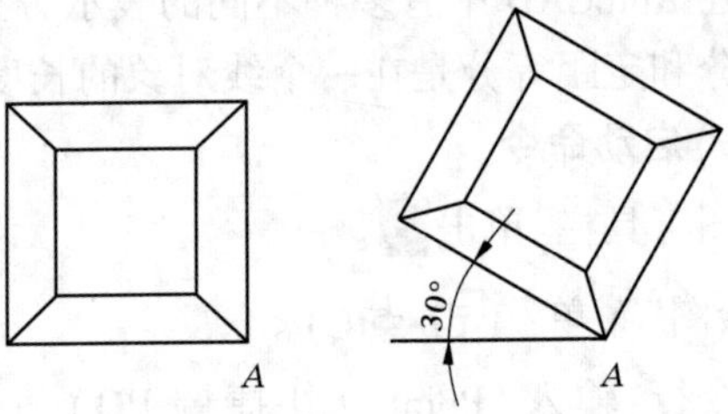

(a)　　(b)

图 1-2-37　按指定角度旋转对象

(1)启动旋转命令,交叉窗选图 1-2-37(a)中的图形对象,右击。

(2)捕捉 *A* 点作为基点,单击。

(3)输入“-30”,回车,结果如图 1-2-37(b)所示。

例 2:参照图形对象旋转对象,将图 1-2-38(a)中的图形对象旋转至图 1-2-38(b)直线 AC 处。

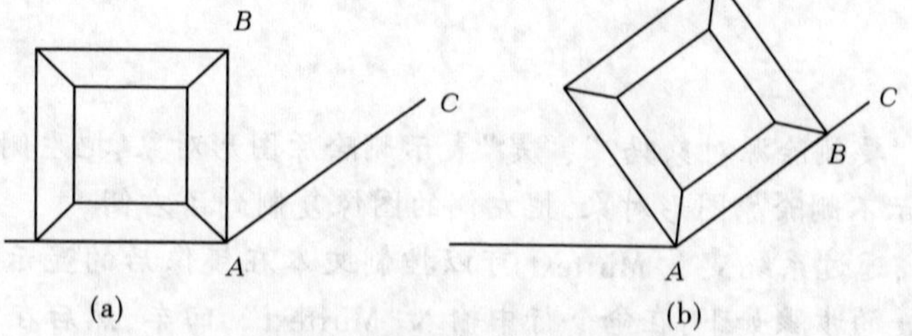

图 1-2-38　参照对象进行对象旋转

(1)启动旋转命令,交叉窗选图 1-2-38(a)中所示的图形对象,右击。

(2)捕捉 A 点为基点,单击。

(3)右击,在弹出的快捷菜单上单击“参照”。

(4)顺序捕捉 A、B、C 三点,结果如图 1-2-38(b)所示。

八、镜像

对于对称的图形,可以只绘制 1/2 甚至 1/4,然后采用镜像命令产生对称部分。

(一)启动命令

修改工具栏:单击 。

“修改”菜单:单击 **镜像(I)**。

命令行:输入“Mirror”(快捷键 MI),回车。

(二)操作步骤

例:绘制如图 1-2-39(a)所示的地花图案。

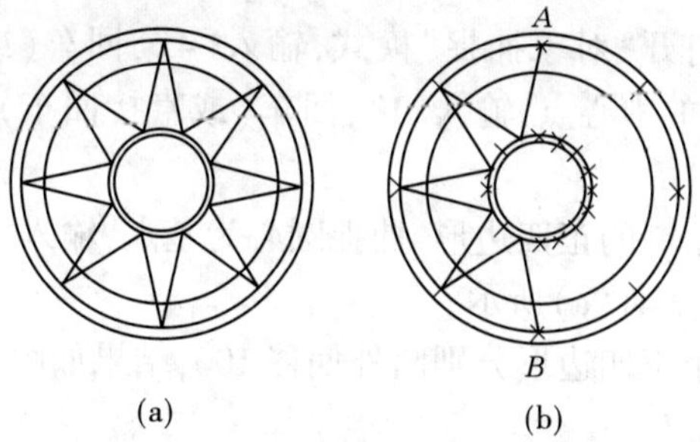

图 1-2-39　利用镜像命令绘制地花图案

(1)启动圆命令,绘制半径为 900、1100、2200、2700、2900 的同心圆。

(2)先设置点样式,然后利用定数等分命令将半径为 2700 的圆 8 等分,将半径为 1100 的圆 16 等分。

(3)启动多段线命令,捕捉节点,绘制如图 1-2-39(b)所示的多段线。

(4)启动镜像命令,单击选择多段线,右击结束选择。

(5)单击节点 A 和 B,作为镜像的第一点和第二点,此时命令行提示“要删除源对象吗?”,输入“N”,回车。

(6)将点样式改为默认样式,或者删除所有点,即完成了地花图案的绘制,如图 1-2-39(a)所示。

提示:

命令行提示“要删除源对象吗?”,“是”表示删除原图形对象,把左侧的图像直接镜像到右侧;“否”表示不删除原图形对象,把左侧的图像复制到了右侧。

文字的镜像,通过系统变量 Mirrtext 可以控制文本在镜像后的显示效果。在默认情况下修改 Mirrtext 的步骤如下:在命令行中输入“Mirrtext”,回车,然后在“输入 Mirrtext 新值”的提示下,输入“1”时,镜像得到的文字呈对称显示,如图 1-2-40 所示;当输入“0”时,镜像得到的文本呈正常显示。系统变量设定后,在下次修改前不会改变。

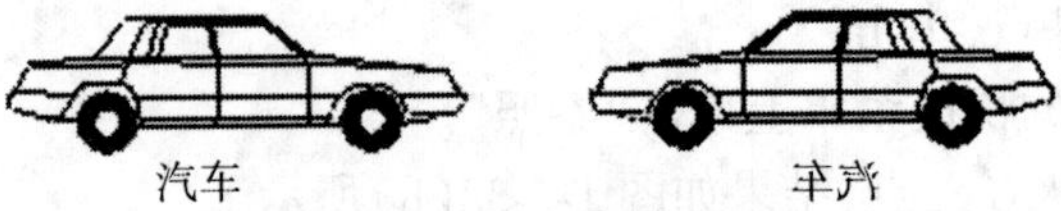

图 1-2-40　文字镜像效果(Mirrtext=1)

任务实施

一、绘制同心圆

启动圆命令,绘制半径为 1500 和 1300 的两个同心圆。

二、绘制正方形

启动正多边形命令,打开“对象捕捉”模式,输入“4”,回车(或直接回车),捕捉上述同心圆的圆心为正多边形的中心点,输入“I”,回车(或直接回车),输入“1300”,回车,得到一个正四边形。

启动旋转命令,选择绘制的正四边形,捕捉圆心为基点,输入“C”。回车,输入旋转角度“45”,回车,结果如图 1-2-41(a)所示。

启动偏移命令,将两个正四边形分别向外偏移 100,结果如图 1-2-41(b)所示。

三、绘制中心造型

启动圆命令,打开“对象捕捉”模式,捕捉两个同心圆的圆心为圆心,捕捉到最内侧正方形边的中点为半径,绘制正四边形的内切圆。

启动构造线命令,以同心圆的圆心为指定点,以上述正四边形的 8 个顶点为通过点,绘制四条构造线,这四条构造线将圆 8 等分,如图 1-2-42 所示。

启动圆弧命令,运用“起点、端点、角度”命令,先后捕捉 A 点、B 点,输入“105”,回车,得到圆弧 AB,用同样的方法绘制圆弧 BC、CD、DE(或利用镜像命令绘制圆弧 BC、CD、

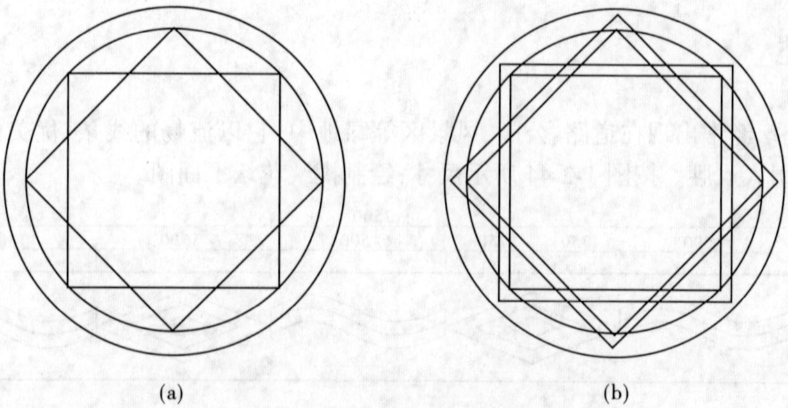

(a)　(b)

图 1-2-41　绘制同心圆和正方形

DE),如图 1-2-43 所示。

启动镜像命令,完成另外四条圆弧的绘制。

启动修剪命令,把多余的线条修剪掉,结果如图 1-2-23 所示。

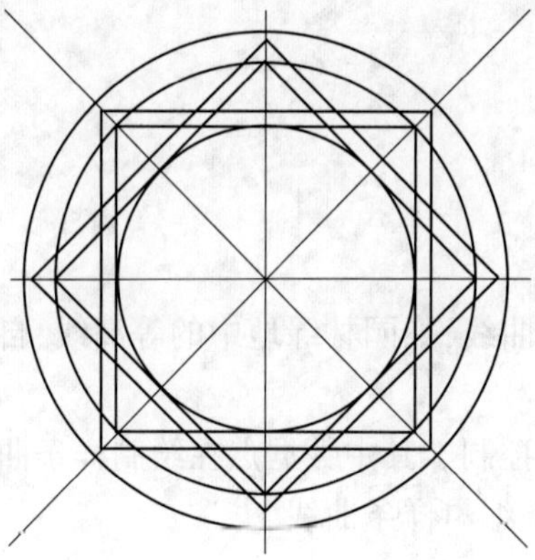

图 1-2-42　绘制内切圆构造线

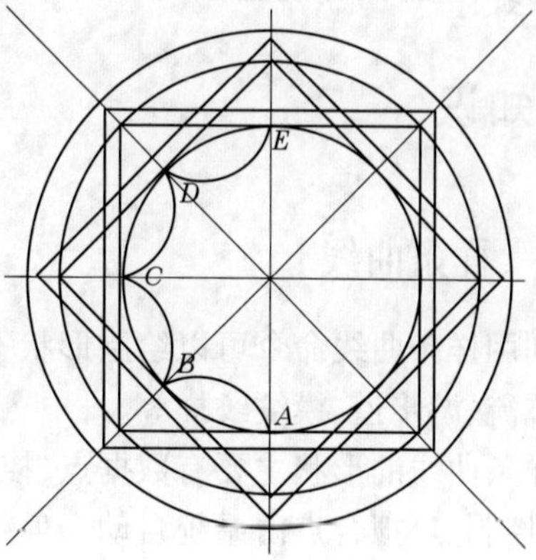

图 1-2-43　绘制圆弧

任务 3　绘制模纹花坛平面图

【学习目标】

1. 了解模纹花坛的造型特点。
2. 掌握利用夹点编辑对象的方法。
3. 熟练掌握绘图命令(样条曲线)、修改命令(复制、分解、延伸)的操作方法。
4. 能正确运用绘图命令、修改命令绘制和编辑模纹花坛平面图。

任务描述

模纹花坛经常出现在道路、公园、风景区等绿地中,它以流畅的线条、优美的造型、艳丽的色彩,引人入胜。按图 1-2-44 所示尺寸,绘制模纹花坛平面图。

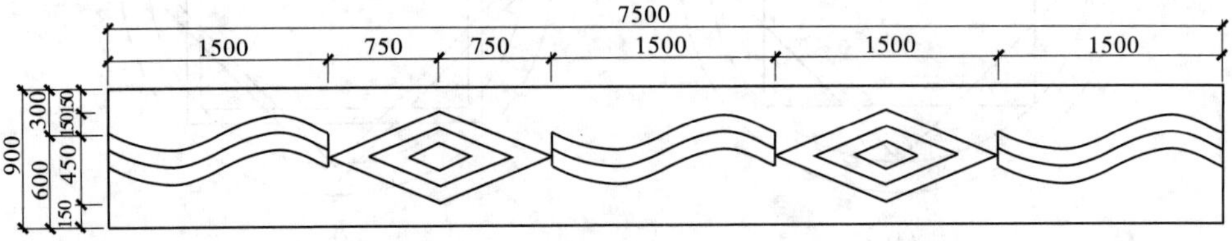

图 1-2-44　模纹花坛平面图

任务分析

模纹花坛的纹样变化丰富,有时表现为流畅的线条,有时呈现韵律性的图案。只有把握它的变化规律,才能选择 AutoCAD 有关命令进行绘制。

相关知识

一、样条曲线

利用样条曲线命令可以绘制形状不规则的光滑曲线,如园林绿地中的等高线、自然的河湖溪流、游步道、模纹纹样等。

样条曲线的形状主要有数据点、控制点、拟合点控制。其中数据点在绘制样条曲线时确定,控制点、拟合点由系统自动产生,它们主要用于编辑样条曲线。

(一)绘制样条曲线

1. 启动命令

绘图工具栏:单击。

“绘图”菜单:单击 样条曲线(S)。

命令行:输入“Spline”(快捷键 SPL),回车。

2. 操作步骤

“绘图”菜单“样条曲线”命令的下拉菜单中列有两种绘制样条曲线的方法,如图 1-2-45 所示。

例 1:绘制如图 1-2-46(a)所示的开放式样条曲线。

(1)启动样条曲线命令。

(2)单击 A 点、B 点、C 点、D 点,在此过程中有一条橡皮筋曲线出现,指示样条曲线的形状。

(3)回车(或鼠标右击,在弹出的快捷菜单中单击“确认”),完成样条曲线的绘制。

例2:绘制图1-2-46(b)所示的闭合式样条曲线。

(1)启动样条曲线命令。

(2)单击 *A* 点、*B* 点、*C* 点、*D* 点、*E* 点,在命令行中输入“C”,回车(或鼠标右击,在弹出的快捷菜单中单击“闭合”),完成样条曲线的绘制。

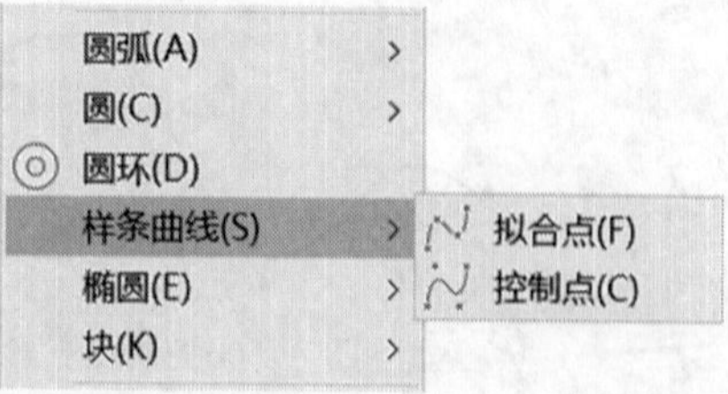

图 1-2-45　“样条曲线”命令的下拉菜单

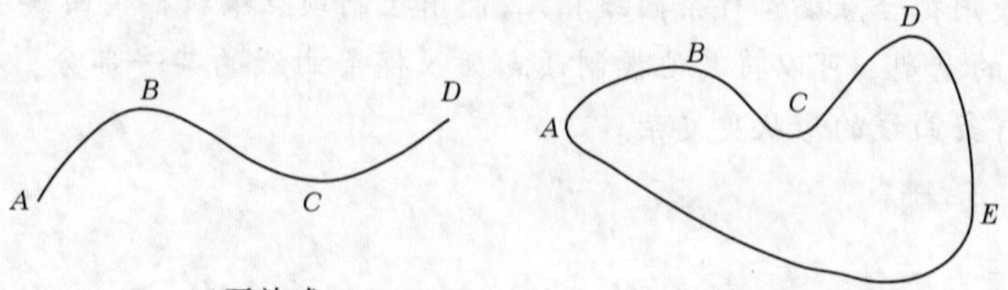

(a)开放式　　(b)闭合式

图 1-2-46　绘制样条曲线

(二)编辑样条曲线

启动编辑样条曲线命令的方法有:

(1)工具栏:在任意工具栏上右击,单击“修改Ⅱ”,打开如图1-2-10所示“修改Ⅱ”工具栏,单击。

(2)“修改”菜单:单击“修改”➤“对象”➤“样条曲线”,如图1-2-47所示。

(3)命令行:输入“Pedit”(快捷键PE),回车。

图 1-2-47　“修改”下拉菜单

编辑样条曲线命令是一个单对象编辑命令,用户一次只能编辑一个样条曲线对象。执行该命令并选择需要编辑的样条曲线后,在曲线周围将显示控制点,如图1-2-48所示。同时命令行显示如下提示信息:

输入选项[闭合(C)/合并(J)/拟合数据(F)/编辑顶点(E)/转换为多段线(P)/反转(R)/放弃(U)/退出(X)]。

提示:

多功能夹点提供的选项包括添加控制点,并在其端点更改样条曲线的切线方向。通过将光标悬停在夹点上,显示选项菜单。

使用多功能夹点编辑选项有所不同,具体取决于样条曲线是设置为显示控制点还是拟合点。要在显示控制顶点和显示拟合点之间进行切换,请单击三角形夹点。

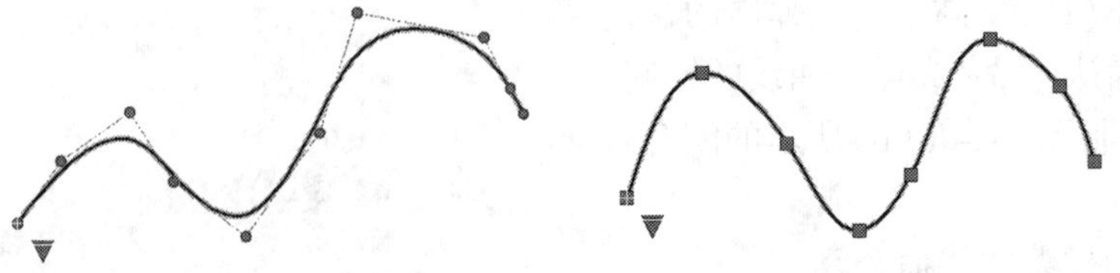

(a)控制点　　(b)拟合点

图 1-2-48　编辑样条曲线的拟合点、控制点

通常,与使用拟合点编辑样条同线相比,使用控制顶点编辑样条曲线可以更好地控制曲线较少部分的重塑。可以将其他控制顶点插入样条曲线的某一部分,以更好地控制该部分,但能使样条曲线的形状更复杂。

二、延伸

延伸是将图形对象延伸到指定的对象边界。可被延伸的对象包括圆弧、椭圆弧、直线、多段线、射线等。

(一)启动命令

修改工具栏:单击。

“修改”菜单:单击 延伸(D)。

命令行:输入“Extend”(快捷键 EX),回车。

(二)操作步骤

将图 1-2-49(a)所示矩形内的对象进行延伸。

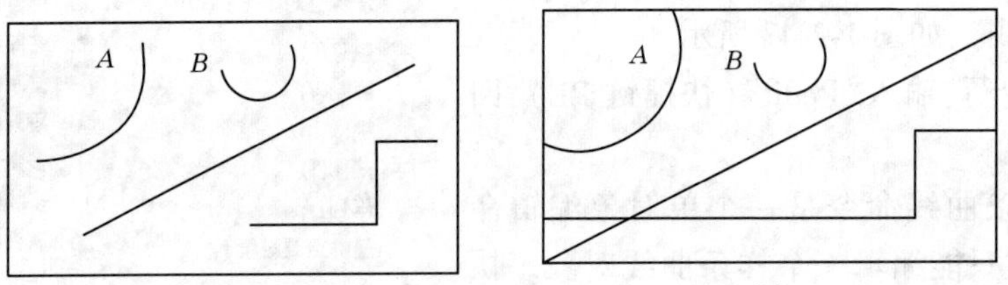

(a)　　(b)

图 1-2-49　单个对象延伸

(1)启动延伸命令。

(2)单击矩形作为延伸的边,右击。

(3)分别单击直线、多段线、圆弧 *A* 的一端,再单击另一端。

(4)单击圆弧 *B* 的两端时,并不发生延伸,命令行提示:“路径未与边界边相交”,说明这条圆弧与矩形没有交点。

(5)右击,单击“确认”,结果如图 1-2-49(b)所示。

三、复制

复制命令可以将原对象以指定的角度和方向创建原对象的副本。

(一)启动命令

修改工具栏:单击。

“修改”菜单:单击

。

命令行:输入“Copy”(快捷键 CO),回车。

(二)操作步骤

例:绘制如图 1-2-50(b)所示的种植图。

(1)启动复制命令。

(2)单击选择左侧树木符号,右击结束选择。

(3)捕捉树木符号的中心,将其指定为基点。

(4)移动光标到右侧的定植点,依次单击鼠标。

(5)右击,单击“确认”或回车,结束命令。

(a)　　(b)

图 1-2-50　利用复制命令绘制种植图

提示:

基点是复制、移动等命令中的坐标参考点,可以是图形对象自身的特征点,也可以是远离对象的点。树木符号中心要与定植点对齐,因此捕捉其中心为基点更易于操作。

四、夹点编辑

单击选中图形对象时,在关键点上会出现一些实心的小方框,这就是夹点。它可以控制图形对象的位置、大小。利用夹点可以对图形对象进行快速的拉伸、移动、镜像、旋转、缩放等操作。

例 1:利用夹点拉伸对象,如图 1-2-51 所示。

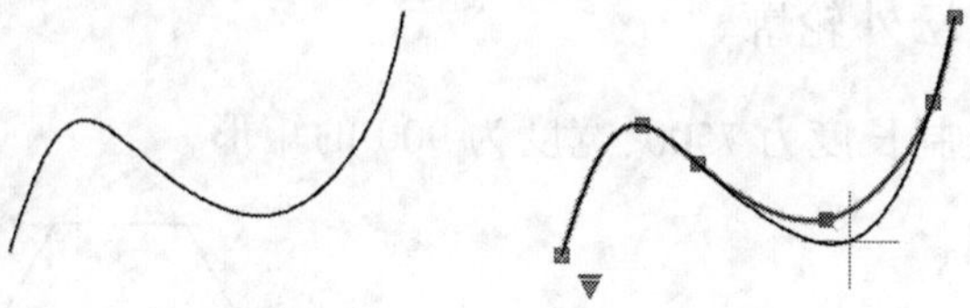

(a)　　(b)

图 1-2-51　利用夹点拉伸对象

(1)单击样条曲线。

(2)单击要调整位置的夹点,夹点变为红色,称为热点。

(3)移动光标,样条曲线形状随之发生变化,到合适的位置时单击。

例 2:利用夹点复制、旋转对象,如图 1-2-52 所示。

(1)绘制一椭圆,如图 1-2-52(a)所示。

(2)单击 A 点,右击,在弹出的如图 1-2-53 所示的快捷菜单中单击“旋转”;右击,在弹出的快捷菜单中单击“复制”。

(3)依次在命令行中输入旋转角度 30、60、90、120、150、180,旋转出另外的 6 个椭圆,完成图形的绘制。

五、分解

分解命令可以将多段线、多边形、矩形、图块、文字、标注等整体对象分解为单独的对象。

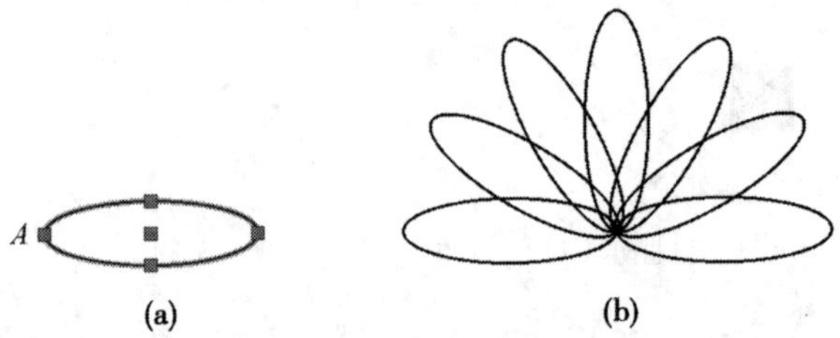

图 1-2-52　利用夹点复制、旋转对象

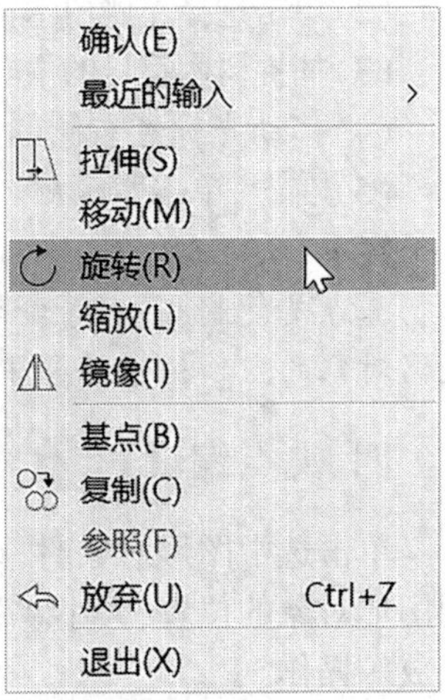

图 1-2-53　快捷菜单

(一)启动命令

修改工具栏:单击 。

“修改”菜单:单击 分解(X)。

命令行:输入“Explode”(快捷键 X),回车。

(二)操作步骤

例:将图 1-2-54(a)所示的正六边形分解。

(1)启动分解命令。

(2)选择对象,右击。正多边形分解后成为 6 条独立的直线段,每条边可单独选中,如图 1-2-54(b)所示。

任务实施

一、绘制模纹花坛外轮廓

启动矩形命令,绘制长度为 7500、宽度为 900 的矩形,如图 1-2-55 所示。

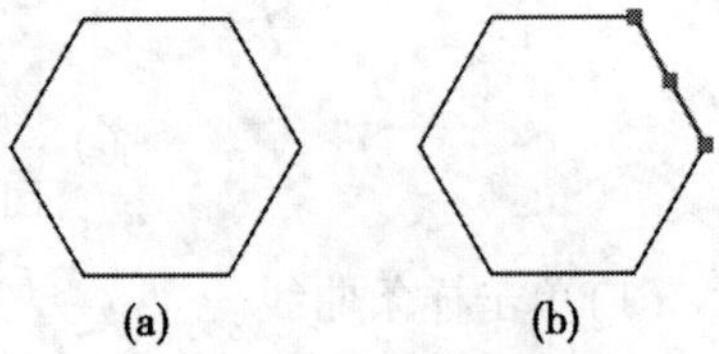

图 1-2-54　分解对象

二、绘制纹样

由于花坛纹样呈规律变化,只要绘制一组纹样,然后进行复制即可。以左侧纹样为例,绘制过程如下。

(一)绘制辅助线

启动分解命令,将矩形分解。

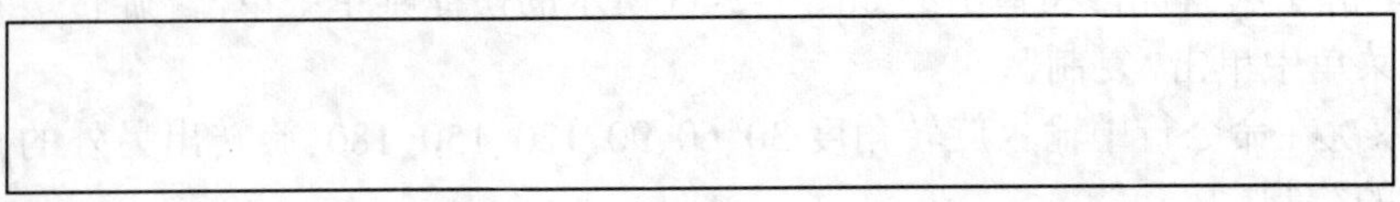

图 1-2-55　绘制模纹花坛外轮廓

启动偏移命令，按图 1-2-56 所示尺寸，将水平边、竖直边进行偏移。

（二）绘制曲线纹样

启动样条曲线命令绘制第一条曲线，可以用夹点编辑命令对样条曲线进行微调。利用偏移命令，将上述曲线向下偏移两次，偏移距离为 100，如图 1-2-56 所示。

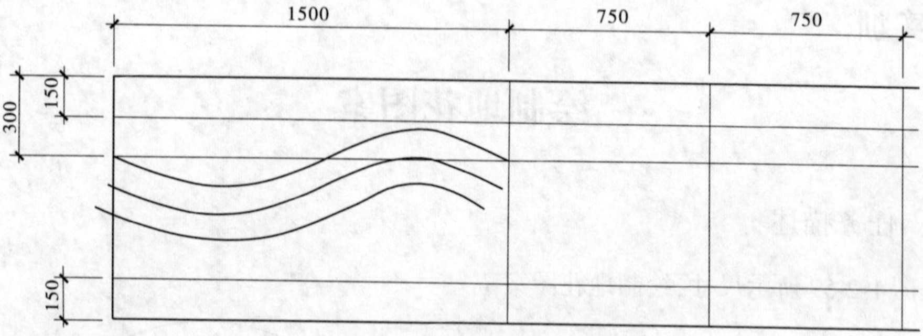

图 1-2-56　绘制曲线纹样并偏移

启动延伸命令，将下面的两条曲线延伸到图中右侧的直线上；利用修剪命令将左侧超出矩形边界的曲线剪掉，如图 1-2-57 所示。

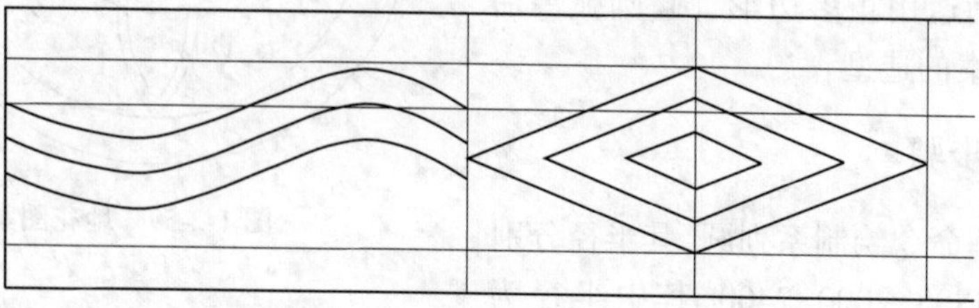

图 1-2-57　绘制纹样

（三）绘制菱形纹样

启动多段线命令，绘制图 1-2-57 所示菱形；利用偏移命令，将菱形向内偏移两次，偏移距离为 100。

（四）绘制其他纹样

启动复制命令，绘制其余的图形，如图 1-2-58 所示。

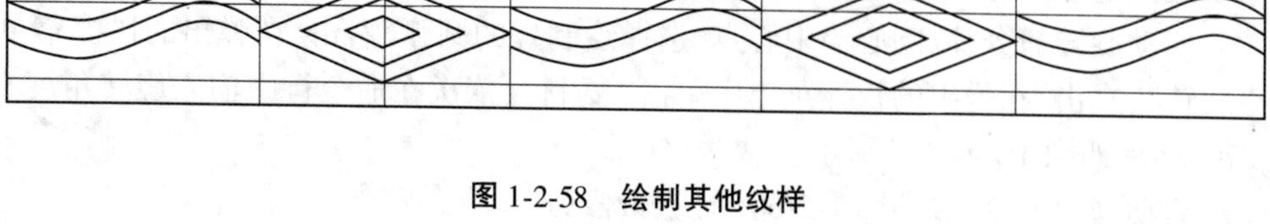

图 1-2-58　绘制其他纹样

三、整理

(1)利用删除命令,删除掉水平辅助线。

(2)启动修剪命令,对多余的辅助线进行剪切,结果如图 1-2-44 所示。

案例实训

绘制地花图案

一、任务描述

按图 1-2-59 所示尺寸,绘制地花图案。

二、目的要求

(1)熟练掌握正多边形、圆、圆弧等命令的操作方法。

(2)熟练掌握偏移、延伸、阵列、修剪等命令编辑图形的方法。

(3)能正确运用正多边形、圆、圆弧等命令绘制地花图案的造型。

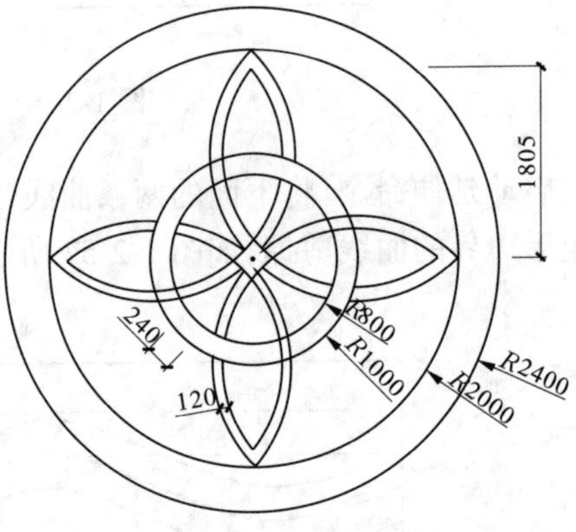

图 1-2-59　地花图案

三、操作步骤

(1)启动圆命令绘制系列圆,其半径分别为 800、1000、1805、2000、2400,其中半径为 1805 的圆为参照圆。

(2)启动外切于圆命令绘制正多边形,捕捉圆心为中心点,外切圆半径为 120。然后以圆心为基点,将正四边形旋转 45°。

(3)启动"起点、端点、角度"命令,捕捉端点、象限点绘制圆弧。单击 *A* 点、*B* 点,输入"69",回车,如图 1-2-60(a)所示。

(4)启动镜像命令,将绘制的圆弧复制到另一侧。启动偏移命令,将圆弧分别向外偏移 120,如图 1-2-60(a)所示。

(5)启动延伸命令,将偏移后圆弧的两端分别延伸到半径为 2000 的圆及正四边形上。然后删除参照圆,如图 1-2-60(b)所示。

(6)启动旋转命令,以圆心为中心点,选择绘制好的圆弧,右击,在弹出的快捷菜单中单击"旋转";右击,在弹出的快捷菜单中单击"复制";依次在命令行中输入旋转角度 90、180、270,结果如图 1-2-60(c)所示。

(7)启动修剪命令,参照图 1-2-60(d)进行修剪。

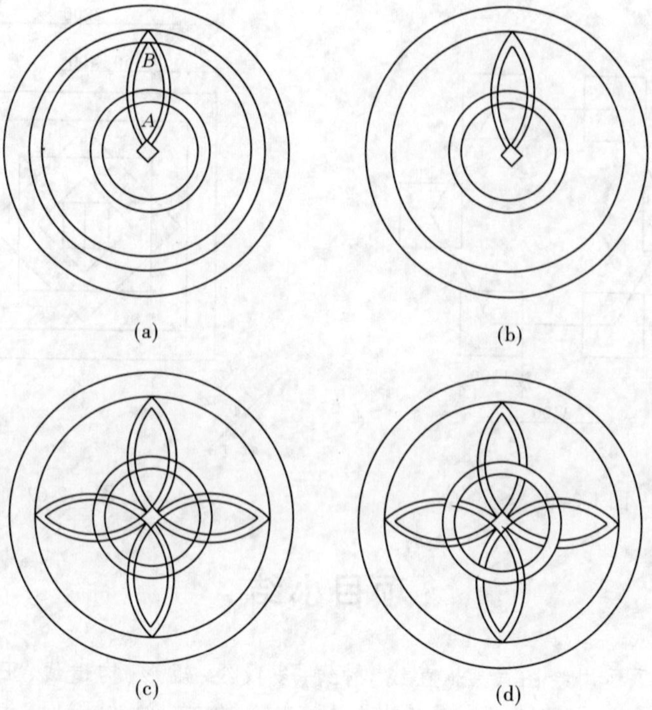

图 1-2-60　绘制地花图案

思考与练习

1. AutoCAD 有哪几种坐标？在点坐标输入过程中应该注意什么问题？
2. 使用直线与多段线命令绘制的直线段有何区别？
3. 如何绘制正多边形？
4. 绘制圆弧的方法有哪些？除默认命令外,其他命令是按什么方向绘制圆弧的？
5. 正交与极轴追踪有何不同？极轴角与增量角有何不同？
6. 对象捕捉的方法有哪几种？选择对象的方法有哪几种？
7. 利用夹点编辑命令可进行哪些操作？
8. 利用正多边形、矩形命令绘制图 1-2-61 所示的图形对象。
9. 使用矩形或正多边形、偏移、旋转命令绘制图 1-2-62。

操作提示:先在边长为 400 的正方形中绘制一条中线,再以中线的中点为正多边形的中心点,绘制边长为 1140 的正多边形,并将其旋转 45°。然后利用偏移命令通过小正方形的端点将其向内偏移(或将其向内偏移 287 即可)。

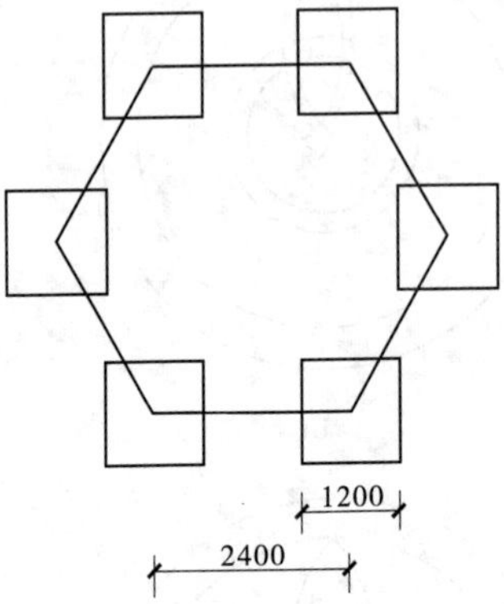

图 1-2-61

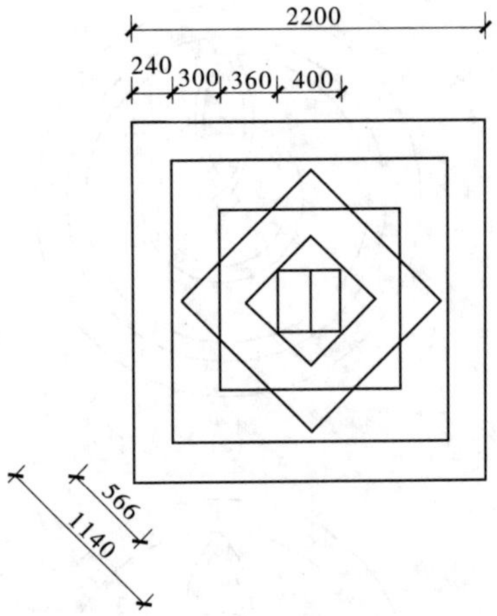

图 1-2-62

项目小结

本项目介绍了运用绘图命令(直线、射线、多段线、矩形、构造线、正多边形、圆及圆弧、椭圆及椭圆弧、点、样条曲线)和修改命令(删除、修剪、偏移、拉伸、旋转、镜像、延伸、复制、分解)绘制和编辑简单二维图形的操作过程。绘图命令主要是绘制图形的形状和大小,修改命令主要是对图形进行编辑。绘制简单的二维图形主要训练常用绘图命令、修改命令正确的操作过程。

项目三　绘制复杂二维图形

【学习目标】

1. 了解复杂二维图形的分析方法。

2. 掌握图层的特性及设置方法,掌握对象特性修改方法。

3. 掌握利用绘图命令(面域、图案与渐变色填充、多线、修订云线)和修改命令(打断、合并、移动、阵列、倒角、圆角、缩放)绘制和编辑复杂二维图形的方法。

4. 能对复杂二维图形进行有效分析。

5. 会根据图样合理设置图层及特性。

6. 会修改图形对象特性。

7. 能灵活选择并使用绘图命令和修改命令绘制和编辑园林建筑及小品、小型园林绿地等复杂二维图形。

【工作任务】

任务 1　绘制四方亭平、立面图

任务 2　绘制小游园规划平面图

任务 1　绘制四方亭平、立面图

【学习目标】

1. 了解四方亭的结构组成。

2. 掌握利用绘图命令(面域、图案与渐变色填充)和修改命令(打断、合并、移动、编辑图案填充)绘制和编辑复杂二维图形的方法。

3. 能熟练运用绘图、修改命令绘制和编辑四方亭的平、立面图。

任务描述

亭在园林中是一种眺览、遮阳、避雨的点景和赏景建筑。在造型上形态多样、轻巧活泼,易于与各种园林环境结合。以平面形状可分为圆亭、方亭及三、五、六、八角亭;以屋面形式可分为单檐、重檐、三重檐、攒尖、硬山、悬山、歇山等。近年来随着一些新材料、新结构的应用,又出现了很多种新形式。用户必须能对平、立面图进行有效的识读,然后选择合适的绘图命令及修改命令将其绘制出来。

绘制图 1-3-1 所示四方亭的平、立面图。

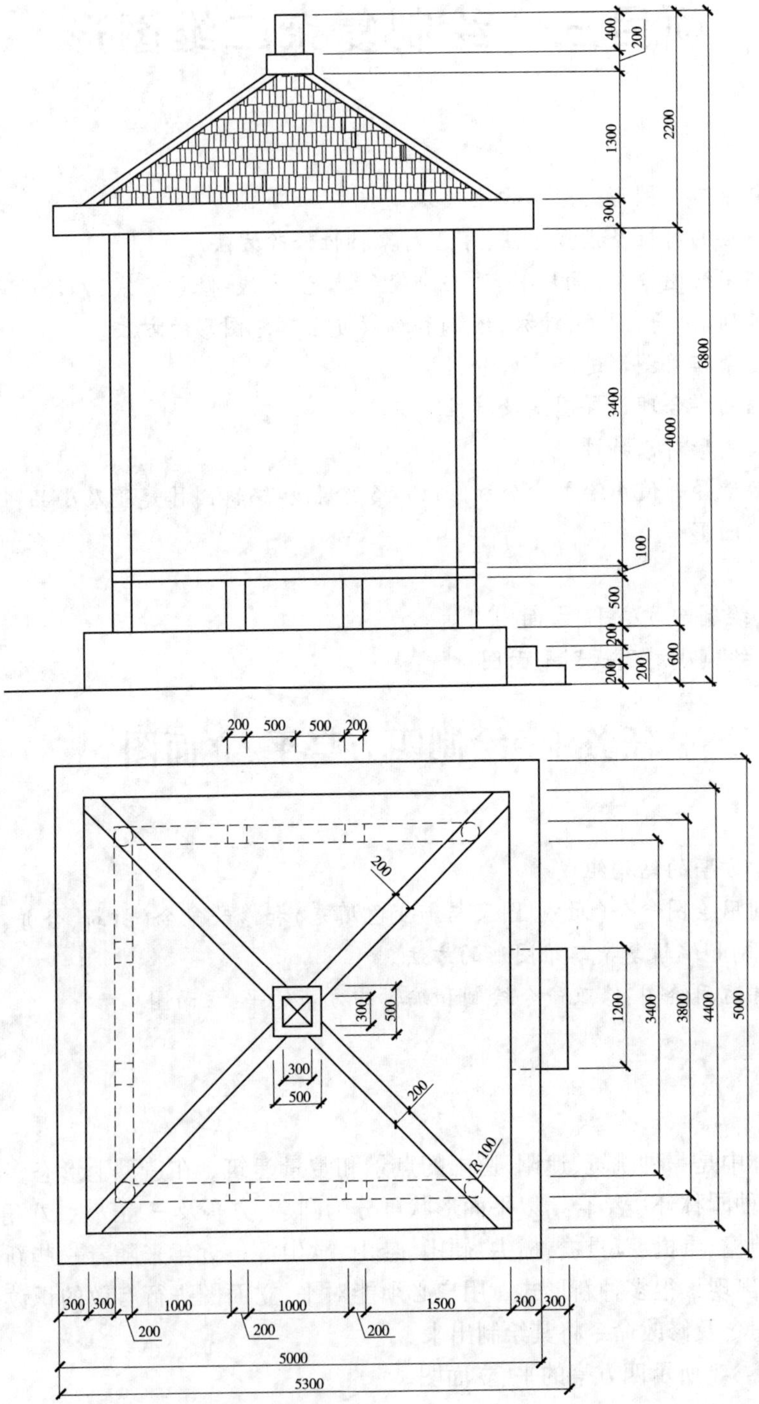

图 1-3-1　四方亭平、立面图

任务分析

四方亭是园林绿地规划设计中常见的建筑形式，一般由底座、立柱、屋顶等部分组成。绘制时，应根据其造型选择合适的绘图命令及修改命令，以提高绘图效率；同时，要按组成部分分别进行绘制与编辑，以保证作图的准确性。

相关知识

一、打断

打断可以将选定对象在两个指定点之间的部分删除，或者将对象在一个点上断开。直线、圆弧、圆、多段线、样条曲线、圆环等都可以被打断。

(一)启动命令

修改工具栏：单击。

“修改”菜单：单击 打断(K)。

命令行：输入“Break”(快捷键 BR)，回车。

(二)操作步骤

将图 1-3-2(a)、(c)中所示的矩形和圆在 A、B 两点之间打断。

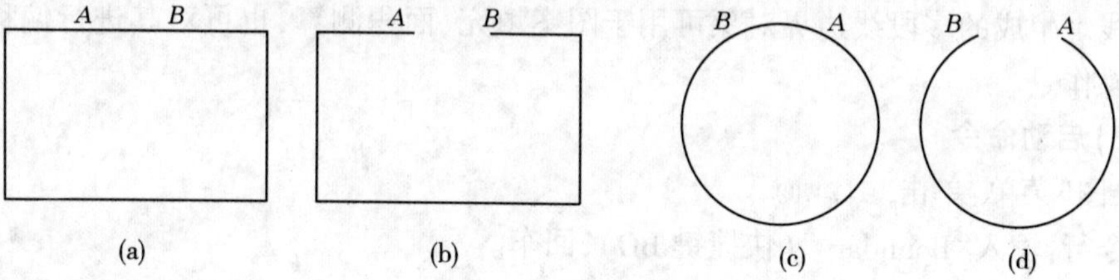

图 1-3-2　两点打断

(1)单击，启动打断命令。

(2)单击 A 点选中矩形，或单击 A 点选中圆。在选择打断对象的同时，也确定了第一个打断点的位置。

(3)单击 B 点，结束命令，结果如图 1-3-2(b)、(d)所示。

提示：

圆不能被单点打断；对圆执行两点打断命令时，删除的是从第一点逆时针旋转到第二点的圆弧，因此拾取点的顺序很重要。

二、合并

合并是将两个连接在一起但又各自独立的图形对象合并为一个对象。

(一)启动命令

修改工具栏：单击。

“修改”菜单:单击 合并(J)。

命令行:输入“Jion”(快捷键 J),回车。

(二)操作步骤

将图 1-3-3(a)所示的两条样条曲线合并为一条。

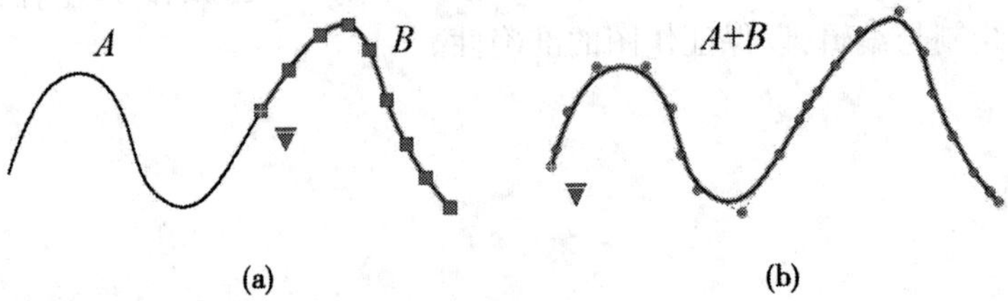

图 1-3-3　合并对象

(1)启动合并命令。

(2)分别单击样条曲线 *A* 和 *B*,两条样条曲线合并为一条。

提示:

两条或多条样条曲线合并为一条样条曲线时,这些样条曲线须首尾相连;两条或多条直线合并为一条直线时,它们必须在一条直线上。

三、边界

利用边界命令可以从形成闭合区域的重叠对象的边界创建一条独立于原始图形的闭合多段线。生成的多段线边界对象可用于图案填充、面积测算,也可对其进行偏移、复制等修改操作。

(一)启动命令

“绘图”菜单:单击 边界(B)...。

命令行:输入“Boundary”(快捷键 BO),回车。

(二)操作步骤

例:创建如图 1-3-4(b)所示的边界,并进行偏移。

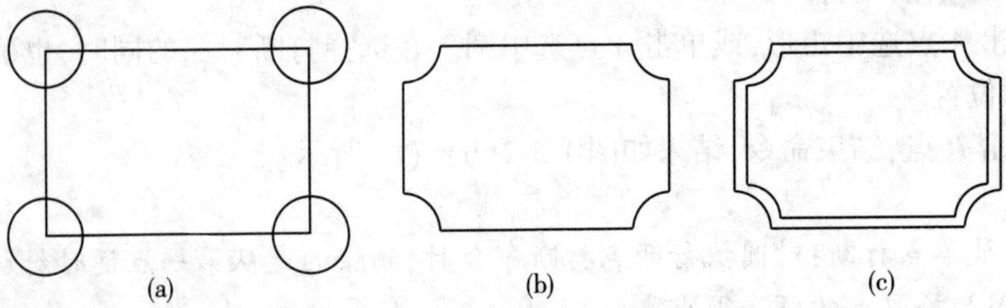

图 1-3-4　创建边界

(1)绘制图 1-3-4(a)。

(2)启动边界创建命令,打开如图 1-3-5 所示“边界创建”对话框,单击“新建”按钮,在作图区中选择矩形和 4 个圆,右击。

(3)单击“拾取点”按钮,返回作图区,在要创建边界的图形内部单击,图形上出现以亮显表示的边界范围,如图 1-3-6 所示,然后右击。

(4)启动删除命令,单击选择原始边界对象,右击,结果如图 1-3-4(b)所示。

(5)启动偏移命令,对边界进行偏移操作,结果如图 1-3-4(c)所示。

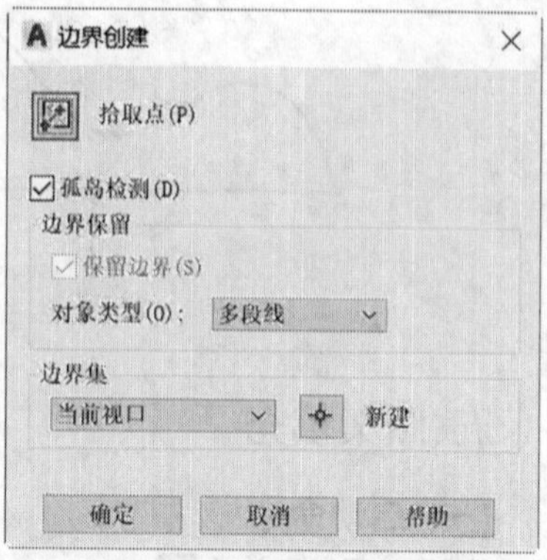

图 1-3-5　“边界创建”对话框

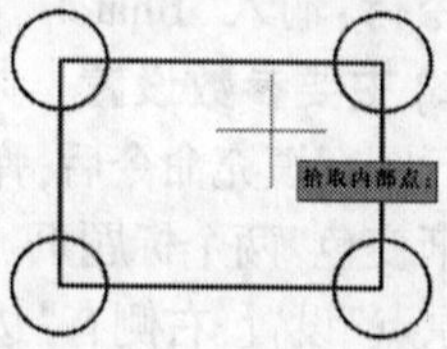

图 1-3-6　亮显边界范围

四、面域

面域是用闭合的对象或环创建的二维区域。闭合的直线、多段线、圆、圆弧、椭圆、椭圆弧和样条曲线是有效的选择对象。

面域和边界的区别在于:边界是一个围合成闭合区域的线框,而面域就像是一张没有厚度的板子,除包括边界外,还包括边界内的平面,如图 1-3-7 所示。

生成的面域可以用于面积测算和图案的填充,同时还可以附着材质和进行布尔运算。

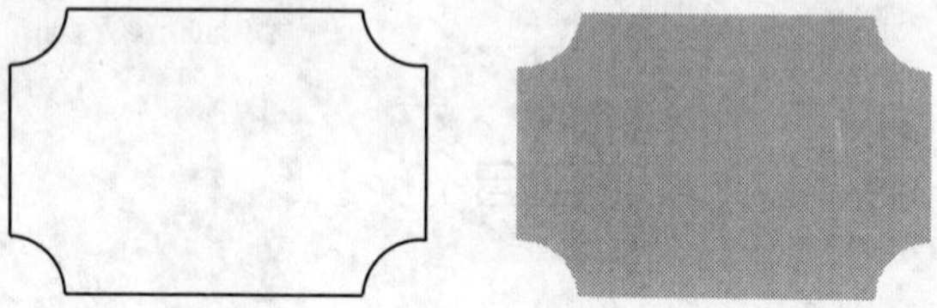

(a)边界　(b)面域

图 1-3-7　边界与面域的区别

(一)启动命令

绘图工具栏:单击。

“绘图”菜单:单击 **面域(N)**。

命令行:输入“Region”(快捷键 REG),回车。

(二)操作步骤

例:如图 1-3-8 所示,将图 1-3-8(a)中直线和样条曲线构成的图形创建为面域。

(1)启动创建面域命令。

(2)单击直线和样条曲线,右击,此时命令行提示“已创建一个面域”。

提示:

用来创建边界的封闭图形对象中不能包括椭圆、椭圆弧和样条曲线。

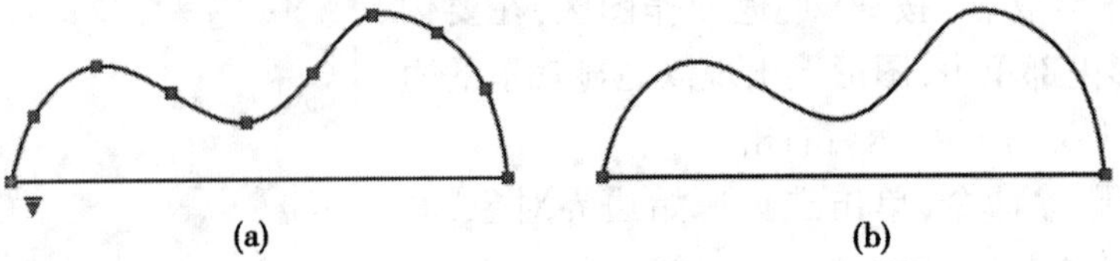

图 1-3-8　创建面域

五、图案填充

(一)启动命令

绘图工具栏:单击 。

“绘图”菜单:单击 图案填充(H)... 。

命令行:输入“Bhatch”(快捷键 H),回车。

(二)主要参数设置

执行图案填充命令后,弹出如图 1-3-9 所示“图案填充和渐变色”对话框,左侧有“图案填充”和“渐变色”两个标题页。在“图案填充”标题页的左侧有“类型和图案”“角度和比例”“图案填充原点”设置,右侧有“边界”“选项”等设置,每一组内容都有其对应的选项设置。

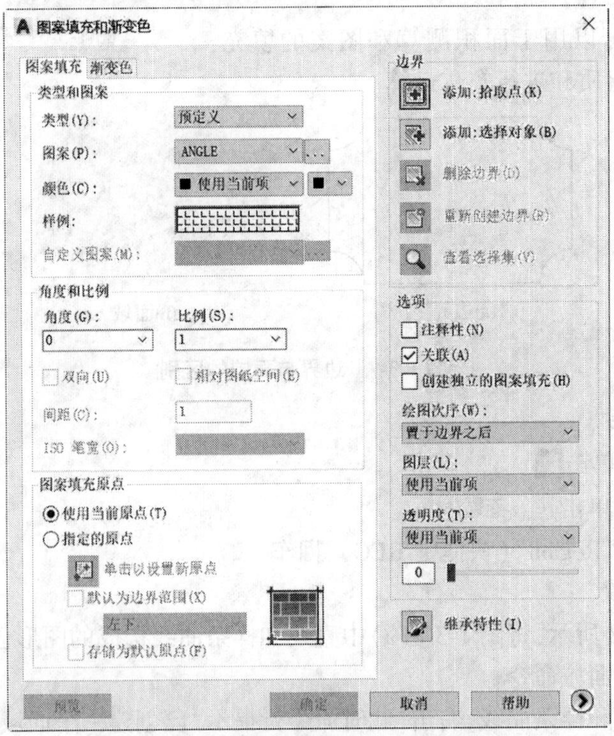

图 1-3-9　“图案填充和渐变色”对话框

1. 类型和图案

(1)类型:包括“预定义”“用户定义”“自定义”三个选项,可以通过“类型”下拉菜单选择。

(2)图案与样例:单击“类型和图案”选项中的“图案”后的按钮 ,或在样例后显示的选定图案上单击，则打开如图 1-3-10 所示的“填充图案选项板”对话框。该对话框提供了四个选项卡，可以根据需要从中选择样式。

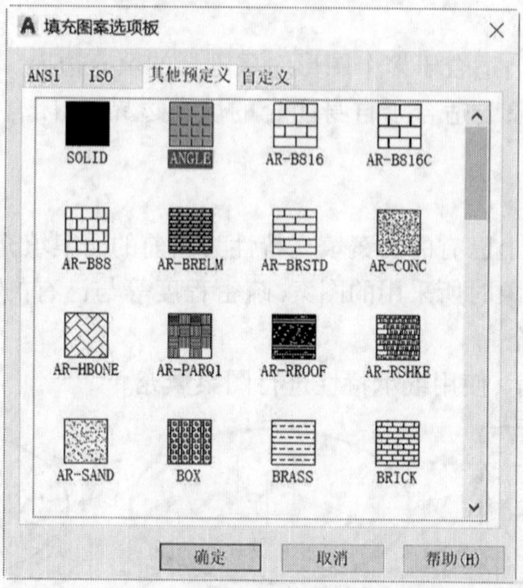

图 1-3-10　“填充图案选项板”对话框

ANSI：美国标准图案。

ISO：国际标准图案。

其他预定义：AutoCAD 定义在 acadiso. pat 文件中的图案。

自定义：用户自定义文件。可直接复制到 C：\Program Files\AutoCAD 2014\Support 文件中使用，也可追加到 acadiso. pat 文件尾部使用。AutoCAD 2014 的图案定义是以数字等文本符号描述图案如何绘制，而不是在 AutoCAD 中绘制的任意一组图形并将其存储为某种格式就能作为图案用于填充。

2. 角度和比例

(1)角度：通过输入角度值来确定填充图案样式的旋转角度。

(2)比例：通过调整比例大小，确定所填充图案的疏密度。比例数值越大，图案越疏；比例数值越小，图案越密。系统默认的比例值为 1。

(三)其他参数设置

1. 图案填充原点

该参数用来定义填充图案建立的原点位置，如图 1-3-9 所示。点选“指定的原点”，单击按钮 单击以设置新原点，即可在图形中指定填充的原点。系统默认的图案填充原点为坐标原点(0,0)。

2. 选项

(1)关联：控制所填充的对象是否与填充边界关联。若选择“关联”选项，则所填充的图案将随着填充边界的变化而变化；若取消“关联”选项，则当移动图案填充时的边界时，图案填充位置不变化。

(2)创建独立的图案填充：控制当指定了几个独立的闭合边界时，是创建单个图案填充对象还是创建多个图案填充对象。若不勾选“创建独立的图案填充”选项(默认选项)，则当删除某一个填充图案时,会将整组图案填充全部删除;若勾选“创建独立的图案填充”选项,则删除时只会删除所选择图案填充。

3. 边界

(1)“添加:拾取点”:适合于多个图形对象围合的填充边界。

(2)“添加:选择对象”:适合于自身闭合的填充边界,如闭合的多段线、样条曲线、多边形、圆等。

4. 继承特性

该项用来复制图形上已有的图案填充特性为当前的图案填充特性。

如果在填充一个对象时所采用的图案、疏密程度等与已有的图案填充相同,可用“继承特性”的方法进行填充。

例:如图 1-3-11 所示,使用继承特性进行图案填充。

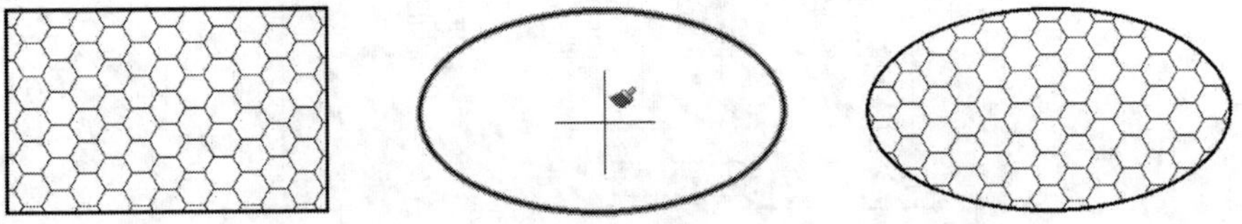

(a)　(b)　(c)

图 1-3-11　使用继承特性进行图案填充

(1)启动图案填充命令,在“图案填充和渐变色”对话框中,单击“继承特性”按钮,图案填充窗口隐藏,光标显示为形状,在作图区中单击已有的填充图案,如图 1-3-11(a)所示,此时光标变化为形状。

(2)在要填充的边界区域中单击,边界呈亮显,如图 1-3-11(b)所示(或光标显示为时,单击要填充的闭合图形边界,边界呈亮显),右击,单击“确认”。

(3)在“图案填充和渐变色”对话框中,单击“确定”。

5. 孤岛

在“图案填充和渐变色”对话框中,单击右下角“更多选项”按钮,可展开对话框显示更多选项,如图 1-3-12 所示。

通常将填充区域的封闭边界称为孤岛。图 1-3-13(a)所示的方形内部的圆和三角形皆称为孤岛,孤岛检测控制是否检测内部闭合边界。孤岛检测样式有三种:

(1)普通:从外部向内部填充,遇到一个内部孤岛,它将停止填充,直到遇到该孤岛内的另一个孤岛,依次类推,如图 1-3-13(b)所示。

(2)外部:从外部向内部填充,遇到第一个内部孤岛时,它将停止填充,如图 1-3-13(c)所示。

(3)忽略:忽略所有的内部孤岛,如图 1-3-13(d)所示。

(四)操作步骤

例 1:如图 1-3-14 所示,进行地花图案的填充。

(1)打开地花图案文件。

(2)启动图案填充命令,打开“图案填充和渐变色”对话框。

图 1-3-12　展开“图案填充和渐变色”对话框

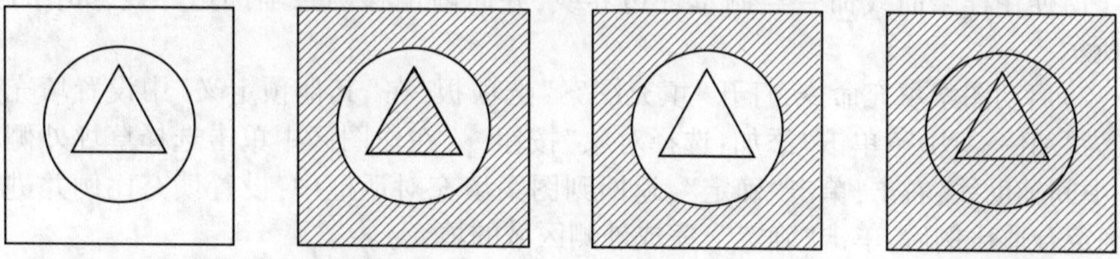

图 1-3-13　孤岛检测样式

(3)填充地花斜线纹理。

①单击“添加:拾取点”左侧按钮，返回到作图区中，分别在需要填充的边界内单击，出现如图 1-3-15 所示的亮显填充边界，右击，单击“确定”，回到对话框中。

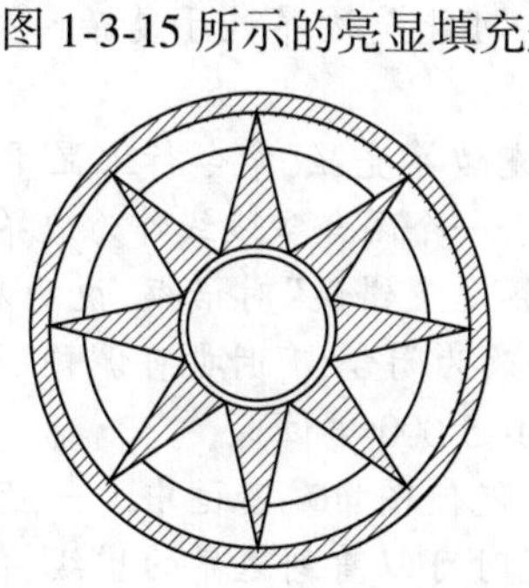

图 1-3-14　地花图案的填充

图 1-3-15　填充边界亮显

②选择图案填充类型:单击“图案”右侧按钮或单击“样例”图案,打开“填充图案选项板”,单击 ANSI ,单击选择“ANSI31”样例,单击“确定”,返回到“图案填充和渐变色”对话框中。

③调整比例:尝试输入不同的比例或角度,进行预览。如果需要修改,左击,回到对话框中输入新的比例。如果对填充效果感到满意,可右击,结束图案填充;或者在“图案填充和渐变色”对话框中,单击“确定”。

(4)填充地花外圈。

单击“添加:选择对象”左侧按钮,在作图区中单击外侧的两个圆,使用相同的图案与比例进行填充即可。

例 2:利用填充命令绘制如图 1-3-16(b)所示的填充草坪。

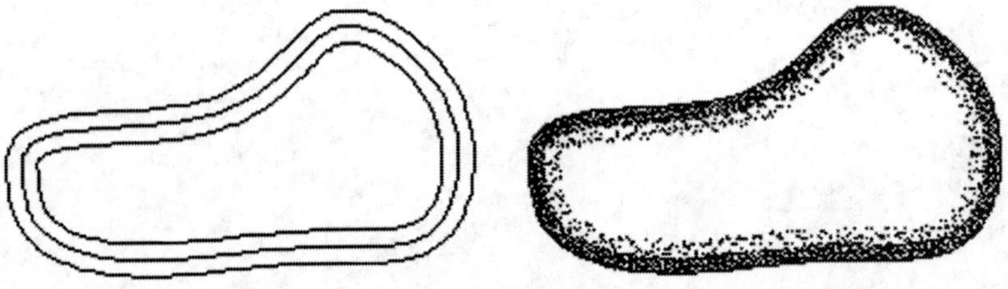

(a)　　(b)

图 1-3-16　绘制填充草坪

(1)使用样条曲线命令绘制草坪边界线,并向内偏移两条辅助边界线,如图 1-3-16(a)所示。

(2)启动图案填充命令,打开“填充图案”选项板,在“其他预定义”中设置填充图案样式为“AR-SAND”;单击“添加:选择对象”按钮,在作图区中单击选择草坪外侧轮廓线和中间辅助线,右击,单击“确定”,返回到图案填充对话框中;设置填充比例并进行预览,确定合适比例后,单击“确定”,完成外侧区域的填充。

(3)重复以上操作步骤,填充内侧区域,确定填充边界时选择两条辅助边界线,将填充比例设置为外侧比例值的 2 倍。

(4)选择两条辅助边界线,将其搬运到一个辅助图层上,并关闭该辅助图层,结果如图 1-3-16(b)所示。

提示:

图案填充命令在执行过程中有时不能顺利完成,可能是边界过于复杂、边界有缝隙、图案过疏或过密等,因此要仔细观察命令行提示。

如果在需要填充的边界内单击一点,没有看到填充边界亮显,命令行上显示“正在分析所选数据…”,说明边界太复杂,可简化边界或另外描绘一个闭合多段线作为边界,或关闭不必要的图层。如果出现图 1-3-17 所示“图案填充-边界定义错误”对话框,说明看上去闭合的边界有缝隙,可仔细检查所有可能有间隙的接口,修改为闭合,有时也可调整“图案填充与渐变色”标题页中的“允许的间隙”公差值(公差值在 0~5 000 单位)。

在图案填充时,有时需要多次调整缩放比例后才能使图案疏密适中。一般来说,比例数值越大图案越稀疏,反之图案越密集。如果在预览时可以看到边界的虚线,但没有出现填充图案,命令行提示“图案填充间距太密,或短划尺寸太小”,则要输入较大的比例数值;如果命令行提示“无法对边界进行图案填充”,一般要输入较小的比例数值。

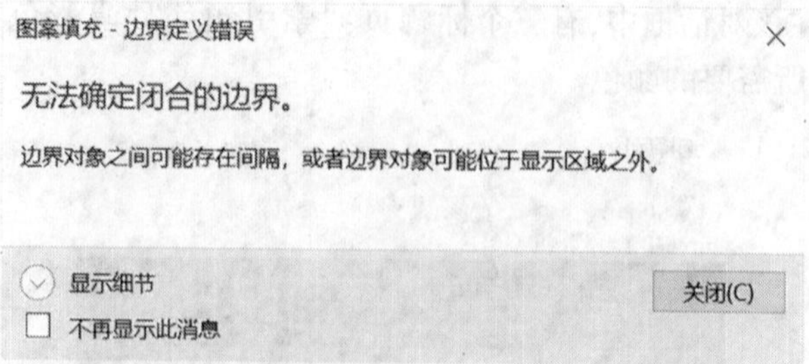

图 1-3-17　“图案填充-边界定义错误”对话框

六、渐变色填充

(一)启动命令

绘图工具栏:单击▣。

“绘图”菜单:单击▣ 渐变色...。

命令行:输入“Bhatch”(快捷键 H),回车。

(二)参数设置

执行图案填充命令,打开“图案填充和渐变色”对话框,单击“渐变色”,打开如图 1-3-18 所示“渐变色”选项板。在选项板的左侧有“颜色”“方向”选项设置,右侧的选项设置同图案填充。

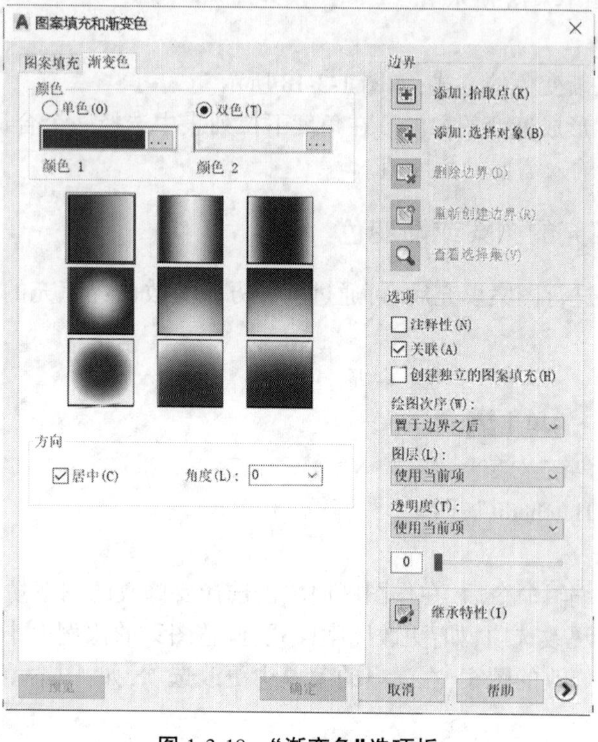

图 1-3-18　“渐变色”选项板

1. 颜色

(1)单色:默认为单色选项,点击右侧按钮▬...,可以弹出如图 1-3-19 所示“选择颜色”对话框。在该对话框中,有三个标题页:“索引颜色”“真彩色”“配色系统”,用户可以根据需要选择所需要的颜色。

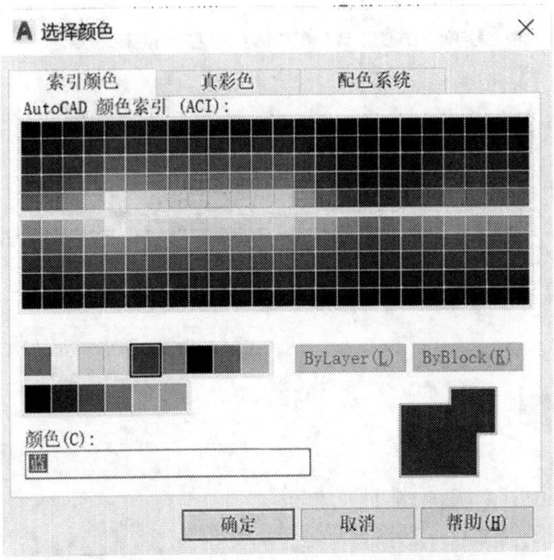

图 1-3-19　“选择颜色”对话框

(2)双色:点击该按钮,将显示“颜色 1”和“颜色 2”两种颜色,用户可根据需要定义两种不同的颜色,如图 1-3-18 所示。

2. 方向

(1)居中:定义渐变色的方式,如图 1-3-18 所示。

(2)角度:控制形成渐变的方向。在角度下拉列表中选择一个合适的角度值,也可以在其文本框内直接输入需要的角度值。

七、编辑已填充的图案或渐变色

园林各要素在进行图案填充后,可通过多种方式更改已经填充的图案或修改图案的疏密度等特性。

(一)启动命令

“修改Ⅱ”工具栏:单击。

“修改”菜单:单击“对象”➤ 图案填充(H)...。

命令行:输入“Hatchedit”,回车。

(二)编辑方法

执行图案填充编辑命令后,在作图区内单击选择要修改的图案填充对象,打开“图案填充编辑”对话框,更改选项,如:更改图案样式,调整图案的比例大小、旋转角度等;或者在作图区内双击要修改的图案,在弹出的菜单中更改选项,如:图案填充的颜色、图层、类型、角度、比例等。

八、移动

移动命令用来将一个或一组对象从一个位置移动到另一个位置。

(一)启动命令

修改工具栏:单击 。

“修改”菜单:单击 移动(V)。

命令行:输入“Move”(快捷键 M),回车。

(二)操作步骤

例:将图 1-3-20(a)中的圆进行移动。

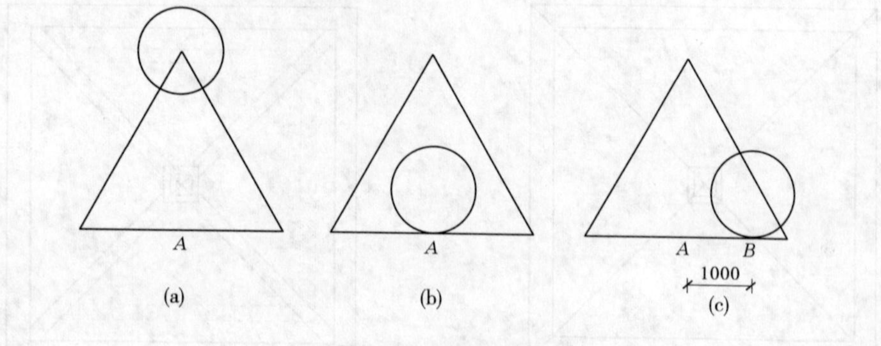

图 1-3-20　移动对象

(1)启动移动命令,单击选择圆,右击,结束选择。

(2)打开“对象捕捉”模式,捕捉圆的象限点作为基点,移动鼠标捕捉三角形底边的中点 A,单击,结果如图 1-3-20(b)所示。

(3)右击,在快捷菜单中单击“重复移动”,单击圆,右击。捕捉圆的象限点为基点,在命令行“指定第二个点或<使用第一点作位移>:”提示下,输入“@ 1000,0”,回车(或者打开“正交”模式,输入“1000”,回车),结束移动命令,结果如图 1-3-20(c)所示。

任务实施

一、绘制平面图

(一)绘制屋檐及台座外轮廓

启动矩形命令,在绘图区单击一点为矩形第一个角点,输入“@ 5000,5000”,回车,得到一边长为 5000 的正方形,即为四方亭屋檐外轮廓。

启动偏移命令,将此正方形向内偏移 300,得到一边长为 4400 的正方形,即为四方亭台座外轮廓。

启动直线命令,连接正方形的对角线,即为屋脊中心线,如图 1-3-21 所示。

(二)绘制宝顶轮廓

启动正多边形命令,以边长为 5000 的正方形的中心为中心,绘制一边长为 500 的正方形。

启动偏移命令,将此正方形向内偏移 100,得到一边长为 300 的正方形,如图 1-3-21 所示。

(三)绘制脊线

启动偏移命令,将图 1-3-21 中的两条对角线分别向两侧各偏移 100。

利用修剪和删除命令,按图 1-3-22 所示,对图中直线进行修剪和删除。

(四)绘制立柱和坐凳

启动正多边形命令,以宝顶的中心为中心,绘制边长为 3400、3600、3800 的 3 个正方形。以边长为 3600 的正方形四个顶点为圆心,绘制四个半径为 100 的圆,即为亭子立柱。启动删除命令,将边长为 3600 的正方形删除,如图 1-3-22 所示。

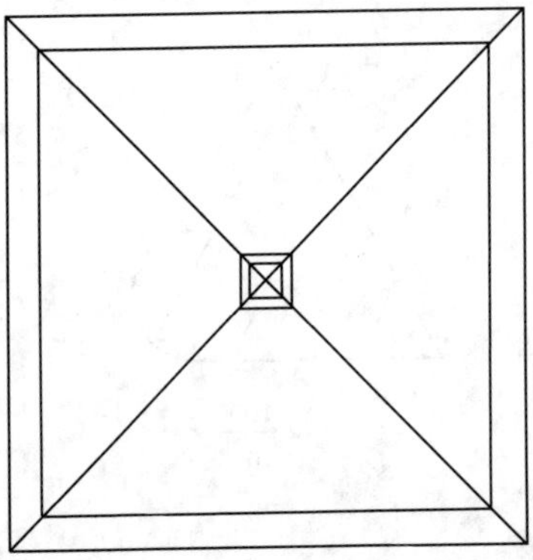

图 1-3-21　绘制屋檐、台座、宝顶平面轮廓

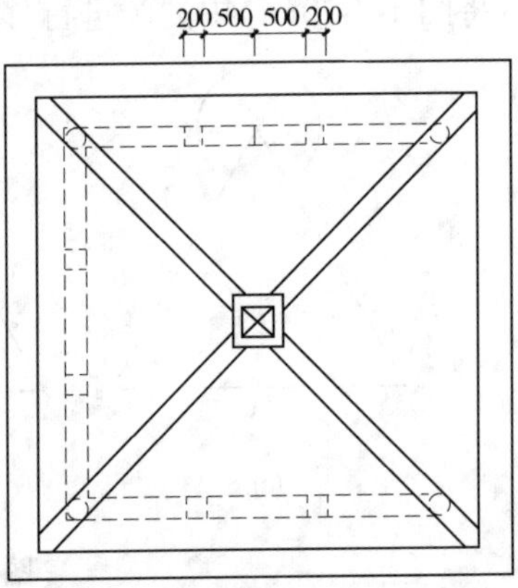

图 1-3-22　绘制脊线、立柱、坐凳和柱墩

启动直线命令,连接边长为 3400、3800 的两个正方形对应边的中点,并按图 1-3-22 所示尺寸进行偏移,绘制坐凳下的柱墩。

启动镜像命令,将柱墩镜像到另外两侧坐凳下。

启动分解命令,将边长为 3400、3800 的正方形坐凳轮廓分解。

启动延伸、修剪、删除命令,对坐凳进行处理,调整立柱、坐凳和柱墩的线型为虚线,结果如图 1-3-22 所示。

(五)绘制台阶

启动矩形命令,在绘图区单击一点为矩形第一个角点,输入“@ 600,1200”,回车,即为台阶外轮廓。

启动移动命令,捕捉矩形左侧长边的中点,将其移动到底座右轮廓线的中点。

启动直线命令,捕捉矩形两条短边的中点绘制一直线,即可得到台阶的平面图,如图 1-3-23 所示。

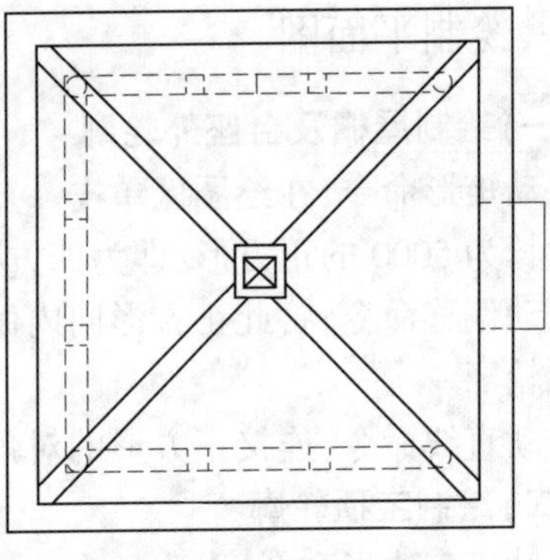

图 1-3-23　绘制台阶

二、绘制立面图

根据平面图与立面图一一对应的原则,自下而上逐一绘制。

(一)绘制台座与台阶

1. 绘制台座

打开“正交”模式和“对象捕捉”模式,启动直线命令,自平面图中台座的左角点自下而上绘制一适当长度的直线,即辅助线。

启动矩形命令,捕捉该辅助线的端点为矩形第一角点,单击,输入“@ 4400,600”,回车,删除辅助线,即可得到台座立面图,如图 1-3-24 所示。

2. 绘制台阶

启动直线命令,自台座立面下轮廓线向右绘制一适当长度的直线;重复直线命令,捕捉台阶平面图的右轮廓线的端点,向上绘制辅助线,捕捉到垂足,单击。

重复直线命令,捕捉到刚才绘制的直线端点,单击,调整鼠标的方向向上,输入“200”,回车;调整鼠标的方向向左,输入“300”,回车;调整鼠标的方向向上,输入“200”,回车;调整鼠标的方向向左,输入“300”,回车,或捕捉到与台座的垂足,单击,即可得到台阶立面图,如图 1-3-24 所示。

(二)绘制立柱、坐凳与坐凳下的柱墩

1. 绘制立柱

启动直线命令,捕捉立柱平面图中圆的左象限点,单击,向上绘制直线,捕捉到立面图中台座上底面的垂足,单击,得到一辅助线。

启动矩形命令,捕捉到刚才绘制的辅助线与台座上底面的交点,单击,输入“@ 200,4000”,回车;启动镜像命令,选择刚才绘制的矩形,以底座的垂直中线为镜像线,得到另一侧立柱,如图 1-3-25 所示。

2. 坐凳与坐凳下的柱墩

启动矩形命令,捕捉左侧立柱的左下角点,单击,输入“@ 3800,200”,回车。

启动移动命令,选择刚才绘制的矩形,将其向上平移 500,如图 1-3-25 所示。

启动直线命令,捕捉平面图中坐凳下的柱墩的左角点,单击,向上绘制直线捕捉到立面图中台座上底面的垂足单击,得到一辅助线。

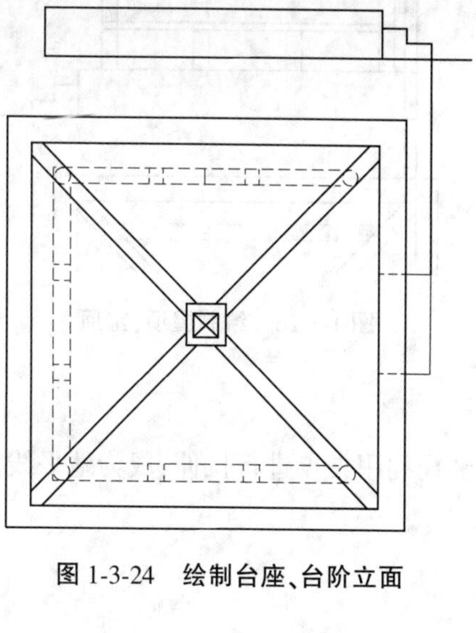

图 1-3-24　绘制台座、台阶立面

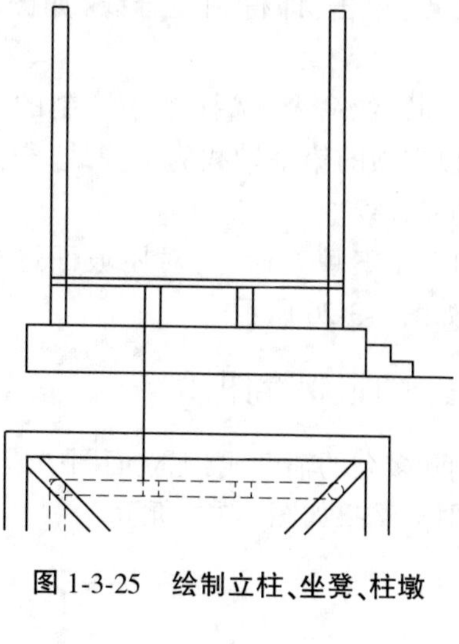

图 1-3-25　绘制立柱、坐凳、柱墩

启动矩形命令,捕捉辅助线的端点,单击,输入“@200,500”,回车,得到一个柱墩。

启动镜像命令,以立面图中坐凳和台座的中心线为镜像线,得到另一个柱墩,如图 1-3-25 所示。

(三)绘制屋顶、宝顶

1. 绘制屋檐

启动直线命令,捕捉平面图中屋檐的左角点,单击,向上绘制一辅助直线。

重复直线命令,捕捉立面图中左侧立柱的左角点,单击,向左绘制一直线。

启动矩形命令,捕捉上述绘制的两条直线的交点,单击,为矩形的第一个角点,输入“@5000,300”,回车,即得到屋檐立面,如图 1-3-26 所示。

2. 绘制宝顶

启动矩形命令,分别绘制长 500、高 200,长 300、高 400 的两个矩形,并把它们按图 1-3-26 进行上下对中放置。

启动直线命令,捕捉立面图中屋檐上轮廓线的中点为端点,单击,输入“1300”,回车。

启动移动命令,选择刚才绘制的两个矩形,捕捉下面矩形的下底边的中点为基点,捕捉刚绘制的直线的上端点为第二个点,结果如图 1-3-26 所示。

3. 绘制屋坡面

启动直线命令,捕捉平面图中屋脊线的端点,单击,向上捕捉到立面图中屋檐的上轮廓线的垂足,单击,如图 1-3-26 所示绘制两条辅助线。

重复直线命令,捕捉立面图中此直线的端点,单击,捕捉宝顶下矩形的左角点,单击,绘制一直线。

启动复制命令,选择此直线,指定此直线的端点为基点,指定另外一条辅助线的端点为第二点,单击,即得到屋脊线,如图 1-3-26 所示。

启动镜像命令,选择刚才绘制的两条屋脊线,以宝顶的铅垂轴线为镜像线,得到另外一侧的屋脊线。

启动图案填充命令,对屋坡面进行图案填充,如图 1-3-26 所示。

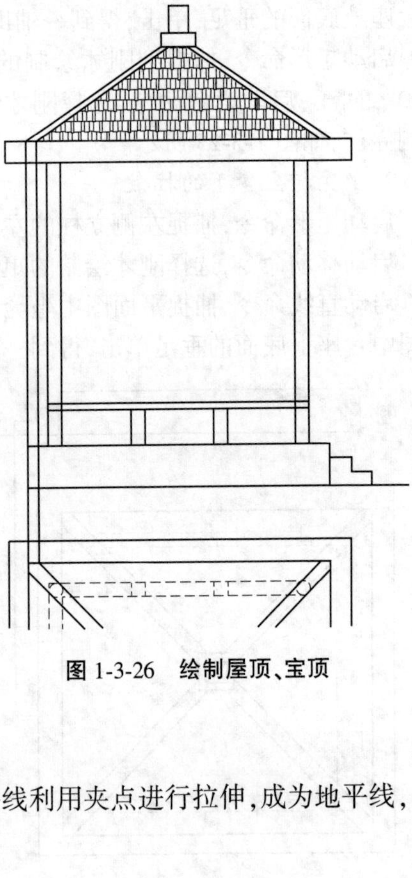

图 1-3-26 绘制屋顶、宝顶

三、整理、保存图样

删除多余的辅助线,把立面图中最下面的水平线利用夹点进行拉伸,成为地平线,并保存图样,结果如图 1-3-1 所示。

任务 2　绘制小游园规划平面图

【学习目标】

1. 了解小游园的造景要素组成。

2. 掌握图层的设置与管理方法，掌握对象特性修改的方法。

3. 掌握运用绘图命令（多线、修订云线）和修改命令（阵列、倒角、圆角、缩放、修改多线）绘制和编辑复杂二维图形的方法。

4. 会根据图样合理设置图层及特性。

5. 会修改图形对象特性。

6. 能灵活运用绘图及修改命令绘制和编辑小游园平面图。

任务描述

小游园是园林设计中常见的绿地形式，其中的设计要素多种多样，用户必须对其进行分析，然后选择合适的绘图及修改命令进行绘制。

绘制图 1-3-27 所示小游园规划平面图。

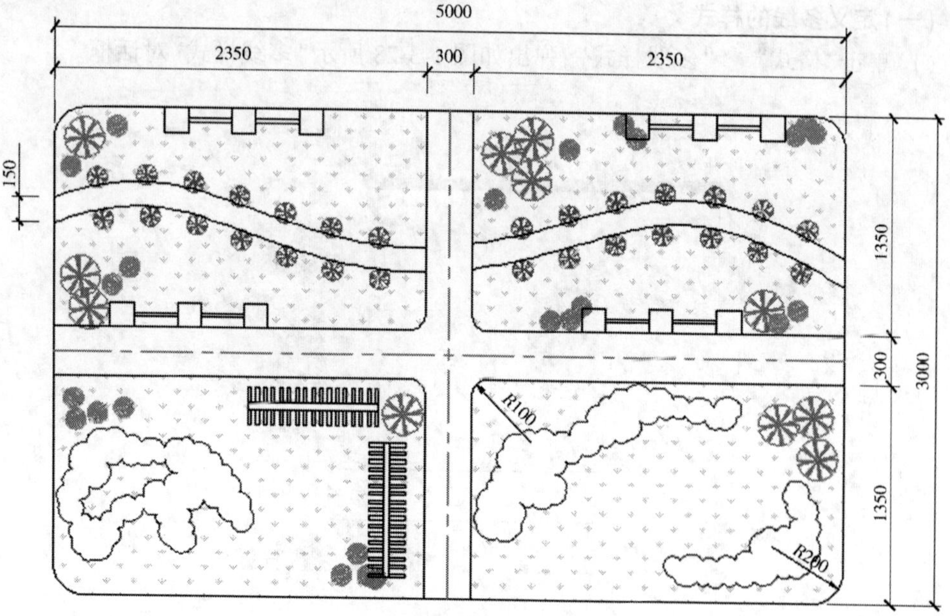

图 1-3-27　小游园规划平面图

相关知识

一、多线与多线编辑

多线由 1～16 条平行线组成,这些平行线称为元素。多线样式包含对正、比例等因素。

对正(J):用于给定绘制多线的基准,共有 3 种对正类型,即“上(T)”“无(Z)”“下(B)”,其中“上(T)”表示当从左向右绘制多线时,多线上位于最顶端的线将随光标移动;“无(Z)”表示绘制多线时,多线的假设中心线将随光标移动;“下(B)”表示绘制多线时,多线上位于最底端的线将随光标移动。

比例(S):用于控制平行线的间距,平行线默认的距离为 20。

样式(ST):用于指定多线样式。默认的多线样式 STANDARD:对正=上,比例=20.00。

多线一般用于绘制建筑墙线、道路等平行线。开始绘制多线之前,可以创建一个“新样式”,并修改多线样式,如对正和比例。

多线编辑是编辑多线的专门工具,处理多线的交叉、T 形相交、角点结合和多线的打断。利用分解命令将多线转换为独立的直线对象,可以使用通用编辑命令编辑。

(一)定义多线的样式

(1)单击“格式” ➤ “多线样式”,弹出如图 1-3-28 所示“多线样式”对话框。

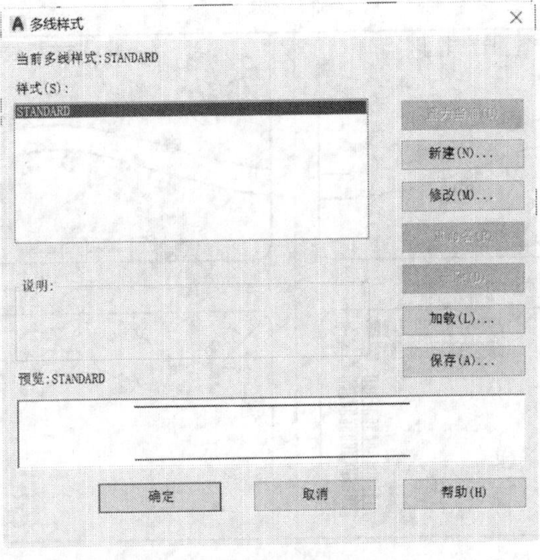

图 1-3-28　“多线样式”对话框

(2)单击“新建”,打开如图 1-3-29“创建新的多线样式”对话框,在“新样式名”文本框中输入样式名,如“wall”,单击“继续”。

(3)在打开如图 1-3-30 所示的“新建多线样式:WALL”对话框中,在“封口”选项组中可以设置多线起点和端点的特性,包括以直线、外弧或内弧封口,以及封口线段或圆弧角度。在绘制墙体时,设置端点以“直线”封口。

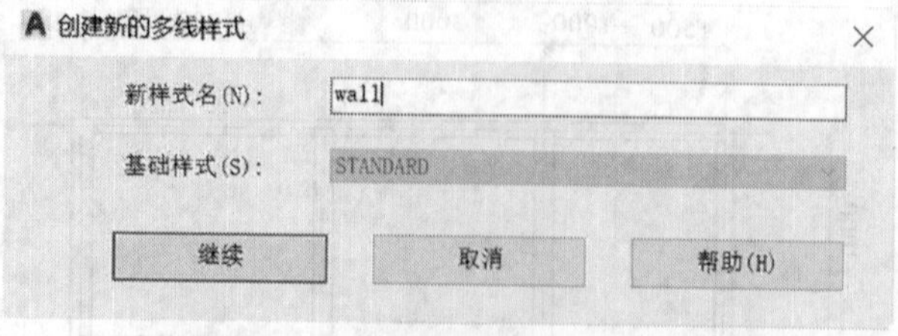

图 1-3-29 “创建新的多线样式”对话框

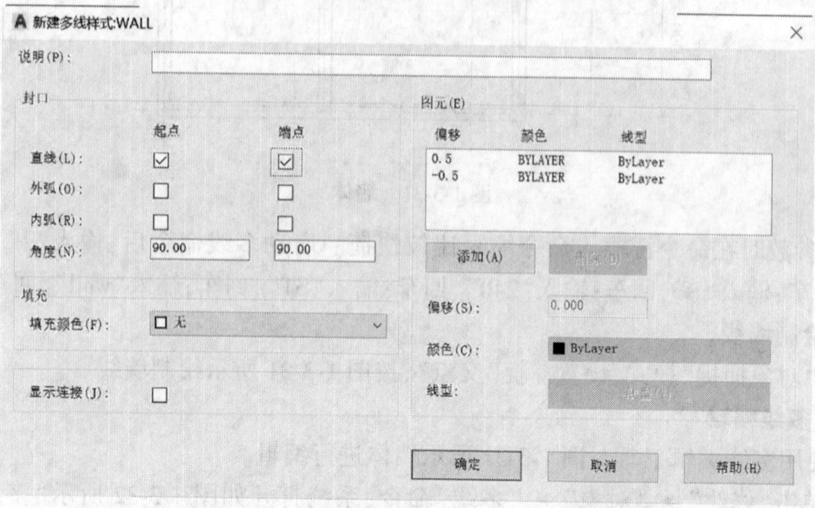

图 1-3-30 “新建多线样式:WALL”对话框

(4)在“图元”选项中,可以设置组成多线的元素特性。单击“添加”按钮,可以为多线添加元素;反之,单击“删除”按钮,可以为多线删除元素。在“偏移”文本框中可以设置选中元素的位置偏移值。单击“线型”按钮,可以为选中元素设置线型。

(5)设置完毕后,单击“确定”按钮,系统返回到图 1-3-28“多线样式”对话框,在“样式”列表中,选择该样式“wall”,单击“置为当前”按钮,将刚设置的多线样式设置为当前样式,下面的预览框中会显示当前多线样式。

(6)单击“确定”按钮,完成多线样式设置。

(二)绘制多线

例:绘制如图 1-3-31 所示的墙体。

(1)利用“构造线”(或直线、多段线等)命令绘制定位轴线。

绘制一条水平构造线和一条竖直构造线,并按照图中所标注的尺寸进行偏移。

(2)定义多线样式。

按上述(一)定义多线的样式,名称为“wall”,设置端点以“直线”封口。

(3)启动多线命令,设置参数。

单击“绘图” ➤ “多线”,启动多线命令,右击,在弹出的快捷菜单中单击“对正(J)”,右击,在弹出的快捷菜单中单击“无(Z)”,回车;单击“比例”,在命令行中输入“240”,回车;右击,单击“样式”,在命令行中输入“wall”,回车。

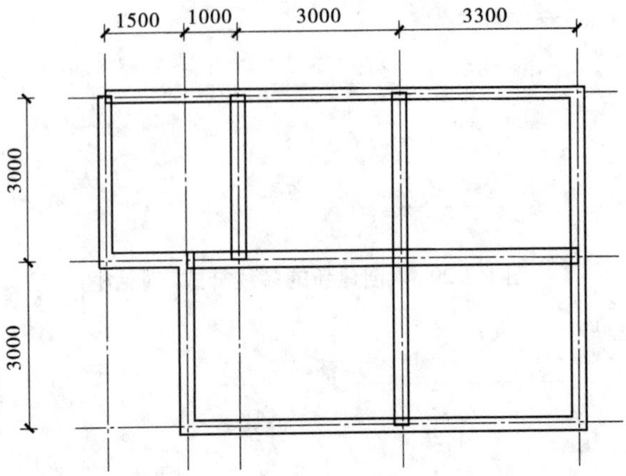

图 1-3-31　墙体

设置参数时在命令行输入命令缩写比较快捷。启动多线命令后,输入“J”,回车;输入“Z”,回车;输入“S”,回车;输入“240”,回车;输入“ST”,回车;输入“wall”,回车。

(4)绘制墙线。

打开“对象捕捉”模式,设置捕捉“交点”,按图 1-3-31 所示绘制墙线。

(三)多线编辑

例:使用多线编辑工具对图 1-3-31 所示墙体进行编辑。

(1)单击“修改” ➤ “对象” ➤ “多线”命令,系统打开如图 1-3-32 所示“多线编辑工具”对话框。

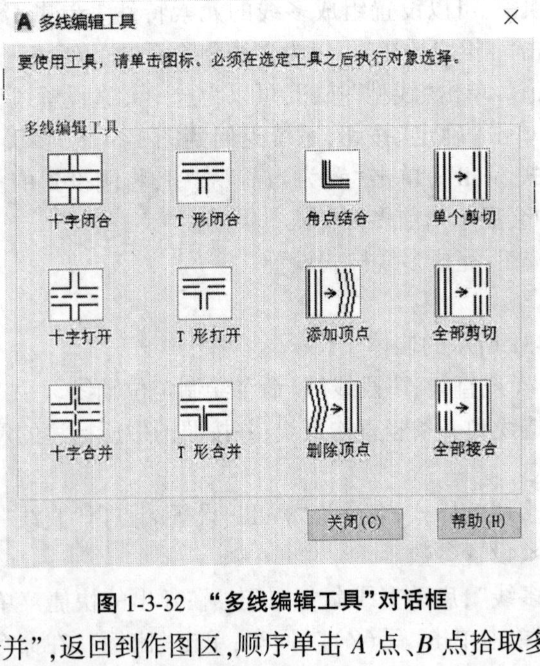

图 1-3-32　“多线编辑工具”对话框

(2)单击“T 形合并”,返回到作图区,顺序单击 A 点、B 点拾取多线,合并第一个 T 形交点,再用同样方法拾取其他的 T 形交点。右击,单击“确认”,结束 T 形合并命令。

(3)右击,单击“重复多线…”,在“多线编辑工具”对话框中单击“十字合并”,返回到作图区，顺序单击 C 点、D 点拾取多线，合并十字交点，右击，单击“确认”。

(4)右击，单击“重复多线…”，在“多线编辑工具”对话框中单击“角点结合”，返回到作图区，顺序单击 E 点、F 点拾取多线，合并角交点，右击，单击“确认”。结果如图 1-3-33 所示。

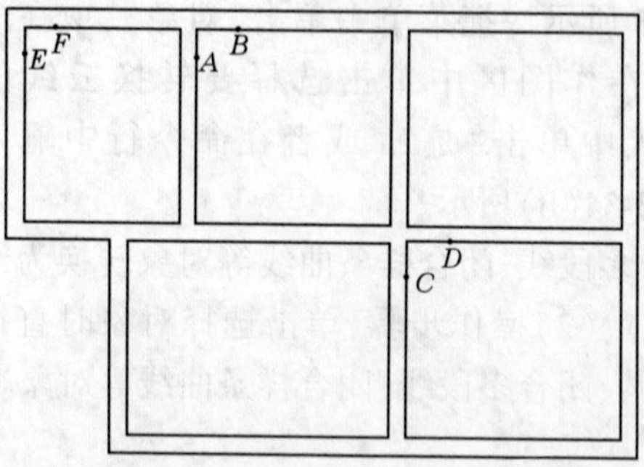

图 1-3-33　多线编辑墙体交点结果

提示：

多线编辑时 T 形交点要注意拾取顺序，要先拾取 T 字的竖笔画，再拾取 T 字的横笔画。

二、修订云线

修订云线命令可用来创建一条由连续圆弧组成的云线型的多段线。执行此命令也可以将圆、椭圆、闭合多段线或闭合样条曲线等闭合对象转换为修订云线。在园林设计中常用来绘制乔木和灌木树丛。

(一)启动命令

绘图工具栏：单击。

“绘图”菜单：单击 修订云线(V)。

命令行：输入“Revcloud”，回车。

(二)操作步骤

例 1：绘制如图 1-3-34(a)所示的修订云线。

(a)　　　　　　(b)

图 1-3-34　绘制修订云线

(1)启动修订云线命令。

(2)右击，在弹出的如图 1-3-35 所示的快捷菜单中单击“弧长”，或者在命令行中输入“A”，回车，输入最小弧长“20”，回车，输入最大弧长“50”，回车。

(3)在作图区中单击一点作为起点，移动十字光标绘制修订云线，当光标移动到靠近起点位置时云线会自动闭合,如图 1-3-34(a)所示。

例 2:将图 1-3-34(a)外凸云线转换为内凹云线,如图 1-3-34(b)所示。

(1)启动修订云线命令。

(2)右击,在图 1-3-35 所示快捷菜单中单击“对象”,或在命令行中输入“0”,回车,在作图区中单击选择要转换云线的图 1-3-34(a),在动态输入中单击“是”(或者在命令行中输入“Y”,回车),结果如图 1-3-34(b)所示。

如果将圆、椭圆、闭合多段线、闭合样条曲线等对象转换为云线时,可重复例 2 中的(1)、(2)操作步骤,单击选择对象时直接选择要转换云线的圆、椭圆、闭合多段线、闭合样条曲线等对象。

提示:

定义修订云线时的最大弧长不得超过最小弧长的 3 倍。

将圆、椭圆、闭合多段线、闭合样条曲线等对象转换为内凹或外凸云线时,其弧长变化较小,云线不够生动。

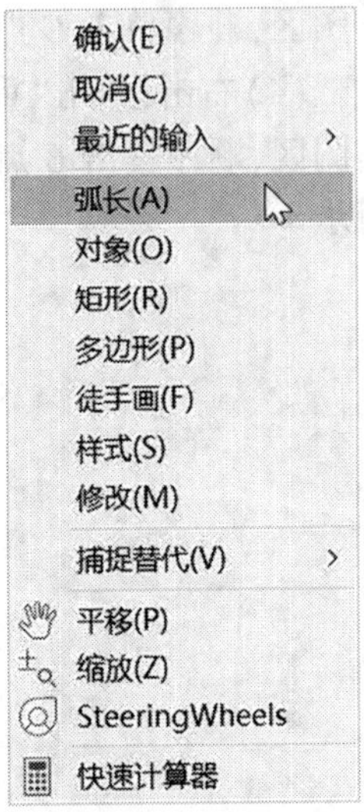

图 1-3-35　快捷菜单

三、倒角

倒角又称切角,是园林设计图上常见的图形,可以通过倒角命令直接产生。在绘图过程中可以为两条不平行的直线、多段线、构造线、射线创建倒角。

(一)启动命令

修改工具栏:单击 。

“修改”菜单:单击 倒角(C)。

命令行:输入“Chamfer”(快捷键 CHA),回车。

(二)操作步骤

例 1:设置选定边的距离进行倒角,如图 1-3-36 所示。

(1)启动倒角命令。

(2)右击,在弹出的如图 1-3-37 所示的快捷菜单中单击“距离”(或者在命令行中输入“D”,回车),在命令行“指定第一个倒角距离”的提示下,输入“150”,回车;命令行提示“指定第二个倒角距离”时,输入“120”,回车。图 1-3-38 为倒角距离的设置。

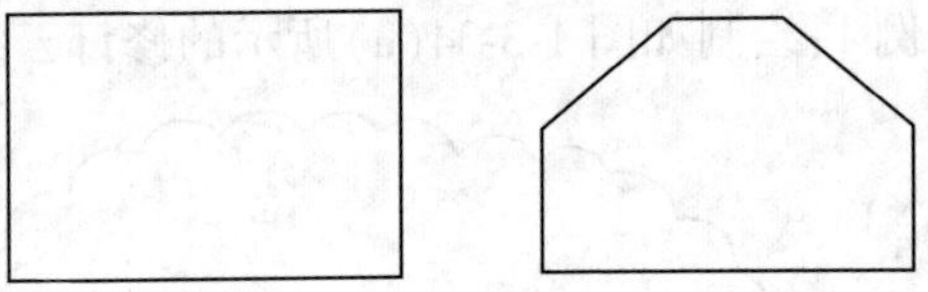

(a)　(b)

图 1-3-36　对图形进行倒角

(3)单击第一条直线,再单击第二条直线,完成一个倒角。

(4)右击,单击“重复倒角”,单击第一条直线,再单击第二条直线,完成第二个倒角,结果如图 1-3-36(b)所示。

图 1-3-37　快捷菜单

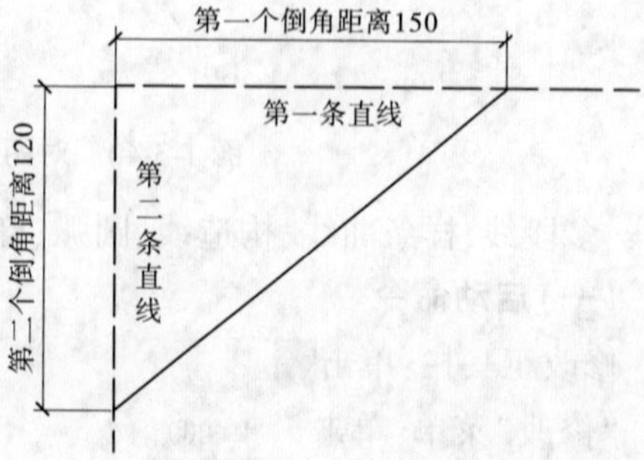

图 1-3-38　倒角距离的设置

例 2:对图形指定距离和角度进行倒角。即通过指定第一条线的倒角距离和第一条线的倒角角度来形成倒角,如图 1-3-39 所示。

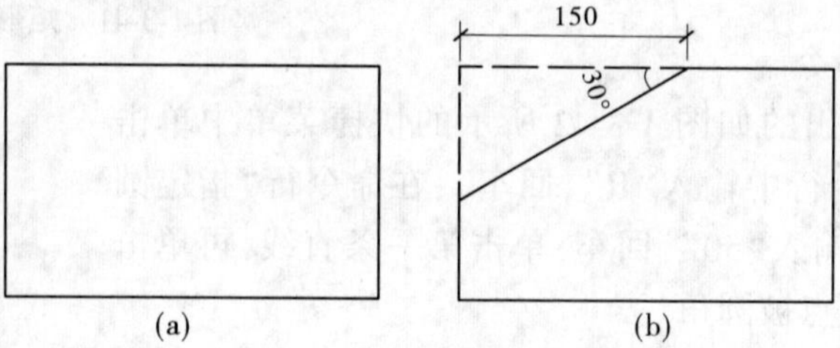

图 1-3-39　进行指定距离和角度的倒角

(1)启动倒角命令。

(2)右击,在弹出的快捷菜单中单击“角度”,或在命令行输入“A”,回车;在命令行“指定第一条直线的倒角长度”的提示下,输入“150”,回车;命令行提示“指定第一条直线的倒角角度”,输入“30”,回车。

(3)单击第一条直线,再单击第二条直线,完成图样。

提示:

对两条不相交的直线进行倒角时,如果两个倒角的距离都设置为 0,则两条直线延伸到交点上。图 1-3-40(a)为两条不相交的直线,图 1-3-40(b)的两个倒角距离皆为 0,图 1-3-40(c)的两个倒角距离为 100。

倒角有时做不出来,可能是倒角的距离相对于边长来说过大或过小。如果倒角的距离过大,则不满足命令条件;如果倒角的距离过小,在当前视图中观察不到,可使用视图缩放命令进行察看。

四、圆角

圆角和倒角一样,可以直接通过圆角命令来产生。使用一段指定半径的圆弧为两段

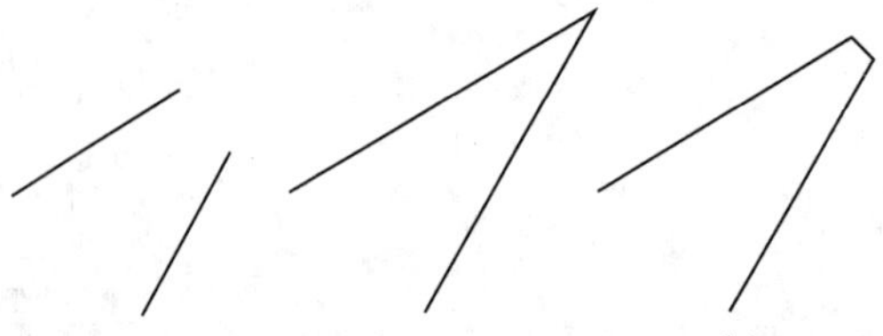

图 1-3-40　对两条不相交的直线进行倒角

直线、多段线、样条曲线、构造线、圆弧、椭圆弧等进行圆角,圆角圆弧与原始对象相切。

(一)启动命令

修改工具栏:单击 。

"修改"菜单:单击 圆角(F)。

命令行:输入"Fillet"(快捷键 F),回车。

(二)操作步骤

对图 1-3-41(a)所示的矩形进行圆角。

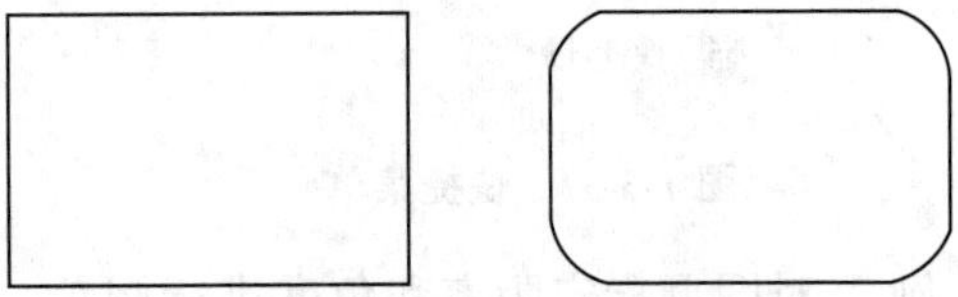

图 1-3-41　矩形圆角

(1)启动圆角命令。

(2)右击,在弹出的如图 1-3-42 所示的快捷菜单中单击"半径"(或者在命令行中输入"R",回车);在命令行"指定圆角半径"的提示下,输入"50",回车,单击第一条直线,再单击第二条直线,则该顶点被圆角。

图 1-3-42　快捷菜单

(3)回车,或者右击,在快捷菜单中单击"重复圆角",单击第一条直线,再单击第二条直线……。

(4)右击,单击"确认",结果如图 1-3-41(b)所示。

提示:

对平行线进行圆角时,不需要定义圆角的半径,平行线间的距离就是圆角的直径,如图 1-3-43 所示。

对于不相交的两条直线圆角时,如果设置圆角的半径为 0,则两条直线延伸到交点上,如图 1-3-44(a)、(b)所示;对于相交的两条直线圆角时,若圆角的半径为 0,两条直线剪切到交点上,如图 1-3-44(c)、(d)所示。

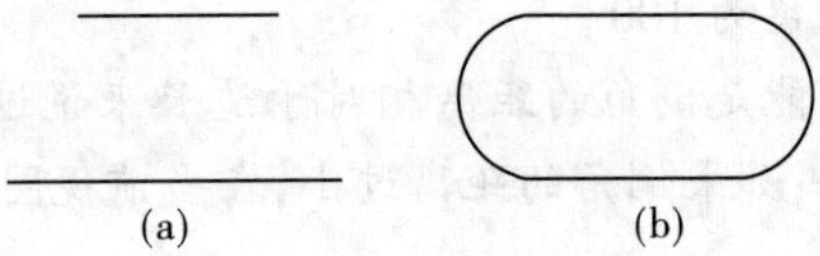

图 1-3-43　平行线间的圆角

(a)　(b)　(c)　(d)

图 1-3-44　非平行线间的圆角

五、缩放

在绘图过程中经常发现绘制的图形过大或过小,此时通过“缩放”命令可以快速实现图形的大小转换以满足要求。用户可以指定一定的比例缩放对象,也可以参照其他的对象进行缩放。

(一)启动命令

修改工具栏:单击[图标]。

“修改”菜单:单击[图标] 缩放(L)。

命令行:输入“Scale”(快捷键 SC),回车。

(二)操作步骤

例 1:按照给定的比例因子缩放树木符号,如图 1-3-45 所示。

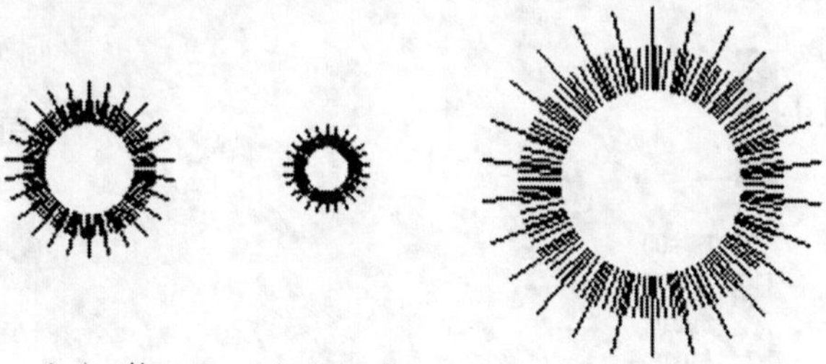

(a)1倍　(b)0.5倍　(c)2倍

图 1-3-45　比例缩放对象

(1)启动缩放命令,交叉窗选树木符号。

(2)捕捉树木符号的中心作为基点,输入缩放比例“0.5”,右击,如图 1-3-45(b)所示将树木符号缩小了 0.5 倍。

(3)重复以上操作,输入缩放比例“2”,右击,如图 1-3-45(c)所示树木符号被放大了 2 倍。

例 2:按照给定的参照长度缩放树木符号,如图 1-3-46 所示。

(1)启动缩放命令,交叉窗选树木符号,右击。

(2)捕捉树木符号的中心作为基点。

(3)右击,在弹出的如图 1-3-47 所示的快捷菜单中单击“参照”,在作图区中捕捉树木符号左端点 *A* 单击,捕捉右端点 *B* 单击,输入“600”,回车。

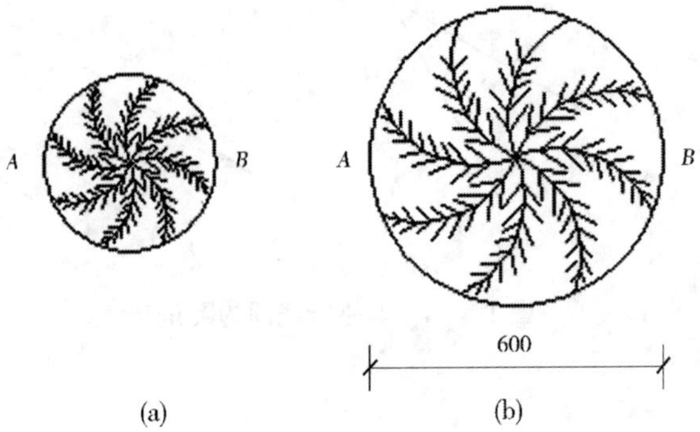

图 1-3-46　参照长度缩放对象

提示:

比例缩放是真正改变了图形的大小,与视图缩放命令有本质的区别。视图缩放命令仅仅改变了图形对象在屏幕上的显示大小,图形本身尺寸无任何大小变化。

六、阵列

对于规则分布的相同图形,可以通过矩形阵列、环形阵列、路径阵列命令快速产生。

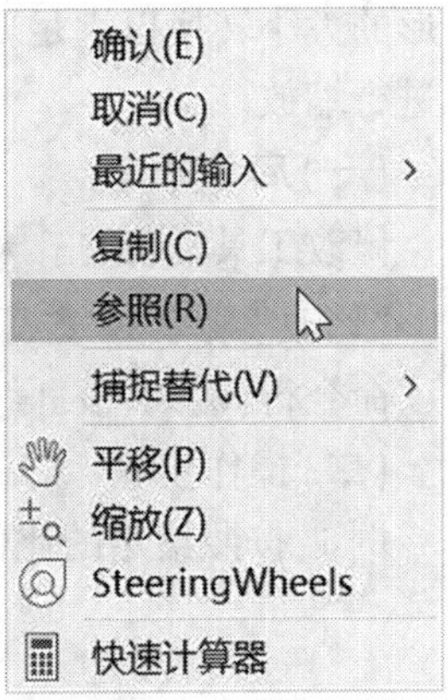

图 1-3-47　快捷菜单

(一)启动命令

修改工具栏:单击。

“修改”菜单:单击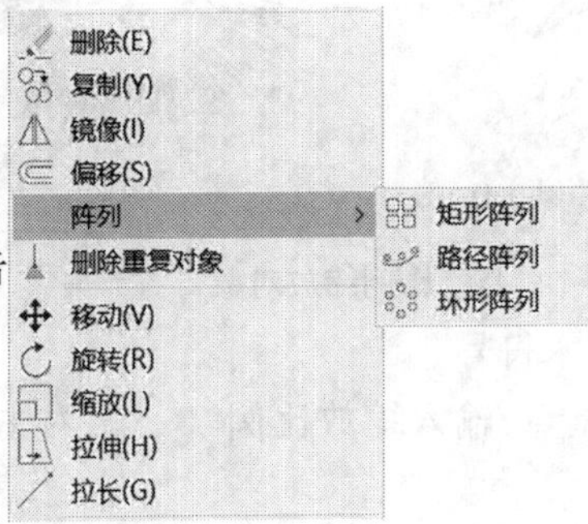。

命令行:输入“Array”(快捷键 AR),回车。

(二)操作步骤

例 1:利用环形阵列完成图 1-3-48(b)所示树木图例的绘制。

(1)绘制图 1-3-48(a):先绘制一个圆,再使用直线命令绘制多条直线,在绘制过程中可捕捉圆心、象限点、最近点等。

(2)启动阵列命令,选择“环形阵列”。

(3)“选择对象”:选择圆内所有直线作为被阵列的对象,回车。

(4)在作图区中捕捉圆心为“指定阵列的中心点”。

(5)输入“I”,回车,输入“10”,回车。

(6)输入“F”,回车,输入“360”,回车。再回车结束命令。

(7)启动“删除”命令,删除辅助圆,结果如图 1-3-48(b)所示。

(a)　(b)

图 1-3-48　绘制树木图例

例 2:利用矩形阵列的方法,完成图 1-3-49(a)所示树木种植图。

(1)启动阵列命令,选择“矩形阵列”。

(2)选择上述绘制的树木符号作为被阵列的对象,回车。

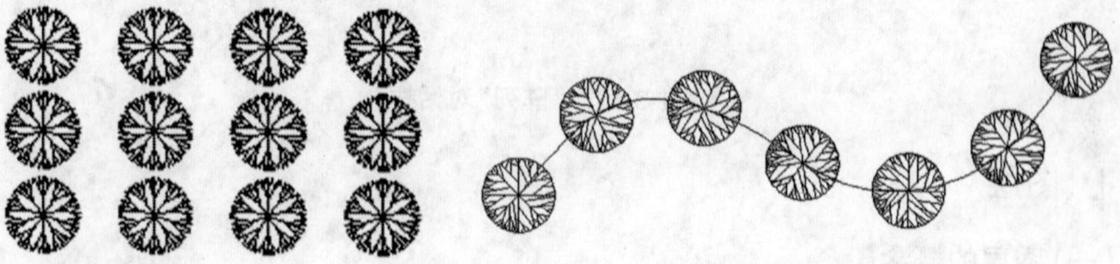

(a)　(b)

图 1-3-49　利用阵列完成树木种植图

(3)输入“R”,回车;输入“3”,回车;“指定行数之间的距离”,输入“1100”,回车;“指定行数之间的标高增量”,直接回车。

(4)输入“COL”,回车;输入“4”,回车;“指定列数之间的距离”,输入“1500”,回车。然后再回车结束命令,这样完成了图 1-3-49(a)所示的种植图。

例 3:利用路径阵列的方法,完成图 1-3-49(b)所示树木种植图。

(1)启动移动命令,捕捉树木图例的中心,移动图例,捕捉曲线的端点,单击。

(2)启动阵列命令,选择“路径阵列”,单击。

(3)选择树木图例作为阵列的对象,回车。

(4)单击样条曲线为“路径曲线”。

(5)输入“M”,回车。

(6)输入“D”,回车。

(7)输入“I”,回车;输入“7”,回车。然后再回车结束命令,结果如图 1-3-49(b)所示。

提示:

当阵列的行数为 1(或者阵列的列数为 1)时,在命令行提示“指定行数之间的距离”(或者“指定列数之间的距离”)时,直接回车即可。

AutoCAD 2020 默认设置不显示“阵列”对话框,利用“Arrayclassic”命令可以调出该对话框,如图 1-3-50 所示。在“阵列”对话框中,可直接输入相关参数进行矩形阵列、环形阵列。

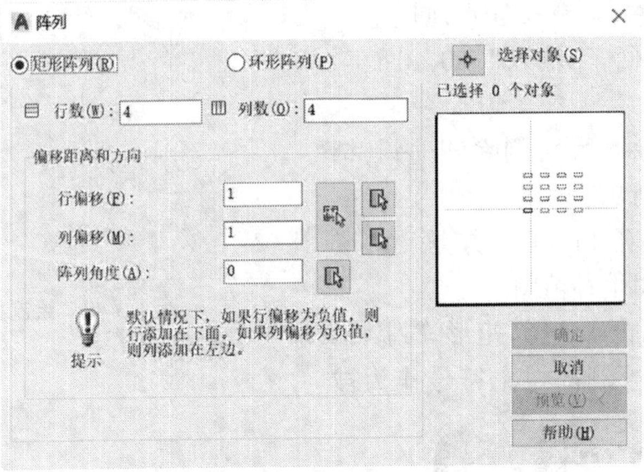

图 1-3-50 “阵列”对话框

七、图层

(一)图层的概念

图层就像是一张张含有文字或图形等元素的透明纸，把它们一张张按顺序叠放在一起，组合起来最终得到一幅完整的画面，如图 1-3-51 所示。图层中可以加入文本、图片、表格、插件等元素。用户可以任意选择其中一个图层绘制图形，而不会受到其他层上图形的影响。当需要修改其中某一部分时，可以将要修改的透明纸抽取出来单独进行修改，而不会影响到其他部分。

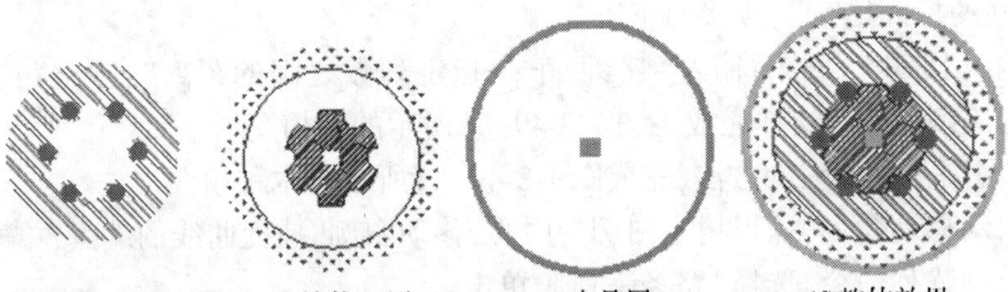

(a)植物-1层 (b)植物-2层 (c)小品层 (d)整体效果

图 1-3-51 图层的分层结构

(二)图层的特性

(1)每个图层都赋予一个名称，其中“0”层是系统默认设置的，其余的图层用户可以根据需要自定义。“0”层是一个特殊的图层，在默认情况下，“0”层将被指定使用 7 号颜色、Continuous 线型、默认打印线宽及 Normal 打印样式，且“0”层不能被删除或重命名。

(2)图层本身具有颜色、线型和线宽，用户可以为图层上的任何对象指定颜色、线型和线宽。

(3)同一图层上的对象处于同种状态，如可见或不可见。

(4)图层具有打开/关闭、冻结/解冻、锁定/解锁等特性，用户可以改变图层的状态。

(三)图层的管理命令

创建新图层以及设置图层的特性主要在“图层特性管理器”对话框中进行。

1. 创建新图层

(1)单击“图层特性管理器”按钮，打开如图 1-1-46 所示的“图层特性管理器”对话框。

(2)在“图层特性管理器”对话框中，单击“新建”按钮，创建一个新的图层，该图层默认显示名称为“图层 1”，如图 1-1-46 所示。用户可以根据需要更改图层的名称，图层名称可以是汉字、拼音或英文等，应简单、易记。

另外，也可用快捷菜单来新建图层，在“图层特性管理器”窗口中的图层列表框空白处右击，在弹出的如图 1-3-52 所示的快捷菜单中选择“新建图层”。

2. 设置图层的特性

1)设置图层颜色

单击色块，弹出如图 1-3-19 所示“选择颜色”对话框。有“索引颜色”“真彩色”“配色系统”三个标题页，用户可以通过它们选择颜色。

在默认“索引颜色”标题页中，图层的颜色是用 1~255 颜色号来表示的。第一个调色板为 10~249 号颜色；第二个调色板为 1~9 号颜色，也称为标准颜色；第三个调色板为灰度级，颜色号为 250~255。7 号颜色为常用的黑色，如果使用黑色的模型空间，则颜色的定义是“黑白颠倒”的。

在“选择颜色”对话框中，单击选择色块，然后单击“确定”(或者双击选择色块)，所选择的颜色在颜色显示框中自动显示，且保留在颜色的下拉列表中。

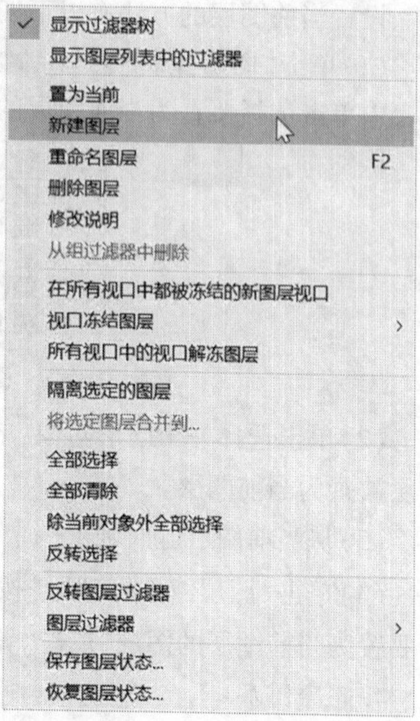

图 1-3-52　快捷菜单

2)设置线型

单击“Continuous”，弹出如图 1-1-47 所示“选择线型”对话框。当前的文件里只有一种默认实线“Solid line”线型。

单击“加载”按钮，弹出如图 1-1-48 所示“加载或重载线型”对话框，单击选择需要加载的线型，如 ACAD_IS002W100，单击“确定”，返回到“选择线型”对话框，此线型被加载到“选择线型”对话框中，单击“确定”，这样完成了线型的加载。

3)设置线宽

一般图层使用默认打印线宽 0.25 mm 即可，但在园林设计图中部分图线需要使用其他的线宽，线宽大小的选择应符合国标规定。

进行线宽设置时，单击“——默认”，弹出如图 1-1-49 所示“线宽”对话框，单击选择目标线宽，单击“确定”，完成线宽的设置。

重复以上步骤，可新建更多的图层并设置图层特性。完成图层创建后，在“图层特性管理器”对话框的关闭按钮，结束图层的定义。但是，在作图过程中，也可以根据需要随时添加新的图层或更改图层特性。

提示：

(1)用户使用图层的数量上不受限制，但在够用的基础上越少越好。

(2)不同的图层定义不同的颜色,图形对象的各种属性都应尽量与图层的特性保持一致,这样有助于保证图样的清晰、准确,提高绘图效率。

(3)在创建图层的过程中,新图层将继承上一个图层的特性,包括颜色、线型、线宽等,如果想创建一个具有默认属性的新图层,先选中“0”层,然后再开始创建新的图层。

3. 设置当前图层

无论有多少图层,AutoCAD 只能在当前图层上绘制图形,因此要在某图层上创建对象时,必须将该图层设置为当前图层。但其他图层上已有的图形对象可以被修改,其特征点也可以被捕捉。

设置当前图层的方法有以下四种:

(1)单击“图层控制”窗口 道路 ,在展开的下拉图层列表中单击选择要置为当前图层的图层,如图 1-3-53 所示,将“水体”层设置为当前图层。

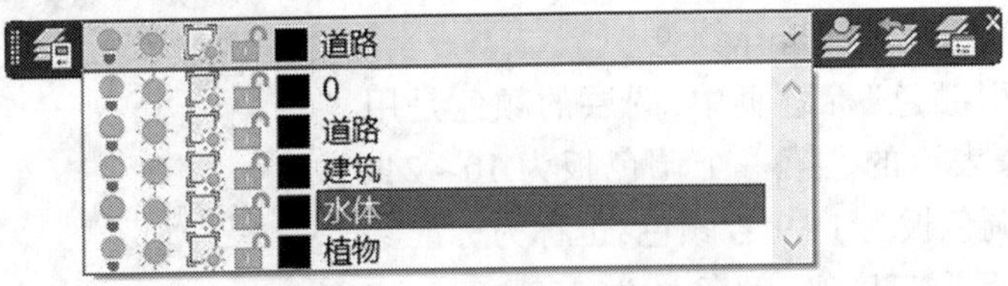

图 1-3-53　设置当前图层

(2)单击选择一个图形对象,单击“将对象图层设置为当前”按钮,则该对象所在的图层被置为当前图层。

(3)从当前图层返回到上一个图层状态,只需要单击“上一个图层”按扭即可。

(4)单击“图层特性管理器”按钮,打开“图层特性管理器”,在图层列表中单击选择要置为当前图层的图层,单击“置为当前”按钮,关闭“图层特性管理器”。

4. 删除图层

在绘图中可以删除多余的图层。单击“图层特性管理器”按钮,在“图层特性管理器”对话框中,单击要删除的图层,单击“删除”按钮,单击“确定”,即可删除该图层。

提示:

有的图层为系统必需而不能被删除,如“0”层、“定义点”层、当前图层、依赖外部参照的图层及包含对象的图层都不能删除。

5. 更改图层的状态设置

图层具有打开/关闭、冻结/解冻、锁定/解锁等特性,与是图层对应的两种状态,单击可以在两种状态中切换。

更改图层状态设置可在“图层特性管理器”对话框中进行,也可在图层工具栏的下拉图层列表中快速更改。

1)打开/关闭图层

打开/关闭图层可以控制图层的可见性。当图层打开时,它是可见的,并且可以进行打印。若将某图层关闭,则该图层上的对象在绘图区域不能显示,也不能打印。当前图层也可以被关闭,但绘制的图形对象不被显示。如果发现画的直线和圆不翼而飞,命令提示却正常,就应想到当前图层是否被关闭了。

2)冻结/解冻图层

冻结/解冻图层是控制图层可见性的另一种方式。冻结后的图层上的对象不能显示和打印,但当前图层不能冻结。冻结图层上的图形在缩放、平移等视图操作中不参与运算。冻结和解冻图层比打开和关闭图层需要更多的时间。

3)锁定/解锁图层

如果不想编辑某图层,同时在编辑其他图层时又想查看该图层,则可将该图层锁定。被锁定图层上的对象不能被选择和编辑,如果将被锁定的图层设置为当前图层,可以在其中创建新对象。

6. 在图层间搬运图形对象

在绘制图形对象过程中有时会忘记切换图层,或将本不属于某一个图层的对象搬到同一个目标图层上,这时可执行如下操作:

(1)单击选择要搬运的图形对象。

(2)单击"图层控制"窗口 0 ,在下拉图层列表中,单击选择要搬运到的目标图层。

(3)在作图区中右击,在快捷菜单上单击 全部不选(A);或按"Esc"键,将图形对象释放,这样该对象就被搬到新的图层上。

八、设置与修改图形对象特性

图形对象特性是指图形对象的颜色、线型、线宽等属性,制图规范对图形中的线型和线宽有明确的规定,这些需要用特性进行定义。

通常使用对象特性工具条设置与修改图形对象特性。

从易用性的角度而言,一般先使用图层默认的特性绘制图形对象,然后再修改它的特性。经常要修改的图形对象特性主要是颜色、线型与线宽。修改的图形对象特性,最方便的方法是使用对象特性工具条,如图 1-3-54 所示。

图 1-3-54　对象特性工具条

(一)修改图形对象颜色

先选定图形对象,然后单击"颜色控制列表"框,如图 1-3-55 所示,列表中列出了常用的颜色,单击需要的颜色,被选择的图形对象就被赋予单击的颜色。其中,"ByLayer"表示图形对象的颜色由图层颜色指定;"ByBlock"表示图形对象的颜色与图块相同。系统默认颜色设置为"ByLayer"。

如果不事先选择图形对象,直接单击"颜色控制列表"框选择颜色,则被选择的颜色将成为当前颜色,以后绘制的图线都是这种颜色。

单击"选择颜色"图标 选择颜色... ,系统弹出如图 1-3-19 所示"选择颜色"对话框,颜

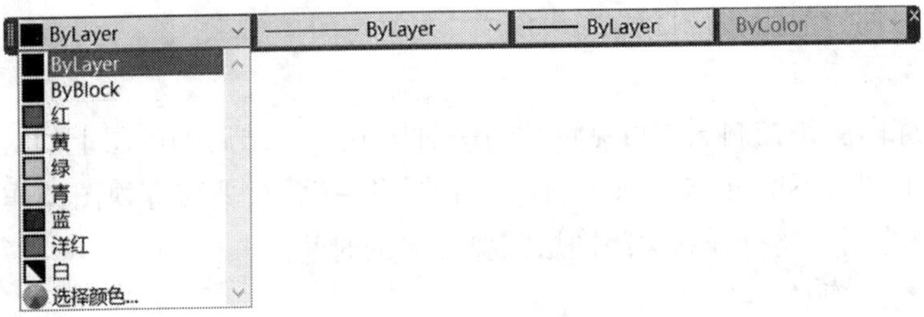

图 1-3-55 “颜色控制列表”框

色设置方法与图层颜色设置相同。

(二)修改图形对象线型

在对象特性工具条的“线型控制列表”中,有“ByLayer”“ByBlock”“Continuous”“其他...,如图 1-3-56 所示。系统默认线型设置为“ByLayer”,而“ByLayer”默认线型设置为“Continuous”。

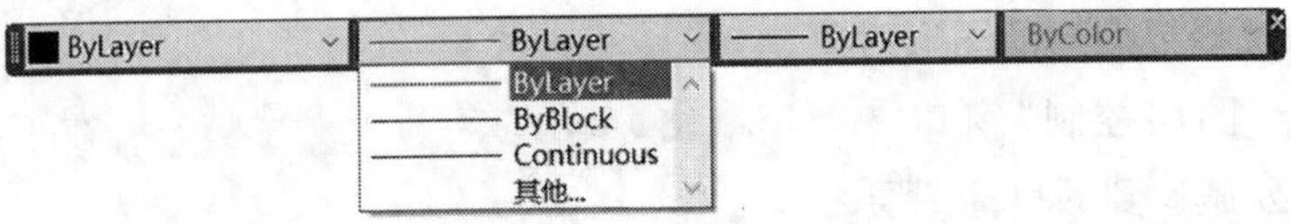

图 1-3-56 “线型控制列表”

1. 设置线型

如果用户设置其他线型,单击“其他...”,弹出如图 1-3-57 所示“线型管理器”对话框;单击“加载”按钮,弹出如图 1-1-48 所示“加载或重载线型”对话框,单击选择需要加载的线型,如:CENTER2,单击“确定”,返回到“线型管理器”对话框,此线型被加载到“线型管理器”对话框中;单击“确定”,这样完成了线型的加载,在“线型控制列表”框中,就显示有“CENTER2”线型,如图 1-3-58 所示。

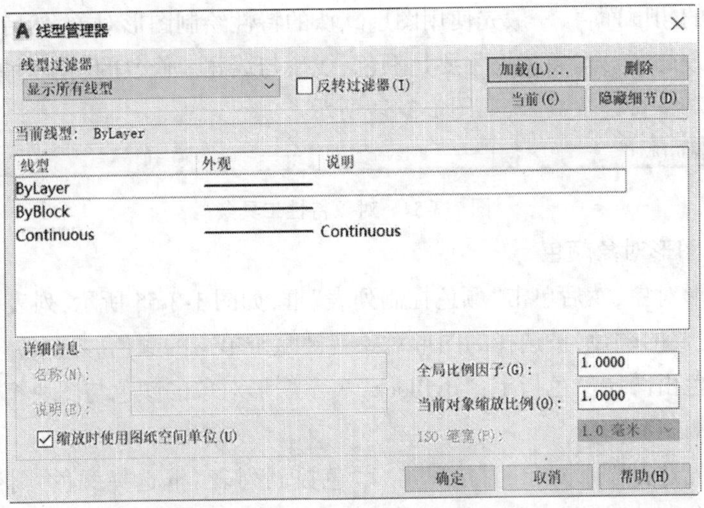

图 1-3-57 “线型管理器”对话框

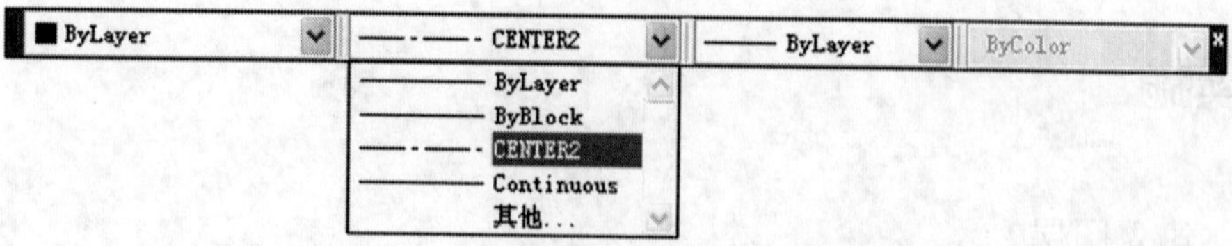

图 1-3-58 “线型控制列表”中显示加载的线型

2. 设置线型比例

在 AutoCAD 定义的各种线型中，除默认的 Continuous 线型外，其他线型都是由线段、空格、点或文本所构成的序列。当用户设置的绘图界限与缺省的绘图界限差别较大时，在屏幕上显示或输出的线型会不符合要求，如使用 ACAD_IS002W100 不连续的线型绘制辅助线，有时会发现在这个图层上绘制的辅助线仍然显示为实线。此时，可以通过改变线型比例，来放大或缩小线型的每一小段的长度。其操作步骤如下：

单击“格式”➤“线型”，打开“线型管理器”对话框，单击 CENTER2 线型，单击其右上角的“显示细节”按钮，在如图 1-3-57 所示的“线型管理器”对话框中显示详细信息。

在“详细信息”栏内有两个调整线型比例的编辑框：“全局比例因子”和“当前对象缩放比例”。“全局比例因子”可以调整新建和现有对象的线型比例，“当前对象缩放比例”可调整新建对象的线型比例。如果只是想更改已选中的图形对象，可将比例因子输入到“当前对象缩放比例”，单击“确定”。

(三) 修改图形对象线宽

先选定图形对象，然后单击“线宽控制列表”框，如图 1-3-59 所示，选择需要的线宽即可。系统默认线宽设置为“ByLayer”。

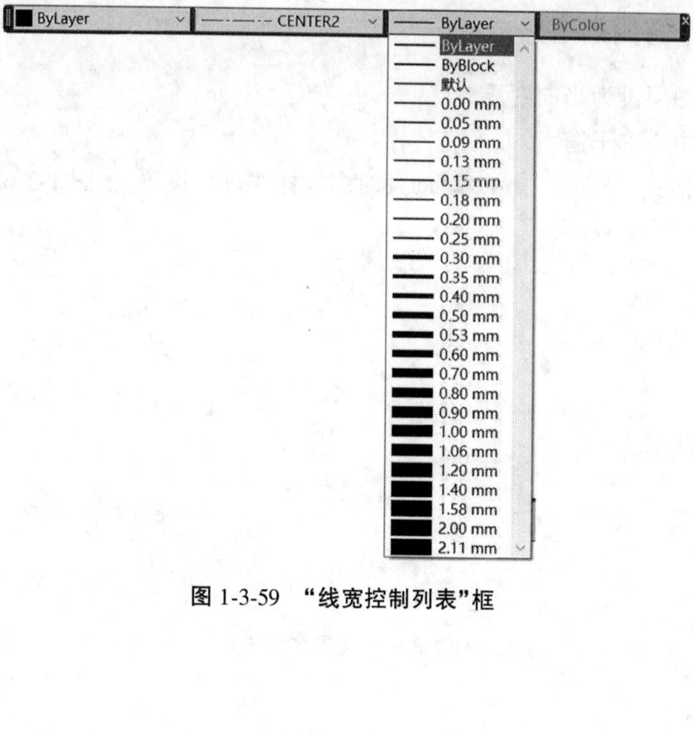

图 1-3-59 “线宽控制列表”框

任务实施

一、建立图层

打开图层特性管理器,设置图层,如图 1-3-60 所示。在绘图的过程中可根据需要添加新的图层,用到哪个图层要及时切换图层。

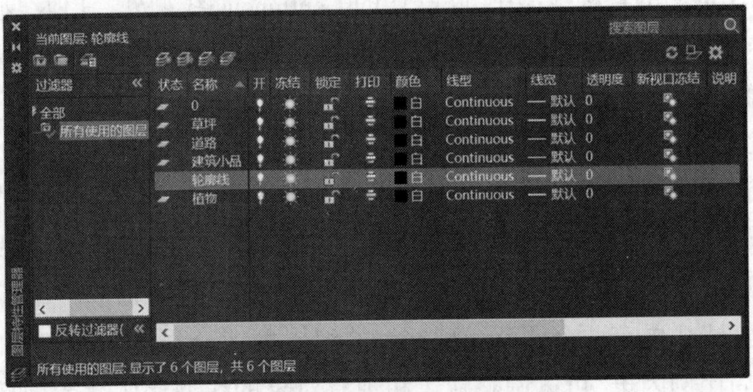

图 1-3-60　**"图层特性管理器"对话框**

二、绘制小游园的外轮廓线

将"轮廓线"图层设为当前图层。启动矩形命令,输入"F",回车,输入圆角半径"200",回车,单击任意位置,输入"@5000,3000",绘制长度为 5000、宽度为 3000 的矩形边框线。

三、绘制小游园的道路

将"道路"图层设为当前图层。

(一)绘制中心主干道

(1)单击"格式"菜单 ➤ 多线样式(M)...,对多线样式进行设置,如图 1-3-61 所示。

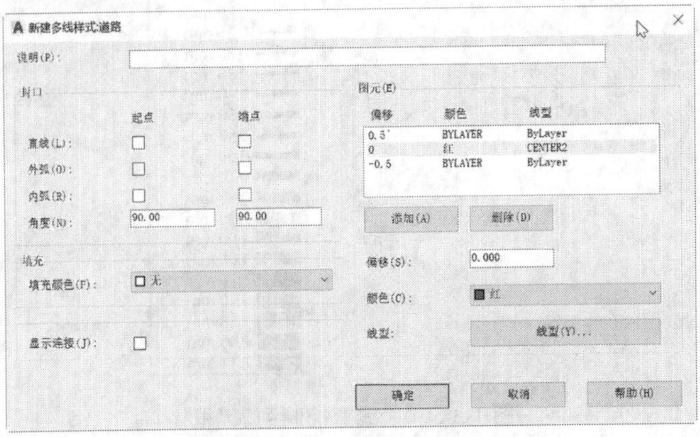

图 1-3-61　**设置多线样式**

(2)启动多线命令,对正设为"无",比例设为"300",分别以矩形长和宽的中点为起点和端点绘制两条比例为300的多线。

(3)单击"修改"菜单 ➤ "对象" ➤ "多线",选择"十字合并",对多线进行编辑,使中间变成十字合并的形式。

(4)启动分解命令,分解多线。

(5)启动圆角命令,指定圆角半径为100,将多线进行倒圆角,如图1-3-62所示。

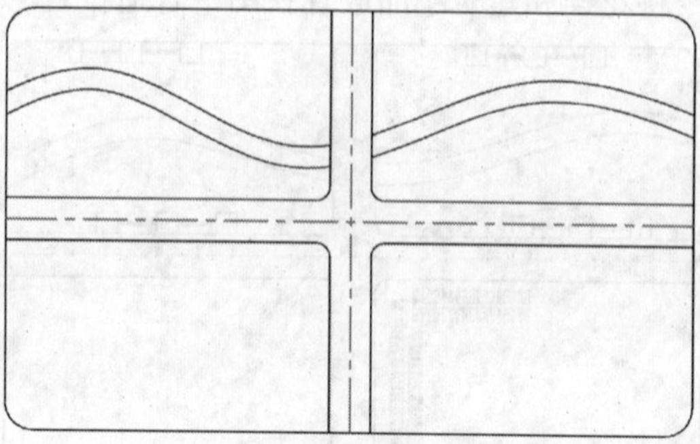

图1-3-62　绘制主干道、小园路

(二)绘制小园路

(1)启动样条曲线命令,打开"对象捕捉"模式,绘制一条样条曲线,调整其位置和曲度。

(2)启动偏移命令,将上步绘制的样条曲线向下偏移150。

(3)启动修剪命令,对园路进行修剪,结果如图1-3-62所示。

四、绘制建筑及小品

将"建筑小品"图层置为当前图层。

(一)绘制花架

(1)启动矩形命令,单击任意位置,输入"@20,230",回车,绘制出一个花架条。

(2)启动矩形阵列命令,设置行数为1,行偏移为0;列数为17,列偏移为50,阵列17个花架条。

(3)启动直线命令,捕捉到左右花架条的中点绘制出一条直线。

(4)启动偏移命令,将上步绘制的直线向上、向下各偏移20。

(5)启动修剪命令,将多余的线条剪掉,如图1-3-63所示。

(二)绘制建筑小品

(1)启动矩形命令,单击任意位置,输入"@150,150",回车,绘制出一个正方形。

(2)启动复制命令,选择上步绘制的正方形回车,指定左下角点为基点,正交打开,输入"425",回车,输入"850",回车,得到另外两个正方形。

(3)启动直线命令和偏移命令,绘制出正方形之间的连接线。

(4)启动删除命令,删除掉多余的线,如图1-3-64所示。

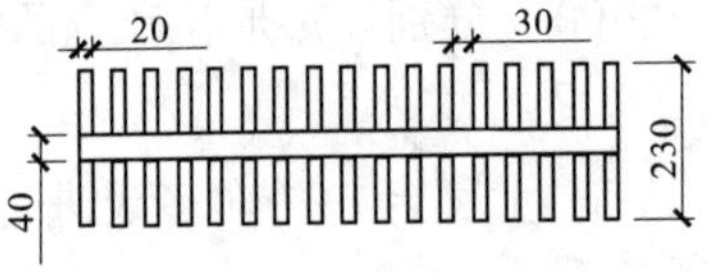

图 1-3-63　花架的绘制

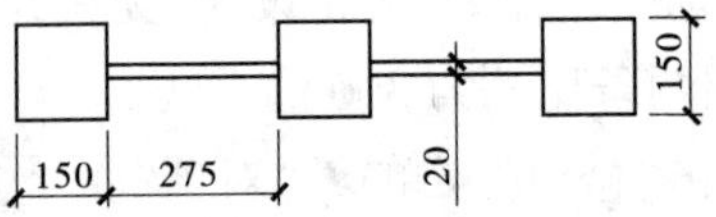

图 1-3-64　建筑小品的绘制

(三)将上面绘制的花架和建筑小品放置在图中合适位置

利用复制、旋转命令将花架和建筑小品放置在图中合适位置,如图 1-3-65 所示。

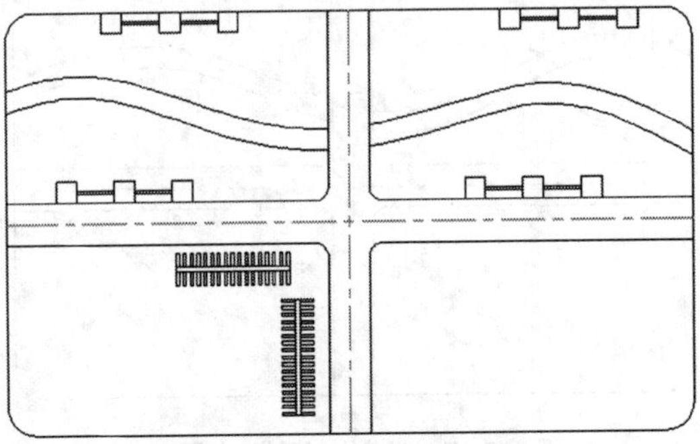

图 1-3-65　放置花架建筑小品

五、添加植物图例

将“植物”图层设为当前图层。

(一)绘制灌木丛

启动修订云线命令,输入“a”,回车,输入最小弧长为 60,输入最大弧长为 150,在绿地的适当位置绘制如图 1-3-27 所示的三组灌木丛。

(二)绘制植物图例

(1)利用阵列和渐变色填充命令绘制图 1-3-66 所示植物图例。

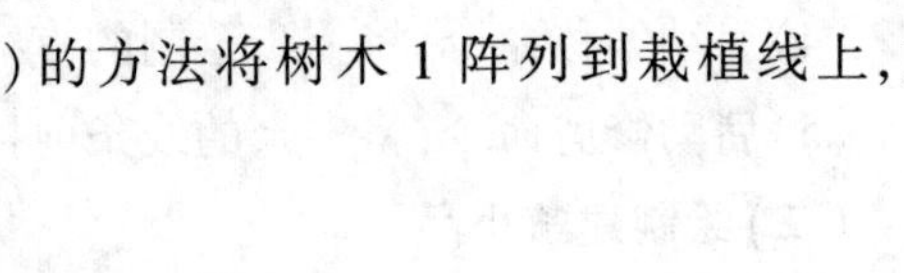

图 1-3-66　绘制植物图例

(2)启动偏移命令,将小园路向外偏移 50,作为树木的栽植点位置,并进行修剪和延伸到绿地轮廓线,作为植物的栽植点的辅助线,如图 1-3-67 所示。

(3)启动路径阵列命令,按照图 1-3-49(b)的方法将树木 1 阵列到栽植线上,如图 1-3-67 所示。

(4)删除植物栽植点的辅助线。

(5)利用复制命令,按图 1-3-27 所示将植物种植在对应位置。

六、填充绿地草坪

将“草坪”图层设为当前图层,启动图案填充命令,按图 1-3-27 所示效果对小游园的绿地进行草坪填充。

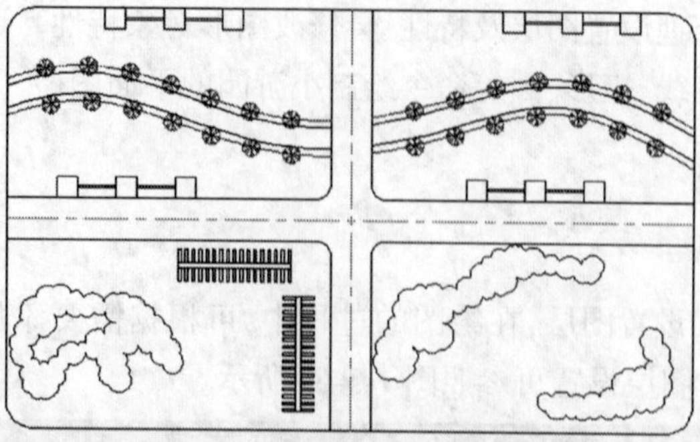

图 1-3-67　阵列植物到栽植线

七、保存图样

案例实训

绘制小游园的平面图

一、任务描述

按图 1-3-68 所示尺寸,绘制小游园的平面图。

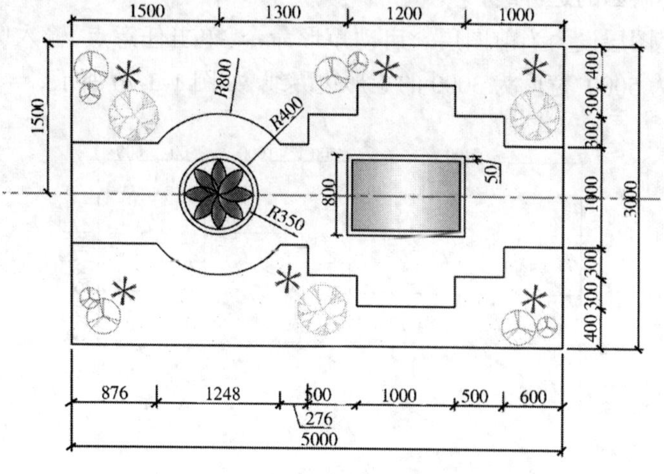

图 1-3-68　小游园的平面图

二、目的要求

(1)熟练掌握直线、矩形、圆等命令的操作方法。
(2)熟练掌握偏移、阵列、修剪、镜像等命令编辑图形的方法。
(3)熟练掌握图层的特性及设置方法、对象特性修改方法。

(4)会根据图样合理设置图层及特性,会修改图形对象特性。

(5)能正确运用直线、矩形、圆等命令绘制小游园的平面图。

三、操作步骤

(一)设置图层

打开“格式”菜单,设置图层,在绘图的过程中,可根据需要添加新的图层,用到哪个图层要及时切换图层,图层设置可参照图 1-3-69 所示。

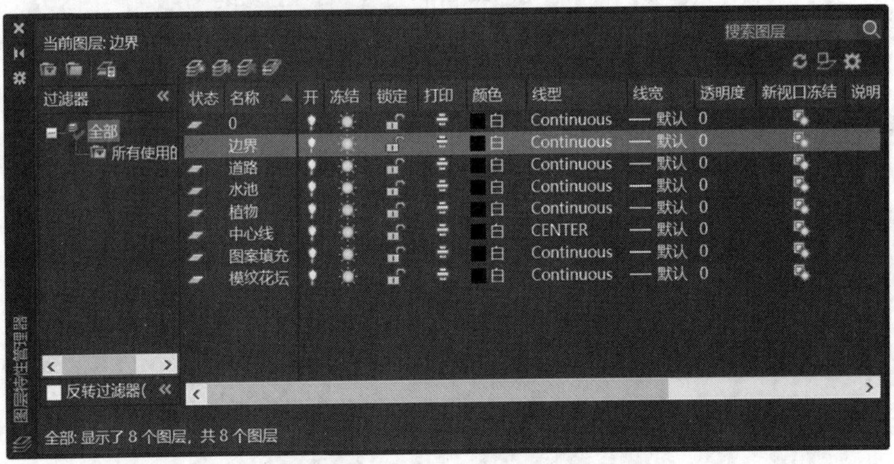

图 1-3-69　设置图层

(二)绘制小游园的边界线

将“边界线”图层设为当前图层。启动矩形命令,单击任意点,输入“@ 5000,3000”,回车,绘制长度为 5000、宽度为 3000 的矩形边界线,如图 1-3-70 所示。

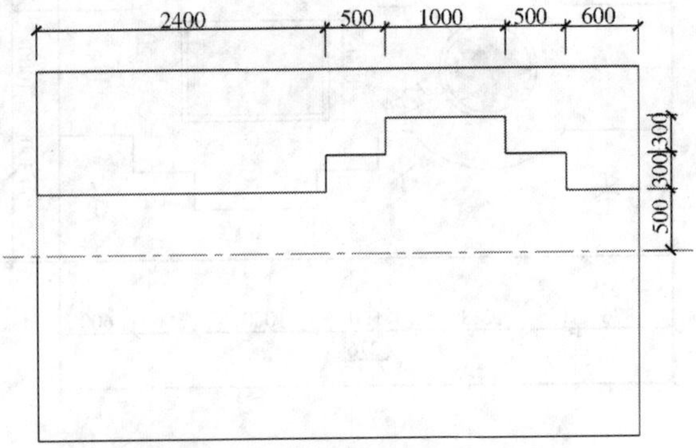

图 1-3-70　绘制小游园道路一侧轮廓线

(三)绘制中心线

(1)将“中心线”图层设为当前图层。启动直线命令,打开对象捕捉模式,分别以边界线的左右两条边的中点为起点和端点绘制一条直线。

(2)启动夹点编辑命令,将上步绘制的直线分别向外拉伸到适宜长度,即为中心线,如图 1-3-70 所示。

(四)绘制小游园的道路

(1)将“道路”图层设为当前图层。启动直线命令,打开“正交”模式,从边界线的中点按图示尺寸绘制直线,如图 1-3-70 所示。

(2)启动镜像命令,将图 1-3-70 所绘制的直线沿着中心线镜像,即为小游园的道路。

(五)绘制小游园的模纹花坛、水池

1. 绘制小游园的模纹花坛

(1)把“模纹花坛”图层置为当前图层。启动圆命令,打开“对象捕捉”工具条,单击“捕捉自”按钮,以边界线的左上角点为基点,输入“@1500,-1500”,回车,分别绘制半径为 800、400、350 的圆,如图 1-3-71 所示。

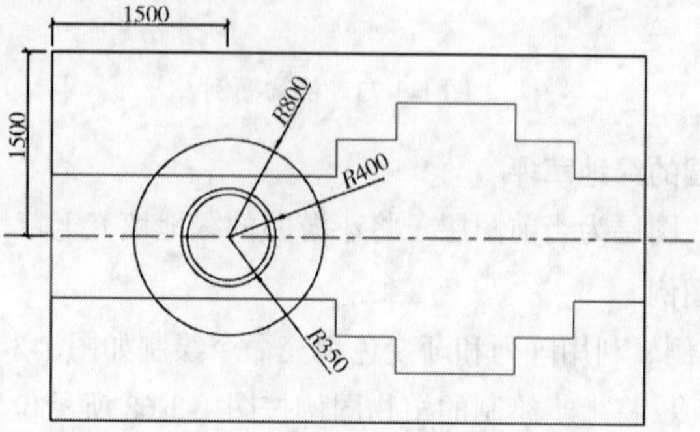

图 1-3-71　绘制小游园模纹花坛轮廓线

(2)启动修剪命令,将半径为 800 的圆按图 1-3-72 所示修剪掉多余的弧线,并将余留两段圆弧置于道路层。

(3)启动圆弧命令,分别捕捉半径为 350 圆的上象限点、圆心、左象限点绘制一个圆弧线。

(4)启动环形阵列命令,将上步绘制的圆弧阵列 8 个。

(5)设置“图案填充”图层为当前图层。启动渐变色填充命令,将上步绘制的圆弧图案内填充颜色,如图 1-3-72 所示。

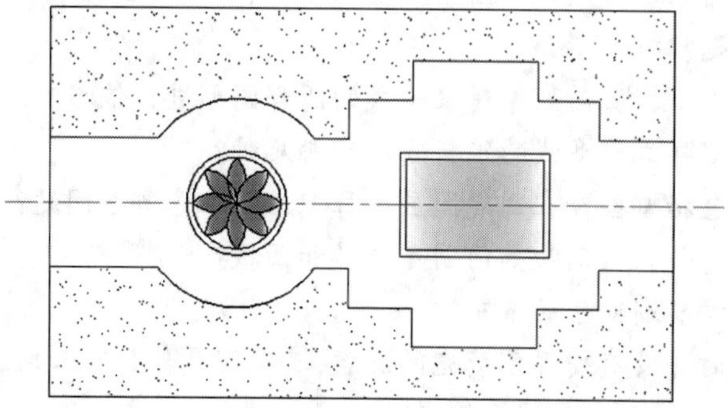

图 1-3-72　小游园的绿地填充草坪

2. 绘制水池

(1)将“水池”层置为当前图层。启动矩形命令,打开“对象捕捉”模式,单击“捕捉自”按钮,以半径 350 的圆的圆心为基点,输入“@ 1300,400”,回车,输入“@ 1200,-800”,回车,完成水池外边框的绘制。

(2)启动偏移命令,输入“50”,回车,选择上步绘制的矩形,单击矩形内部,回车,完成水池内边框的绘制。

(3)设置“图案填充”层为当前图层,启动渐变色填充,按图 1-3-73 所示将水池填上颜色。

图 1-3-73　植物图例

(六)填充小游园的绿地草坪

设置“图案填充”图层为当前图层。将小游园的绿地填充上草坪,如图 1-3-72 所示。

(七)添加植物图例

(1)绘制植物图例。利用阵列和渐变色填充命令绘制如图 1-3-72 所示的植物图例。

(2)利用复制命令,将上步绘制的植物图例按图 1-3-68 所示位置添加上去,即完成了小游园平面图的绘制。

(八)整理、保存图样

整理图样,将图样上多余的线条删掉,并调整线宽,保存图样。

思考与练习

1. 试比较复制、偏移、阵列命令的区别。
2. 视图缩放与缩放命令有什么不同?
3. 如何对图形对象进行倒角或圆角?在练习时,若倒角的距离或圆角的半径设置不正确会出现哪些问题?
4. 如何将直线、多段线、圆弧等对象构成的闭合图形进行偏移?
5. 如何设置多线样式?多线的编辑方法有哪几种?
6. 图层的特性包括哪些?在创建图层过程中应该注意哪些问题?
7. 边界与面域有什么区别?如何创建边界和面域?
8. 如何进行图案及渐变色的填充?
9. 如果在预览时并没有发现已填充的图案,其原因是什么?如何进行操作?
10. 如何使用继承特性进行图案填充?
11. 按图 1-3-74 所示尺寸,绘制廊架的平、立面图。

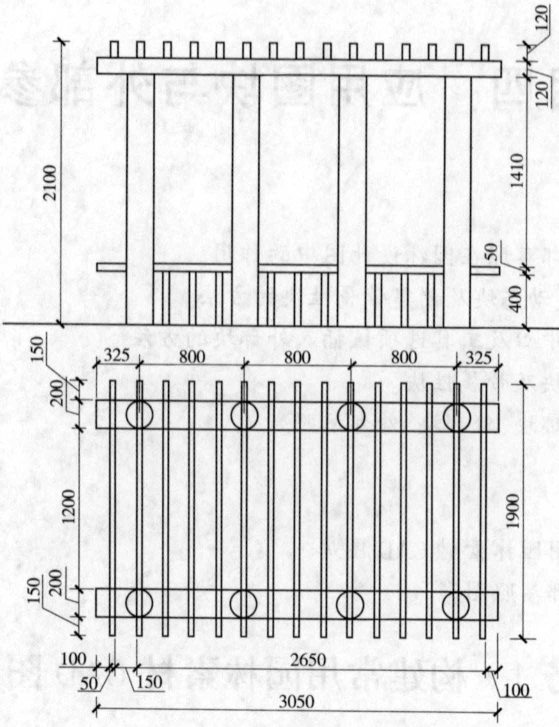

图 1-3-74　廊架平、立面图

项目小结

本项目介绍了如何运用绘图命令(面域、图案与渐变色填充、多线、修订云线)和修改命令(打断、合并、移动、阵列、倒角、圆角、缩放)绘制和编辑复杂二维图形的方法。绘制一些相对复杂的二维图形主要靠对图形进行全面细致的分析,能根据图样合理设置图层及特性,能灵活选择并使用绘图命令及修改命令绘制和编辑复杂二维图形。

项目四 应用图块与外部参照

【学习目标】

1. 了解图块与外部参照在园林设计图中的作用。
2. 掌握创建图块、动态块及创建带属性块的方法。
3. 掌握利用设计中心及工具选项板插入外部块的方法。
4. 能熟练创建图块及带属性块。
5. 能熟练使用内部块、外部块、外部参照。

【工作任务】

任务 1 构建常用园林素材 CAD 图库

任务 2 插入外部参照图形

任务 1 构建常用园林素材 CAD 图库

【学习目标】

1. 了解图块在园林设计图中的作用,掌握创建图块与创建带属性块的方法。
2. 掌握利用设计中心及工具选项板插入外部块的方法。
3. 能熟练创建图块、动态块及带属性块。
4. 能熟练使用内部块及外部块。
5. 会构建园林素材 CAD 图库。

任务描述

将园林设计图中常用的图例符号,如园林植物、景石、指北针等(如图 1-4-1 所示的园林植物平面图例),创建为图块,并构建园林素材 CAD 图库。

任务分析

在园林设计图中,某些要素或图形在一张图纸甚至在不同的图纸中反复出现,如园林设计中的植物、景石等要素。为了使用方便及减小图形文件的大小,我们把这些多次重复使用的图形创建成图块,并根据需要为块创建属性,指定块的名称、用途及设计者等信息,建成园林素材图库,在需要使用时直接插入它们,从而提高绘图效率和出图质量。

图块有内部块与外部块。保存在当前文件中的图块称为内部块,存储在其他文件中的图块称为外部块。如果要建立图库,只能创建外部块。图块定义信息保存在图形文件

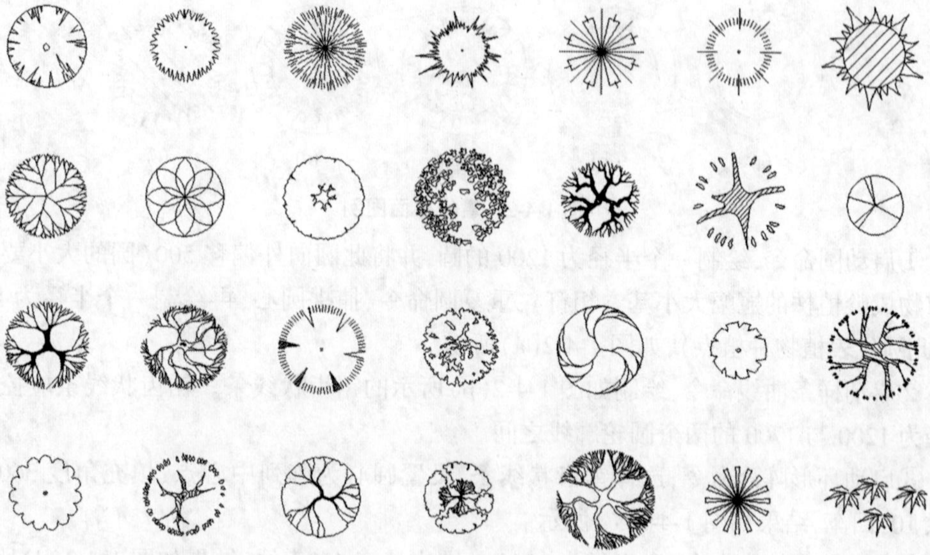

图 1-4-1　园林植物平面图例

的存储区,将文件存盘时创建的图块随文件保存下来。我们把已有的图形文件建成园林素材图库后,可以通过 AutoCAD 设计中心浏览、查找、预览、使用和管理 AutoCAD 图形、图块等资源文件,或以参照的形式插入到当前的图形中。

相关知识

一、图块

图块是一个或多个图形对象组成的对象集合,常用于绘制复杂、重复的图形。一组对象组合成图块,就可以根据作图时的需要将这个图块对象插入到图中任意指定位置,而且还可以按不同的比例和旋转角度插入。

(一)创建内部块

1. 启动命令

(1)"绘图"菜单:单击"块(K)"▸ 创建(M)...。

(2)绘图工具栏:单击。

(3)命令行:输入"Block"(快捷键 B),回车。

2. 创建内部块的方法与步骤

下面以"雪松平面图例"的绘制为例,说明内部块创建的方法与步骤:

(1)把"0"层定义为当前图层。

(2)根据《风景园林图例图示标准》(CJJT 67—2015),绘制一个如图 1-4-2(e)所示的平面图,绘制过程如下:

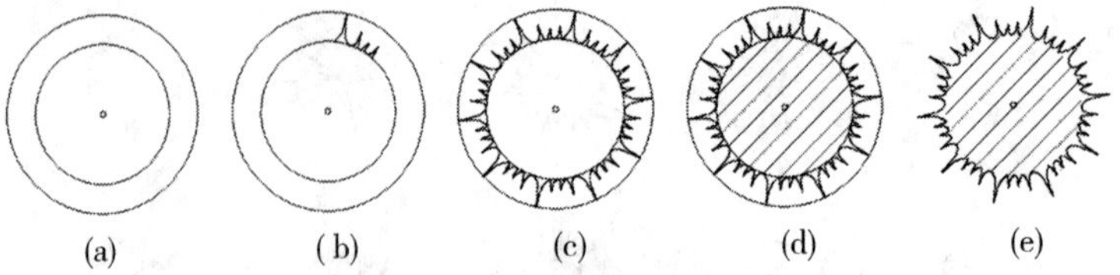

图 1-4-2　雪松平面图例

①启动圆命令,绘制一个半径为 1200 的圆,并将此圆向外偏移 500(圆的大小要与该种植物成龄植株的冠幅大小基本相符);重复圆命令,捕捉圆心,再绘制一个半径为 50 的圆(此圆代表植物种植点),如图 1-4-2(a)所示。

②启动样条曲线命令,绘制如图 1-4-2(b)所示的锯齿状线条。锯齿状线条应控制在半径为 1200 与 1700 的两个圆轮廓线之间。

③启动环形阵列命令,选择锯齿状线条,设置圆心为阵列中心点、填充角度 360°、项目数 10,回车,结果如图 1-4-2(c)所示。

④启动图案填充命令,在半径为 1200 的圆内填充 45°直线,结果如图 1-4-2(d)所示。

⑤删除半径为 1200 与 1700 的两个圆线,即完成了雪松平面图的绘制,结果如图 1-4-2(e)所示。

(3)创建块。

①启动创建块命令,打开如图 1-4-3 所示“块定义”对话框。

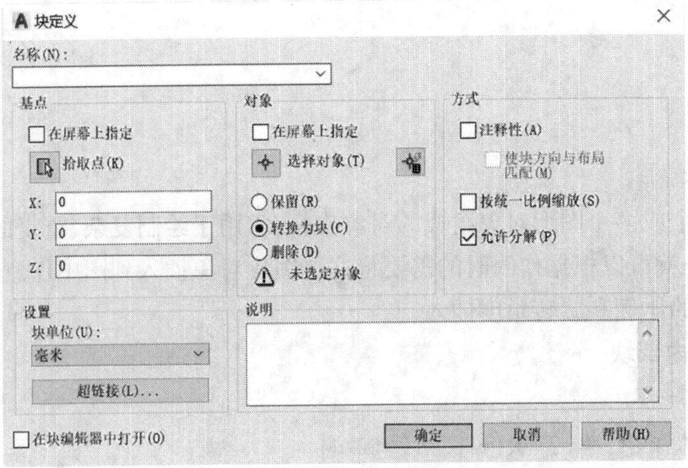

图 1-4-3　“块定义”对话框 1

②输入图块名称,如:雪松。

③单击“拾取点”按钮,进入绘图区,选择树木符号的中心点,作为图块的插入基点,返回到“块定义”对话框。

④如图 1-4-4 所示,单击“选择对象”按钮,进入绘图区,选择组成树木符号的图形对象,右击(或按空格键、回车键),返回“块定义”对话框。

⑤单击“确定”按钮,创建了一个名称为“雪松”的图块。

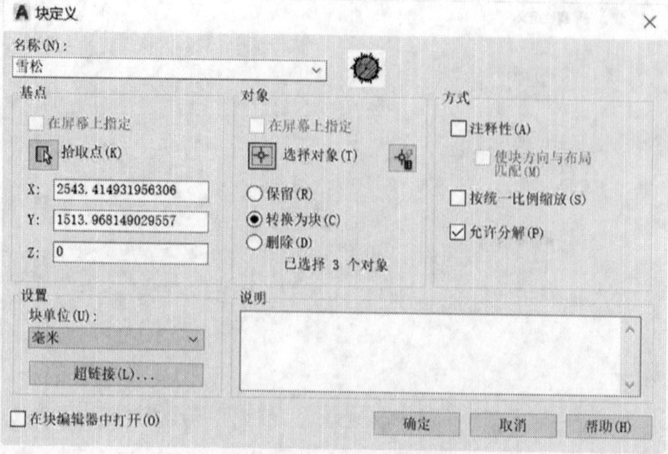

图 1-4-4　“块定义”对话框 2

提示:

在“0”层定义图块具有随层的特性。无论图块插入到哪个图层,都会自动跟随这个图层的属性。

3. 创建带属性的块

块对象附带的文本信息称为块的属性,它是块的一个组成部分。在创建带属性的块时,首先创建描述特征的属性定义,在定义块时将它一起选中,使属性成为图块的一部分。属性有两种:一种是固定属性,在定义图块属性时,它的值是固定的,插入图块时属性都是预设的值;另一种是可变属性,在插入图块时,AutoCAD 就会使用指定的文字提示用户输入属性。每次插入时,可以为属性指定不同的值。

下面以创建右标高符号图块为例(见图 1-4-5),说明带属性的块的创建过程:

(1)把“0”层设置为当前图层。

(2)绘制如图 1-4-6 所示的标高符号的原始图形对象。

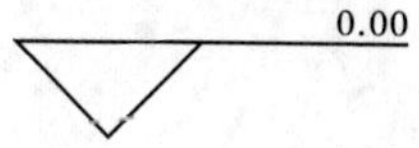

图 1-4-5　右标高平面图

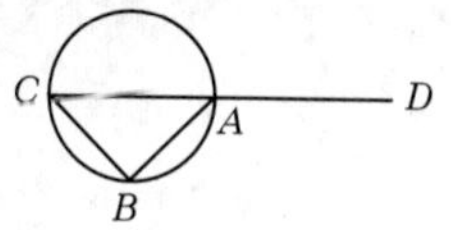

图 1-4-6　绘制标高原始图形

①启动圆命令,绘制一个半径为 30 的参考圆。

②启动多段线命令,顺序捕捉象限点 A、B、C、A,并延长到 D 点,如图 1-4-6 所示,然后删除参考圆线。

(3)定义图块的属性。

①单击“绘图”➤“块”➤“定义属性”,系统弹出如图 1-4-7 所示“属性定义”对话框。

②“属性”选项:在“标记”文本框中输入“右标高”,在“提示”文本框中输入“请输入标高数值”,标高值“默认”为 0.00。

③“文字设置”选项:在“对正”下拉列表中选择“右对齐”,在“文字样式”下拉列表中选择“样式 1”(“文字样式”的设置参见项目五任务 1),文字高度值设为 15 ,单击“确定”

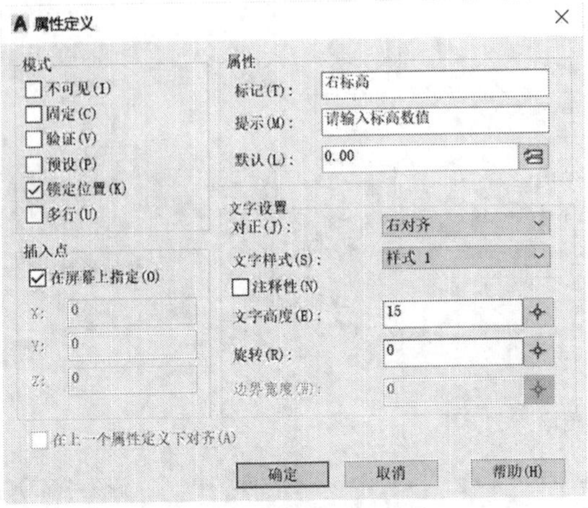

图 1-4-7　“属性定义”对话框

按钮,回到绘图区。此时“右标高”三个字跟随光标移动,在作图区内捕捉标高符号引线端点,单击,结果如图 1-4-8 所示。

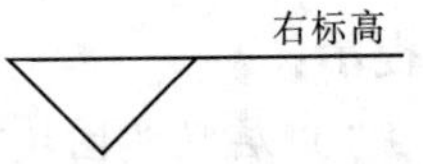

图 1-4-8　定义标高属性

(4)创建带属性的图块。

启动创建图块命令,打开“块定义”对话框,输入块的名称“右标高”,拾取点为三角形的尖端;在选择对象时,把标高符号和属性文本“右标高”全部选定,单击“确定”结束块定义,则弹出如图 1-4-9 所示的“编辑属性”对话框,单击“确定”按钮退出,完成右标高符号的创建。

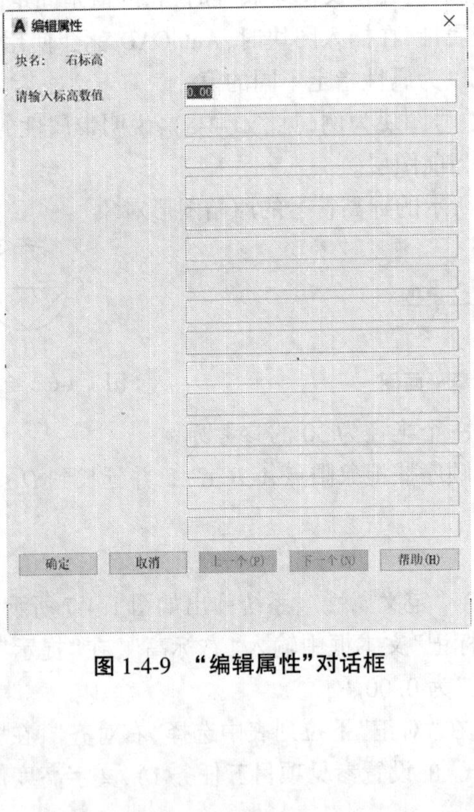

图 1-4-9　“编辑属性”对话框

(二)创建外部块

1. 启动命令

命令行:输入“Wblock”(或“Web”),回车。

Wblock 命令可以看成是 Write 加 Block,也就是写块。Wblock 命令可将图形文件中的整个图形、内部块或某些实体写入一个新的图形文件,其他图形文件均可以将它作为块调用。Wblock 命令定义的图块是一个独立存在的图形文件,相对于 Block 命令定义的内部块,它被称作外部块。

2. 创建外部块的方法与步骤

下面以“指北针 01”为例,说明外部块的创建方法。

(1)把“0”层设置为当前图层。

(2)绘制一个如图 1-4-10(d)所示的指北针原始图形对象。

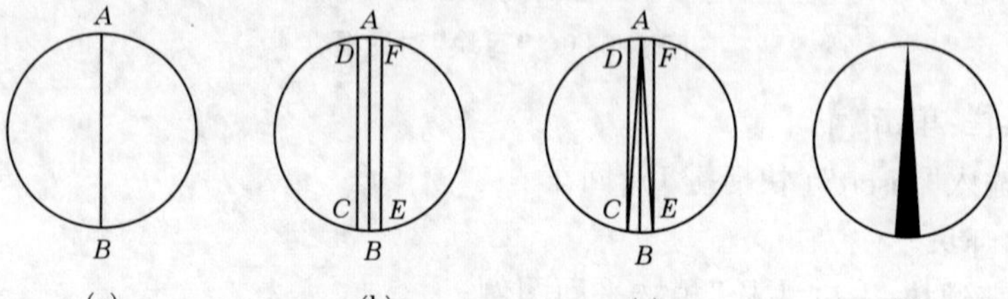

图 1-4-10　“指北针 01”图例

①启动圆命令绘制一个半径为 12 的圆。

②启动直线命令,捕捉象限点 *A*、*B* 绘制直径,如图 1-4-10(a)所示。

③启动偏移命令,将直径 *AB* 向两侧各偏移 1.5,与圆相交于 *C*、*D*、*E*、*F* 四点,如图 1-4-10(b)所示。

④启动多段线命令,顺序连接 *C*、*A*、*E*, 如图 1-4-10(c)所示。

⑤删除直线 *AB*、*CD*、*EF*。

⑥启动图案填充命令,填充“SOLID”图案,如图 1-4-10(d)所示。

(3)创建块。

①启动“Wblock”命令,打开如图 1-4-11 所示“写块”对话框。

②单击“拾取点”按钮,进入绘图区,选择指北针的中心点,作为图块的插入基点,返回到“写块”对话框。

③如图 1-4-11 所示,单击“选择对象”按钮,进入绘图区,选择组成指北针的图形对象,右击(或按空格键、回车键),返回“写块”对话框。

④在“目标”区,指定保存文件路径和文件名,如图 1-4-11 所示。

⑤单击“确定”按钮,创建了一个名称为“指北针 01”的图块文件。

(三)插入块

在使用 AutoCAD 绘图时,用户可以根据需要随时把已定义好的图块插入到当前图形的任意位置,在插入时还可以改变图块的大小,将图块旋转一定的角度。

1. 启动命令

“插入”菜单:单击 块选项板(B)...。

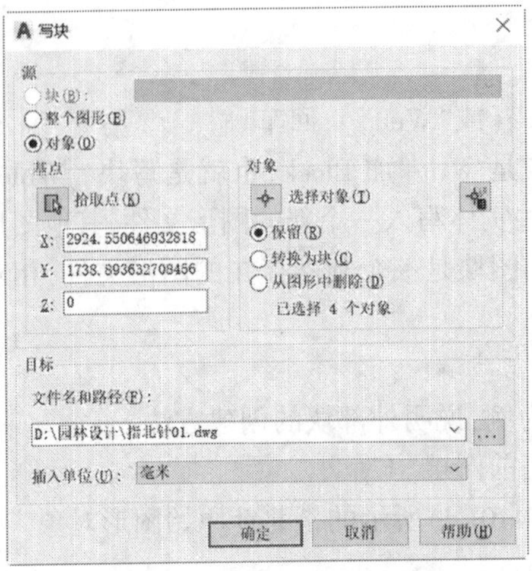

图 1-4-11　“写块”对话框

绘图工具栏:单击。

命令行:输入“Insert”(快捷键 I),回车。

2. 插入内部块

(1)插入普通块——“雪松”植物平面图例。

①启动插入块命令,系统打开如图 1-4-12 所示块选项板。

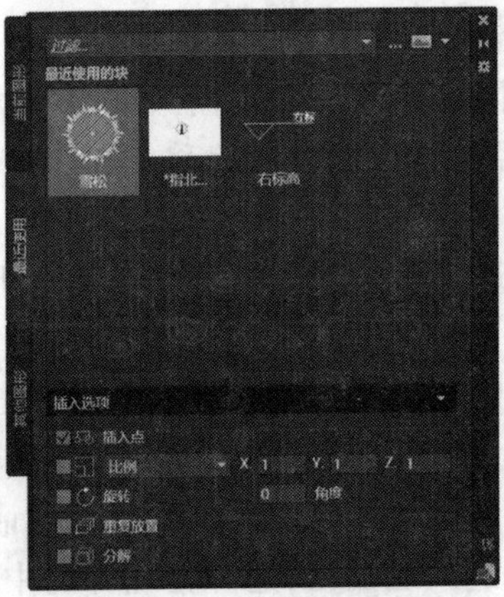

图 1-4-12　块选项板

②在块选项板的 3 个标题页(当前图形、最近使用、其他图形)的预览框中找到“雪松”图块,单击选中。

③在作图区中可以看到图块“粘”在光标上,捕捉特征点或移动光标到要插入块的位置上单击,“雪松”块就被插入到绘图区中。

(2)插入带属性的块——标高。

①启动插入块命令,打开块选项板,单击选择“右标高”。

②在作图区中,捕捉或移动光标到要插入块的位置上单击,在“编辑属性”对话框中输入标高值 50.00,单击“确定”。结果如图 1-4-13 所示。

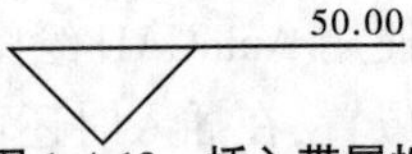

图 1-4-13　插入带属性块——“标高”

3. 插入外部块

插入“指北针”图例，如插入“指北针 01”。

(1)启动插入块命令，系统打开如图 1-4-12 所示块选项板。

(2)在块选项板的预览框中找到“指北针 01”图块，单击选中。

(3)在作图区中可以看到“指北针 01”图块“粘”在光标上，捕捉特征点或移动光标到要插入块的位置上单击，“指北针 01”图块就被插入到绘图区中。

4. 定数等分和定距等分沿曲线插入块

1)启动命令

“绘图”菜单：单击“点”▸“定数等分”或“定距等分”。

命令行：输入“Divide”(快捷键 DIV)或输入“Measure”(快捷键 ME)，回车。

2)操作步骤

如图 1-4-14 所示，采用定数等分法沿样条曲线 *A* 插入植物平面图块，采用定距等分法沿样条曲线 *C* 插入植物平面图块。

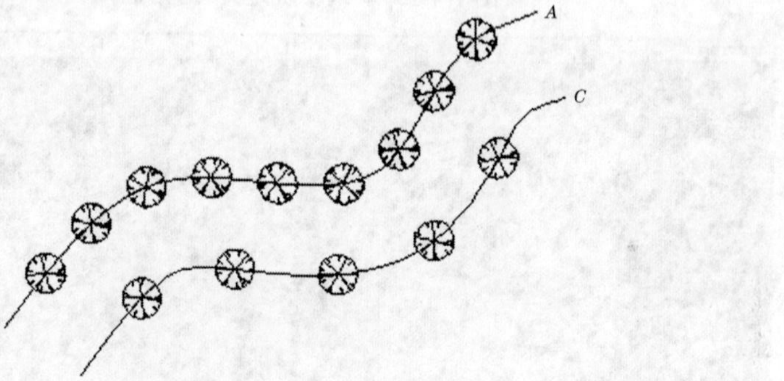

图 1-4-14　采用定数等分与定距等分沿样条曲线插入植物图块

(1)绘制如图 1-4-14 所示样条曲线 *A*、样条曲线 *C*。

(2)绘制如图 1-4-14 所示的植物平面图例，并将其创建为块，命名为“tree01”。

(3)启动定数等分命令，单击选中样条曲线 *A*，在命令行中输入“B”(块的缩写)，回车；根据命令行的提示输入块名“tree01”，回车；命令提示“是否对齐块对象”，输入“Y”，回车；在命令行“输入线段数目”的提示下，输入“10”，回车。此时样条曲线分为 10 段，共放置 9 棵树。

(4)启动定距等分命令，单击选中样条曲线 *C*，输入“B”，回车；输入块名“tree01”，回车；输入“Y”，回车；命令行提示“指定线段的长度”，输入“300”，回车。样条曲线 *C* 上每隔 300 放置一棵树。

提示：

在进行定距等分时，选择对象靠近哪个端点，就从哪个端点开始量取等分的距离。

(四)编辑图块

1. 启动命令

“工具”菜单：单击 块编辑器(B)。

命令行：输入 BEDIT，回车；输入块名，回车。

选择图块右击▸单击 块编辑器(B)。

2. 编辑图块

在“编辑块定义”对话框左侧的大列表框内列出了当前已定义的块的名称,从中选择要编辑的块(这里我们选择“指北针 01”),如图 1-4-15 所示,会在右侧的“预览”框内显示出块的形状,单击“确定”按钮,进入编辑模式,如图 1-4-16 所示。

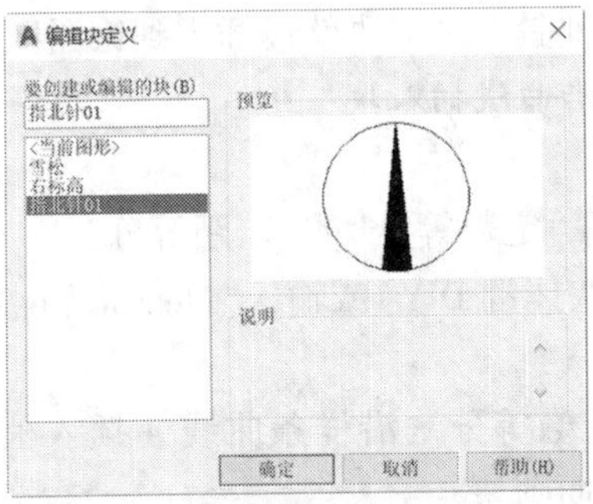

图 1-4-15　“编辑块定义”对话框

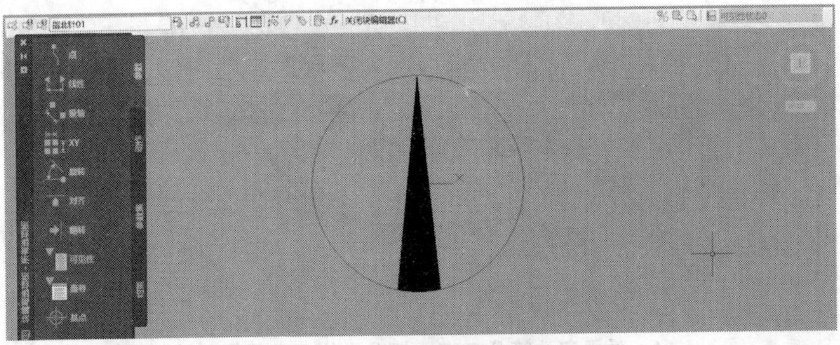

图 1-4-16　“块编辑器”窗口

此时在块编辑器中显示出要编辑的块,用户可以直接对其进行编辑(如修改形状、大小,绘制新图形等),编辑后单击工具栏上的“关闭块编辑器”按钮。AutoCAD 显示如图 1-4-17 所示的对话框,如果单击“将更改保存到指北针 01”,则会关闭块编辑器,并确认对块定义的修改;如果单击“放弃更改并关闭块编辑器”,则直接关闭块编辑器,图块并未更改。

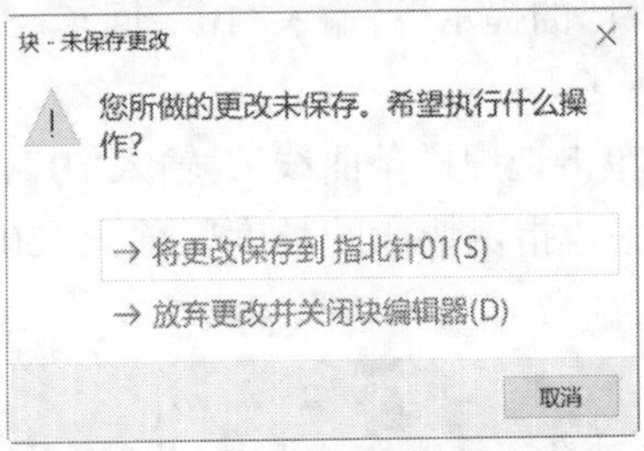

图 1-4-17　关闭块编辑器后提示窗口

提示:

一旦利用块编辑器修改了块,当前图形中插入的对应块均会自动进行相应的修改。如果在当前图形中双击某块,也会打开“编辑块定义”对话框,允许用户选择要编辑的块。

二、动态块

对已创建的图块，可使用块编辑器向其中添加参数和动作，使其成为动态块。在动态块中参数预定义了图形的位置、距离、角度等可能发生的变化参数，动作定义了已插入的动态块在夹点操作下，块中图形如何表现出参数预定义的变化，动作要与参数和块中的几何图形相关联。

（一）创建动态块

动态块的创建主要包括绘制图形、定义图块、添加参数、添加动作等几个环节。

下面以创建动态块“chuang”为例，使其拉伸的长度为 900、1000、1200、1500，旋转的角度为 0°、30°、45°、60°、90°，具体操作过程如下。

1. 绘制几何图形、定义图块

先绘制 1000×100 的矩形，再捕捉两短边中点 *A*、*B* 绘制一条直线，并将其定义为“chuang”图块，捕捉点 *A* 为块基点，如图 1-4-18 所示。

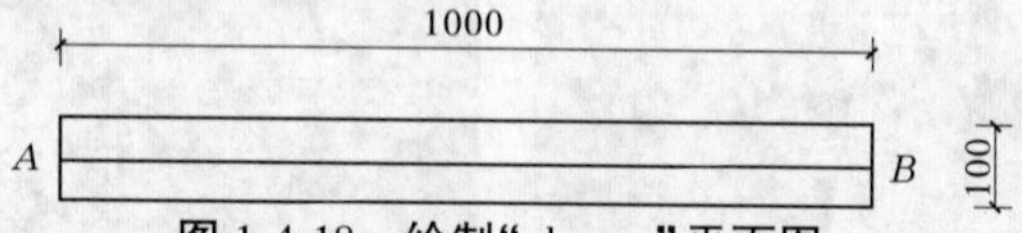

图 1-4-18　绘制“chuang”平面图

2. 启动“块编辑器”

单击“工具”➢“块编辑器”，打开“编辑块定义”对话框，选择“chuang”，单击“确定”，块编辑器覆盖整个绘图区。

3. 添加线性参数

预定义可能的窗长度。

（1）在“块编写选项板”中单击“参数”➢“线性”，捕捉块基点 *A* 点单击，捕捉 *B* 点单击，向上移动鼠标到合适位置单击，定位如图 1-4-19 所示。

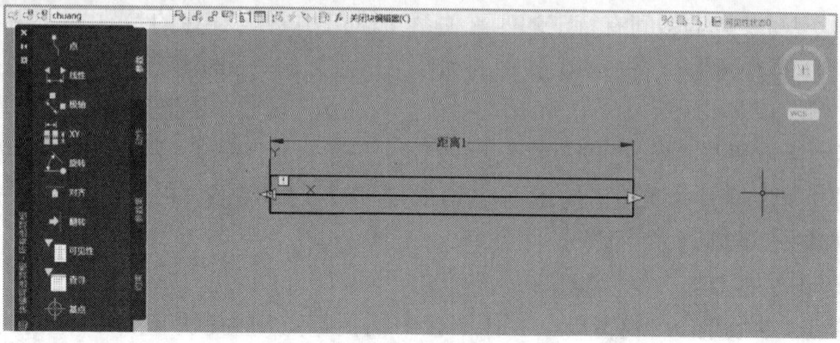

图 1-4-19　添加距离参数

（2）在作图区内单击“距离 1”，右击，单击“特性”，打开如图 1-4-20 所示“特性”对话框，进行“线性参数”的设置。在“值集”选项卡“距离类型”文本框中单击，然后单击下拉按钮▼，单击“列表”；在“距离值列表”文本框中单击，然后单击▣按钮，弹出“添加距离值”对话框，输入要添加的距离：“900”，回车，“1200”，回车，“1500”，回车，然后单击“确定”。所添加的距离在作图区中以竖短线显示，如图 1-4-21 所示，最后关闭“特性”窗口。

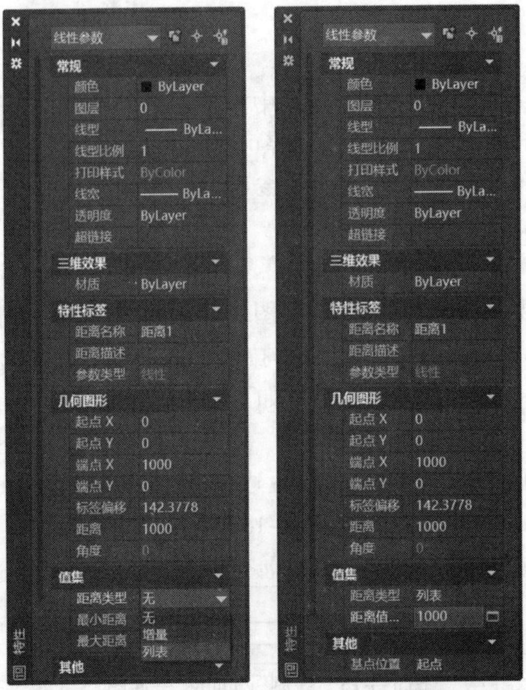

(a)　　(b)

图 1-4-20　“线性参数”的设置

图 1-4-21　竖短线显示添加的距离

4. 添加拉伸动作

动作类型与参数类型间有特定的匹配关系,添加动作要与存在的参数关联,并且要指定该动作作用于哪些图形。添加一个拉伸的动作与已添加的“chuang”长度线性参数关联。

(1)在“块编写选项板”中单击“动作”➤“拉伸”,在作图区内单击选择关联参数“距离 1”。

(2)在“指定要与动作关联的参数点或输入”提示下,单击“基点”(捕捉 *B* 点),在“指定拉伸框架的第一个角点”提示下,交叉窗选指定拉伸框架,再交叉窗选要拉伸的图形,右击,如图 1-4-22 所示,结束拉伸命令。

5. 添加旋转参数集

(1)单击“参数集”➤“旋转集”,在作图区中捕捉基点(捕捉块基点 *A*)单击,拖动鼠标在合适的位置上连续单击 2 次,指定默认旋转角度,如 1-4-23 所示。

(2)单击选择关联参数“角度”,右击,单击“特性”,在图 1-4-24(a)“旋转参数”特性中,在“值集”选项“角度类型”文本框中单击,单击▼,选择“列表”单击;在图 1-4-24(b)“角度值列表”文本框中单击▭,打开“添加角度值”对话框,在“要添加的角度”文本框中输入要添加的角度:“30”,回车,“45”,回车,“60”,回车,“90”,回车,单击“确定”,关闭特性窗口。

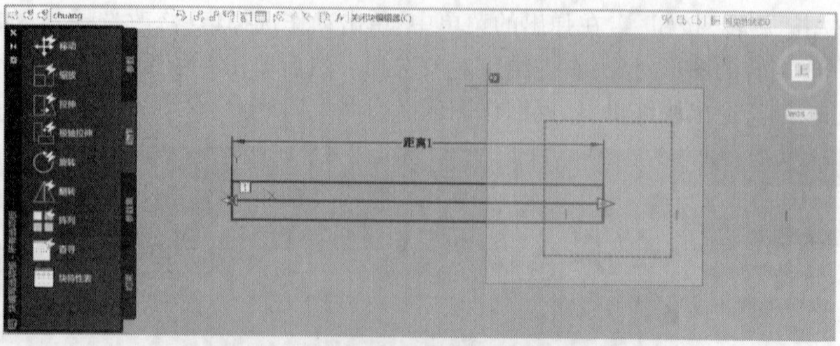

图 1-4-22　交叉窗选拉伸图形

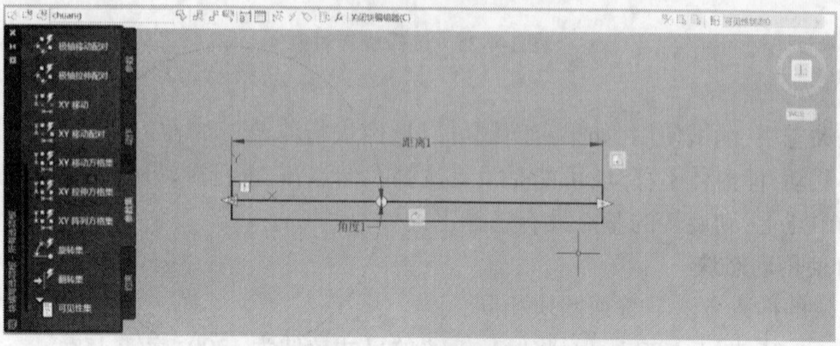

图 1-4-23　添加旋转参数

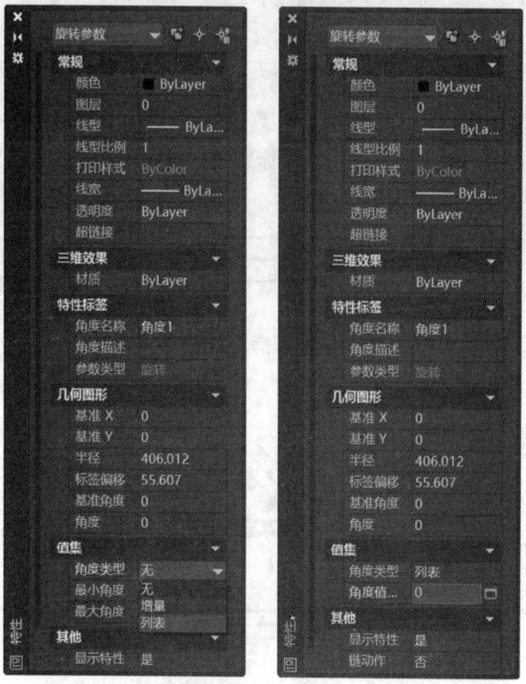

(a)　　　　　　(b)

图 1-4-24　“旋转参数”对话框

(3)右击“旋转”按钮，在弹出的菜单中，单击动作选择集▸修改选择集，如图 1-4-25 所示，选择要旋转的图形对象，右击结束对象选择。然后单击“关闭块编辑器”，并将修改保存到“chuang”，退出块编辑器，返回作图区。

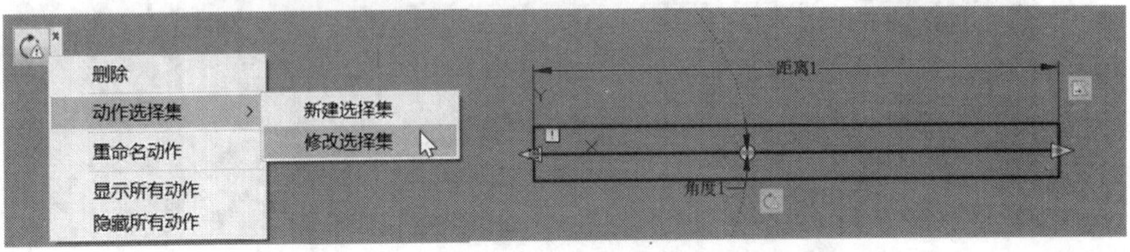

(a)　(b)

图 1-4-25　选择旋转对象

6. 动态块的测试

插入动态块，测试使用，如果有问题可以返回进行修改。如在进行窗体的拉伸时，只有箭头在移动，但窗体不移动，可能是没有选择拉伸点；若进行旋转时，旋转的基点不在窗体左边的中点上，则旋转的基点没有选择正确。

(二)使用动态块

动态块的插入方法与普通图块相同。

如图 1-4-26、图 1-4-27 所示，将“chuang”的尺寸拉伸为 1200，旋转 45°。

(1)启动插入块命令，在“插入”对话框中选择“chuang”，单击“确定”，在作图区中单击插入图块。

(2)单击图块，单击拉伸夹点，并移动鼠标到需要的窗尺寸 1200 时单击，如图 1-4-26 所示。

(3)单击旋转夹点，移动鼠标到需要窗旋转角度 45°时单击，如图 1-4-27 所示。

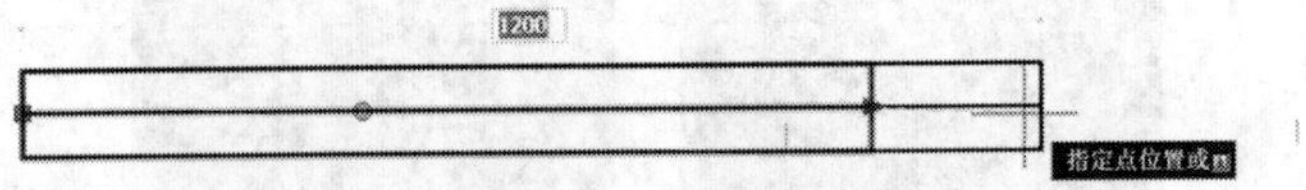

图 1-4-26　指定拉伸长度

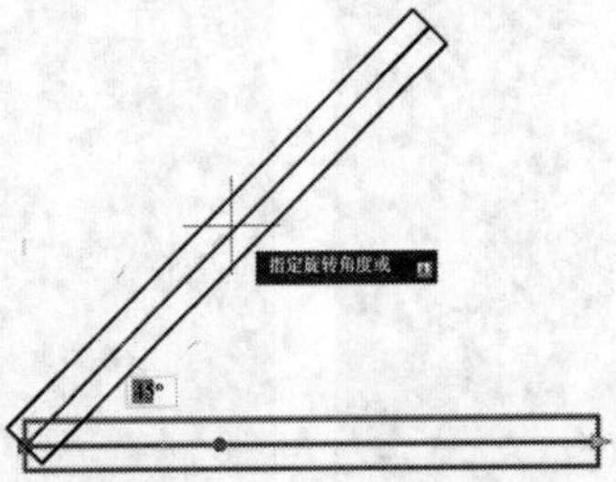

图 1-4-27　指定旋转参数

三、AutoCAD 设计中心

设计中心是 AutoCAD 向用户提供的资源管理器，使用 AutoCAD 设计中心可以完成如下工作：浏览用户计算机、网络驱动器和 Web 页上的图形内容（例如图形或符号库）；查看任意图形文件中块和图层的定义表，然后将定义插入、附着、复制和粘贴到当前图形中；更新（重定义）块定义；创建指向常用图形、文件夹和 Internet 网址的快捷方式；向图形中添加内容（例如外部参照、块和图案填充）；在新窗口中打开图形文件；将图形、块和图案填充拖动到工具选项板上以便于访问；可以在打开的图形之间复制和粘贴内容（如图层定义、布局和文字样式）。

在 AutoCAD 中，设计中心是一个与绘图窗口相对独立的窗口，因此在使用时应先启动 AutoCAD 设计中心。如打开“设计中心园艺样例”可执行如下操作：

在标准工具栏上单击“设计中心”按钮（快捷键：Ctrl+2），打开“设计中心”对话框，单击“Sample”文件夹中的“zh-CN”文件夹，双击“DesignCenter”文件夹，双击“Landscaping.dwg”文件，双击“块”图标，打开如图 1-4-28 所示的“设计中心园艺样例”。

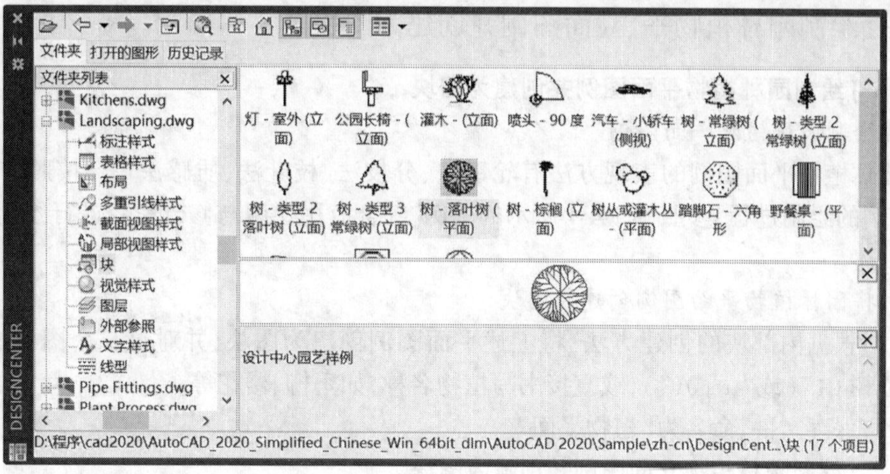

图 1-4-28　“设计中心园艺样例”

下面将“设计中心园艺样例”中的“树-落叶树（平面）”符号块插入到当前文件中：

（1）打开“设计中心园艺样例”。

（2）单击选择“树-落叶树（平面）”图块，右击，在弹出的快捷菜单中选择“插入块”（或在“落叶树”图块上双击），弹出如图 1-4-29 所示的“插入”对话框，在“插入点”勾选（√）“在屏幕上指定”，单击“确定”，在作图区中可以看到图块“粘”在光标上，捕捉特征点或移动光标到要插入块的位置上单击，这样，设计中心的“树-落叶树（平面）”符号块插入到当前文件中。

在操作过程中也可以直接拖动树木块到作图区中。

提示：

（1）在图块插入过程中，如果块过大或过小，可使用缩放命令，将块缩放到所需要的尺寸。

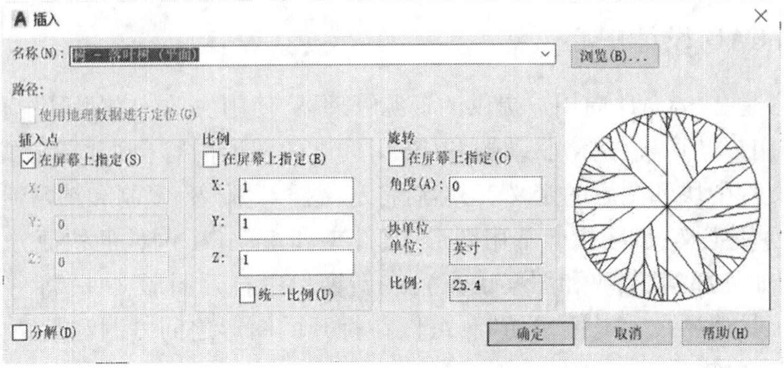

图 1-4-29 “插入”对话框

(2)在作图中,可以将设计中心的图块分解,然后重新定义成新的内部图块。

任务实施

一、绘制园林植物平、立面图例并创建为图块

(一)绘制园林植物平面图例并创建为图块

1. 绘制园林植物平面图例

园林植物平面图例的表现方法有轮廓法、分枝法、枝叶法、质感法等。按照前述“雪松”图例的绘制过程,参照图 1-4-1 所示的图例,综合应用绘图与修改命令进行绘制,这里不再赘述。

2. 将园林植物平面图例创建为图块

(1)根据内部块的创建方法,将上述平面图例创建为图块,并对每一个图例进行命名,如“树 01”(或“tree01”),或直接书写植物名称,如垂柳、樱花等。

(2)保存文件,命名为“植物平面”。

(二)绘制园林植物立面图例并创建为图块

利用 AutoCAD 绘制园林植物立面图例的方法,与钢笔画绘制的方法相似。由于每种植物的性格和特点都不相同,如松柏苍劲,杨柳柔曲;有些树枝繁叶茂,有些树枝叶则较稀疏。不同的植物叶片大小、形状和结合形式不同,树干的纹理和质感也不相同。另外,距离的远近不同,表现的方法也不同,近处的植物应当刻画得细致些,远处的植物则应当概括些;同时,绘制时还应考虑到画面的协调与统一,允许在写实的基础上作适当的抽象与概括,使其带有一点图案画的特点。因此,绘制时首先要把握植物的特征,要针对每一种植物的特点,综合应用绘图与修改命令,用不同的方法来表现,如图 1-4-30 所示。

下面举例介绍用概括法绘制植物立面图例的方法。

1. 绘制园林植物立面图例

(1)定义“0”层为当前图层。

(2)确定植物的高宽比及干冠比,如图 1-4-31(a)所示。

(3)绘制树干及分枝、树冠轮廓,如图 1-4-31(b)所示。

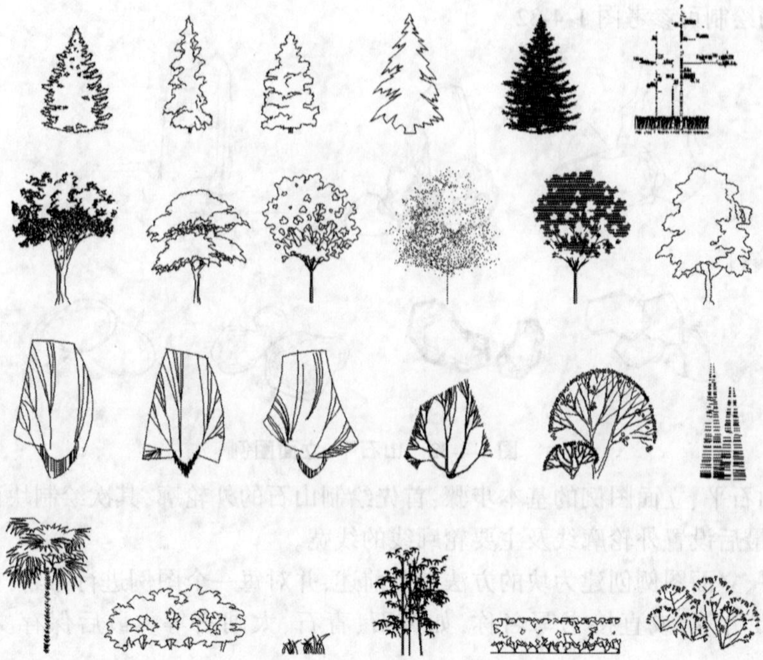

图 1-4-30　植物立面图例

(4)细部处理：用合适的线条表现树冠的质感和体积感、主干的质感与明暗，如图 1-4-31(c)所示。

(5)整理，完成植物立面，如图 1-4-31(d)所示。

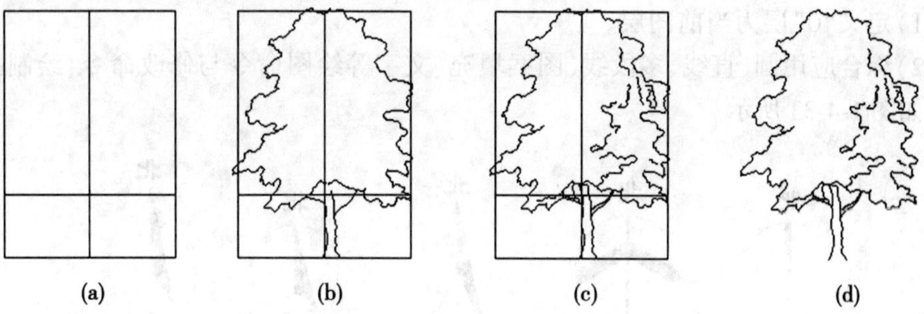

图 1-4-31　植物立面图例画法

2. 将园林植物立面图例创建为图块

参照植物平面图例创建图块的方法，将园林植物立面图例创建为图块，然后保存文件，命名为“植物立面”，这里不再赘述。

二、绘制山石平、立面图例并创建为图块

园林设计图中，石块通常是用线条绘制其外形轮廓，而不表现其质感和受光情况，否则就过于零乱。有时为了表现出石块的体积感，外轮廓线绘制得比较粗，而石块面和纹理的线条较细。不同的石块，有不同的纹理：有的较为圆润光滑，有的棱角分明，在表现时应采用不同的线条，如：黄石采用直线、多段线命令，而湖石使用样条曲线命令等。山石平、

立面图例的绘制可参考图 1-4-32。

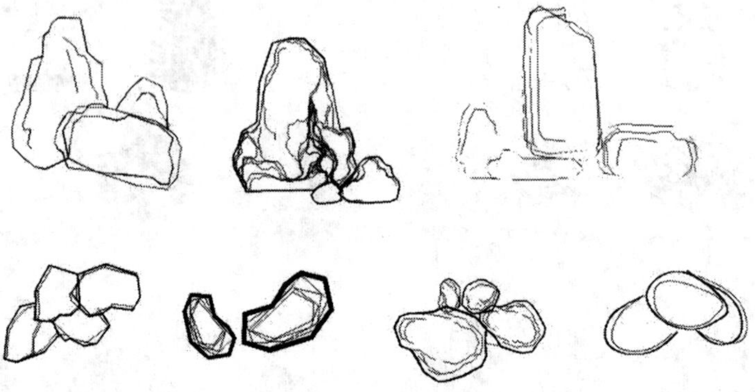

图 1-4-32　山石平、立面图例

绘制山石平、立面图例的基本步骤:首先绘制山石的外轮廓,其次绘制块面和纹理,并进行调整,最后设置外轮廓线及主要轮廓线的线宽。

山石平、立面图例创建为块的方法参照前述,并对每一个图例进行命名,如“山石 01”(或“stone01”)等,或直接书写名称,如黄石、青石、太湖石等。最后保存文件,命名为“山石”。

三、绘制指北针、比例尺等符号图例并创建为图块

(一)绘制指北针图例并创建为图块

1. 绘制指北针图例

(1)定义“0”层为当前图层。

(2)综合应用圆、直线、多段线、图案填充、文字等绘图命令与修改命令,绘制指北针图例,如图 1-4-33 所示。

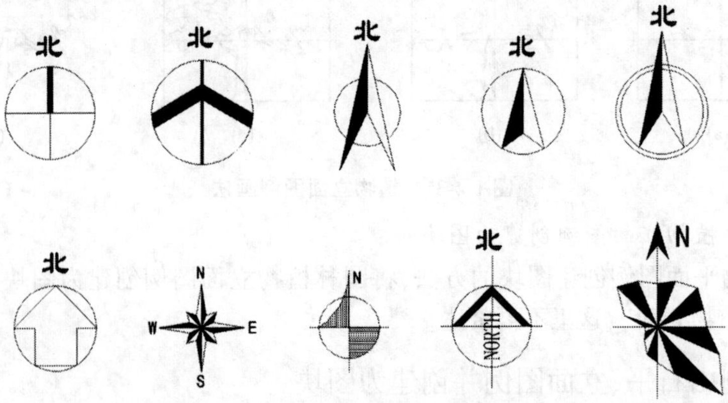

图 1-4-33　指北针图例

2. 将指北针图例创建为图块

(1)根据内部块的创建方法,将上述指北针图例创建为图块,并对每一个图例进行命

名,如“指北针 01”等。

(2)保存文件,命名为“指北针”。

(二)绘制线段比例尺图例并创建为图块

根据国标对线段比例尺的绘制要求,综合应用直线、多段线、图案填充、文字等绘图命令与修改命令,绘制比例尺图例,如图 1-4-34 所示。

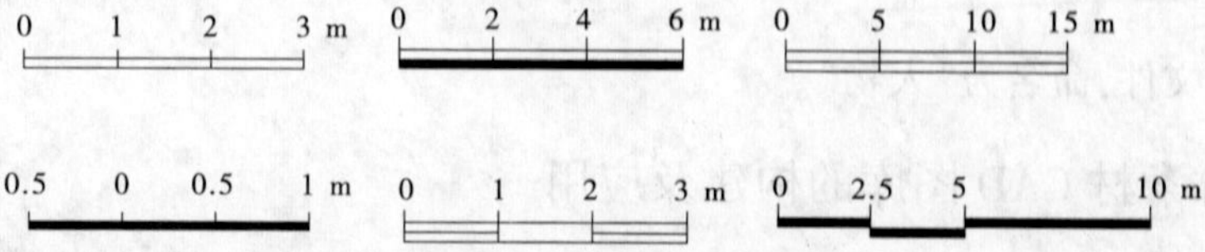

图 1-4-34　线段比例尺图例

将上述比例尺图例创建为块,并对每一个图例进行命名,如“比例尺 01”等。

保存文件,命名为“比例尺”。

(三)绘制汽车、人物等图例并创建为图块

1. 绘制汽车图例,并创建为图块

(1)参照图 1-4-35 所示,综合应用绘图与修改命令,绘制汽车平、立面图例。

(2)根据内部块的创建方法,将上述汽车图例创建为图块,并对每一个图例进行命名,如“汽车 01”(或“car01”)等。

(3)保存文件,命名为“汽车”。

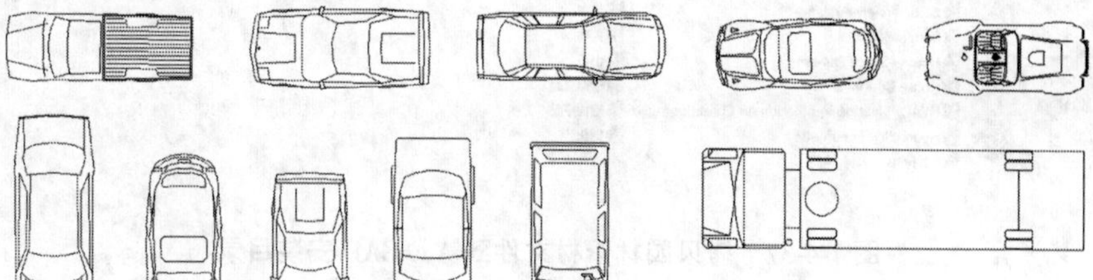

图 1-4-35　汽车图例

2. 绘制人物图例,并创建为图块

(1)参照图 1-4-36 所示,综合应用绘图与修改命令,绘制人物平、立面图例。

(2)将上述人物图例创建为块,并对每一个图例进行命名,如“人物 01”(或“man01”)等。

图 1-4-36　人物图例

(3)保存文件,命名为“人物”。

四、园林素材 CAD 图库的构建及应用

(一)将创建的园林素材文件拷贝到 AutoCAD 安装目录

将创建的“植物平面”“植物立面”“山石”“指北针”“比例尺”“汽车”“人物”等文件拷贝到 AutoCAD 安装目录下,如 D:\程序\cad2020\AutoCAD_2020_Simplified_Chinese_Win_64bit_dlm\AutoCAD 2020\Sample\zh-cn\DesignCenter 文件夹,如图 1-4-37 所示。

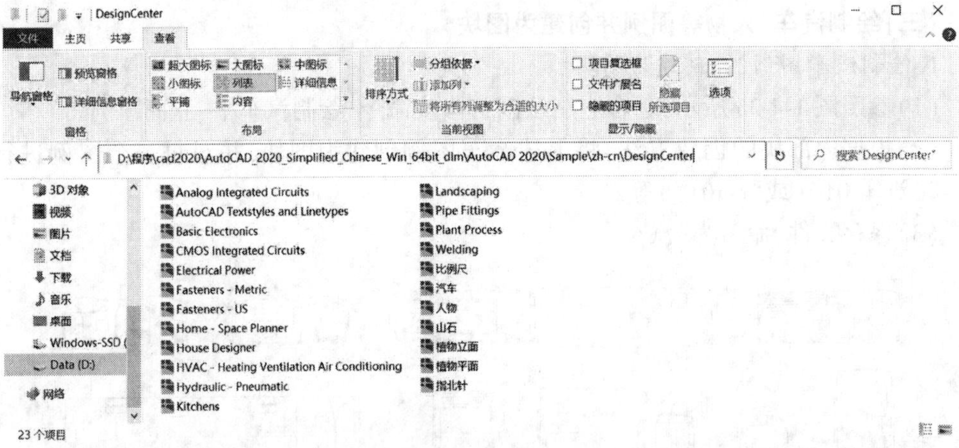

图 1-4-37　拷贝园林素材文件到 AutoCAD 安装目录

(二)AutoCAD 图库应用

在绘制园林设计图时,常常需要应用一些图例,为了方便使用,可将设计中心园艺样例、自定义图库中的图块文件或其他文件中的图块添加到工具选项板中,需要时可以通过工具选项板随时调用这些图例,从而提高绘图效率。

如:创建“植物平面”工具选项板,并从选项板中插入图块。

1. 创建工具选项板

在设计中心文件夹中,找到如图 1-4-38 所示的自定义文件“植物平面. dwg”,在“块”上右击,单击“创建工具选项板”,如图 1-4-39 所示,完成了“植物平面”工具选项板的创建。

在工具选项板上右击,可对选项板进行“新建”、“删除”或“重命名”。

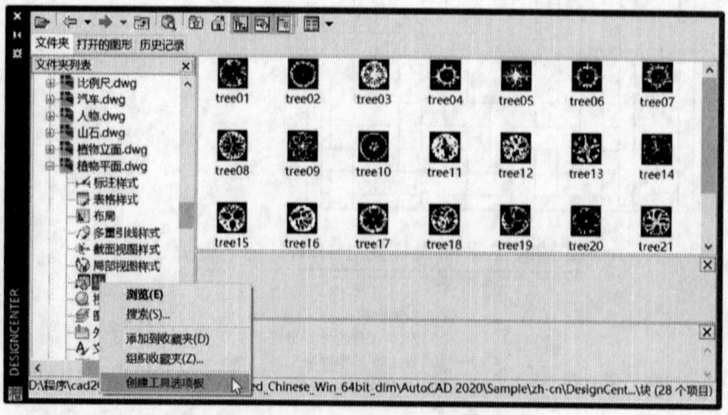

图 1-4-38　创建工具选项板

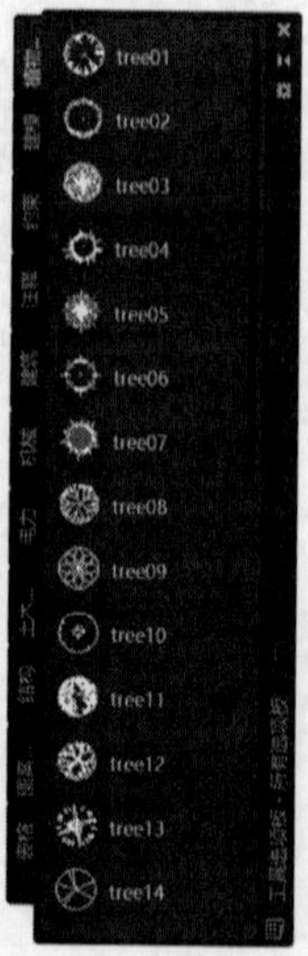

图 1-4-39　“植物平面”工具选项板

2. 使用工具选项板插入图块

单击“工具选项板”按钮▦，打开工具选项板，选择“植物平面”选项板，在所选择的植物平面图例上单击，即选中，然后在作图区中单击，或直接拖动图例符号到作图区中。若图例符号大小不符合要求，可通过缩放命令缩放到合适尺寸；若位置不符合要求，可通过移动命令将其移动到合适位置。

任务 2　插入外部参照图形

【学习目标】

1. 了解外部参照在园林设计图中的应用。
2. 能熟练使用外部参照。

任务描述

把图 1-4-40 所示的铺装详图 2 作为外部参照图形插入到图 1-4-41 所示的园路广场铺装设计图中。

任务分析

在设计时，经常需要设计师之间相互协作，如把一个图形文件链接到另一个图形中，并且如果改变源图形文件，当前图形也同步更新，以保证工作的协调与连续。这时采用外部参照命令，既方便快捷，又可避免图形滞后和图纸对不上的问题。

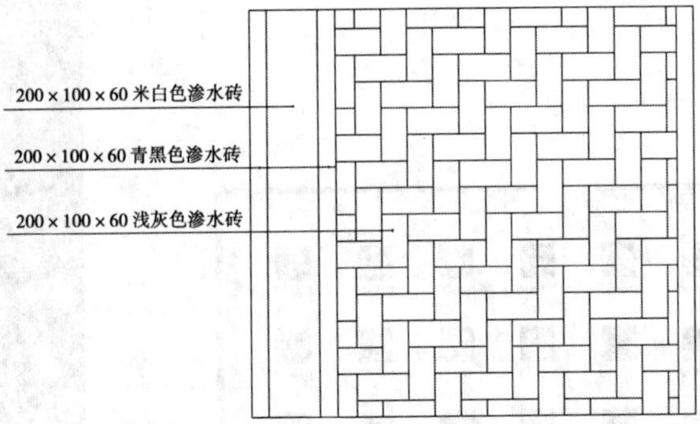

②铺装二平面大样图 1:100

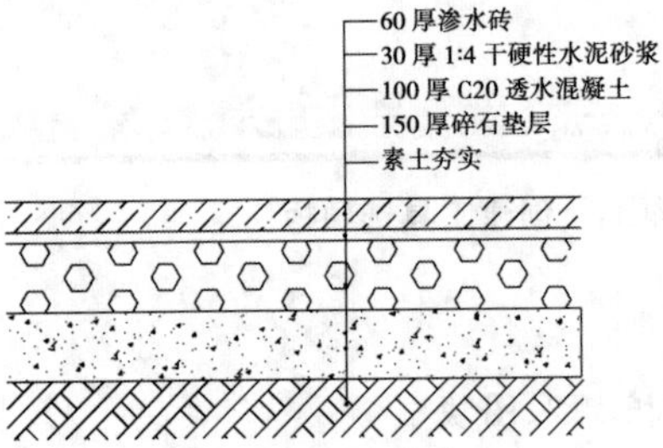

②铺装二做法大样图 1:20

图 1-4-40　铺装详图 2

相关知识

一、外部参照的作用

外部参照是把其他图形文件链接到当前绘图文件中。它有以下几方面的作用:

(1)保证各专业设计协作的连续一致性。

外部参照的图形会随着源图形的修改而更新,只要重新打开当前图形或者重载源图形,就可以看到修改的部分,这样可以保证各专业的设计、修改同步进行,从而避免了因某专业的修改而出现图纸对不上的问题。

(2)减少文件容量。

当一个图形文件被作为外部参照插入到当前图形中时,外部参照中每个图形的数据仍然分别保存在各自的源图形文件中,当前图形中所保存的只是外部参照的名称和路径,而对当前文件的存储容量增加不多。因此,在设计中可以轻松处理由多个专业配合、汇总而成的庞大的图形文件。

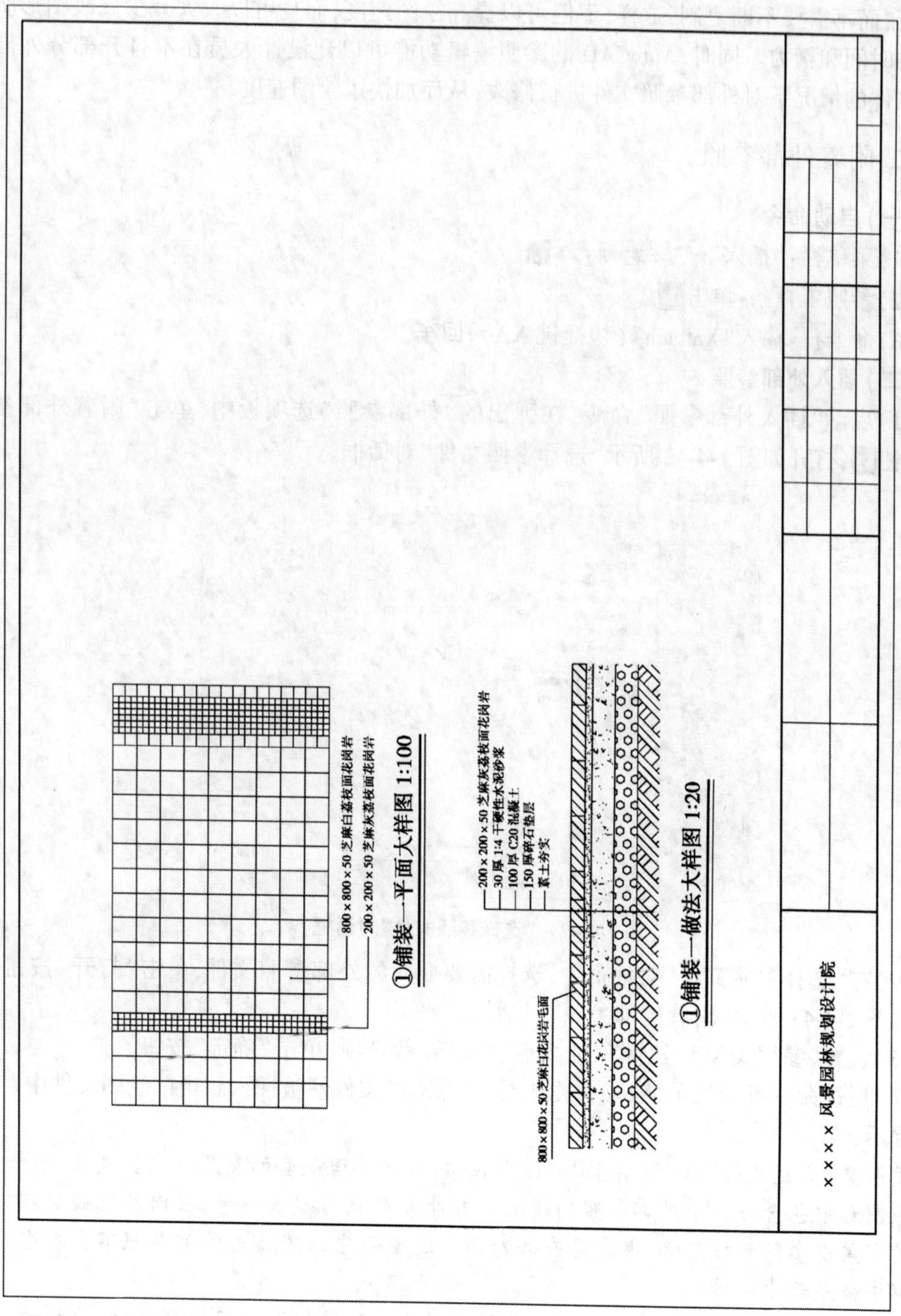

图 1-4-41　园路广场铺装设计图

(3)提高绘图速度。

由于外部参照“立竿见影”的功效,各个相关专业的图纸都在随着设计内容的改变随时更新,而不需要不断复制,这样,不但可以提高绘图速度,而且可以大大减少修改图形所耗费的时间和精力。同时,AutoCAD 的参照编辑功能可以让设计人员在不打开部分外部参照文件的情况下对外部参照文件进行修改,从而加快了绘图速度。

二、附着外部参照

(一)启动命令

(1)菜单栏:“插入”➤ 外部参照(N)... ➤。

(2)参照工具条:单击。

(3)命令行:输入“Xattach”(快捷键 XA),回车。

(二)插入外部参照

(1)启动“插入外部参照”命令,在弹出的“外部参照”选项板中,单击“附着外部参照”按钮,打开如图 1-4-42 所示“选择参照文件”对话框。

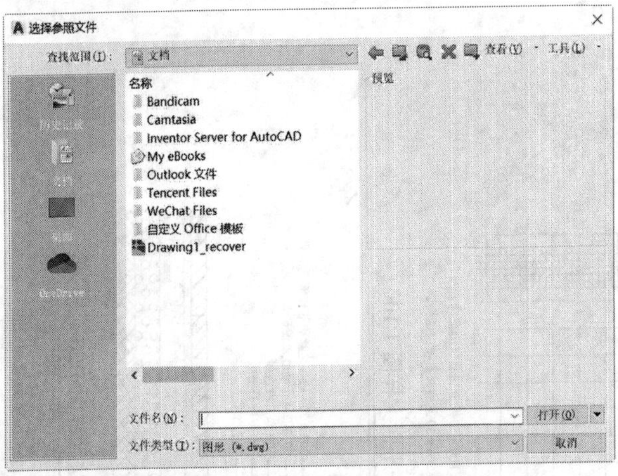

图 1-4-42　**“选择参照文件”对话框**

(2)在“选择参照文件”对话框中,选择需要插入的外部参照文件,单击“打开”按钮,打开如图 1-4-43 所示“附着外部参照”对话框。

(3)设置“参照类型”“比例”“插入点”“旋转”等选项,单击“确定”按钮。

(4)通过命令行的提示,输入有关选项,参照图形文件便被插入到当前绘图文件中。

提示:

参照类型“覆盖型”与“附着型”的区别在于,如何处理嵌套的参照。嵌套是在一个外部参照图形中包含另一个外部参照的情况。当外部参照为覆盖型时,任何其他嵌套在它内部的覆盖型参照都被忽略,也就是嵌套外部参照图形中的覆盖型外部参照不会在当前主图形中被显示出来。

当带有外部参照图形的文件被移动或复制到其他计算机或不同的目录时,要把被引用的文件也一起移动或复制,而且最好是主文件和参照图形文件在同一目录下,否则在打开主图形文件时系统会提示找不到参照文件。

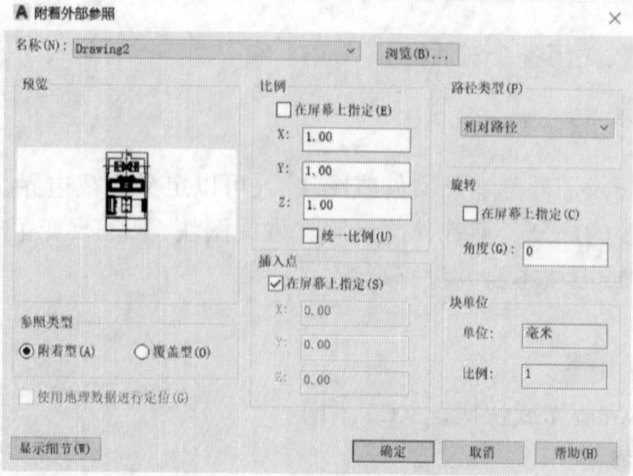

图 1-4-43　“附着外部参照”对话框

三、绑定外部参照

把外部参照绑定到当前绘图文件上,可以使外部参照变成当前图形的固有部分,不再是外部参照文件。此时,外部参照图形变成了块,也不再与源文件保持同步。外部参照绑定生成的块,系统为它自动命名,一般为“Blockname $ n $”,其中“n”是一个开始于0(零)且可自动递增的整数。

(一)启动命令

(1)菜单栏:“插入”➤ 外部参照(N)... ➤ 。

(2)参照工具条:单击。

(3)命令行:输入“Xref”(或快捷键XR),回车。

(二)绑定外部参照

(1)启动命令,打开如图1-4-44所示“外部参照”选项板。

(2)在“外部参照”选项板中,选择要绑定的参照名称,如Drawing2。

(3)右击,然后单击“绑定”,出现如图1-4-45所示“绑定外部参照”对话框。

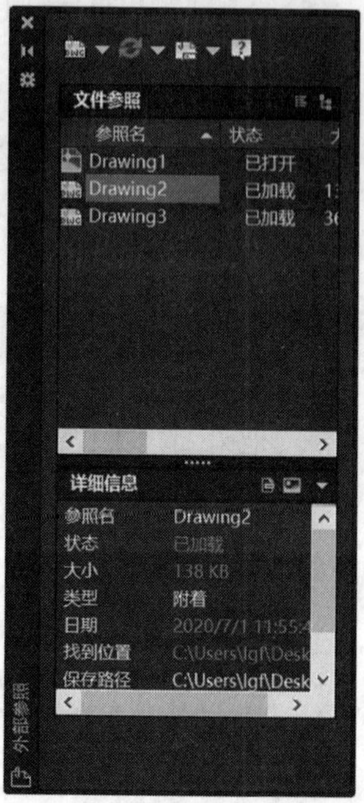

图 1-4-44　“外部参照”选项板

在“绑定外部参照”对话框中,“绑定”与“插入”选项的区别是:

①“绑定”将外部参照中的对象转换为块参照,命名对象定义将添加到带有“Blockname $ n $”前缀的当前图形中。

图 1-4-45　“绑定外部参照”对话框

②“插入”也将外部参照中的对象转换为块参照,命名对象定义将合并到当前图形中,但不添加前

缀。

(4)单击“确定”,关闭各个对话框。

四、剪裁外部参照

在当前图形中插入了外部参照文件或图块后,可以定义剪裁边界,使外部参照文件或图块只显示用户需要的部分。剪裁外部参照文件或图块,只是改变了它们在当前图形中的显示,对参照文件或图块本身并没有影响。

(一)启动命令

参照工具条:单击。

命令行:输入“Xclip”(或快捷键 XC),回车。

(二)剪裁外部参照

(1)启动“剪裁外部参照”命令。

(2)在命令行提示下,选择一个外部参照。

(3)按“Enter”键指定新建边界。

(4)设置“多段线(S)、多边形(P)、矩形(R)、反向剪裁(I)”选项,绘制剪裁边界。

(5)绘制剪裁边界后,回车,则显示绘制区域内的图形,区域外的部分不再显示。“反向剪裁(I)”则相反。

提示:

剪裁外部参照后,可通过夹点调整外部参照的区域,显示需要的部分。同时,也可以利用缩放命令缩放显示区域的大小。

任务实施

一、把外部参照图形文件和当前绘图文件保存在同一目录下

把参照图形图 1-4-40 和当前绘图文件图 1-4-41 存放在磁盘同一个目录下,如 E:\园路广场铺装,打开图 1-4-41。

二、“插入外部参照”图形

(一)启动外部参照命令

启动外部参照命令,打开如图 1-4-46 所示“外部参照”对话框。

(二)选择参照文件

单击“附着外部参照”按钮,打开如图 1-4-47 所示“选择参照文件”对话框。

(三)附着外部参照

选择参照文件“铺装 2”,单击“打开”按钮,打开如图 1-4-48 所示“附着外部参照”对话框,设置“参照类型”“比例”“插入点”“旋转”等选项。

图 1-4-46　“外部参照”对话框

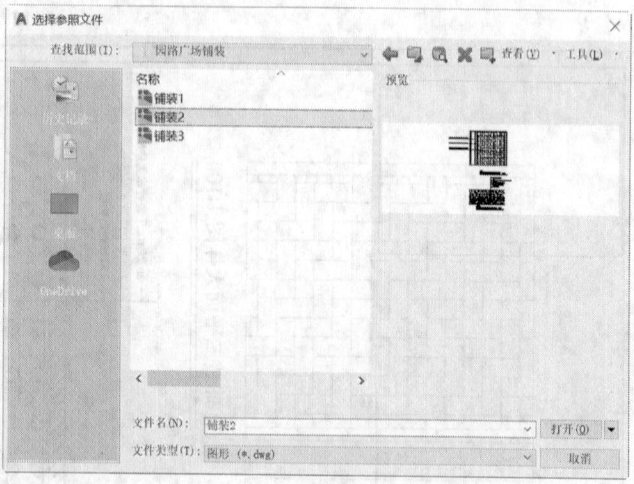

图 1-4-47　“选择参照文件”对话框

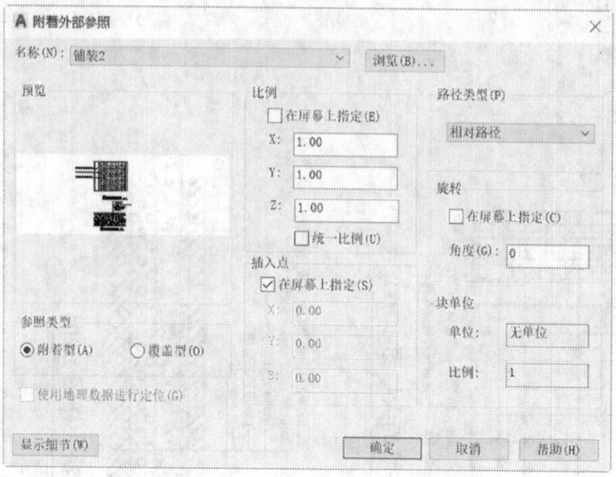

图 1-4-48　“附着外部参照”对话框

(四)插入外部参照图形

单击“确定”按钮,通过命令行的提示,输入有关选项,图形便被插入到当前绘图文件“园路广场铺装设计图”中。

通过视图缩放命令和移动命令,将参照图形文件“详图 2”移动到当前图形“园路广场铺装设计图”的适当位置,如图 1-4-49 所示。

三、更新外部参照

如果“详图 2”源文件发生调整和变化,在当前文件的状态栏即刻出现图 1-4-50 所示的“外部参照文件已修改”的提示,单击“重载”,当前文件中的参照图形就进行了更新。

或者在打开的“外部参照”对话框中,点击按钮,通过“重载所有参照”,对源图形文件进行更新,如图 1-4-51 所示。

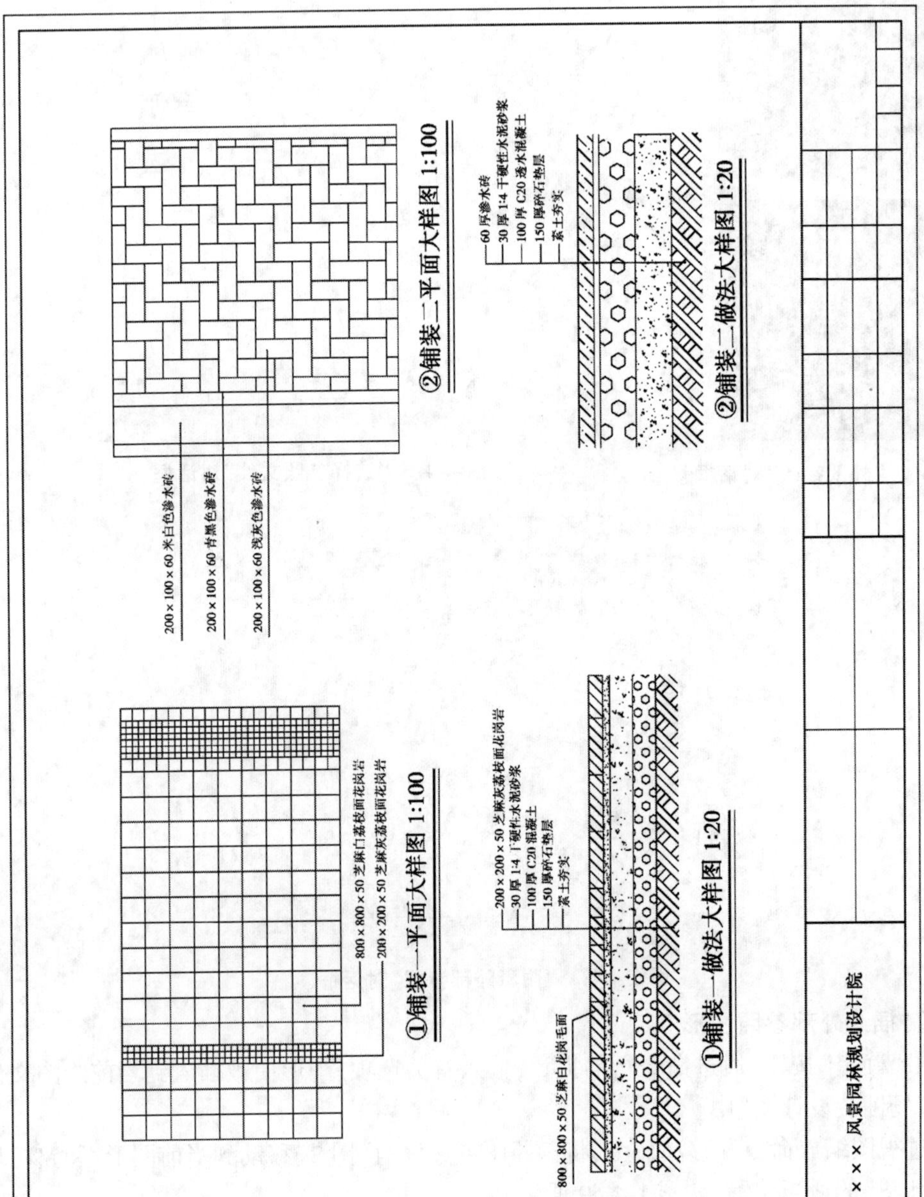

图 1-4-49　插入并移动外部参照图形

图 1-4-50　“外部参照文件已修改”的提示

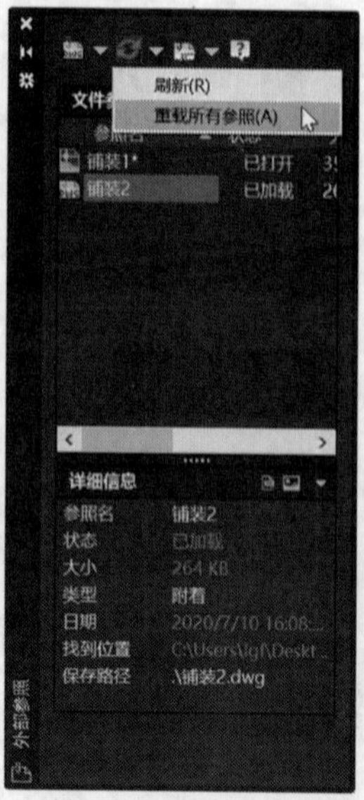

图 1-4-51　更新外部参照

案例实训

实训 1　绘制轴线并插入轴号

一、任务描述

绘制如图 1-4-52 所示的轴线，并插入轴号。

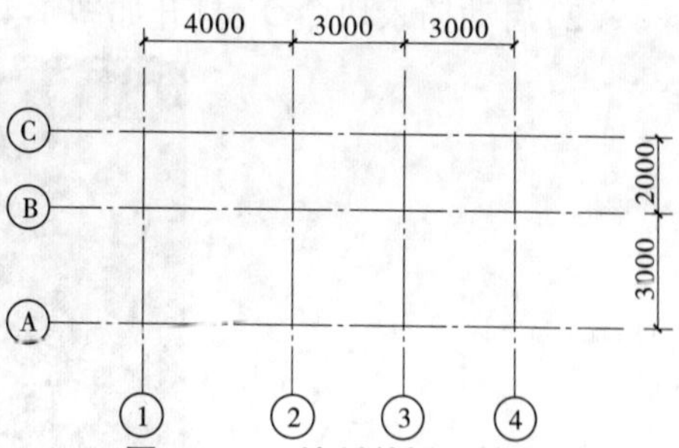

图 1-4-52　绘制并插入轴号

二、目的要求

(1)掌握创建带属性块的方法。

(2)能熟练插入带属性块。

三、操作步骤

(一)创建图层

创建“辅助线”“标注”图层，在“辅助线”图层中设置线型 ACAD_IS004W100，并调整线型比例。

(二)绘制辅助线

将“辅助线”图层设置为当前图层，先绘制水平与竖直方向的两条辅助线，然后按照图中的尺寸进行偏移。

(三)创建轴号块

(1)将“0”层设为当前图层，绘制半径为 500 的圆。

(2)定义轴号图块的属性，在“属性定义”对话框中参照图 1-4-53 进行设置。

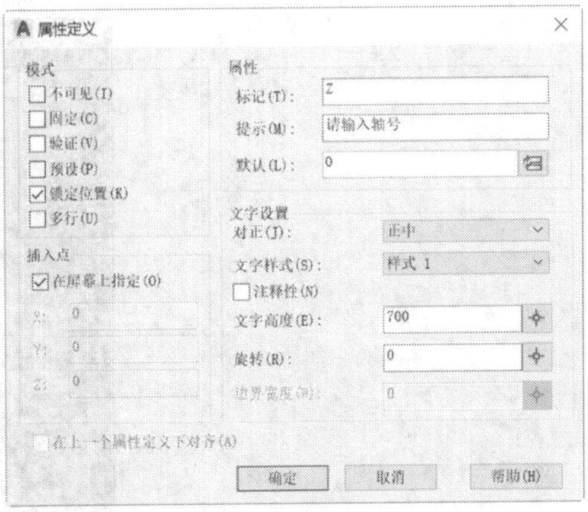

图 1-4-53　**“属性定义”对话框**

(3)创建轴号图块。

由于水平与竖直方向的轴号插入点不同,需要创建两个图块:轴号 01、轴号 02。横向轴号 01 的插入点为圆上面的象限点,竖向轴号 02 的插入点为圆的右象限点。

一般来说,横向轴号使用阿拉伯数字如 1,2,3,…,按从左向右的顺序编写,竖向轴号使用大写的英文字母如 A,B,C,…(为了避免与 0、1、2 混淆,大写的英文字母 I、O、Z 不得用于轴线的编号),按自下而上的顺序编写。

具体创建过程参看项目四任务 1 中带属性的块——标高符号的创建。

(四)插入轴号

(1)将“标注”层设为当前图层。

(2)启动插入块命令,打开如图 1-4-54 所示的块选项板。

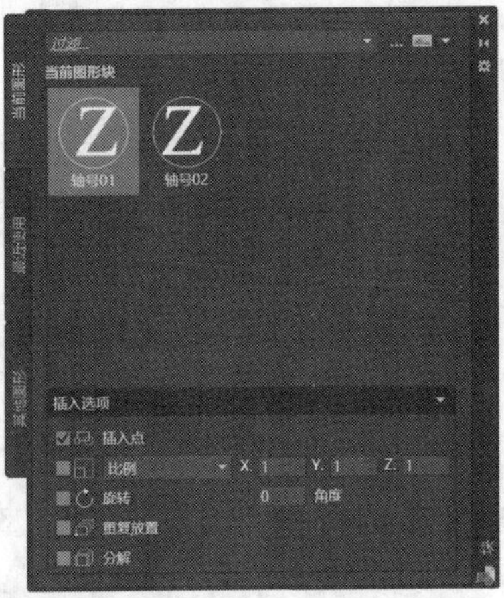

图 1-4-54　**块选项板**

(3)在“当前图形”标题页中,在“插入选项”中勾选(√)“插入点”“重复放置”,单击“轴号 01”。移动鼠标到作图区中,捕捉垂直辅助轴线下方的端点单击,在弹出的“编辑属性”对话框中输入轴号“1”,单击“确定”按钮,此时“轴号 01”粘在鼠标上。

在作图区继续捕捉轴线的端点,完成轴号“2、3、4”的插入。

(4)在块选项板的“当前图形”标题页中,单击“轴号 02”。移动鼠标到作图区中,捕捉最下方水平辅助轴线的左端点单击,在弹出的“编辑属性”对话框中输入轴号“A”,单击确定按钮,此时“轴号 02”粘在鼠标上。

在作图区继续捕捉轴线的端点,完成轴号“B、C”的插入。

实训 2　插入外部参照图形并调整其显示区域

一、任务描述

把图 1-4-55 所示景观设计图插入到图 1-4-56 所示景观花廊设计图中,并调整其大小和位置。

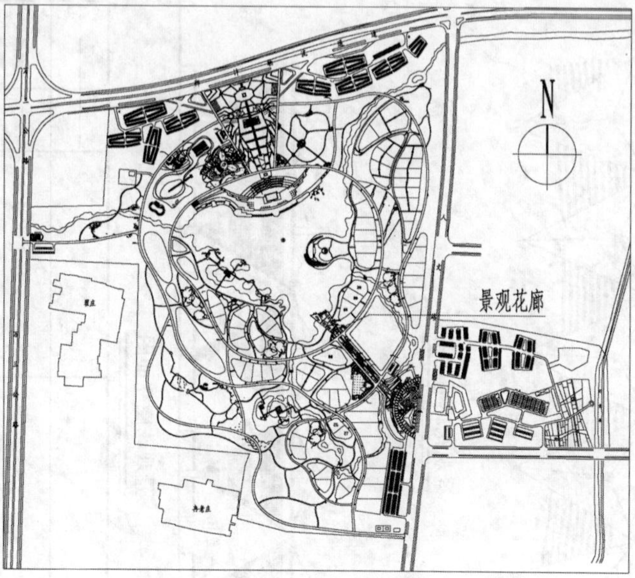

图 1-4-55　景观设计图

二、目的要求

(1)掌握在当前绘图文件中插入外部参照图形的方法。
(2)能插入外部参照图形,并调整外部参照图形的显示区域。

三、操作步骤

(一)把外部参照图形文件和当前绘图文件保存在同一目录下

把外部参照图形图 1-4-55 和当前绘图文件图 1-4-56 存放在磁盘同一个目录下,如 E:\景观花廊。打开当前绘图文件图 1-4-56。

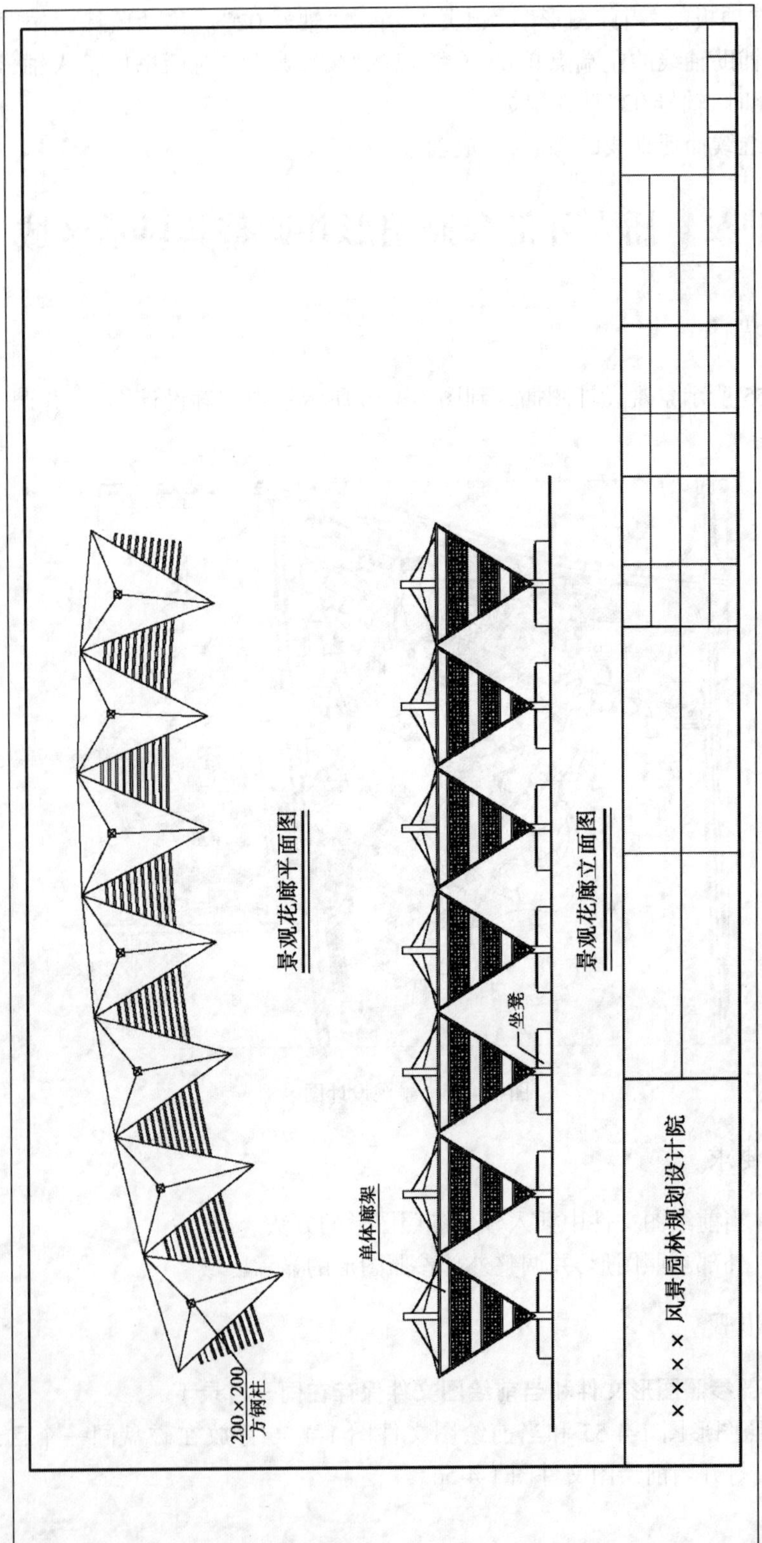

图 1-4-56　景观花廊设计图

(二)“插入外部参照”图形

1. 启动外部参照命令

启动外部参照命令,打开如图 1-4-57 所示“外部参照”选项板。

图 1-4-57　“外部参照”选项板

2. 选择参照文件

单击“附着外部参照”按钮,打开如图 1-4-58 所示“选择参照文件”对话框。

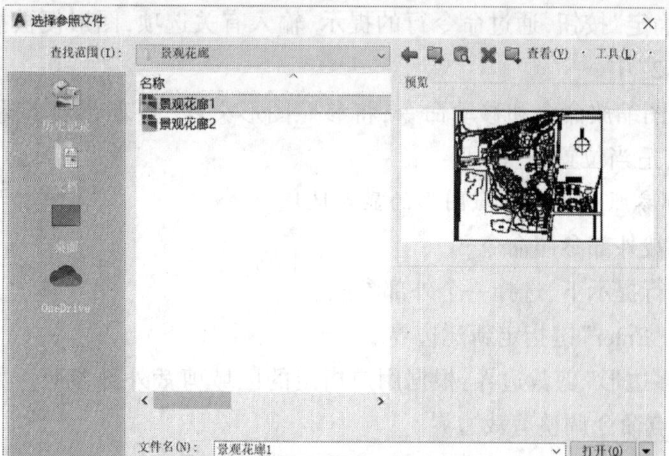

图 1-4-58　“选择参照文件”对话框

3. 附着外部参照

选择参照文件“景观花廊 1”,单击“打开”按钮,打开如图 1-4-59 所示“附着外部参照”对话框,设置“参照类型”“比例”“插入点”“旋转”等选项。

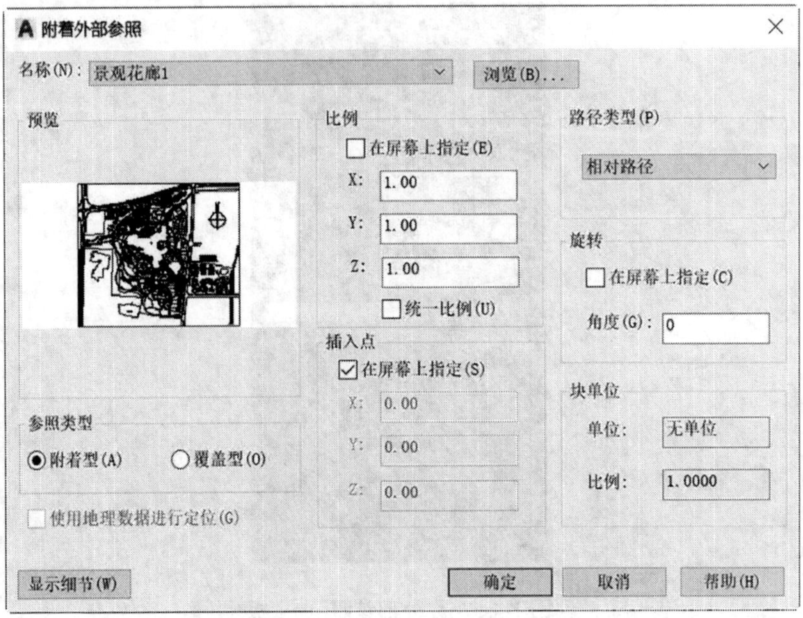

图 1-4-59 “附着外部参照”对话框

4. 插入外部参照图形

(1)单击“确定”按钮,通过命令行的提示,输入有关选项,图形便被插入到当前绘图文件“景观花廊 2”中。

(2)通过视图缩放命令和移动命令,将参照图形文件“景观花廊 1”移动到当前图形“景观花廊 1”的适当位置。

5. 剪裁外部参照并调整参照图形的显示区域

(1)启动剪裁外部参照命令。

(2)在命令行提示下,选择一个外部参照。

(3)通过按“Enter”键指定新建边界。

(4)选择“多边形”剪裁边界,根据用户指定的区域剪裁外部参照。如果显示区域不合适,可利用夹点命令调整剪裁边界。

(5)启动缩放命令,将参照图形放大到适合的大小,如图 1-4-60 所示。

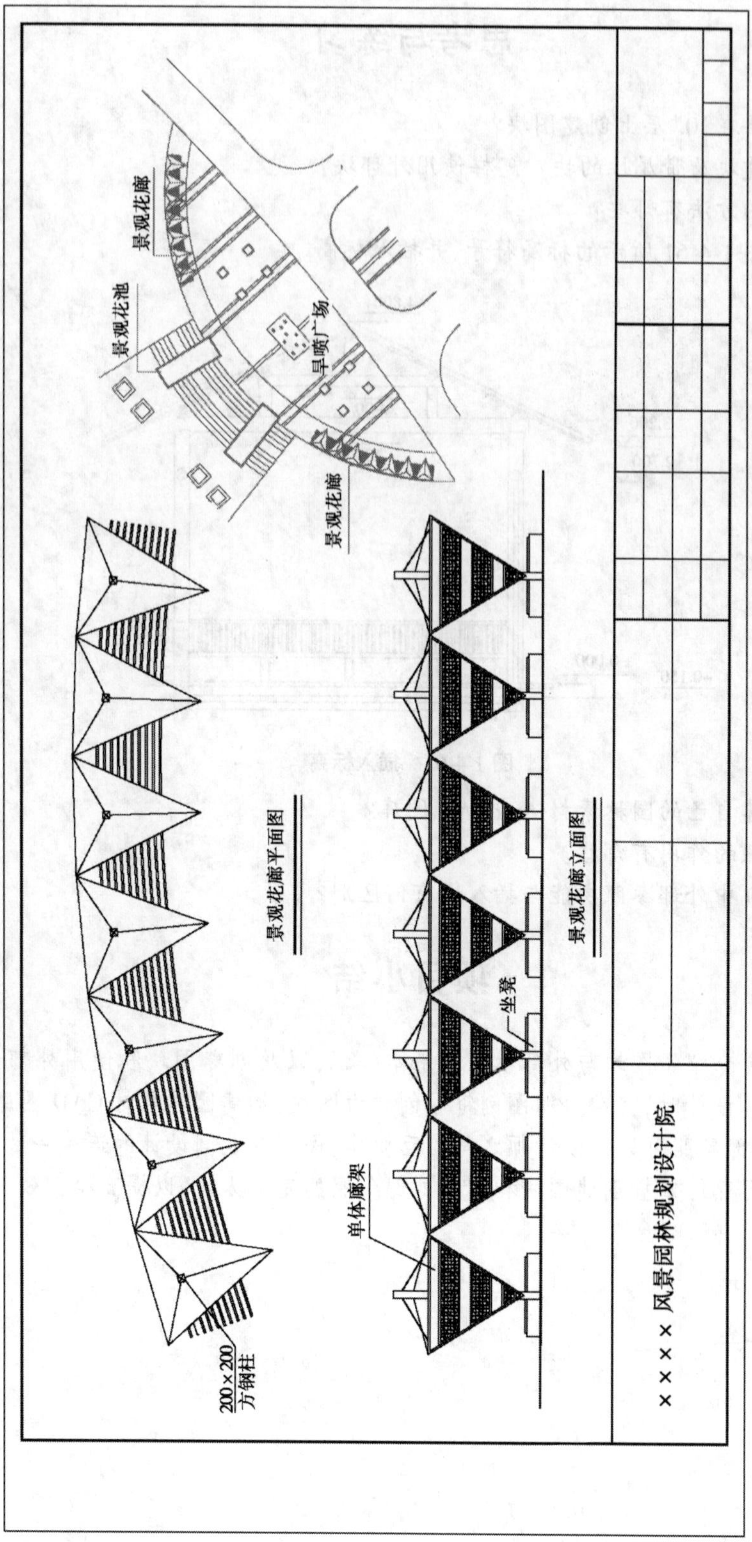

图 1-4-60　调整参照图形后的景观花廊设计图

思考与练习

1. 为什么要在“0”层上创建图块?
2. 如何创建块及带属性的块?怎样使用外部块?
3. 插入块的方法有哪些?
4. 绘制如图 1-4-61 所示的标高符号,并插入标高。

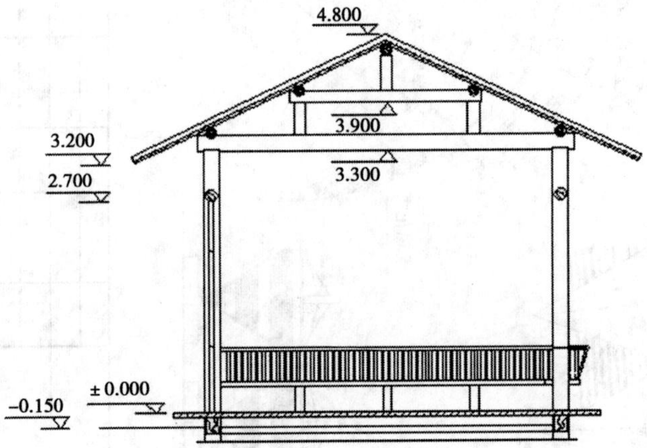

图 1-4-61　插入标高

5. 如何创建自己的园林素材 AutoCAD 图库?
6. 外部参照的作用有哪些?
7. AutoCAD 中外部参照功能与插入块有何区别?

项目小结

本项目主要介绍了图块与外部参照的基本知识,以及创建图块和使用外部参照的基本技能。在园林设计时,将常用的图例符号创建为图块,构建园林素材 CAD 图库,可以一劳永逸;使用外部参照可以使设计师之间相互协作,保证专业间设计的连续一致性。在学习中要通过练习熟练掌握创建图块和使用外部参照的基本方法,以提高绘图效率。

项目五　注写文字与绘制表格

【学习目标】

1. 了解工程图样对文字的要求，掌握创建文字样式的方法。
2. 熟悉设置表格样式的方法，掌握创建表格的方法。
3. 能熟练进行文字的输入和编辑。
4. 能熟练创建表格、输入表格文字和块数据，并能正确地对表格进行编辑。

【工作任务】

任务1　注写文字

任务2　绘制苗木统计表

任务1　注写文字

【学习目标】

1. 了解工程图样对文字的要求，掌握创建文字样式的方法。
2. 能熟练进行文字的输入和编辑。

任务描述

注写图 1-5-1 所示花钵剖面图文字。

任务分析

在绘制图样时，除大标题外，如技术要求、注释说明等一般使用中西文工程形文字体，这样既符合国际制图规范，又节省图样所占的计算资源，还可避免出现图纸交流过程中文字不能正常显示的现象。因此，注写文字前需要定义文字样式。

在 AutoCAD 中可以创建两种类型的文字：一种是单行文字，用于注写简短的内容；一种是多行文字，用于注写一些复杂的说明文字。另外，对于已输入的文字可以进行编辑、缩放等。

相关知识

AutoCAD 提供了“文字样式”对话框，通过这个对话框可方便、直观地设置需要的文字样式，或对已有的样式进行修改。在注写文字时，可以创建单行文字和多行文字对象，按照已定义的文字样式进行文本的输入。

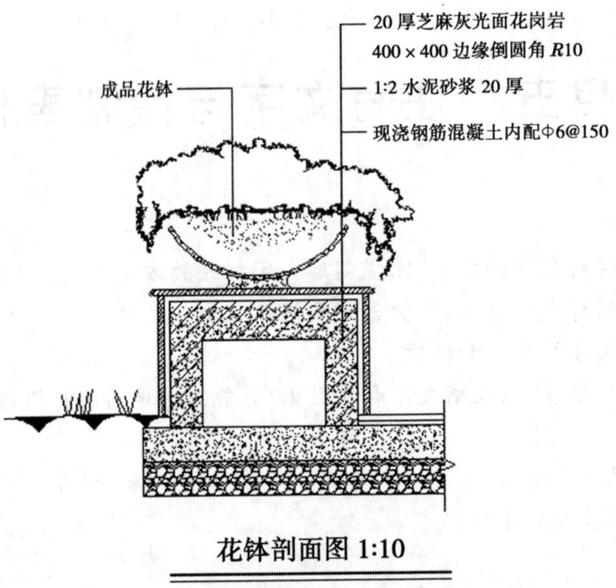

图 1-5-1　注写花钵剖面图文字

一、工程图样对文字的要求

(一) 基本要求

图纸上所需书写的文字、数字或符号等,均应笔画清晰、字体端正、排列整齐;标点符号应清楚正确。

文字的字高,应从表 1-5-1 中选用。字高大于 10 mm 的文字宜采用 Truetype 字体,如需书写更大的字,其高度应按 $\sqrt{2}$ 的倍数递增。

表 1-5-1　文字的字高　（单位:mm）

字体种类	汉字矢量字体	Truetype 字体及非汉字矢量字体
字高	3.5、5、7、10、14、20	3、4、6、8、10、14、20

图样及说明中的汉字,宜优先采用 Truetype 字体中的宋体字型,采用矢量字体时应为长仿宋体字型。同一图纸字体种类不应超过两种。矢量字体的宽高比宜为 0.7,且应符合表 1-5-2 的规定,打印线宽宜为 0.25~0.35 mm;Truetype 字体宽高比宜为 1。大标题、图册封面、地形图等的汉字,也可书写成其他字体,但应易于辨认,其宽高比宜为 1。

表 1-5-2　长仿宋字高宽关系　（单位:mm）

字高	3.5	5	7	10	14	20
字宽	2.5	3.5	5	7	10	14

汉字的简化字书写应符合国家有关汉字简化方案的规定。

图样及说明中的字母、数字,宜优先采用 Truetype 字体中的 Roman 字型,书写规则应符合《房屋建筑制图统一标准》(GB/T 50001—2017)有关的规定。

字母及数字，当需写成斜体字时，其斜度应是从字的底线逆时针向上倾斜75°。斜体字的高度和宽度应与相应的直体字相等。

字母及数字的字高不应小于2.5 mm。

数量的数值注写，应采用正体阿拉伯数字。各种计量单位凡前面有量值的，均应采用国家颁布的单位符号注写。单位符号应采用正体字母。

分数、百分数和比例数的注写，应采用阿拉伯数字和数字符号。

当注写的数字小于1时，应写出个位的“0”，小数点应采用圆点。

（二）分布要求

文字方向通常平行于图纸底边或右侧边缘，并且尽可能不与图纸内容重叠。文字应互相对齐，增强可读性。

（三）打印比例

如果直接在布局中的图纸空间书写文字，文字的高度与图纸上要求打印的高度相等。如果在模型空间中书写文字，其字高与视口比例关系如下：

字高=图纸上的文字高度×视口比例因子

例如：图纸上输的文字高度为5 mm，视口比例为400，那么在模型空间文字样式定义时，其高度为2 000。

二、创建文字样式

在AutoCAD中，所有的文字显示都是由文字样式来控制的，不同的文字样式控制着不同的文字特征，如字体、字型、高度、宽度因子、倾斜角度、反向、颠倒、垂直等。如果将文字样式设置为当前样式，那么输入的文字就会自动采用这种样式，用户也可以根据具体要求重新创建新的文字样式。

（一）启动命令

“格式”菜单：单击 文字样式(S)...。

“样式”工具栏：单击文字样式按钮。

文字工具栏：在任意工具栏上右击，单击“文字”，打开如图1-5-2所示的“文字”工具栏，单击文字样式按钮。

图1-5-2　“文字”工具栏

命令行：输入“Style”（快捷键ST），回车。

（二）定义形文字体样式

AutoCAD提供的符合国标要求的中西文工程形文字体，包括两种西文字体和一种中文字体，它们分别是正体的西文字体“gbenor.shx”、斜体的西文字体“gbeitc.shx”和中文长仿宋工程字体字“gbcbig.shx”，如图1-5-3所示。

1. 启动命令

启动文字样式命令，打开如图1-5-4所示的“文字样式”对话框。

图 1-5-3　符合国标要求的中西文工程形文字体

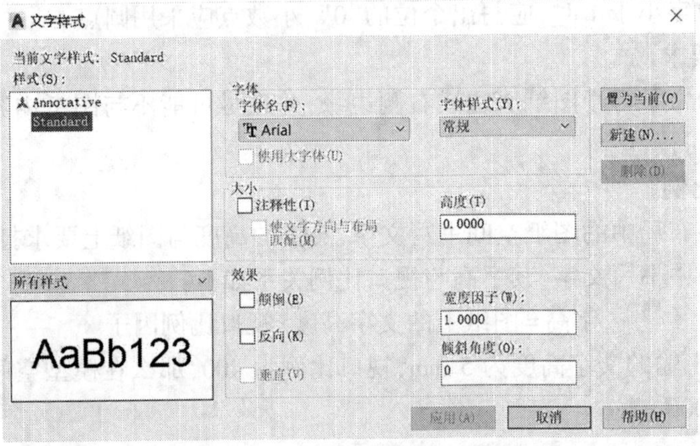

图 1-5-4　"文字样式"对话框

2. 新建文字样式

单击"新建"按钮,系统弹出如图 1-5-5 所示的"新建文字样式"对话框,输入样式名,如"工程字",单击"确定"按钮,返回到"文字样式"对话框,此时在列表框中显示"工程字"名称。

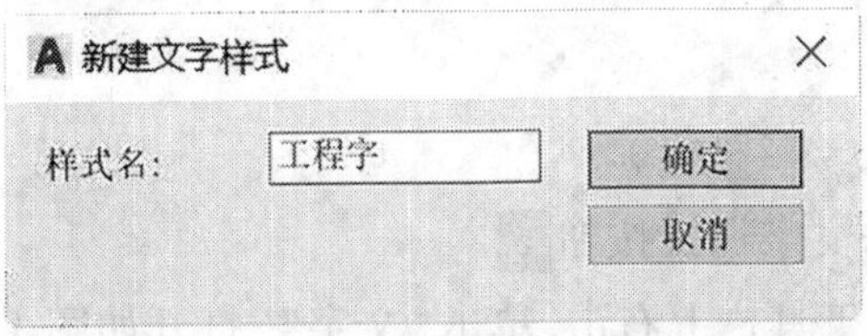

图 1-5-5　"新建文字样式"对话框

3. 设置文字样式

在如图 1-5-6 所示的"文字样式"对话框中,于"字体名(F)"选项中,单击文本框或右侧的下拉按钮,在下拉列表中选择"gbenor. shx";勾选(√)"使用大字体",在"大字体"选项中,单击文本框或右侧的下拉按钮,选择"gbcbig. shx";"高度"默认为 0,单击"应用",然后关闭窗口。

提示:

(1) 命名文字样式时,最好和它的用途对应起来,可方便使用,不易混淆。

(2) 文字高度默认为 0,表示文字的高度通常不作修改。在使用该文字样式输入文字时将出现"高度"的提示,且每使用一次就会提示一次,但同一字体可以输入不同的高度值。如果设置了文字的高度,那么在此样式输入单行文字时不提示输入文字的高度,但如

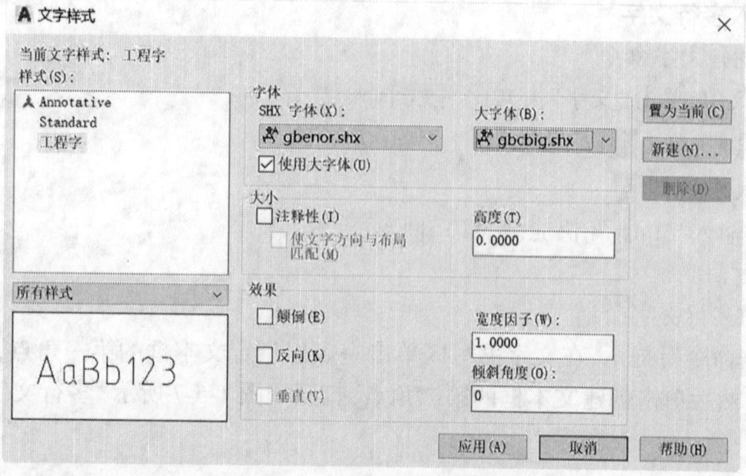

图 1-5-6　“文字样式”对话框

果要使用其他高度，必须重新定义文字的样式，使用起来有时会不方便。

(三)图标题

书写图标题一般直接使用 Windows 的 Turetype 中文字体，不需要预先定义文字样式。Turetype 字体的特点是字型美观，形式多样，但是会占用较多的计算机资源。

三、输入文字

在 AutoCAD 中，有两种输入文字的工具，分别是“单行文字”和“多行文字”。对于单行文字，它的每一行都是一个独立的文本对象，主要用来创建文字内容较少的文本对象，并可以对其进行单独编辑；多行文字包含一个或多个文字段落，创建的文字内容可以作为单一的对象处理，而且对字体、字型进行修改很方便，常用于输入较为复杂的文字内容。

(一)输入单行文字

1. 启动单行文字命令

“绘图”菜单：单击“文字” ▸ A 单行文字(S)。

文字工具栏：单击 A。

命令行：输入“Dtext”(快捷键 DT)，回车。

2. 操作方法

(1)启动单行文字命令。

(2)在绘图区空白处单击，确定文字书写的起点位置；输入文字的高度，回车；在“指定文字的旋转角度”提示下，输入角度值(默认为 0)后，回车。

(3)输入文字，文字输入完毕后，按回车键，文字光标转到下一行，再次回车，结束单行文字命令。

提示：

当光标跳转到下一行时，可以继续输入其他文字，从表面上看显示的是多行文字，但每一行文字是一个对象，如果要编辑，则要分别进行。

(二)输入多行文字

1. 启动多行文字命令

“绘图”菜单:单击“文字”▸ A 多行文字(M)...。

绘图工具栏:单击A。

文字工具栏:单击A。

命令行:输入“Mtext”(快捷键 MT),回车。

2. 操作方法

(1)启动多行文字命令。

(2)根据命令行提示,在文字书写区单击一点以指定文本框的第一角点,拖动光标至合适的位置,然后单击创建文本框的第二角点,打开如图 1-5-7 所示“多行文字编辑器”对话框。

图 1-5-7　“多行文字编辑器”对话框

(3)输入文字。

在“文字格式”对话框中,选择“工程字”样式;在“文字高度”文本框中输入高度值;在“多行文字编辑器”中输入“苗木种植说明”等文字。文字输入完毕后,单击“文字格式”对话框中的“确定”按钮,结束文字的输入,如图 1-5-8 所示。

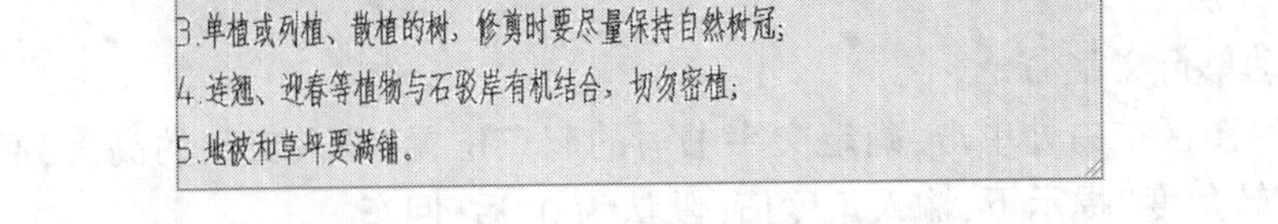

图 1-5-8　输入文字

(三)注写图标题与空心字

(1)启动多行文字命令。

(2)根据命令行提示,指定文字书写位置。

(3)指定文字参数。

在“文本格式”对话框中选择字体,如“黑体”。在“字体”列表中,处于顶部的中文字体名称前带有“@”符号，其字体是躺倒的；而处于底部的中文字体是要选择的标题字体。输入标题文字高度值，如 500。

（4）输入文字。

输入标题文字，如输入“园林植物种植设计图”，如图 1-5-9 所示，然后单击“确定”，完成标题文字的注写。

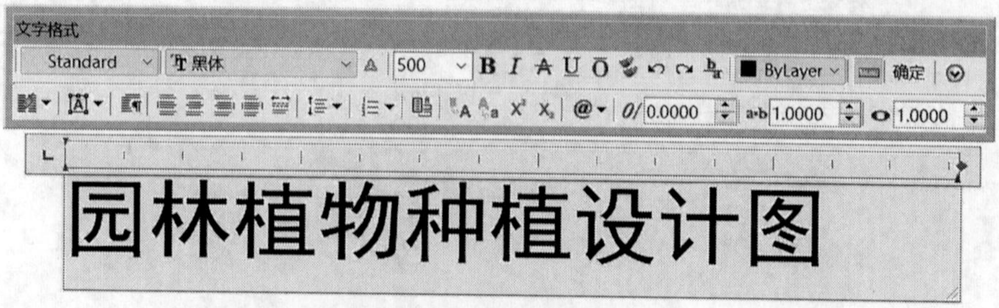

图 1-5-9　标题文字的书写

如果文字自动换行，则说明相对于划定的区域文字太大，可把鼠标移动到标尺右端，当鼠标变为双箭头时左右拖动，如果输入的文字的行数较多，可把鼠标移动到文本框下端，当鼠标变为双箭头时上下拖动，以扩大书写区域。文字输入完毕，单击“确定”。

如果希望打印出的标题是空心字，可更改系统变量。其操作方法如下：在命令行中输入“Textfill”，回车，输入“0”，回车。Textfill 控制着 Windows Truetype 字体打印时是否填充，默认值为 1，表示填充。

提示：

空心字在视图中其效果显示不出来，只有在打印或打印预览中才能显示空心的效果，如图 1-5-10 所示。

图 1-5-10　在“打印预览”中显示空心字

（四）输入特殊符号

在 AutoCAD 创建文字过程中需要输入一些特殊的字符，如直径符号、正负号等，由于这些特殊字符不能从键盘上直接输入，因此 AutoCAD 提供了创建这些符号的方法。

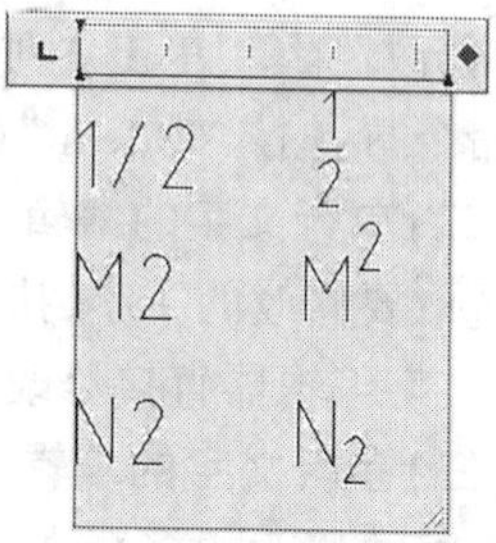

图 1-5-11　注写分式与上下标

1. 分式与上下标

分式书写：输入 1/2，拖动鼠标选中 1/2，单击“堆叠”按钮（或右击在弹出的快捷菜单上单击“堆叠”），1/2 将显示为$\frac{1}{2}$，如图 1-5-11 所示。

上标书写：输入 M2 并选中 2，单击上标按钮 X^2，将显示M^2。

下标书写：输入 N2 并选中 2，单击下标按钮 X_2，将显示N_2。

2. 符号

对于常用的符号,如度、正负号、直径等,可在“文字格式”对话框中单击符号按钮“@▾”,在弹出的如图 1-5-12 所示的快捷菜单中单击要选择的“度数”“正/负”“直径”等符号对象,完成符号的插入。

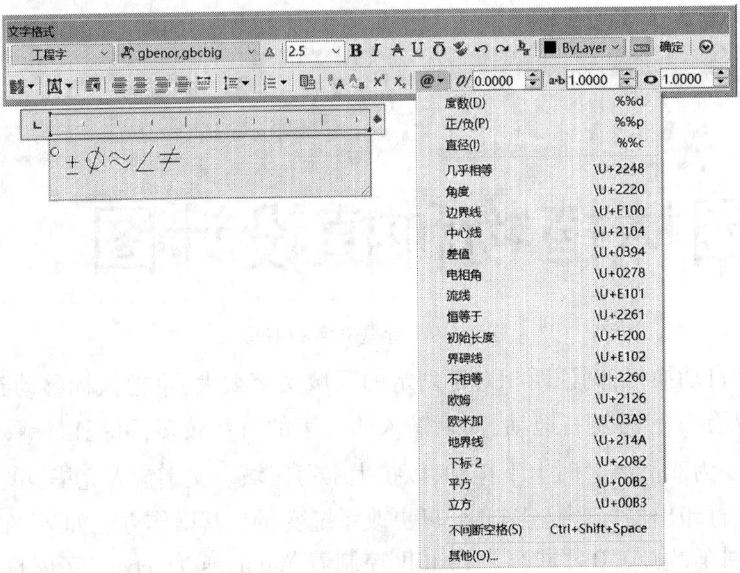

图 1-5-12　特殊符号下拉列表

对于其他符号,可在图 1-5-12 所示的快捷菜单中单击“其他”,打开如图 1-5-13 所示的“字符映射表”对话框,单击要插入的符号,单击“选择”,单击“复制”,然后关闭“字符映射表”对话框,返回到文字编辑窗口后单击,右击,单击“粘贴”即可。

四、编辑文字

(一)启动命令

文字工具栏:单击 A。

“修改”菜单:单击“对象”➤“文字”➤“编辑”。

命令行:输入“Ddedit”(快捷键 ED),回车。

(二)单行文字的编辑

选取要修改的文字,执行编辑命令,或双击需要编辑的文本,则该文字呈现可编辑状态,在文字编辑器直接修改、编辑文字。

(三)多行文字的编辑

选择要修改的多行文字,执行编辑文字命令,或双击需要编辑的文本,弹出“多行文字编辑器”对话框,可对多行文字进行修改和编辑。其编辑的内容主要包括对正多行文本、设置字符格式、文本的缩进、使用数字标记、指定行间距等。

五、缩放文字

选择已经编辑好的文字,将其缩放成统一的高度。利用缩放命令,可一次缩放多处具

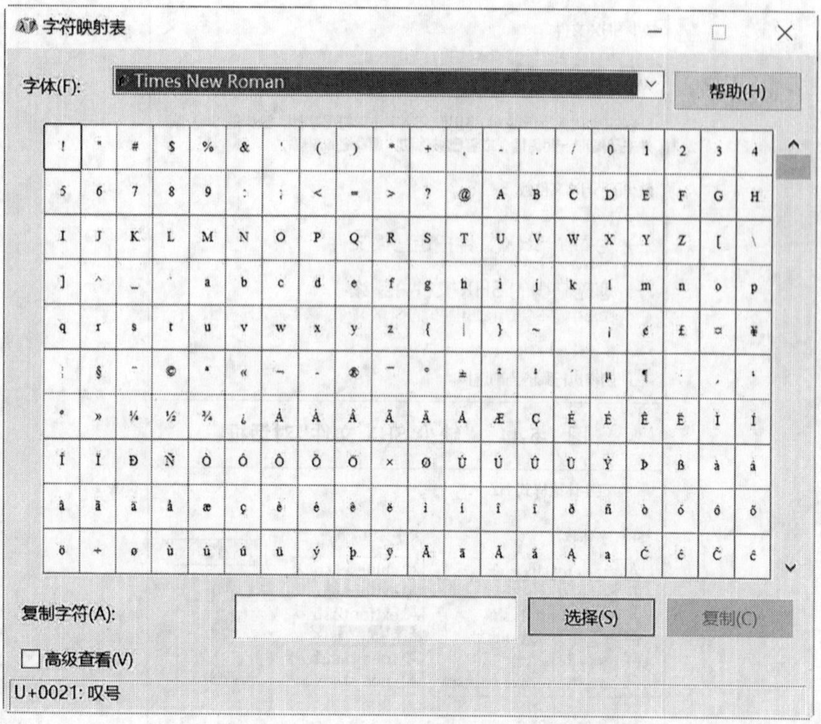

图 1-5-13　“字符映射表”对话框

有不同高度的文字，操作方法如下：

第一步，在文字工具栏上单击“缩放”按钮，启动文字缩放命令。

第二步，选择要缩放的文字，右击，回车；或在命令行中输入“E”，回车。

第三步，输入新的字高，回车。

六、替代缺失文字

在打开来源于建筑、市政、土地管理等机构的 AutoCAD 图形文件时，经常会出现如图 1-5-14 所示的对话框，这表明当前安装的 AutoCAD 系统中没有图形文件中使用的字体库。为了保持中文信息的可读性，单击“为每个 SHX 文件指定替换文件”，在如图 1-5-15 所示“指定字体给样式 HZ”对话框中，选择中文字库“gbcbig. shx”替代缺失字体，单击“确定”。注意在字体替换过程中可能需要重复两次或多次才能完成字体的替换。

由于部分基于 AutoCAD 的二次开发软件有自定义的符号库，这种替代仍然有可能缺失特殊符号，最好的解决方法是复制原绘图软件的所有 . shx 字体库到本机 AutoCAD 安装目录下的字体库中，如 D:\Program Files\Autodesk\AutoCAD 2020\Fonts. 文件夹中。

任务实施

一、打开样图，新建图层

启动 AutoCAD，打开花钵剖面图，如图 1-5-16 所示。

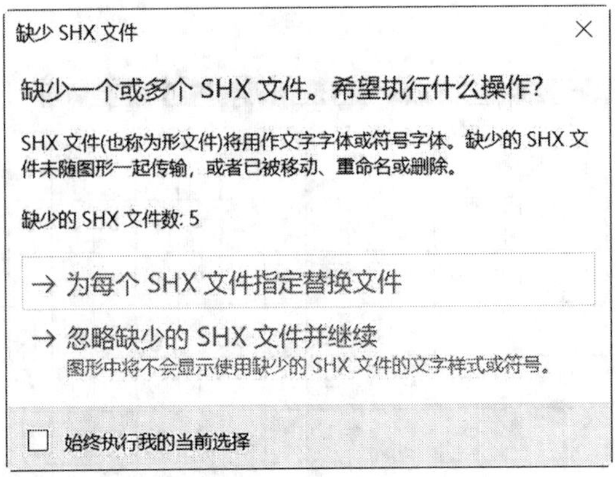

图 1-5-14　“缺少 SHX 文件”对话框

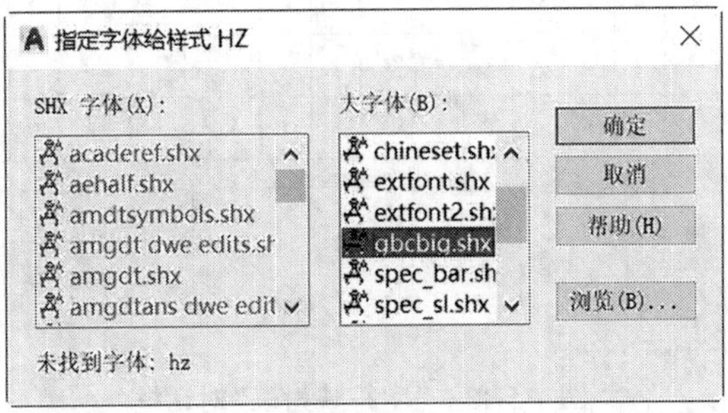

图 1-5-15　“指定字体给样式 HZ”对话框

打开图层管理器,新建两个图层,把图层名改为“文字”和“辅助线”层。

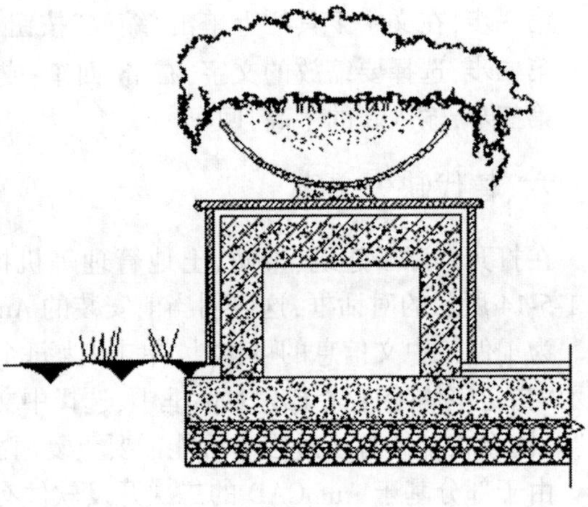

图 1-5-16　花钵剖面图

二、绘制辅助线

把“辅助线”层设置为当前图层;启动多段线命令,参照图 1-5-17 绘制辅助线。

三、注写文字

(一)创建文字样式

1. 启动命令

单击“格式”菜单 ➤ “文字样式”,打开如图 1-5-4 所示的“文字样式”对话框。

2. 新建“工程字”文字样式

单击“新建”按钮,系统弹出“新建文字样式”对话框,输入样式名“工程字”,如图 1-5-5 所示,单击“确定”按钮,返回到“文字样式”对话框,此时在列表框中显示“工程字”名称。

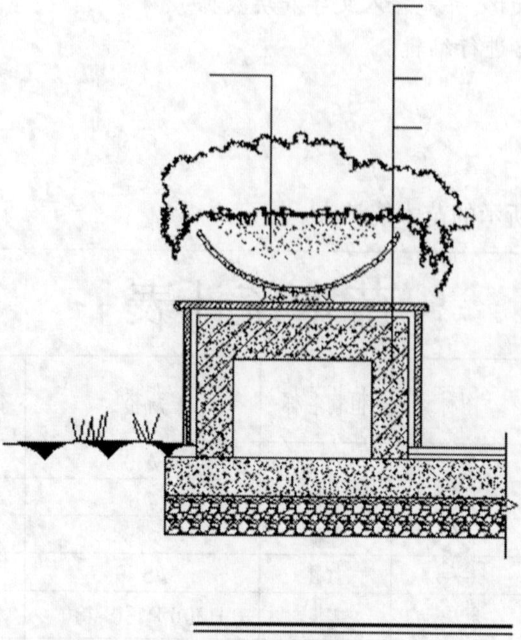

图 1-5-17　绘制辅助线

3. 设置"工程字"文字样式

在如图 1-5-6 所示"文字样式"对话框中，于"SHX 字体(X)"选项中，单击文本框或其右侧的下拉按钮，在下拉列表中选择"gbenor. shx"；勾选(√)"使用大字体"，在"大字体"选项中，单击文本框或右侧的下拉按钮，选择"gbcbig. shx"；"高度"默认为 0，单击"应用"，然后关闭窗口。

(二) 注写文字

把"文字层"设置为当前图层，启动多行文字命令。

在绘图区文字书写位置上单击，确定文字书写的位置；在"文字"文本框中输入文字的高度"90"。

在文本框中输入"成品花钵"，单击"确定"；启动移动命令，把它移动到合适的位置。

按同样的方法，依次输入"20 厚芝麻灰光面花岗岩"等其他文字，并启动移动命令，把它们调整至合适的位置，结果如图 1-5-1 所示。

四、保存文件

单击保存按钮，进行文件保存。

任务 2　绘制苗木统计表

【学习目标】

1. 熟悉设置表格样式的内容，掌握创建表格的方法。

2. 能熟练地创建表格,并能输入文字和块数据。

3. 会正确地对表格进行编辑。

任务描述

创建如图 1-5-18 所示的苗木统计表。

苗木统计表					
序号	图标	植物名称	规格	数量	备注
1		白玉兰	Φ10	24	
2		碧桃	Φ8	12	
3		垂柳	Φ15	10	
4		红枫	Φ8-9	10	
5		腊梅	H200,P150-180	8	
6		雪松	H500-700,P350-400	8	
7		银杏	H120,P100	16	
8		樱花	Φ8	24	
9		紫薇	Φ10	16	
10		紫玉兰	Φ10	10	

图 1-5-18　苗木统计表

任务分析

AutoCAD 提供的表格功能,使创建表格变得非常快捷。在园林设计图中利用表格命令可以快速地完成苗木统计表等表格的绘制。在创建表格前,应先创建表格样式。这样用户可以直接插入设置好的样式表格,然后在表格中添加文字注释和块数据。

表格样式是用来控制表格基本形状和间距的一组设置。和文字样式一样,AutoCAD 图形中的表格都有与其相对应的表格样式。当插入表格对象时,AutoCAD 使用当前设置的表格样式。可以将图形中的表格样式保存起来存入样板中供以后使用。

插入表格的方式有两种:指定插入点和指定窗口。表格插入后,可对其进行编辑,调整表格的大小、位置,改变表格的行高、列宽,也可以进行行、列的添加和删除等操作。在绘制苗木统计表时,文字样式采用以往定义的“工程字”样式,“图例符号”应定义成块,然后在单元格中插入块数据。

相关知识

一、创建与编辑表格

(一)创建表格样式

表格的样式用来控制表格的外观。用户可以使用默认的表格形式,也可以定义新的表格样式并保存这些设置以供将来使用。

1. 启动命令

"格式"菜单:单击 表格样式(B)...。

样式工具栏:单击。

命令行:输入"Tablestyle"(快捷键 TS),回车。

2. 操作步骤

(1)启动创建表格样式命令,打开如图 1-5-19 所示的"表格样式"对话框。

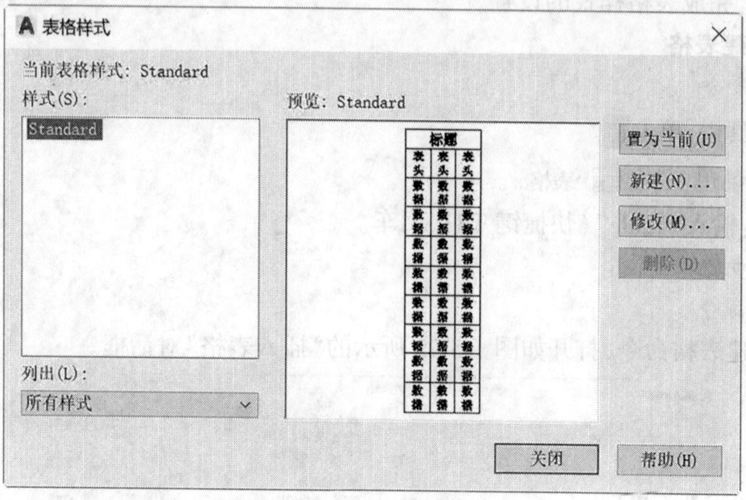

图 1-5-19　"表格样式"对话框

(2)单击"新建"按钮,打开如图 1-5-20 所示的"创建新的表格样式"对话框,输入新的样式名称,如"苗木统计表",单击"继续"。

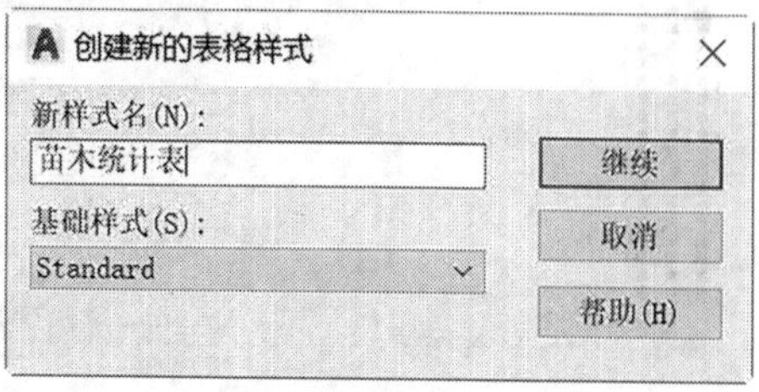

图 1-5-20　"创建新的表格样式"对话框

(3)在弹出的如图 1-5-21 所示"新建表格样式:苗木统计表"对话框中设置参数。

(4)设置完成后单击"确定",回到"表格样式"对话框中,单击"置为当前",再单击

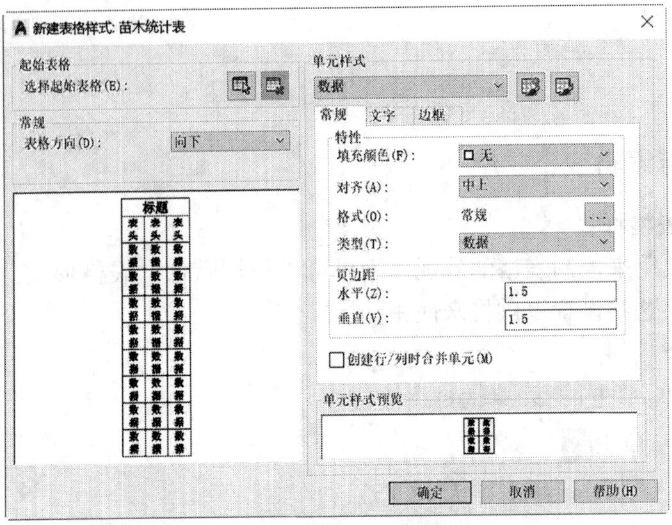

图 1-5-21　“新建表格样式:苗木统计表”对话框

“关闭”按钮,完成表格样式的设置。

(二)创建表格

1. 启动命令

绘图工具栏:单击。

“绘图”菜单:单击 表格...。

命令行:输入“Table”(快捷键 TB),回车。

2. 操作步骤

1)启动命令

启动创建表格命令,打开如图 1-5-22 所示的“插入表格”对话框。

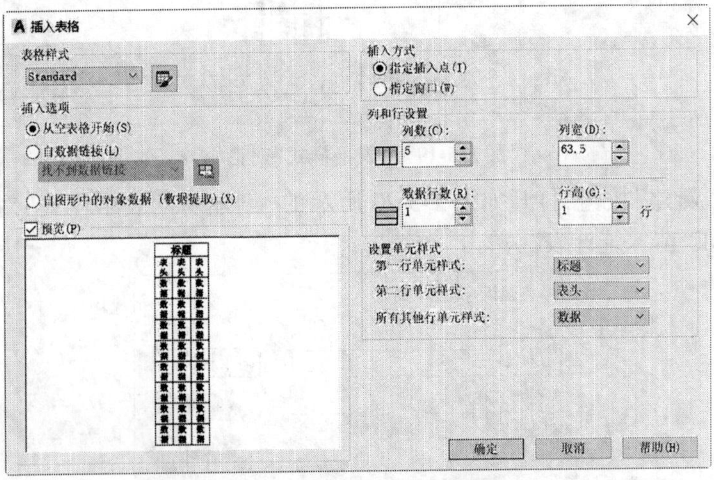

图 1-5-22　“插入表格”对话框

2)选择“插入方式”

(1)选择“指定插入点”选项,则在“列和行设置”参数区直接设置表格的“列数”和

"列宽"、"行数"和"行高"，单击"确定"，在绘图区内单击表格左上角位置即完成表格的创建。

（2）选择"指定窗口"选项，则在"列和行设置"参数区设置表格的"列数"与"行高"，单击"确定"，在绘图区内单击表格左上角位置后，拖动鼠标到表格右下角位置单击，即完成表格的创建。

3）设置单元样式

在"设置单元样式"选项中，可对第一行、第二行及所有其他行单元样式进行"标题""表头""数据"设置。

（三）输入数据

表格内的数据包括文字数据和块数据。

1. 输入文字数据

在要输入文字的单元格中双击，该单元格呈灰度显示，然后在单元格中输入文字即可，如图 1-5-23 所示。光标的移动可用键盘上的上、下、左、右键。

图 1-5-23　在表格中输入文字

2. 插入块数据

（1）在要输入块的单元格中单击，选定单元格并右击，在弹出的快捷菜单中选择"插入点"，单击"块"，如图 1-5-24 所示；或者在"表格"对话框中单击"插入块"按钮。

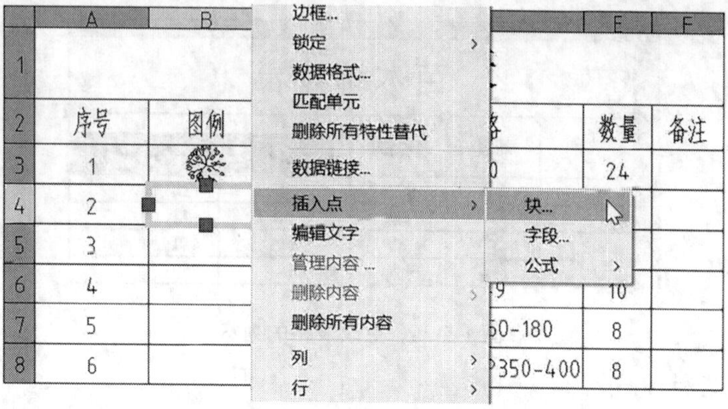

图 1-5-24　插入图块的快捷菜单

（2）系统打开如图 1-5-25 所示"在表格单元中插入块"对话框，在"名称"下拉列表中选择要插入的图块，在"比例"勾选（√）"自动调整"，在"全局单元对齐"下拉列表中选择"正中"，然后单击"确定"，完成图块的插入。

（四）表格的编辑

表格创建完成后，用户可以选中表格或单元格，然后通过使用"特性"工具选项板、夹

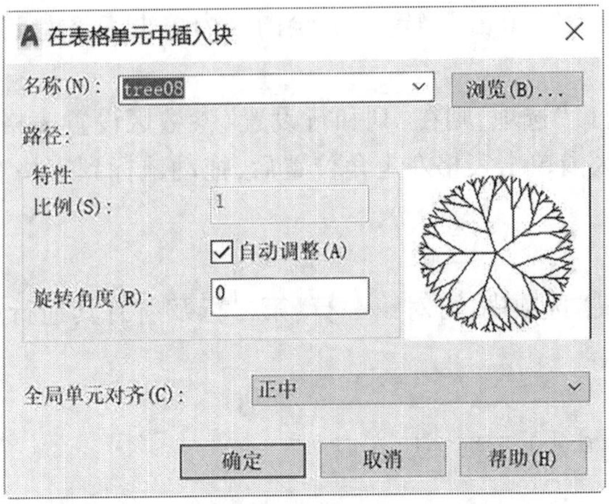

图 1-5-25　“在表格单元中插入块”对话框

点或快捷菜单来编辑表格。在表格编辑之前,先选择要编辑的对象,选择对象的方法有以下几种:

(1)单击表格上任意网格线,可选中整个表格。

(2)在单元格内单击,可选中该单元格。

(3)若要选择多个相邻的单元,可单击并拖动鼠标选中多个单元格。或者在一个单元格内单击,按住“Shift”键并在另一个单元格单击,则两个单元格及其之间的所有单元格都被选中。

选择了编辑对象后,可进行表格的编辑。

1. 移动表格的位置

单击选中表格,表格以蓝色亮显。单击图 1-5-26 左上角的夹点,可移动表格。

图 1-5-26　更改表格的列宽

2. 更改列宽和行高

在输入文字数据后,有时会发现单元格宽度或行高不能满足需要,可通过以下方法改变其大小:

(1)单击选中表格,单击要改变宽度“列”右上角的夹点,并进行拖动,如图 1-5-26 所示。

(2)单击选中单元格,该单元格显示 4 个夹点,单击并拖动某一夹点,可调整单元格所在的列或行的宽度或高度。

(3)单击选中单元格,右击,单击“特性”,在“特性”选项板中单击“单元高度”文本框,更改单元高度值,回车,如图 1-5-27 所示。或在“单元高度”文本框中单击▣,在“快速计算器”对话框中输入“单元高度”数值，单击“应用”；“单元宽度”的设置同“单元高度”。

3. 插入或删除行与列

有时设置表格的行数与列数不符合要求，可随时插入或删除行与列，其操作方法主要有如下两种：

(1)单击选中一个单元格，在弹出的如图 1-5-28 所示“表格”对话框中，单击相应的图标：左边前三个图标为“行”编辑图标，依次为“在上方插入行”“在下方插入行”“删除行”；其后的三个图标为“列”编辑图标，依次为“在左侧插入列”“在右侧插入列”“删除列”。

(2)单击选中一个单元格，右击，在弹出的快捷菜单中选择相应的选项“行”或“列”，在其子菜单中单击选择其插入的位置或删除选项，如图 1-5-29 所示。

4. 单元格对齐方式

如图 1-5-30 所示，表格中书写的文字等内容默认对齐方式不能满足要求时，可先选中要调整对齐的表格区域，然后右击，在弹出的快捷菜单中选择“对齐”，然后单击对齐方式，如“正中”即可。

另外，也可在“表格”对话框中单击“对齐”按钮，在其下列表中单击对齐方式。

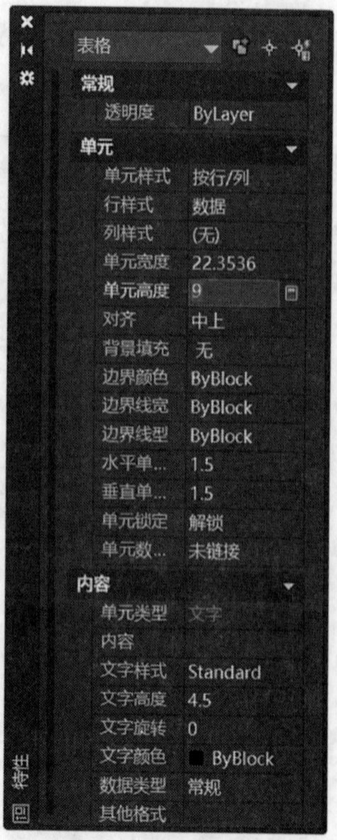

图 1-5-27　“特性”选项板

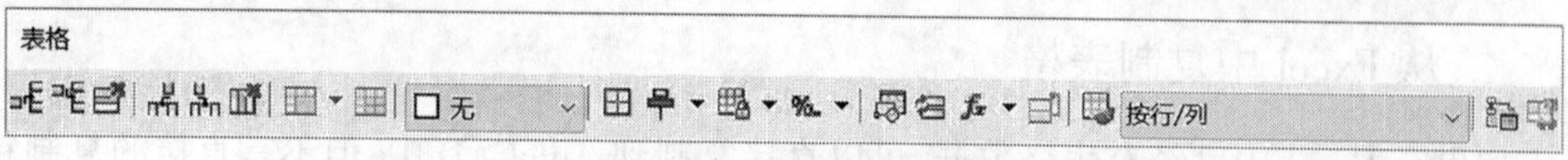

图 1-5-28　“表格”对话框

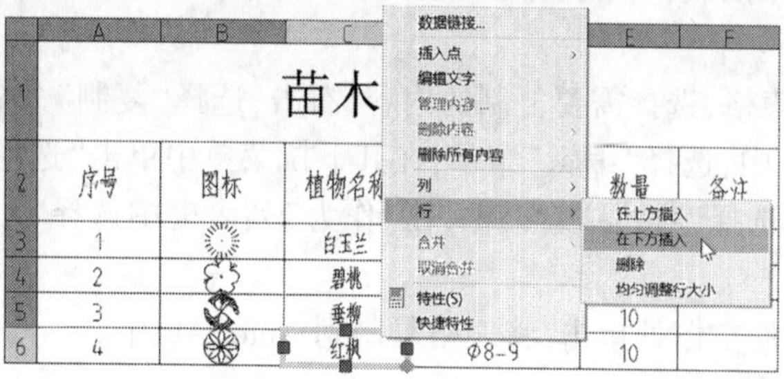

图 1-5-29　插入行或列

5. 锁定与解锁单元格

锁定单元格可采用下列方法：

(1)选中要锁定的单元格，右击，在弹出的快捷菜单中选择“锁定”，单击需要锁定的选项，如：锁定内容。单击被锁定的单元格时，显示其锁定的状态，如图 1-5-31 所示。

(2)选中要锁定的单元格，在“表格”对话框中单击“锁定”按钮。

解锁单元格的方法是选择锁定的单元格，右击，在弹出的快捷菜单中选择“锁定”，单

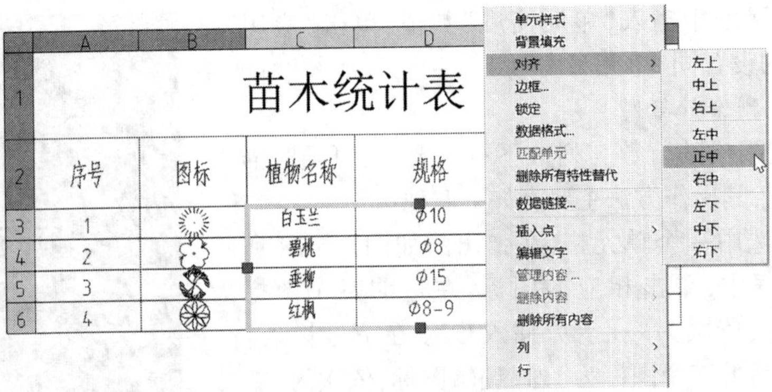

图 1-5-30　设置单元格对齐方式

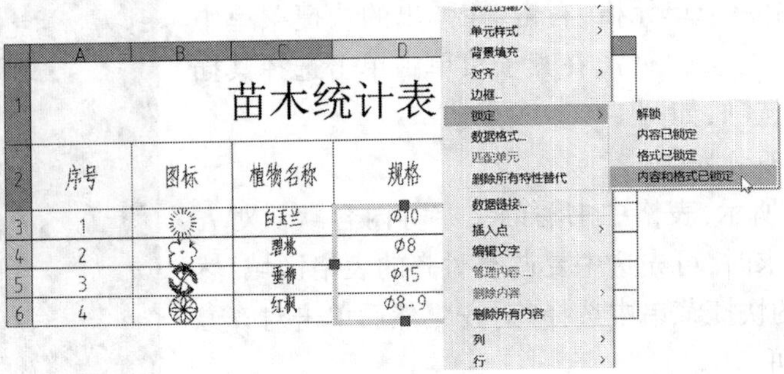

图 1-5-31　锁定单元格

击“锁定”,单击“解锁”即可。

二、从 Excel 中复制表格

如果在 Excel 中已经有表格数据,可以直接复制到 AutoCAD 中,但不是直接的复制粘贴,因为直接粘贴进来的表格实际上是一幅图片,不能对表格内容进行编辑。从 Excel 中复制表格的步骤如下:

(1)打开 Excel 表格,选择需要复制的内容,右击,选择“复制”命令。

(2)在 AutoCAD 中,选择“编辑”菜单,在其下拉菜单中单击“选择性粘贴”命令,打开如图 1-5-32 所示的“选择性粘贴”对话框,在“作为”列表框中选择“AutoCAD 图元”,单击“确定”。

(3)在绘图区域的空白处单击,将表格复制到 AutoCAD 中。

提示:

在 AutoCAD 中绘制的表格也可以输入到 Excel 表格处理软件中,其方法是:

在 AutoCAD 的命令行中输入“Tableexport”命令,按下“Enter”键,选择需要导出的表格,表格转换成后缀名为“. csv”的逗号分隔文件,在“输出数据”对话框中选择保存路径。此文件可以使用 Excel 表格处理软件直接打开,进行进一步的数据统计或分析。

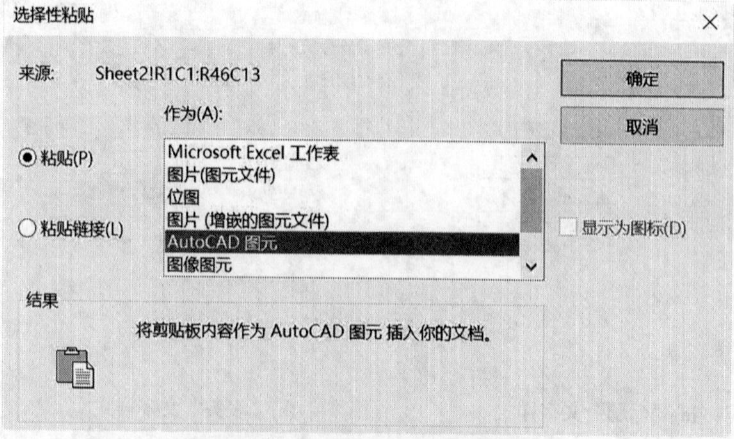

图 1-5-32 “选择性粘贴”对话框

任务实施

一、创建表格

(一)创建表格样式

1. 启动命令

启动创建表格样式命令,弹出如图 1-5-19 所示的“表格样式”对话框。

2. 新建表格样式

单击“新建”按钮,打开如图 1-5-20 所示的“创建新的表格样式”对话框,输入新样式名为“苗木配置表”,单击“继续”。

在系统打开的如图 1-5-21 所示的“新建表格样式:苗木统计表”对话框中设置参数:

(1)表格方向:选择“向下”。

(2)单元样式:“标题”的文字样式为宋体,文字高度为 400;“表头”和“数据”的文字样式采用以前定义的“工程字”文字样式,文字高度分别为 400 和 300。如图 1-5-33(a)、(b)、(c)所示。

(3)边框特性:点击 田 按钮。

设置完成后单击“确定”,回到“表格样式”对话框中,单击“置为当前”,再单击“关闭”按钮,完成表格样式的设置,如图 1-5-34 所示。

(二)创建表格

1. 启动命令

启动创建表格命令,打开“插入表格”对话框,如图 1-5-35 所示。

2. 选择插入方式

在“插入表格”对话框中,选择插入方式为“指定插入点”,在“列和行设置”框内设置

(a) “标题” 文字样式

(b) “表头” 文字样式

(c) “数据” 文字样式

图 1-5-33 “单元样式”对话框

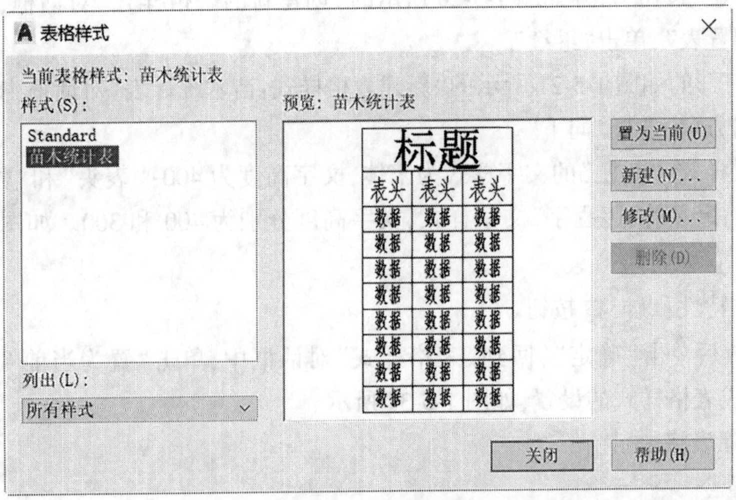

图 1-5-34 苗木统计表“表格样式”

6 列、10 行，如图 1-5-35 所示，单击“确定”，在绘图区内单击表格左上角位置即完成表格的创建。

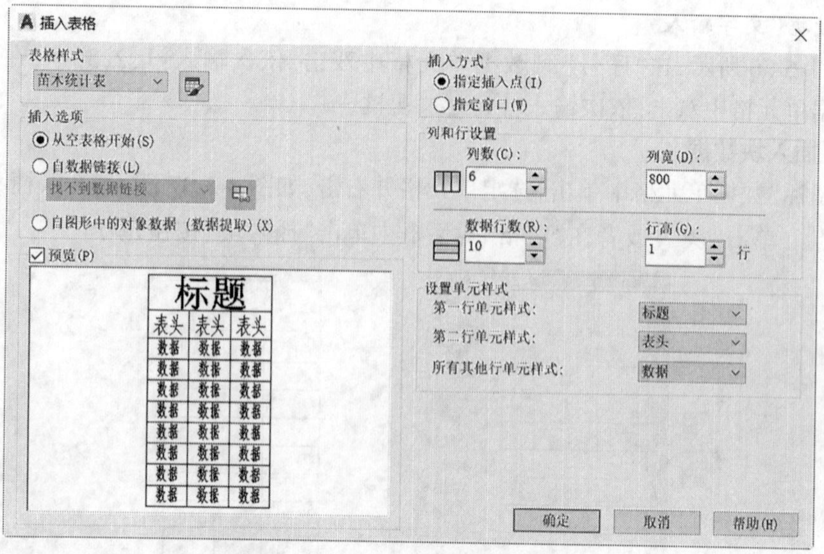

图 1-5-35　“插入表格”对话框

二、输入数据

(一)输入文字数据

1.“标题”文字输入

在如图 1-5-36 所示标题单元格中双击,该单元格呈灰度显示,然后在单元格中输入“苗木统计表”。

2.“表头”文字输入

在“表头”单元格中双击,输入表头文字,如图 1-5-36 所示。在要输入文字的单元格中,光标的移动用键盘上的上、下、左、右键即可。

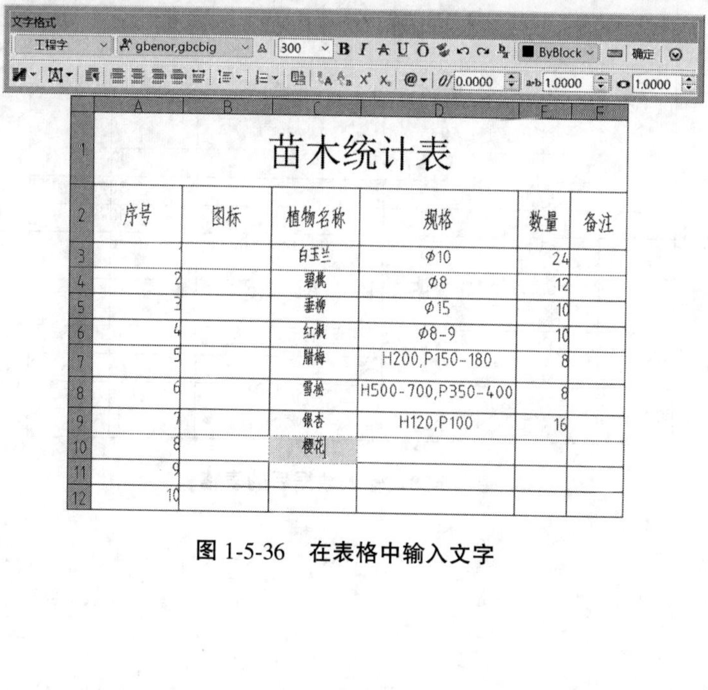

图 1-5-36　在表格中输入文字

3.“数据”文字输入

如图 1-5-36 所示,在“序号”列数据单元格中双击,依次输入:1,2,3,…;在“植物名称”列数据单元格中双击,依次输入:白玉兰、碧桃、…。

(二)插入块数据

在“图标”数据单元格中单击,选定单元格并右击,如图 1-5-37 所示,在快捷菜单中选择“插入点”,单击“块”(或者在“表格”对话框中单击“插入块”按钮)。

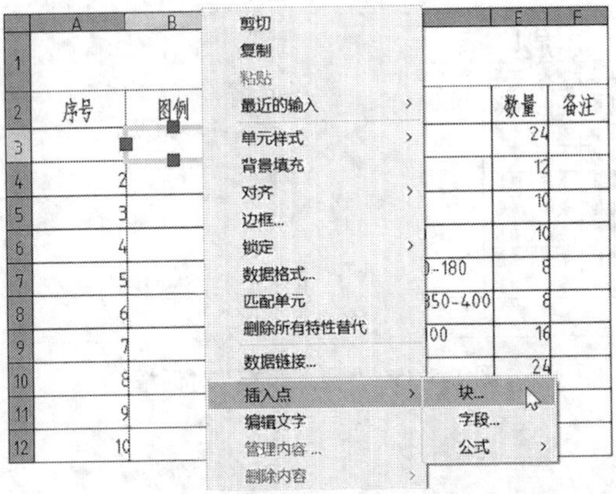

图 1-5-37　“在表格单元中插入块”的对话框

系统打开如图 1-5-25 所示的“在表格单元中插入块”对话框,在“名称”下拉列表中选择要插入的图块,如白玉兰,在“全局单元对齐”下拉列表中选择“正中”,并在“特性”➤“比例”选项中勾选(√)“自动调整”,然后单击“确定”,插入“白玉兰”图块,依次完成其他植物图块的插入。

输入文字数据和块数据后的表格如图 1-5-38 所示。

苗木统计表

序号	图标	植物名称	规格	数量	备注
1		白玉兰	φ10	24	
2		碧桃	φ8	12	
3		垂柳	φ15	10	
4		红枫	φ8-9	10	
5		腊梅	H200,P150-180	8	
6		雪松	H500-700,P350-400	8	
7		银杏	H120,P100	16	
8		樱花	φ8	24	
9		紫薇	φ10	16	
10		紫玉兰	φ10	10	

图 1-5-38　输入数据后的表格

三、编辑表格

(一)移动表格的位置及调整表格的尺寸

1. 移动表格的位置

单击选中表格,单击左上角的夹点,移动表格到图样适当位置。

2. 调整表格的尺寸

单击并拖动右下角蓝色箭头,调整整个表格的宽度与高度;单击并拖动右上角或左下角的蓝色箭头,调整表格的宽度或高度。

(二)更改列宽和行高

在输入文字数据后,如果发现单元格宽度或行高不能满足需要,可改变其大小。

(1)单击选中表格,单击要改变宽度列右上角的夹点,并进行拖动。

(2)单击选中单元格,该单元格显示 4 个夹点,单击并拖动某一夹点,可调整单元格所在的列或行的宽度或高度。

(三)调整对齐方式

表格中书写的文字等内容默认对齐方式不能满足要求时,可先选中要调整对齐的表格区域,在弹出的“表格”对话框中单击对齐按钮,在下拉列表中单击所需要的对齐方式,如:“正中”,结果如图 1-5-18 所示。也可在选中要调整对齐的表格区域后右击,在弹出的快捷菜单中选择“对齐”,然后单击所需要的对齐方式。

(四)锁定单元格

根据需要,选中要锁定的单元格,在“表格”对话框中单击锁定按钮。

四、保存图样

单击保存按钮,进行文件保存。

案例实训

绘制苗木统计表

一、任务描述

绘制如图 1-5-39 所示的苗木统计表。

二、目的要求

(1)掌握创建表格样式的方法和插入表格的方法。

(2)能熟练地创建表格,并输入文字数据、插入块数据,能快速地对表格进行编辑。

苗木统计表						
序号	图例	植物名称	单位	数量	规格	备注
1		腊梅	株	8	h0.6–0.8m	冬天开花
2		花石榴	株	12	h1.2m, 80×80cm	夏秋观花观果
3		紫薇	株	10	h0.6m, 45×45cm	夏秋开花, 秋冬枝干秀美
4		红枫	株	6	h1.5–1.8m	叶色为红, 观叶
5		桂花	株	2	h1.8–2.0m	秋天开花, 味香
6		海棠	株	14	h1.5–1.7m	春天开花
7		四季竹	丛	20	h0.6–0.8m	观姿, 叶色丰富
8		鸢尾	丛	60	h0.2–0.25m	春秋开花
9		月季	株	20	h0.45,30×30cm	春夏秋开花

图 1-5-39　苗木统计表

三、操作步骤

(一) 启动命令

打开 AutoCAD,新建“表格”层。

(二) 创建表格样式

参照项目五任务 2 创建表格样式。

(三) 插入表格

(1) 启动表格插入命令,在弹出的“插入表格”对话框中,设置列数“6”;选择插入的方式为“指定窗口”,单击“确定”。

(2) 在作图区内单击,指定第一角点,向右下方拖动光标至 6 列、11 行处,单击,指定第二角点,完成表格的插入。

(四) 输入文字数据、插入植物图例块

参照模块一项目五任务 2 的方法进行文字数据的输入、植物图例块的插入。

(五) 编辑表格

1. 插入行

若行数少于 11 行,可插入行。如插入一行,可选择某一个单元格;若需要插入两行,可选择某两行的单元格,在“表格”对话框中单击“在下方插入行”,如图 1-5-40 所示,完成行的插入。

2. 文字对齐

在需要对齐的单元格中,拖动鼠标选择多个单元格,右击,在弹出的快捷菜单中选择“对齐”➤“正中”,如图 1-5-39 所示。

(六) 保存文件

单击保存按钮,进行文件保存。

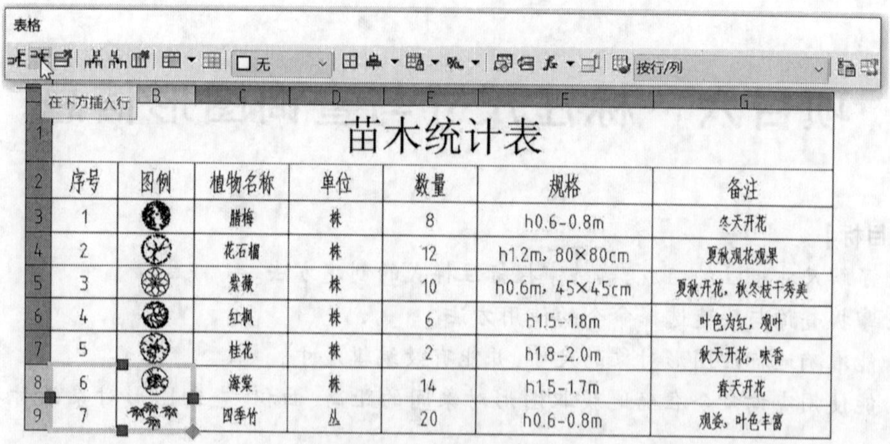

苗木统计表						
序号	图例	植物名称	单位	数量	规格	备注
1		腊梅	株	8	h0.6-0.8m	冬天开花
2		花石榴	株	12	h1.2m，80×80cm	夏秋观花观果
3		紫薇	株	10	h0.6m，45×45cm	夏秋开花，秋冬枝干秀美
4		红枫	株	6	h1.5-1.8m	叶色为红，观叶
5		桂花	株	2	h1.8-2.0m	秋天开花，味香
6		海棠	株	14	h1.5-1.7m	春天开花
7		四季竹	丛	20	h0.6-0.8m	观姿，叶色丰富

图 1-5-40　在表格中插入行

思考与练习

1. AutoCAD 图纸中除图标题外，为什么要使用中西文工程形文字体？
2. 如何设置文字样式？在创建文字样式时，高度为什么使用默认值“0”？
3. 如何输入单行文字和多行文字？怎样对文字进行编辑？
4. 如何创建表格样式并插入表格？
5. 怎样在表格中添加文字与植物图例？
6. 怎样改变表格位置？如何调整表格行高与列宽？
7. 给图 1-5-41 草坪种植示意图加上注释说明。

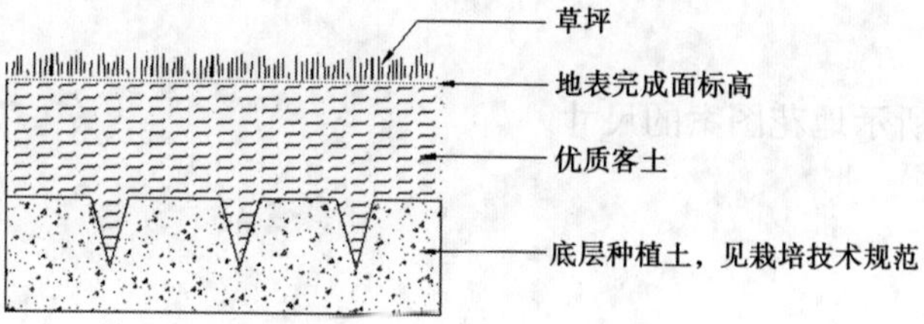

草坪种植示意图

图 1-5-41　草坪种植示意图

8. 苗木统计表的绘制方法有哪些？

项目小结

本项目介绍了如何创建、编辑和管理文字与表格。创建文字和表格的样式，以控制文字和表格的外观。在注写文字时，可根据不同的文本选择单行文字、多行文字命令。表格的插入方式有两种：指定插入点和指定窗口，可根据需要灵活选择；在单元格中可插入文字数据和块数据，通过编辑以清晰地显示数据。创建的文字与表格，都可以进行编辑，以满足图面质量需要。

项目六　标注尺寸与查询图形信息

【学习目标】

1. 了解尺寸标注的组成,熟练掌握标注样式的创建方法。
2. 掌握查询与快速选择命令的使用方法。
3. 能准确地标注图形对象的尺寸,并能有效编辑尺寸。
4. 能使用查询命令准确地获取图形对象间的距离、面积,查看图形对象的种类及数量。

【工作任务】

任务 1　标注图样尺寸

任务 2　查询绿地面积、植物种类与数量

任务 1　标注图样尺寸

【学习目标】

1. 了解尺寸标注样式与组成,熟练掌握标注样式的创建方法。
2. 能准确地标注图形对象的尺寸,并能有效编辑尺寸。

任务描述

标注图 1-6-1 所示地花图案的尺寸。

任务分析

图形的尺寸能准确地反映图形的形状、大小和相互关系,是识别图形和现场施工的重要依据。标注是向图形对象中添加测量注释的过程,用户应根据设计与施工需要对各种图形进行标注。

尺寸标注是一个复合的对象,在类型和外观上多种多样。在进行尺寸标注前,应根据国标规定先创建标注样式。标注样式可以控制标注的格式和外观,AutoCAD 默认的标注格式是 ISO-25。通过对图形的尺寸标注,可以反映对象的大小和位置,尺寸标注给出了图形的真实尺寸并为施工提供了依据。

尺寸标注的类型有多种,包括线性(水平、垂直、对齐、基线和连续)标注、径向(半径、直径)标注、角度标注、坐标标注和弧长标注等。给图形对象添加标注后,可对标注进行修改和更新等操作。图 1-6-1 中有线性(水平、垂直、基线和连续)标注、径向(半径、直径)标注、角度标注和圆心标记。

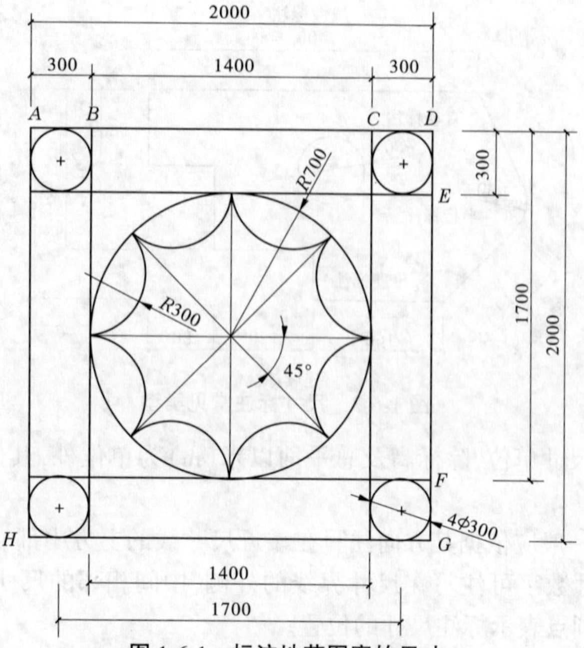

图 1-6-1　标注地花图案的尺寸

相关知识

一、尺寸标注的组成与类型

(一)尺寸标注的组成

如图 1-6-2 所示,一个完整的尺寸标注由尺寸线、尺寸界线、尺寸起止符号和尺寸文本(标注文字)4 个要素组成。AutoCAD 的尺寸标注命令和样式设置,都是围绕着 4 个要素进行的。通常,AutoCAD 将构成一个尺寸的尺寸线、尺寸界线、尺寸起止符号和尺寸文本以块的形式保存在图形文件内,利用分解命令可以将其分解为独立对象。

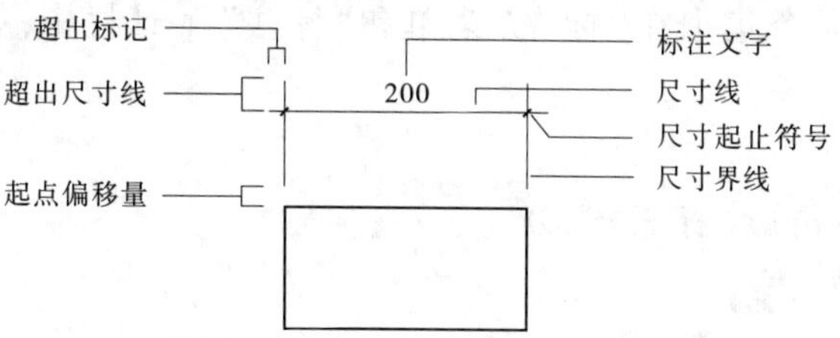

图 1-6-2　尺寸标注的组成要素

(二)尺寸标注的类型

AutoCAD 提供了五种基本的标注类型,包括线性、径向、角度、坐标和弧长。线性标注包括水平、垂直、对齐、基线和连续标注。图 1-6-3 是尺寸标注常见的几种类型的示例。

(三)尺寸标注的要求

(1)图样上标注的尺寸,应为物体实际大小。

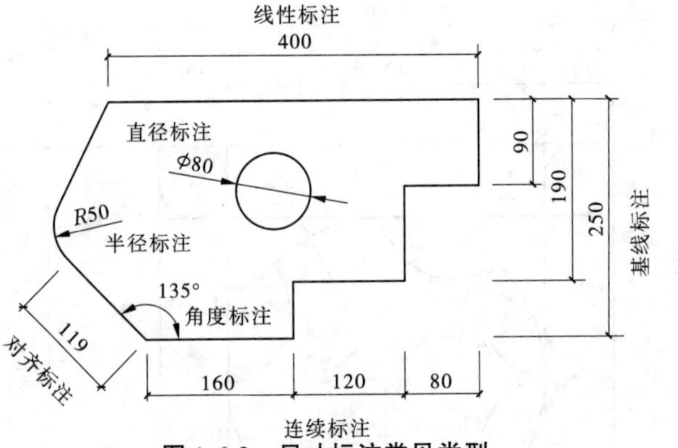

图 1-6-3　尺寸标注常见类型

(2)图样上的尺寸单位,除标高及总平面以米(m)为单位外,其他必须以毫米(mm)为单位。

(3)尺寸数字一般应依据其方向注写在靠近尺寸线的上方中部。如没有足够的注写位置,最外边的尺寸数字可注写在尺寸界线的外侧,中间相邻的尺寸数字可上下错开注写,引出线端部用圆点表示标注尺寸的位置。

(4)尺寸宜标注在图样轮廓以外,不宜与图线、文字及符号等相交。

(5)互相平行的尺寸线,应从被注写的图样轮廓线由近向远整齐排列,较小尺寸应离轮廓线较近,较大尺寸应离轮廓线较远。

(6)进行尺寸标注时,应创建专门的图层,可以把设定好的标注样式保存到常用的样板文件中。

二、定义标注样式

AutoCAD 的标准标注样式为 Standard,但由于各行各业对于标注的要求不同,所以在进行标注之前,必须修改标注的样式以适应本行业的标准。标注样式是标注设置的命名集合,可用来控制标注的外观,如箭头样式、文字位置等。用户可以创建标注样式,以快速指定标注的格式,并确保标注符合行业或项目标准。

尺寸标注相关命令集中在"标注"菜单和"标注"工具栏中,如图 1-6-4 和图 1-6-5 所示。

(一)启动命令

"标注"菜单:单击 标注样式(D)...。

"标注"菜单:单击。

命令行:输入"Dimstyle"(快捷键 DST),回车。

(二)创建标注样式

(1)启动标注样式命令,打开如图 1-6-6 所示的"标注样式管理器"对话框。

图 1-6-4　“标注”菜单

图 1-6-5　“标注”工具栏

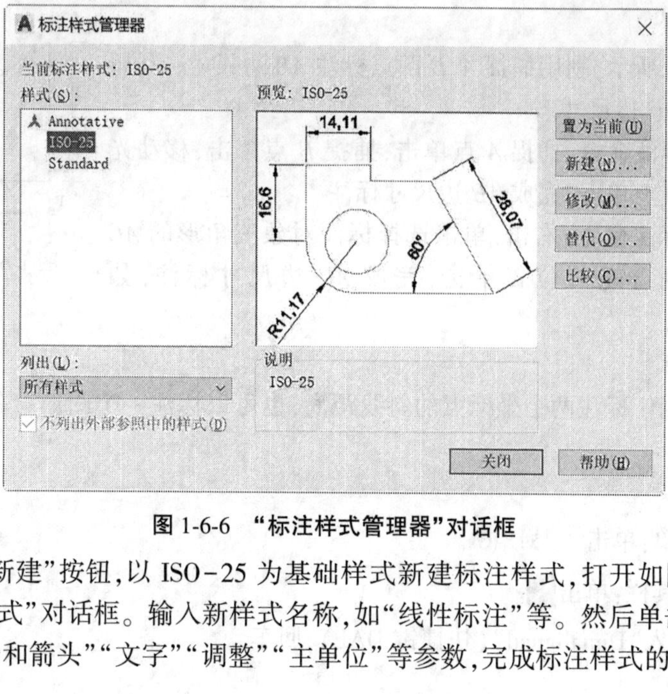

图 1-6-6　“标注样式管理器”对话框

(2)单击“新建”按钮,以 ISO-25 为基础样式新建标注样式,打开如图 1-6-7 所示的“创建新标注样式”对话框。输入新样式名称,如“线性标注”等。然后单击“继续”按钮,设置“线”“符号和箭头”“文字”“调整”“主单位”等参数,完成标注样式的创建。

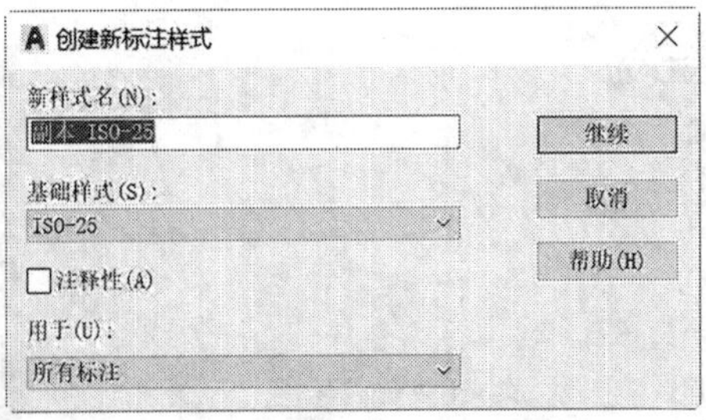

图 1-6-7　“创建新标注样式”对话框

提示：

在园林工程图样的标注中,线性标注尺寸起止符号应采用建筑标记。

三、标注尺寸及修改现有标注尺寸

一般来说,设定好标注样式后,就可进行尺寸标注。正确地进行尺寸标注是绘图工作中非常重要的环节。

(一)标注尺寸

1. 线性标注

线性标注用于标注两个坐标点之间的水平或垂直距离,默认的方式是分别捕捉两个标注点,如果要标注一个图形对象的两个端点,也可以切换到对象标注方式。

1)启动命令

“标注”菜单:单击 线性(L)。

“标注”工具栏:单击。

命令行:输入“Dimlinear”(快捷键 DLI),回车。

2)操作步骤

如图 1-6-8 所示,利用捕捉 *A*、*B* 两点标注 *AB* 边尺寸, 利用选择对象标注 *AC* 边尺寸。

启动线性标注命令,捕捉 *A* 点单击,捕捉 *B* 点单击,移动光标到合适的位置上单击,完成 *AB* 边尺寸标注。

启动线性标注命令,右击,单击选择标注对象三角形的 *AC* 边,移动光标到合适的位置单击,完成 *AC* 边尺寸标注,如图 1-6-8 所示。

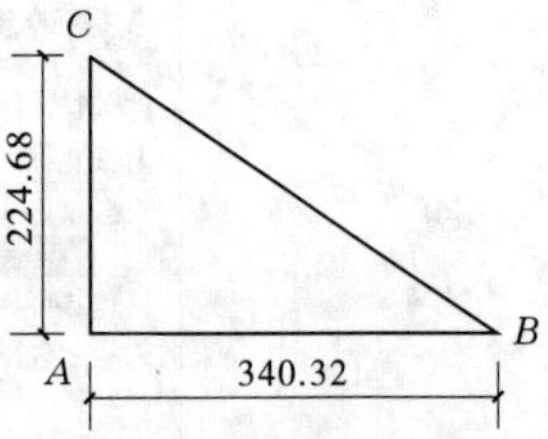

图 1-6-8　线性标注

2. 对齐标注

对齐标注用于标注两个坐标点的斜线距离,也可以标注一个图形对象的两个端点间的距离。

1)启动命令

“标注”菜单:单击 对齐(G)。

“标注”工具栏:单击。

命令行:输入“Dimaligned”(快捷键 DAL),回车。

2）操作步骤

如图 1-6-9 所示，利用两点和选择对象标注三角形 *AB* 与 *AC* 边的长度。

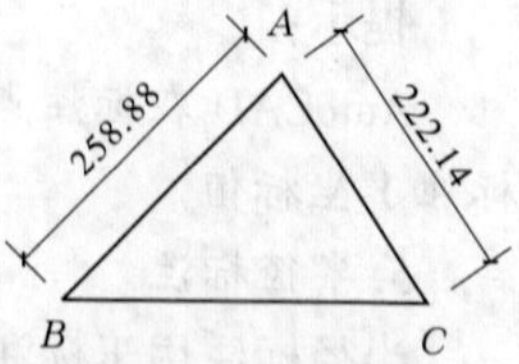

图 1-6-9　对齐标注

启动对齐标注命令，捕捉 *A* 点单击，捕捉 *C* 点单击，向右上方移动光标到合适的位置上单击。

回车，重复执行对齐标注命令（或右击，在快捷菜单中单击"重复对齐"），右击，单击选择对象标注 *BA* 边，向左上方移动光标到合适的位置单击。

3. 弧长标注

弧长标注用于标记圆弧或多段线中弧线段的弧线长度，圆弧符号⌒默认在标注文字的上方或前方。

1）启动命令

"标注"菜单：单击 弧长(H)。

"标注"工具栏：单击。

命令行：输入"Dimarc"（快捷键 DAR），回车。

2）操作步骤

如图 1-6-10 所示，对图形中的圆弧 *BC* 和圆弧 *AD* 进行标注。

启动圆弧标注命令，单击圆弧 *BC*，向上移动光标到合适的位置上单击；右击，在快捷菜单中单击"重复弧长"，单击圆弧 *AD*，向下移动光标到合适的位置上单击。

4. 坐标标注

坐标标注用于标注点的 *X* 坐标或 *Y* 坐标。

1）启动命令

"标注"菜单：单击 坐标(O)。

"标注"工具栏：单击。

命令行：输入"Dimordinate"（快捷键 DOR），回车。

2）操作步骤

如图 1-6-11 所示，标注三角形 *C* 点的坐标值。

启动坐标标注命令，捕捉 *C* 点单击，向上移动光标，标出 *C* 点的 *X* 坐标值；右击，单击"重复坐标"，捕捉 *C* 点单击，向右移动光标，标出 *C* 点的 *Y* 坐标值。

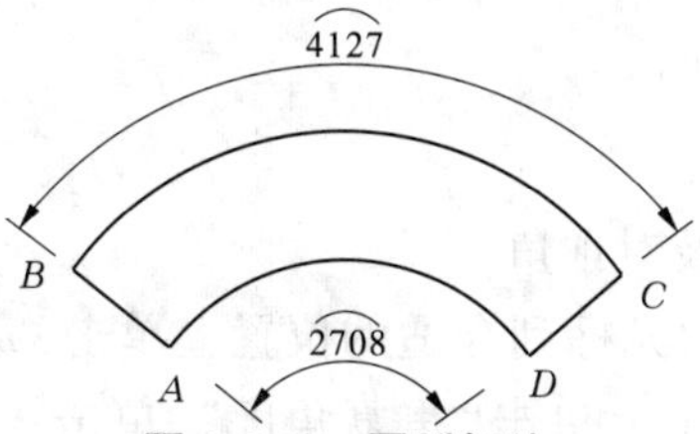

图 1-6-10　圆弧标注

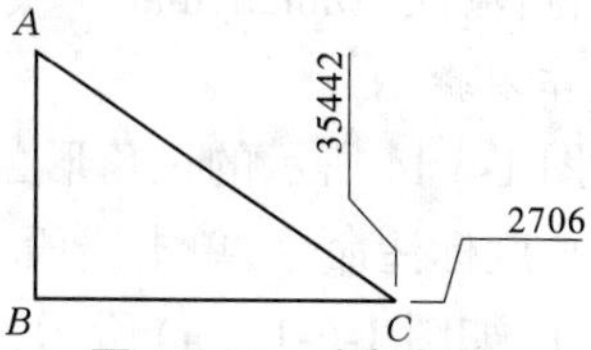

图 1-6-11　坐标标注

提示:

AutoCAD 在标注点的坐标时,以 45°线为界线,大于 45°则标注 X 坐标值,小于 45°则标注 Y 坐标值。

5. 半径标注

半径标注用于标注圆或圆弧的半径。

1)启动命令

“标注”菜单:单击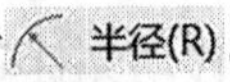

。

“标注”工具栏:单击。

命令行:输入“Dimradius”(快捷键 DRA),回车。

2)操作步骤

如图 1-6-12 所示,标注圆的半径。

启动半径标注命令,单击圆 A,向内移动光标到合适的位置上单击;右击,单击“重复半径”,单击圆 B,向外移动光标到合适的位置上单击。

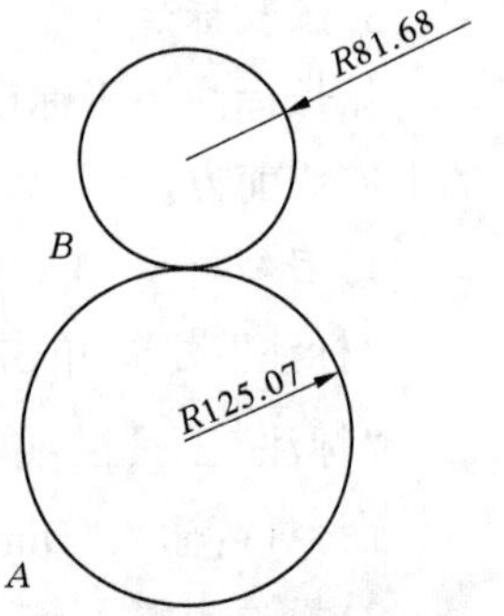

图 1-6-12　标注半径

6. 直径标注

直径标注用于标注圆或圆弧的直径。

1)启动命令

“标注”菜单:单击

。

“标注”工具栏:单击。

命令行:输入“Dimdiameter”(快捷键 DDI),回车。

2)操作步骤

如图 1-6-13 所示,标注圆的直径。

启动直径标注命令,单击圆 A,向内移动光标到合适的位置上单击;右击,单击“重复直径”,单击圆 B,向外移动光标到合适的位置上单击。

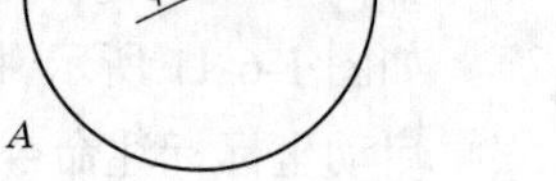

图 1-6-13　标注直径

7. 角度标注

角度标注用于标注角或圆弧的角度。

1)启动命令

“标注”菜单:单击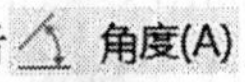

。

“标注”工具栏:单击。

命令行:输入“Dimangular”(快捷键 DAN),回车。

2)操作步骤

标注图 1-6-14 所示的三角形∠B 的内角、补角及对顶角。

启动角度标注命令,单击线段 AB、BC,向内移动光标到合适的位置上单击,完成∠B 内角的标注,如图 1-6-14(a)所示;右击,在快捷菜单上单击“重复角度”,单击线段 AB、BC,向右移动光标到合适的位置上单击,完成∠B 补角的标注,如图 1-6-14(b)所示;右击,在快捷菜单上单击“重复角度”,单击线段 AB、BC,向右下方移动光标到合适的位置上单击,完成∠*B* 的对顶角的标注,如图 1-6-14(c)所示。

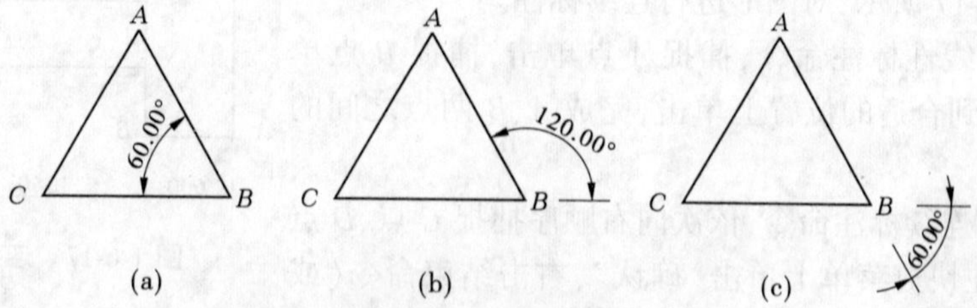

图 1-6-14　角度标注

如图 1-6-15 所示,标注圆弧 *AB* 的角度。

启动角度标注命令,单击圆弧 *AB*,向上或向下移动光标到合适的位置上单击。

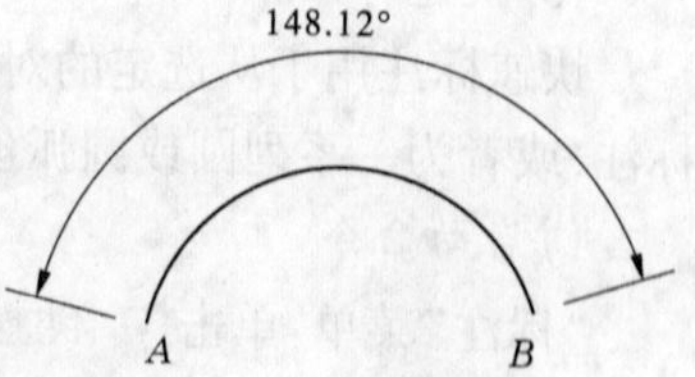

图 1-6-15　圆弧角标注

8. 基线标注

基线标注用于从上一个或选定标注的基线作连续线性标注、角度标注或坐标标注。在创建基线标注之前,必须先创建一个线性标注、角度标注或坐标标注。

1)启动命令

"标注"菜单:单击 基线(B)。

"标注"工具栏:单击。

命令行:输入"Dimbaseline"(快捷键 DBA),回车。

2)操作步骤

如图 1-6-16 所示,对图形进行基线标注。

(1)启动线性标注命令,捕捉 *A* 点单击,捕捉 *B* 点单击,移动光标到合适的位置上单击,完成 *A*、*B* 两点之间的线性标注。

(2)启动基线标注命令,命令行提示"指定第二条延伸线原点或[放弃(U)/选择(S)]<选择>",依次向右顺序捕捉 *C* 点、*D* 点单击;右击,在快捷菜单上单击"确认",右击结束命令(或按回车键 2 次结束命令)。

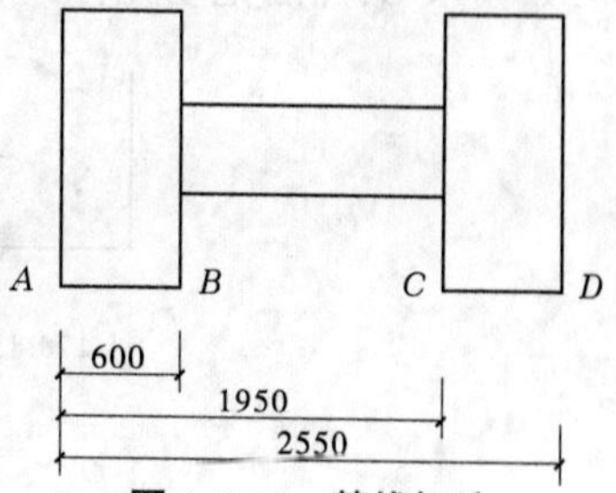

图 1-6-16　基线标注

9. 连续标注

连续标注用于创建上一个标注或选定标注的第二条尺寸界线开始的线性标注、角度标注或坐标标注。在创建连续标注之前,必须先创建一个线性标注、角度标注或坐标标注。

1)启动命令

"标注"菜单:单击 连续(C)。

标注工具栏:单击。

命令行:输入"Dimcontinue"(快捷键 DCO),回车。

2)操作步骤

如图 1-6-17 所示,对图形进行连续标注。

(1)启动线性标注命令,捕捉 *A* 点单击,捕捉 *B* 点单击,移动光标到合适的位置上单击,完成 *A*、*B* 两点之间的线性标注。

(2)启动连续标注命令,依次向右顺序捕捉 *C* 点、*D* 点单击;右击,在快捷菜单上单击“确认”,右击结束命令(或按回车键 2 次结束命令)。

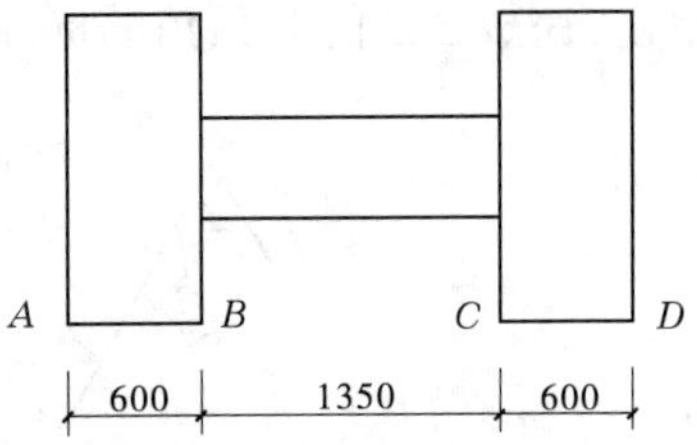

图 1-6-17　连续标注

10. 快速标注

快速标注用于从选定的对象中快速创建一组标注,特别适用于创建系列基线或连续标注,或者为一系列圆或圆弧创建标注。

1)启动命令

“标注”菜单:单击 快速标注(Q)。

“标注”工具栏:单击。

命令行:输入“Qdim”,回车。

2)操作步骤

如图 1-6-18 所示,对图形进行快速标注。

启动命令,交叉窗选要标注的对象,右击,在命令行的“标注类型”[连续(C)/并列(S)/基线(B)/坐标(O)/半径(R)/直径(D)/基准点(P)/编辑(E)/设置(T)]中进行选择,如输入 *C*,然后拖动光标到合适的位置上单击,完成对图形对象的快速标注。

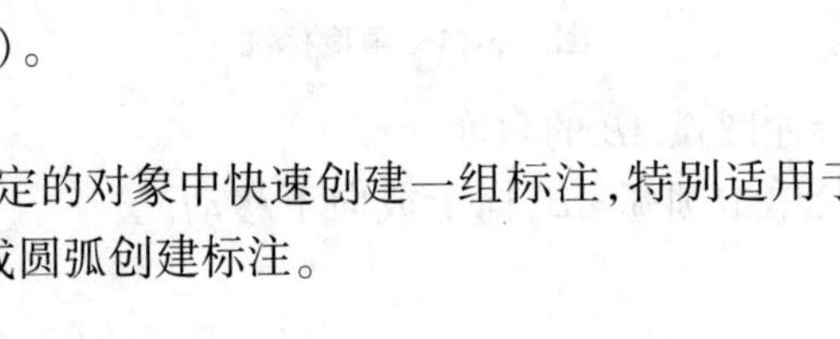

图 1-6-18　快速标注

11. 快速引线

快速引线用于快速创建引线和引线注释。引线一般由箭头、一条直线或样条曲线、一条水平线组成。

1)启动命令

命令行:输入“Qleader”(快捷键 LE),回车。

2)操作步骤

如图 1-6-19 所示,对图形进行引线标注。

(1)命令行输入“LE”,回车,右击,在弹出的快捷菜单中单击“设置”,打开“引线设置”对话框。单击“引线和箭头”,打开如图 1-6-20 所示的“引线和箭头”选项卡,设置引线为“样条曲线”,勾选(√)“无

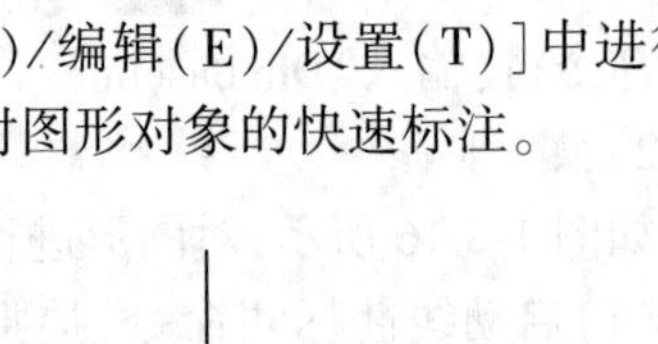

图 1-6-19　引线标注

限制”;单击“附着”,打开如图 1-6-21 所示的“附着”选项卡,勾选(√)“最后一行加下划线”,然后单击“确定”。

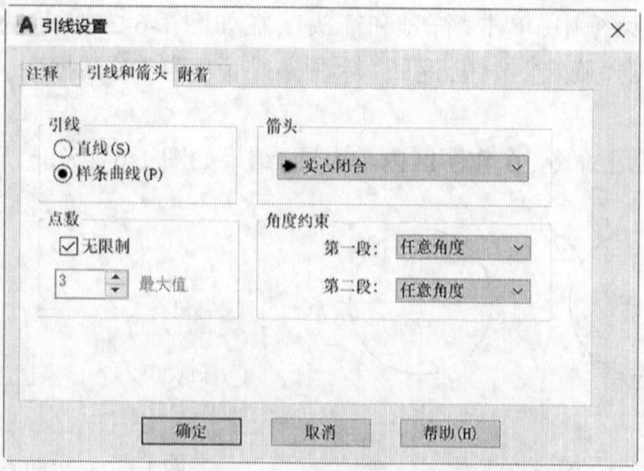

图 1-6-20　“引线和箭头”选项卡

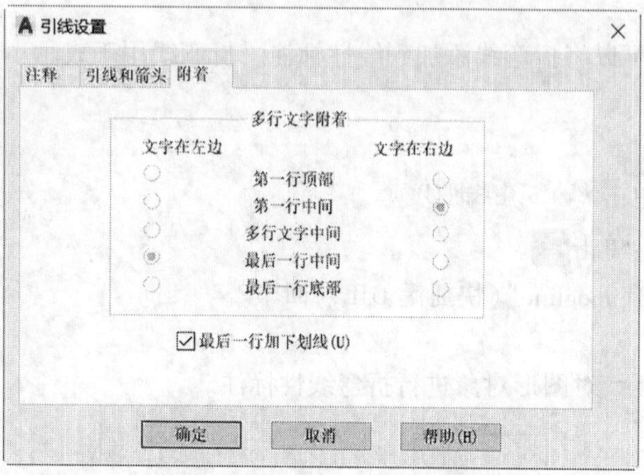

图 1-6-21　“附着”选项卡

(2)在作图区内依次单击 A 点、B 点、C 点,然后右击(或回车、空格);命令行提示“指定文字宽度”:回车;命令行提示“输入注释文字的第一行<多行文字(M)”:回车,打开“文字格式”对话框,在文字输入窗口输入“景石”,单击“文字格式”对话框上的“确定”按钮,完成引线标注。

12. 圆心标注

圆心标注用于创建圆、圆弧的圆心标记或中心线。

1)启动命令

“标注”菜单:单击 圆心标记(M)。

“标注”工具栏:单击。

命令行:输入“Dimcenter”(快捷键 DCE),回车。

2)操作步骤

如图 1-6-22 所示,对图形中的圆和圆弧的圆心进行标注。

(1)启动圆心标注命令,单击圆或圆弧,结果如图 1-6-22(a)所示。

(2)单击“格式”➤“标注样式”,打开“标注样式管理器”对话框,单击“修改”,进入“修改标注样式”对话框中,单击“符号和箭头”,在如图 1-6-23 所示的 “圆心标记”选项中,选择“直线”,单击“确定”按钮,返回“标注样式管理器”对话框中,单击“置为当前”,单击“关闭”。

(3)启动圆心标注命令,在作图区内单击圆,结果如图 1-6-22(b)所示。

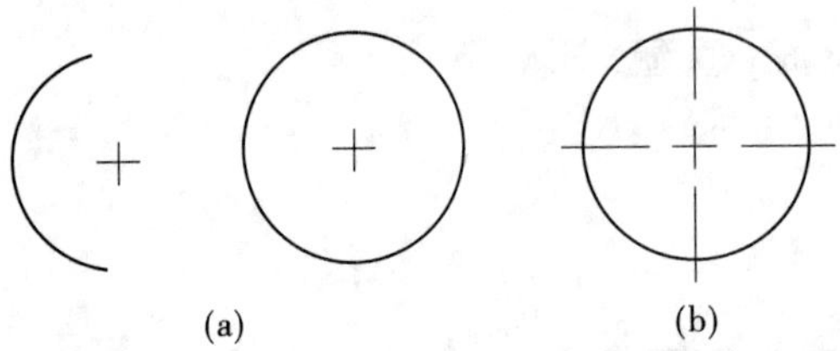

图 1-6-22　圆心标注

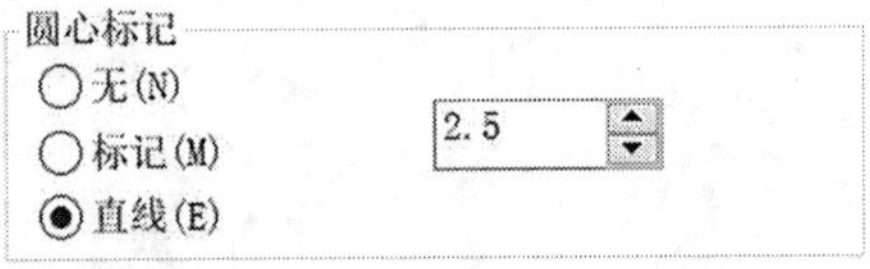

图 1-6-23　“圆心标记”选项

13. 折弯线性标注

折弯线性标注可以将折弯线添加到线性标注。折弯线用于表示不显示实际测量值的标注值。

1)启动命令

“标注”菜单:单击 折弯线性(J)。

“标注”工具栏:单击。

命令行:输入“Dimjogline”(快捷键 DJL),回车。

2)操作步骤

如图 1-6-24 所示,对图形对象进行折弯线性标注。

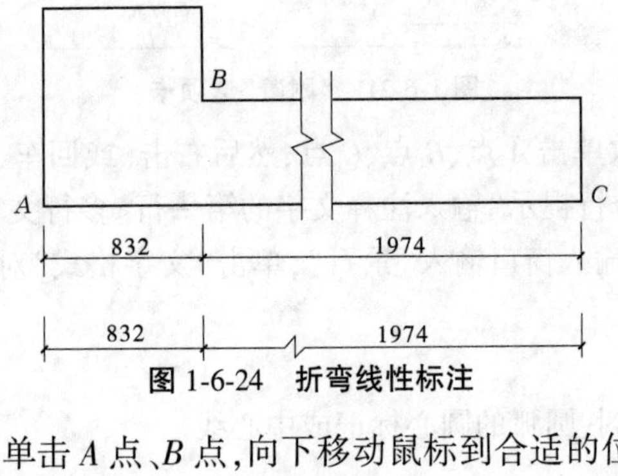

图 1-6-24　折弯线性标注

(1)启动线性标注,单击 *A* 点、*B* 点,向下移动鼠标到合适的位置上单击;启动连续标注命令,单击 *C* 点,回车结束标注。

(2)启动折弯线性标注命令,单击选择要添加折弯的标注,单击选择添加折弯的位置或直接回车。

(二)修改现有标注

当尺寸标注好后,如果有不符合要求的地方,可以对其进行修改,如修改标注尺寸、更改标注样式等。

1. 编辑标注

使用编辑标注命令,可旋转、修改或恢复标注文字,更改延伸线的倾斜角度。

标注尺寸是 AutoCAD 自动测量的图上尺寸,在图样有折断线时,图上尺寸与实际尺寸不符,这是由于图样过长且形状相同,绘制时采用了折断简化画法。只有通过修改标注尺寸,才能标注实际设计尺寸。

1) 启动命令

"标注"工具栏:单击 。

命令行:输入"Dimedit"(快捷键 DED),回车。

2) 操作步骤

如图 1-6-25 所示,对其标注尺寸进行修改。

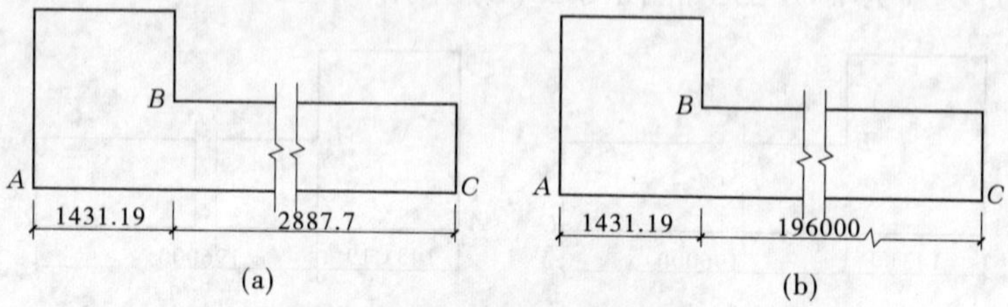

图 1-6-25　修改标注的尺寸

(1) 单击标注工具栏"编辑标注"按钮 ,在作图区中打开如图 1-6-26(a)所示动态"输入标注编辑类型"选项框,单击"新建",弹出多行文本编辑器,文字区显示如图 1-6-26(b)所示,"0"代表自动测量标注尺寸。

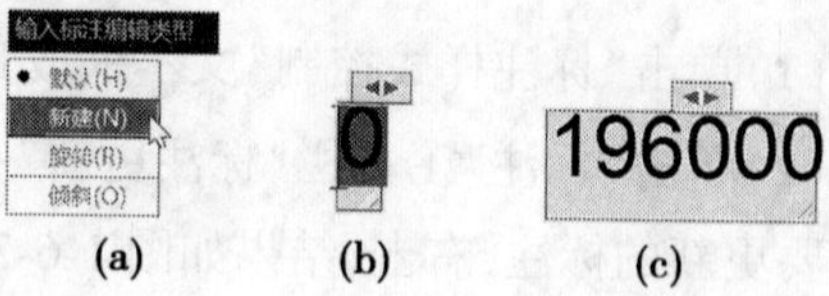

图 1-6-26　标注修改的步骤

(2) 删除"0",输入新标注尺寸"196000",如图 1-6-26(c)所示,单击"文字格式"工具栏的"确定"按钮。

(3) 单击选择要修改的标注,右击,完成了标注的修改。

2. 编辑标注文字

使用编辑标注文字命令,可移动和旋转文字,重新定位尺寸线。

例:将图 1-6-25(b)的标注文字进行旋转和移动,修改为图 1-6-27。

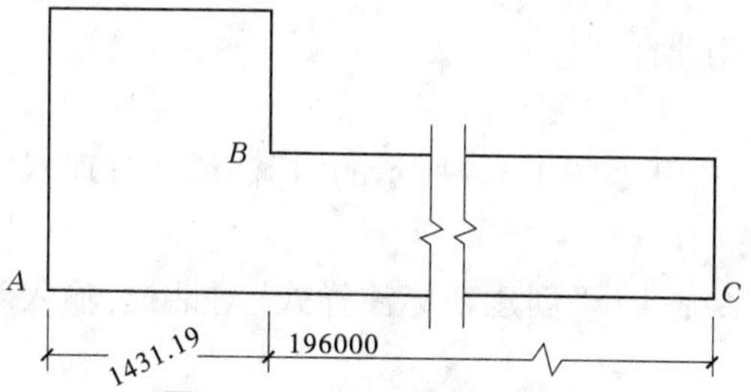

图 1-6-27　标注文字的编辑

1) 启动命令

"标注"工具栏:单击 。

命令行:输入“Dimtedit”,回车。

2)旋转文字

启动编辑标注文字命令,选择要旋转的标注单击,在弹出的快捷菜单中选择“角度”(或在命令行的提示下输入“角度”的代号“A”,回车)。

3)移动文字

启动编辑标注文字命令,选择要移动的标注,右击,在弹出的快捷菜单中单击“左对齐”(或在命令行的提示下输入“左对齐”的代号“L”,回车),完成如图 1-6-27 标注文字的编辑。

(三)标注更新

标注更新是将已有的标注从当前样式更新为另一种标注样式。将图 1-6-28(a)所示的标注由 GB35 更新为 ISO-25,如图 1-6-28(b)所示。

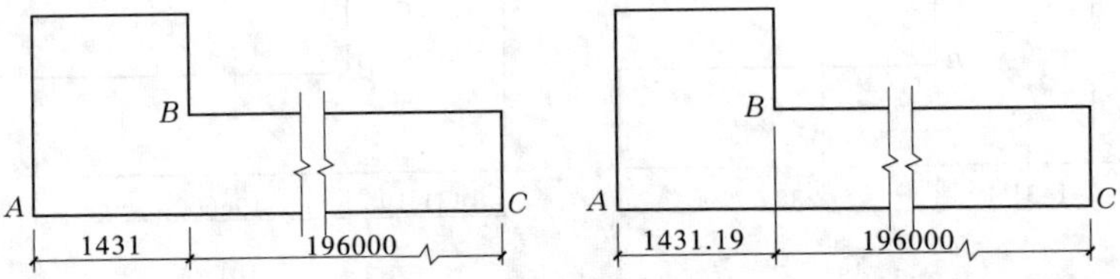

(a)　　(b)

图 1-6-28　更新标注样式

(1)单击“标注样式控制”文本框或其右边按钮,在下拉菜单中单击选择 ISO-25。

(2)单击“标注”工具栏“标注更新”按钮,单击(或交叉窗选)要更新的标注,交叉窗选要更新的标注,右击,结果如图 1-6-28(b)所示。

任务实施

一、打开样图

打开图 1-6-1 所示的地花图案文件。

二、创建 GB35 标注样式

在地花图案文件中创建标注样式。

(一)启动命令

启动标注样式命令,打开如图 1-6-6 所示的“标注样式管理器”对话框。

(二)新建标注样式 GB35

单击“新建”按钮,系统打开“创建新标注样式”对话框,输入新样式名“GB35”,然后单击“继续”按钮。

1. 设置“线”参数

在打开的“新建标注样式 GB35”对话框中,单击“线”按钮,进入如图 1-6-29 所示的“线”参数设置对话框中,设置尺寸线、尺寸界线的格式和特性。

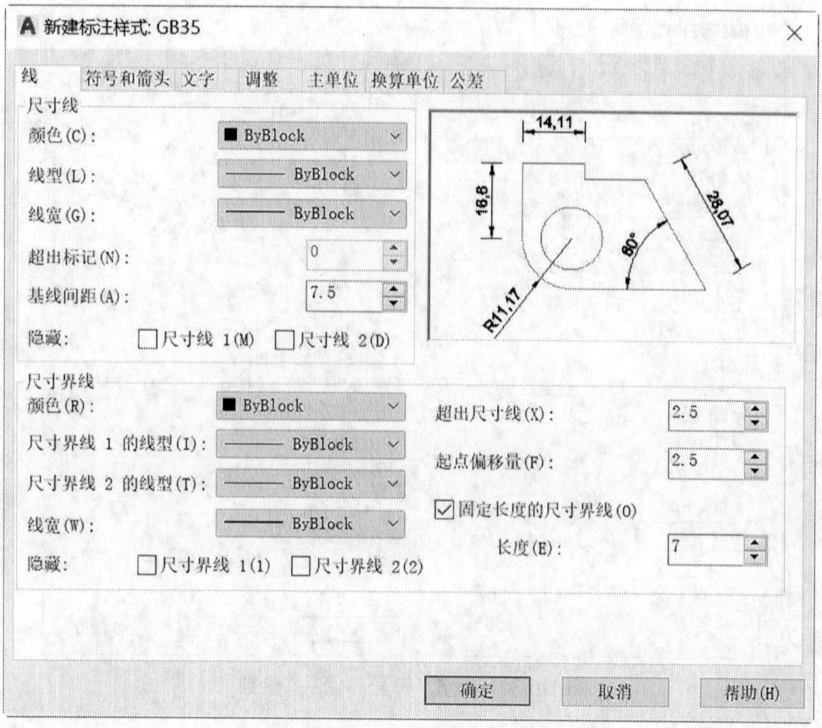

图 1-6-29　设置"线"参数

在"基线间距"的文本框中输入"7.5","超出尺寸线"与"起点偏移量"均设置为2.5,勾选(√)"固定长度的尺寸界线",并在"长度"的文本框中输入"7"。

2. 设置"符号和箭头"参数

单击"符号和箭头"按钮,进入"符号和箭头"参数设置对话框,设置"箭头""圆心标记""弧长符号""半径折弯标注"的格式和位置。

"箭头大小"为2,"圆心标记"类型为"标记"、大小为1,"弧长符号"设置为"标注文字的上方",如图 1-6-30 所示。

3. 设置"文字"参数

单击"文字"按钮,进入"文字"参数设置对话框,设置标注文字的样式、文字的位置和对齐的方式。

单击显示"文字样式"对话框按钮 ... ,打开"文字样式"对话框,定义"标注"文字样式;然后在"文字样式"的下拉列表中选择"标注",在"文字高度"的文本框中输入3.5,如图 1-6-31 所示。

4. 设置"调整"参数

单击"调整"按钮,进入"调整"参数设置对话框,设置文字或箭头、引线和尺寸线的放置及标注特征比例。

在"调整选项"中,选择"文字或箭头(最佳效果)";在"文字位置"选项中,选择"尺寸线上方,带引线";在"标注特征比例"选项中,输入视口的比例因子,如100,如图 1-6-32 所示。如果在图纸空间中标注,视口比例则保持默认值1。

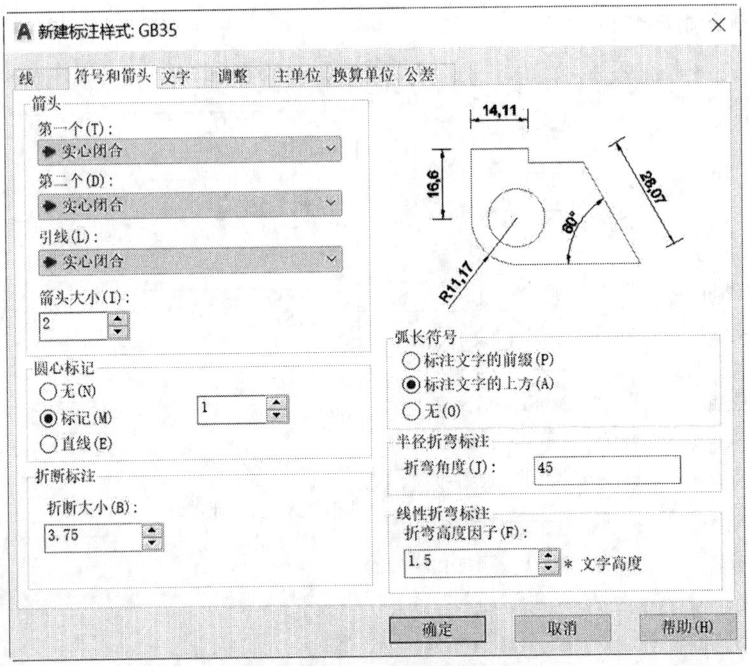

图 1-6-30　设置“符号和箭头”参数

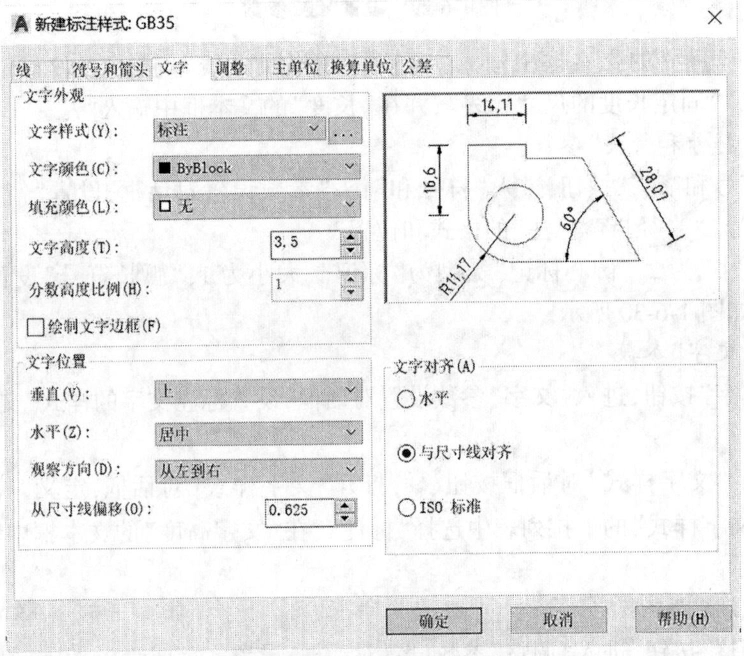

图 1-6-31　设置“文字”参数

提示:

在标注时,若标注文字太大或太小,可随时修改视口的比例因子。

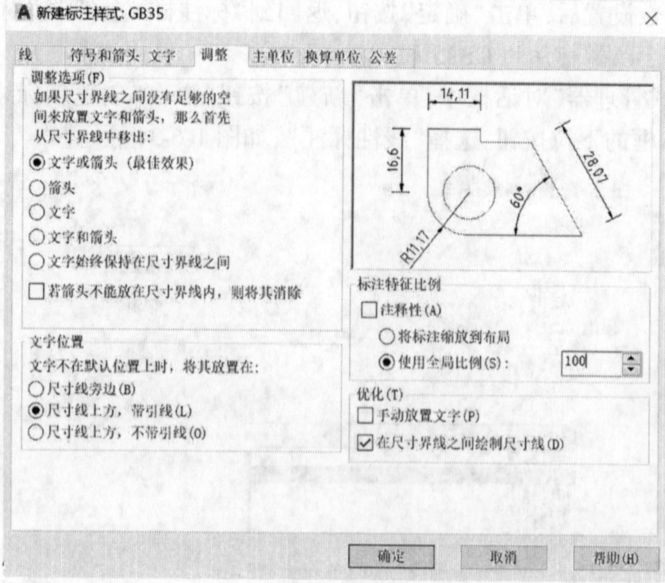

图 1-6-32　设置“调整”参数

5. 设置“主单位”参数

单击“主单位”按钮，进入“主单位”参数设置对话框，设置标注单位的格式和精度，并设置标注文字的前缀和后缀。

在“线性标注”选项中，选择“精度”为 0.00，“小数分隔符”为“句点”，“消零”勾选(√)“后续”；在“角度标注”选项中，选择“精度”为 0.0，“消零”勾选(√)“后续”，如图 1-6-33 所示。

图 1-6-33　设置“主单位”参数

完成所有参数设置后,单击"确定"按钮,返回到"标注样式管理器"对话框。

6. 新建仅用于线性标注的 GB35 副本样式

在"标注样式管理器"对话框中,单击"新建"按钮,弹出"创建新标注样式"对话框,单击"用于"文本框的下拉按钮,选择"线性标注",如图 1-6-34 所示。

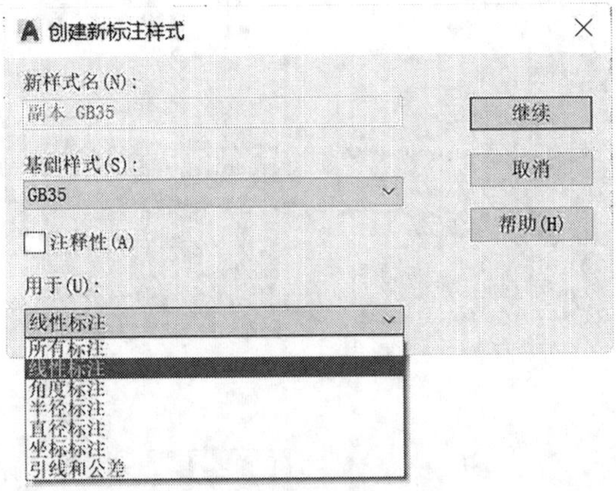

图 1-6-34 "创建新标注样式"对话框

单击"继续",进入"新建标注样式:GB35:线性"对话框。在"箭头"选项卡"第一个"下拉列表中选择"建筑标记",第二个箭头会自动更改,如图 1-6-35 所示。

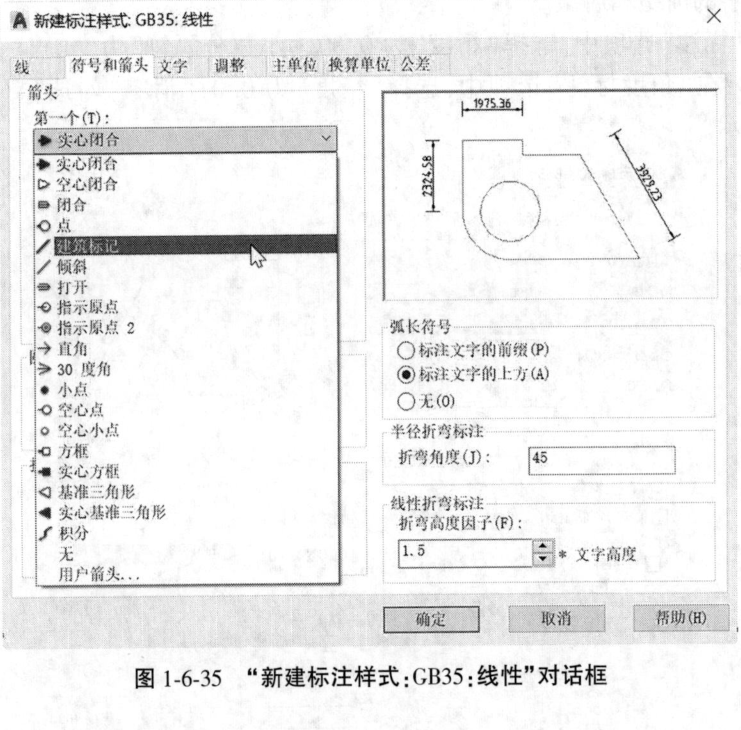

图 1-6-35 "新建标注样式:GB35:线性"对话框

单击"确定",返回到如图 1-6-36 所示的"标注样式管理器"对话框中,"GB35 线性标注"显示在"样式"文本框中,单击"关闭",完成标注样式的设置。

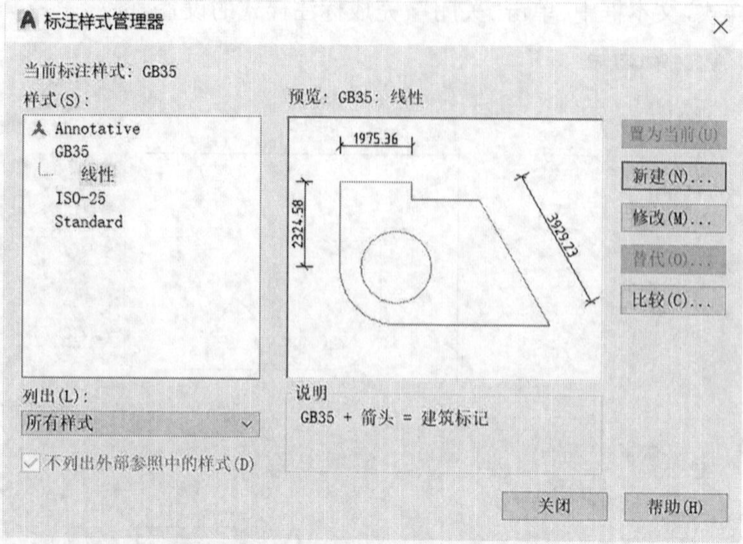

图 1-6-36　“标注样式管理器”对话框

7. 新建仅用于角度标注的 GB35 副本样式

在“标注样式管理器”对话框中，单击“新建”按钮，弹出“创建新标注样式”对话框，单击“用于”文本框的下拉按钮，选择“角度标注”。

单击“继续”，弹出“新建标注样式：GB35：角度”对话框。在“文字位置”选项卡“垂直”下拉列表中选择“外部”，在“文字对齐”选项卡中选择“水平”，如图 1-6-37 所示。

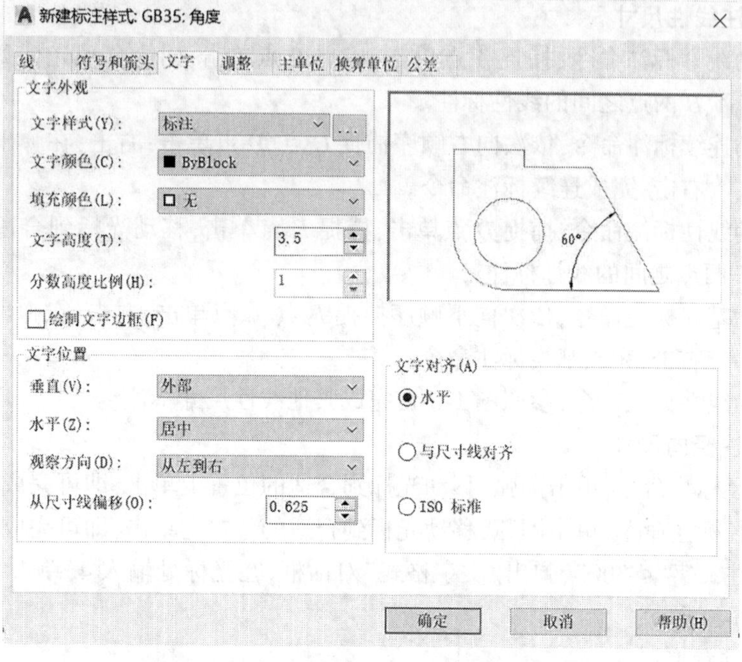

图 1-6-37　“新建标注样式：GB35：角度”对话框

单击“确定”，返回到如图 1-6-38 所示的“标注样式管理器”对话框中，“GB35 角度标注”显示在“样式”文本框中,单击“关闭”,完成标注样式的设置。

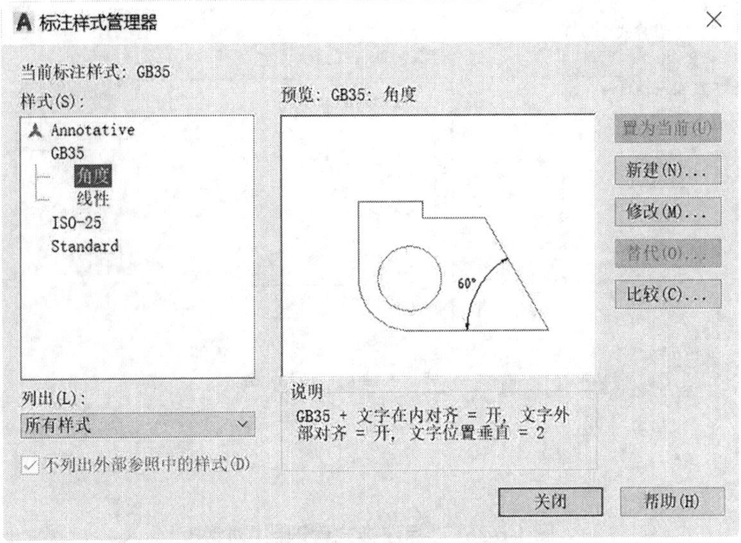

图 1-6-38　“标注样式管理器”对话框

三、标注尺寸

将 GB35 标注样式置为当前。

打开图层特性管理器,新建“尺寸”层,并把它设置为当前图层。

(一)标注线性尺寸

(1)启动线性标注命令,捕捉 *A* 点单击,捕捉 *B* 点单击,向上移动光标到合适的位置上单击,完成 *A*、*B* 两点之间的线性标注。

(2)启动连续标注命令,依次向右顺序捕捉 *C* 点、*D* 点单击;右击,在弹出的快捷菜单上单击“确认”,右击,完成连续标注命令。

(3)启动线性标注命令,捕捉 *D* 点单击,捕捉 *E* 点单击,移动光标到合适的位置上单击,完成 *D*、*E* 两点之间的线性标注。

(4)启动基线标注命令,依次向下顺序捕捉 *F* 点、*G* 点单击,右击,在弹出的快捷菜单上单击“确认”,右击,完成基线标注命令。

(5)启动线性标注命令,参照图 1-6-1,完成其他线性尺寸标注。

(二)标注径向尺寸

启动半径标注命令,单击圆弧,移动光标到合适的位置上单击,即可完成半径标注。

启动直径标注命令,单击圆弧,移动光标到合适的位置上单击,即可完成直径标注。

双击标注文字“ϕ 300”,弹出“文字格式”对话框,在光标处输入 4,单击“确定”按钮。结果如图 1-6-1 所示。

(三)标注角度

启动角度标注命令,单击角的两条边,向外移动光标到合适的位置,单击,即完成角的标注,结果如图 1-6-1 所示。

(四)标注圆心标记

启动圆心标记命令,单击圆即可。

任务2　查询绿地面积、植物种类与数量

【学习目标】

1. 了解查询与快速选择命令的使用方法。
2. 掌握查询命令、快速选择命令的操作方法。
3. 能够准确地查询图形对象间的距离、面积。
4. 能快速获取图形对象中植物种植的种类及数量。

任务描述

查询图1-6-39所示屋顶花园的总面积、铺装面积及绿地面积,查询屋顶花园种植的植物种类、各种植物的数量。

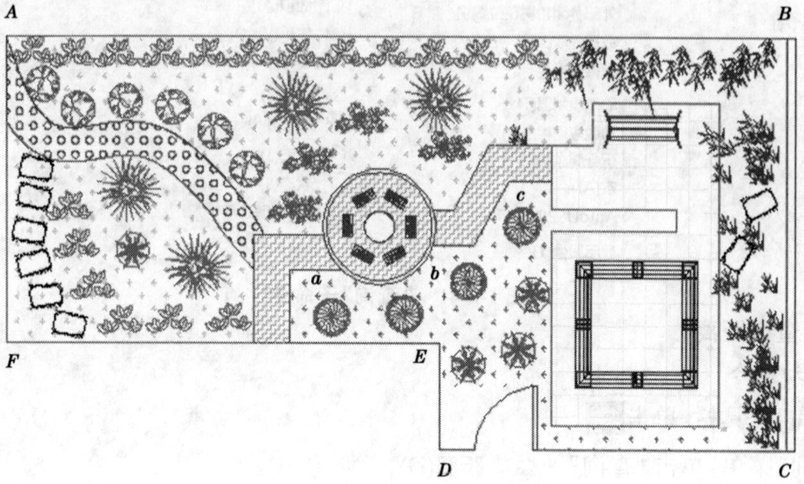

图1-6-39　屋顶花园设计平面图

任务分析

AutoCAD提供的查询功能可以对图形对象的属性进行分析和查询操作,可以直接测量两个对象间的距离、图形的面积与周长以及线段间的角度等。使用AutoCAD提供的查询功能,可以查询屋顶花园的总面积、铺装面积或绿地面积等。

AutoCAD提供的快速选择功能,可以根据对象的特性快速选择对象,查看图形中对象的种类及数量。使用快速选择工具,可以查询屋顶花园种植的植物种类、各种植物的数量。

相关知识

一、查询距离和面积

查询是获取图形距离、围合面积等信息的一组工具。

在任意工具栏上右击,单击“查询”,可以打开如图 1-6-40 所示“查询”工具栏。

图 1-6-40　“查询”工具栏

单击“工具”菜单 ➤“查询”,打开图 1-6-41 所示“查询”子命令。

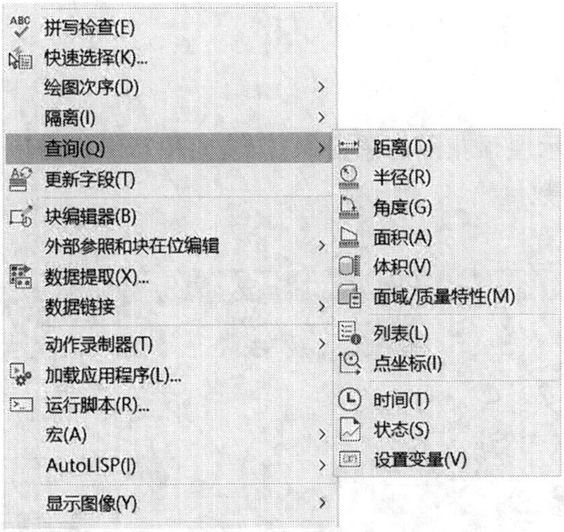

图 1-6-41　“查询”子命令

(一)查询距离

1. 启动命令

“查询”工具栏:单击。

“查询”菜单:单击“查询” ➤ 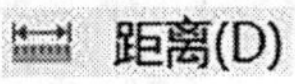。

命令行:输入“DIST”,回车。

2. 操作步骤

启动查询距离命令,在作图区中单击第 1 个点,接着单击第 2 个点,程序文本窗口显示当前的距离,如图 1-6-42 所示。

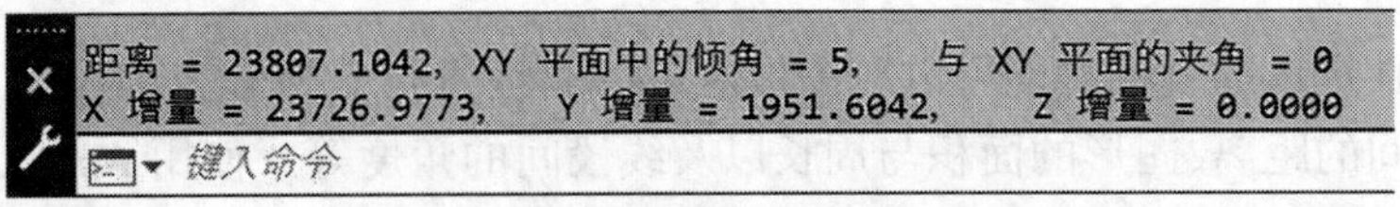

图 1-6-42　文本行窗口显示查询距离

(二)查询面积

1. 启动命令

查询工具栏:单击下拉按扭,拖动鼠标单击。

"工具"菜单:单击"查询"▶ 面积(A)。

命令行:输入"AREA",回车。

2. 操作步骤

启动查询距离命令,单击指定第1个角点,如图1-6-43(a)所示;单击指定下一个点,如图1-6-43(b)所示;接着顺序单击指定下一个点,至起点处单击,按回车键确定,结果如图1-6-43(d)所示,在文本窗口显示面域与周长大小(若打开"动态输入",在绘图区显示面域与周长大小)。按"ESC"键,退出查询命令。

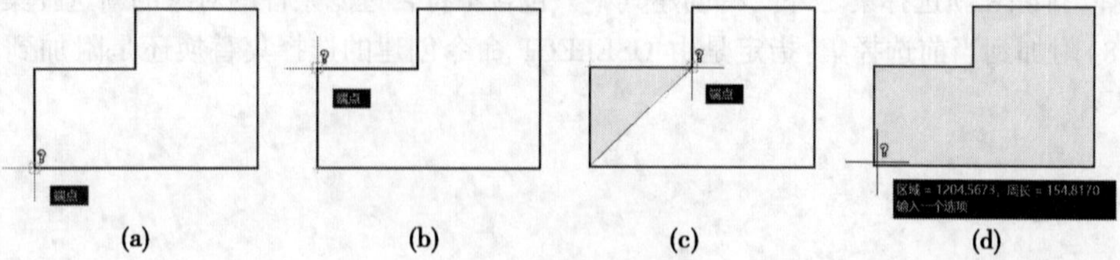

图1-6-43　查询面积

二、快速选择

快速选择是指定选择过滤条件以及根据该过滤条件创建选择集的方式。

(一)启动命令

"工具"菜单:单击 快速选择(K)...。

命令行:输入"QSELECT"(快捷键QSE),回车。

(二)快速选择对话框的含义

启动快速选择命令后,打开图1-6-44所示"快速选择"对话框,"快速选择"对话框中各选项的含义如下:

(1)应用到:将过滤条件应用到整个图形或当前选择集(如果存在)。如果选择了"附加到当前选择集",过滤条件将应用到整个图形。

(2)选择对象:临时关闭"快速选择"对话框,允许用户选择要对其应用过滤条件的对象。

(3)对象类型:指定要包含在过滤条件中的对象类型。如果过滤条件正应用于整个图形,则"对象类型"列表包含全部的对象类型,包括自定义;否则,该列表只包含选定对象的对象类型。对于AutoCAD LT,如果选择了不受支持的对象类型,则该对象类型在"特性"选项板中灰显并且不能进行修改。

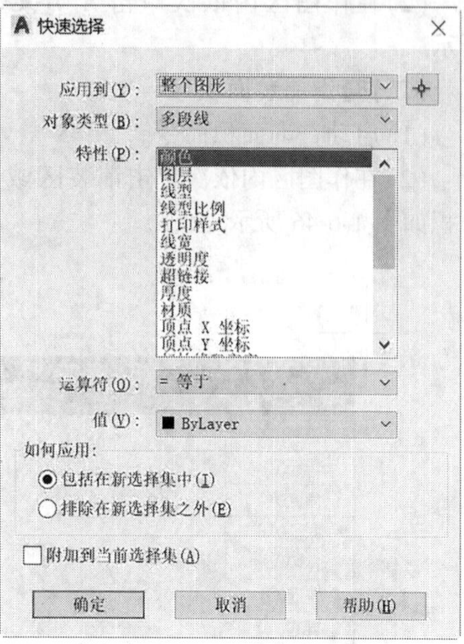

图1-6-44　"快速选择"对话框

(4)特性:指定过滤器的对象特性。此列表包括选定对象类型的所有可搜索特性。

选定的特性决定“运算符”和“值”中的可用选项。

(5)运算符:控制过滤的范围。根据选定的特性,选项可包括“等于”“不等于”“大于”“小于”“ * 通配符匹配”等。“ * 通配符匹配”只能用于可编辑的文字字段。使用“全部选择”选项将忽略所有特性过滤器。

(6)值:指定过滤器的特性值。

(7)如何应用:指定是将符合给定过滤条件的对象包括在新选择集内或是排除在新选择集之外。选择“包括在新选择集中”,将创建其中只包含符合过滤条件的对象的新选择集;选择“排除在新选择集之外”,将创建其中只包含不符合过滤条件的对象的新选择集。

(8)附加到当前选择集:指定是由 QSELECT 命令创建的选择集替换还是附加到当前选择集。

任务实施

一、打开样图

打开图 1-6-39 所示的屋顶花园设计平面图。

二、查询面积

(一)查询屋顶花园总面积

(1)启动查询面积命令,打开“动态输入”。

(2)在作图区内依次单击 A、B、C、D、E、F、A 点,回车,屋顶花园面积如图 1-6-45 所示。

(二)查询铺装面积

(1)启动查询面积命令。

(2)在作图区内依次单击铺装区域各个角点,返回到起点并单击,回车,铺装区域的面积如图 1-6-46 所示。

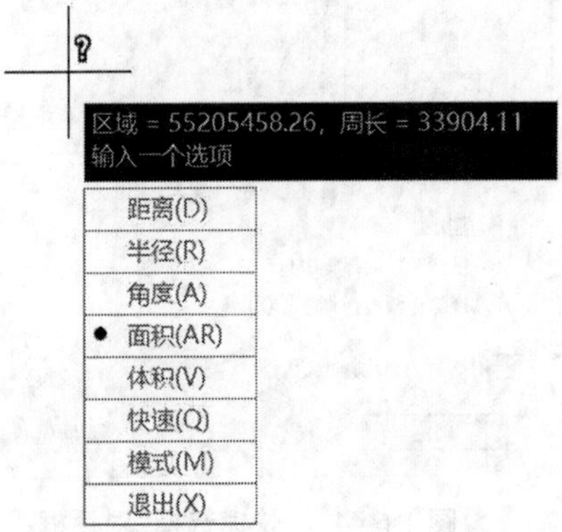

图 1-6-45　查询屋顶花园总面积

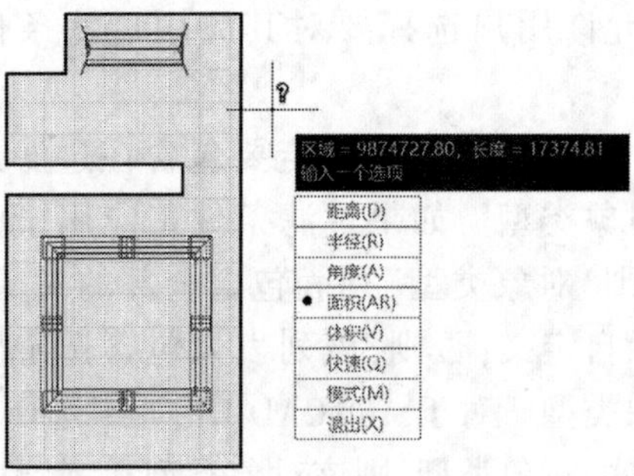

图 1-6-46　查询铺装区域面积

(3)重复启动查询面积命令,右击,在弹出的快捷菜单中单击“增加面积”,右击,在弹出的快捷菜单中单击“对象”,在作图区中分别单击对象 a、b、c,右击,铺装区面积显示如图 1-6-47 所示,右击,单击“确定”,单击“退出”。

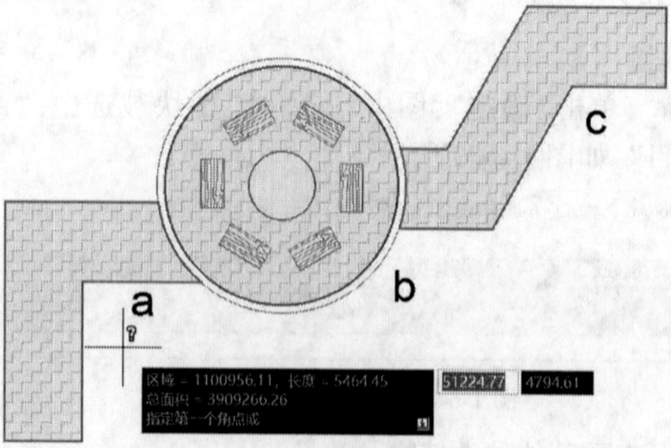

图 1-6-47　查询铺装区域面积

三、查询场地内植物的种类与数量

在设计平面图上,一般把不同的树种定义成不同的树木图块,要统计其中一个树种数量的多少,可以利用快速选择命令。

(一)启动命令

单击“工具”菜单 ➤ “快速选择”,弹出如图 1-6-48 所示的“快速选择”对话框。

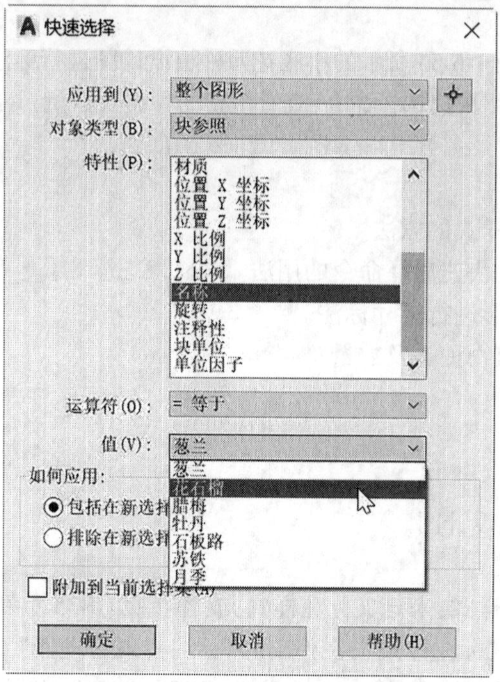

图 1-6-48　“快速选择”对话框

(二)查看植物种类

在“对象类型”下拉列表中单击“块参照”,在“特性”文本框中单击“名称”;单击“值”文本框右侧的下拉列表,显示所有植物种类;在“如何应用”选项,选择“包括在新选择集中”,如图 1-6-48 所示。

(三)查看植物数量

如:单击“花石榴”,单击“确定”,图中“花石榴”图块被选中,“AutoCAD 文本窗口”显示“已选定 4 个项目”,如图 1-6-49 所示。

图 1-6-49 “文本窗口”对话框

重复以上操作,可查看其他种类植物及数量。

案例实训

标注某小区花园种植设计图

一、任务描述

创建标注样式,对图 1-6-50 所示的小区花园种植设计图进行标注;查询图中小区花园的用地面积、绿化面积;使用快速选择命令,查看植物的种类及数量,并绘制植物种植表。

二、目的要求

(1)掌握创建标注样式的方法。

(2)掌握查询命令、快速选择命令的用法。

(3)能准确地对图形进行尺寸标注。

(4)会查询面积、植物种类及数量。

三、操作步骤

(一)打开图样

打开小区花园种植设计图。

(二)创建标注样式

以 GB35 作为基础样式,来定义标注样式;或者参照 GB35 重新定义标注样式。

(1)单击“格式” ➤ “标注样式”,在弹出的“标注样式管理器”对话框中,单击“新建”,打开“创建新标注样式”对话框,输入新样式如“GB5”,单击“继续”。

(2)在打开的“新建标注样式”对话框中,单击“文字”选项,将文字高度设为 5; 单击

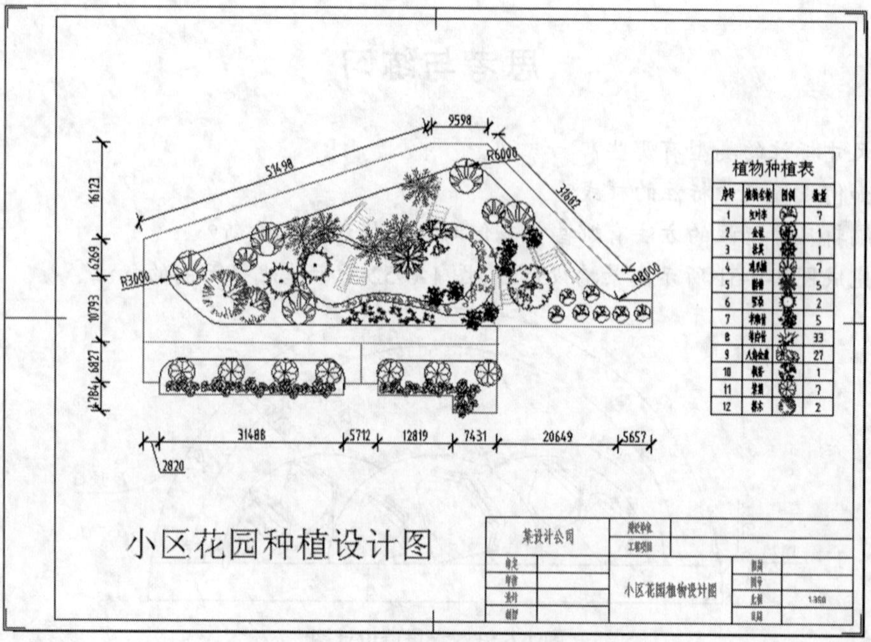

图 1-6-50　小区花园种植设计图

“调整”,将使用全局比例设为 400。然后单击“确定”,返回到“标注样式管理器”对话框,完成 GB5 标注样式的定义。

(3)单击“新建”,在打开的“创建新标注样式”对话框中,单击“用于”选项的下拉菜单按钮,在其下拉菜单中,单击“线性标注”;单击“继续”,在重新打开的“新建标注样式”对话框中,单击“符号和箭头”,在“箭头”选项卡中选择“建筑标记”,单击“确定”,完成了线性标注子样式的定义。

(三)对图形进行尺寸标注

(1)新建“标注”图层,并把它置为当前。

(2)单击“标注样式控制”下拉菜单,选择 GB5 标注样式。

(3)对图形进行尺寸标注。使用的标注命令主要有对齐标注、线性标注、连续标注、半径标注等。结果如图 1-6-50 所示。

(四)查询小区花园占地面积和绿化面积

(1)查询小区花园占地面积。启动查询面积命令,打开对象捕捉,在作图区依次单击各个顶点,并返回到起点,然后回车,完成区域的面积及周长的测量。

(2)查询绿地面积。启动多段线编辑命令,将绿地的外缘线合并。启动查询面积命令,右击,在快捷菜单中选择“对象”,在作图区中单击选择绿地的外缘线,完成区域的面积及周长的测量。

(五)绘制植物种植表

设置表格样式,设置 14 行、4 列。插入文字和树木符号块。

(六)查询植物种类及数量

启动快速选择命令,逐一选择树木图块,查询其数量,并将查询后的结果添加到表格中。

思考与练习

1. 尺寸标注的类型有哪些?
2. 如何设置尺寸标注的样式?
3. 编辑尺寸标注的方法有哪些?如何对尺寸标注进行更新?
4. 完成图 1-6-51 所示水景墙设计图、图 1-6-52 所示花池平面图的标注。

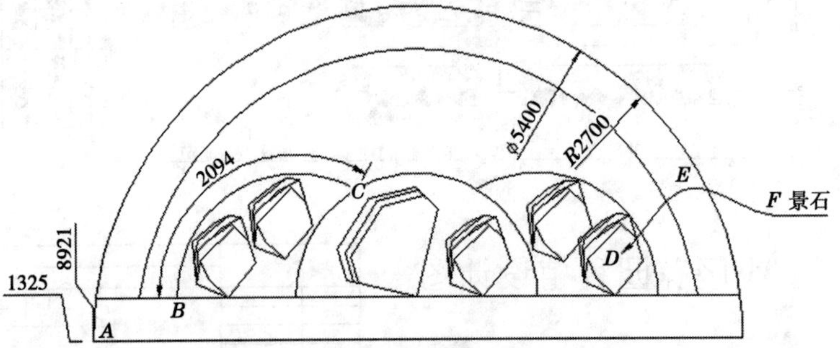

图 1-6-51 水景墙设计图

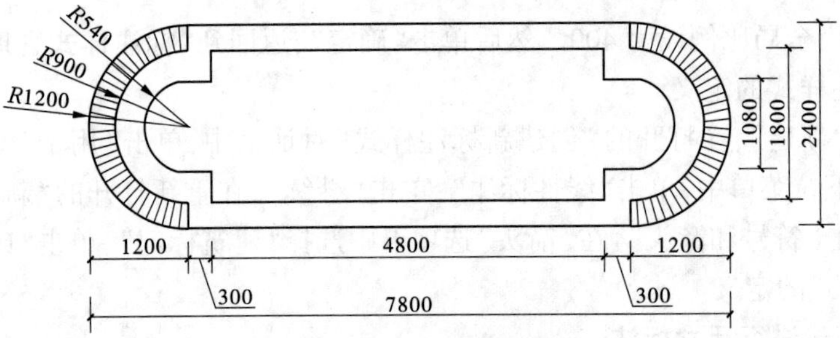

图 1-6-52 花池平面图

5. 如何查询图形对象的面积?若图形对象是由直线、样条曲线、圆弧等对象构成的区域,如何查询其面积?

6. 在设计平面图上一般把不同的树种定义成不同的树木块,如何对图形文件的树木种类、种植数量进行统计?

项目小结

本项目介绍了尺寸标注、查询和苗木数量的统计。利用 AutoCAD 的标注功能可以对图形对象进行标注,标注类型包括线性、径向、角度、坐标、引线等。标注尺寸时应按国标要求设置标注样式,掌握编辑标注的技巧;利用查询命令,可以测量两个对象之间的距离、图形的面积与周长等;利用快速选择命令能够方便地统计园林种植设计图中苗木种植的种类和数量。要善于使用 AutoCAD 提供的工具和命令。

项目七　输出与打印图形

【学习目标】

1. 了解打印机和绘图仪驱动程序的安装方法。
2. 掌握图形输出与打印的方法及步骤。
3. 会安装打印机和绘图仪驱动程序。
4. 会输出与打印图形。

【工作任务】

任务1　安装打印机和绘图仪驱动程序

任务2　输出与打印图形

任务1　安装打印机和绘图仪驱动程序

【学习目标】

1. 了解 AutoCAD 打印输出设备。
2. 掌握打印机和绘图仪驱动程序的安装方法。

任务描述

安装系统打印机驱动程序、非系统打印机驱动程序、文件打印机驱动程序。

任务分析

在 AutoCAD 软件中绘制的园林设计图,有时需要打印成纸质图纸,有时需要把 AutoCAD 软件中的图形导入到其他软件中进行后期的处理,这就需要把打印机或绘图仪与电脑连接并安装驱动程序以达到打印图形的目的。

驱动程序的安装主要是明确驱动文件的来源及驱动程序安装的路径。

相关知识

AutoCAD 不仅可以将所绘制的图形通过绘图仪或打印机输出,还可以将 AutoCAD 图形以其他格式输出。

AutoCAD 根据驱动程序的种类将打印输出设备分为三类:系统打印机、非系统打印机、文件打印机。

一、系统打印机

AutoCAD 将打印任务交给 Windows,由 Windows 系统控制完成打印。包括常见的打印机和绘图仪,这类设备的驱动程序由 Windows 或是设备制造商提供,系统打印机可以为 Windows 系统中的其他软件提供服务。

二、非系统打印机

由 AutoCAD 直接控制完成打印任务,这类设备仅供 AutoCAD 使用,由 HDI 非系统驱动程序支持。非系统打印机可以自定义图纸的尺寸。

三、文件打印机

文件打印机是由文件格式驱动程序支持,由 AutoCAD 直接控制将图形输出为 PostScript、光栅或 Web 设计格式(DWF)文件。文件打印机主要用于把 AutoCAD 绘图文件输出成光栅文件,然后导入到 Photoshop 中进行后期处理。常用的文件格式有 EPS、JPEG、BMP、TGA、TIF 等。

任务实施

一、安装系统打印机驱动程序

多数打印机都提供了驱动程序自动安装光盘,在安装向导的引导下可顺利完成安装。

安装系统打印机驱动程序需要在相应操作系统中进行(这里以 Windows 10 系统安装 Epson SC-T5480 为例),其安装方法如下:

打开打印机驱动程序文件夹,双击安装程序图标 ,系统弹出“安装 Epson SC-T3400/T5400/T5400M Series HDI”安装向导对话框(见图 1-7-1),单击“下一步” ➤ 单击“我接受许可证协议中的条款”,单击“下一步” ➤ “选择功能”,勾选(√)“AutoCAD”,单击“下一步” ➤ 勾选(√)“AutoCAD 2020”,单击“下一步” ➤ 勾选(√)“简体中文”,单击“下一步” ➤ “选择目的地位置”,设置安装程序目的地文件夹,单击“下一步” ➤ 单击“完成”。

二、安装非系统打印机驱动程序

非系统打印机在 AutoCAD 中的安装步骤如下:

(1)单击“文件” ➤ “绘图仪管理器”,双击“添加绘图仪向导”图标 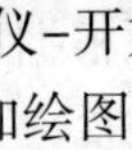,在“添加绘图仪-简介”对话框中,单击“下一步”,打开如图 1-7-2 所示的“添加绘图仪-开始”对话框。

(2)选择“我的电脑”,单击“下一步”,打开如图 1-7-3 所示的“添加绘图仪-绘图仪型号”对话框,在“生产商”文本框中选择“HP”,在“型号”文本框中选择“DesignJet 700

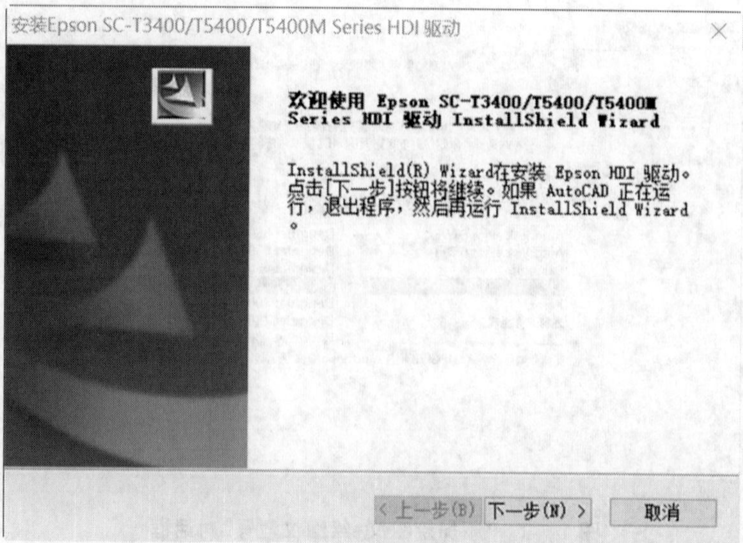

图 1-7-1　安装 Epson SC-T5480 打印机驱动程序

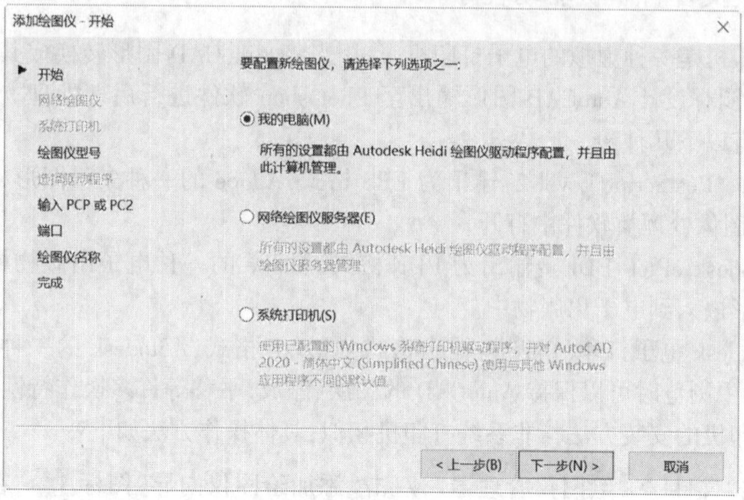

图 1-7-2　“添加绘图仪-开始”对话框

C4705B”。

（3）单击“下一步”，打开“驱动程序信息”对话框。该对话框提供的信息是建议用户在 Windows 中安装最新的系统打印机驱动程序，以获得最佳的打印速度与打印质量。在此单击“继续”，在弹出的“添加绘图仪-输入 PCP 或 PC2”对话框中，单击“下一步”，打开“添加绘图仪-端口”对话框；选择“打印到端口”选项，单击“下一步”，在“添加绘图仪 -绘图仪名称”对话框中单击“下一步”，弹出“添加绘图仪-完成”对话框，单击“完成”，非系统打印机安装完毕。

惠普（HP）系列绘图仪可以作为系统打印机安装，也可以作为非系统打印机安装。

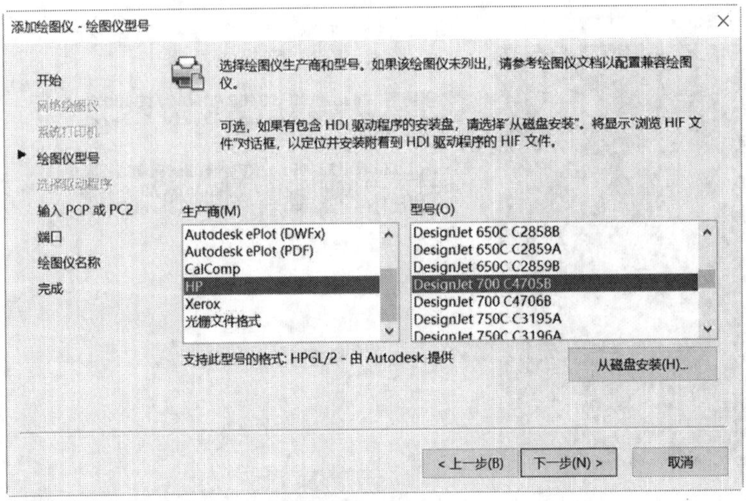

图 1-7-3　“添加绘图仪-绘图仪型号”对话框

三、安装文件打印机驱动程序

文件打印机是一种虚拟的电子打印机,是用来将 AutoCAD 图形转换成其他文件格式的程序,如把园林设计 AutoCAD 图形输出至 Photoshop 软件进行后期处理。比较常用的文件打印机有以下几种:

(1)Adobe PostScript Level 2:输出为 EPS 格式,Adobe 的一种矢量图形格式,可以在 Photoshop 等图像处理类软件中打开。

(2)Autodesk ePlot(PDF):输出为 PDF 格式,Adobe 的一种电子出版物格式,可以将 AutoCAD 图形嵌入到电子出版物中。

(3)Autodesk 电子打印(DWF):输出格式为 DWF 格式,Autodesk 的一种网络图形格式,在浏览器中浏览时可以保持 AutoCAD 的图层、缩放、平移等许多操作特性。

文件打印机的安装方法与非系统打印机相似,具体操作方法如下:

(1)单击“文件” ▸ “绘图仪管理器”,双击“添加绘图仪向导”图标  ,在“添加绘图仪-简介”对话框中,单击“下一步”,打开“添加绘图仪-开始”对话框。

(2)单击“我的电脑”,单击“下一步”,打开如图 1-7-3 所示的“添加绘图仪-绘图仪型号”对话框,在“生产商”文本框中选择“Adobe”,在“型号”的文本框中选择“Postscript Level 1”,单击“下一步”。

(3)在“添加绘图仪-输入 PCP 或 PC2”对话框中,单击“下一步”,打开“添加绘图仪-端口”对话框,单击“打印到文件”选项,然后单击“下一步”。

(4)在打开的“添加绘图仪-绘图仪名称”对话框中,在“绘图仪名称”文本框中输入名称,如“01”,然后单击“下一步”,单击“完成”。

任务 2　输出与打印图形

【学习目标】

1. 了解图形输出与打印的方法。
2. 掌握图形输出与打印的方法及步骤。
3. 会输出与打印图形。

任务描述

无论是进行设计方案的后期处理还是施工图的交流与使用，都需要 CAD 图样的打印，这就需要掌握图形的打印程序及相关参数设置。打印图 1-7-4 所示的图样。

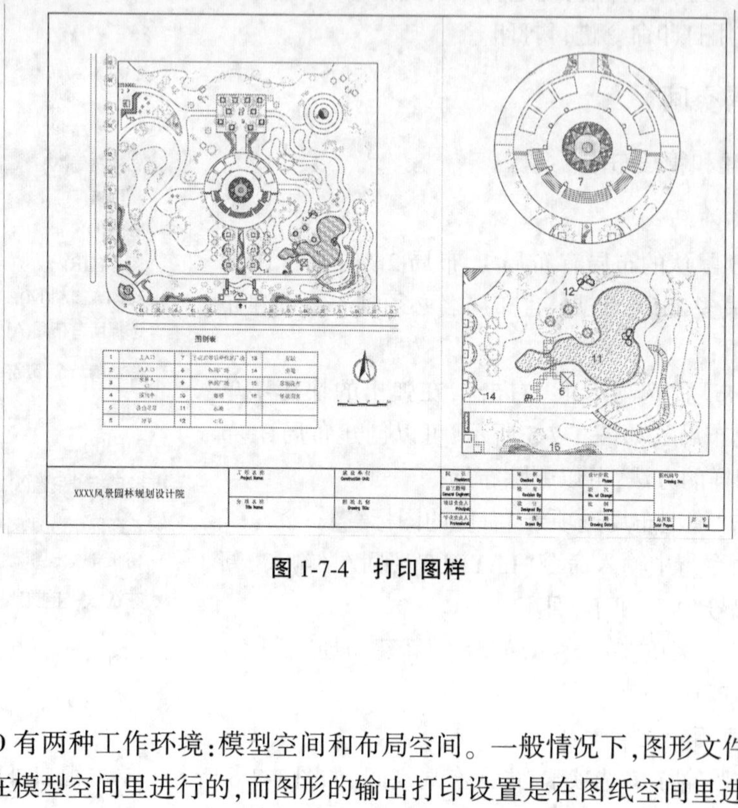

图 1-7-4　打印图样

任务分析

AutoCAD 有两种工作环境：模型空间和布局空间。一般情况下，图形文件的绘制和编辑工作都是在模型空间里进行的，而图形的输出打印设置是在图纸空间里进行的。模型空间无限大，用户在模型空间中绘制的图形通常是以真实尺寸（1∶1比例）绘制。布局空间是一张定义了大小的图纸，又称为图纸空间。在布局空间可以对图形的输出进行设置，可创建并放置视口对象，还可以添加标题栏、几何图形或其他对象。在图形文件中可以创建多个布局，每个布局可以使用不同的打印比例和图纸尺寸。

如果一张图纸上打印的图样比例一样，在模型空间或布局空间进行打印均可；如果一张图纸上打印的图样比例不一样，利用布局空间打印较便捷。

相关知识

一、模型空间

模型空间对应 AutoCAD 的作图区,在 AutoCAD 中设计图是以真实尺寸绘制的,即按 1∶1的比例绘制。尽管计算机的屏幕大小是有限的,但其中绘制的图形与实际场地中景物的尺寸是完全一致的。

利用模型空间进行图纸打印,有两种思路和方法:

(1)按 1∶1绘制图样后,确定打印的比例和图纸幅面,利用缩放命令,将图纸的幅面及标题栏放大相应的倍数,再利用打印命令进行打印。

(2)按 1∶1绘制图样后,确定打印的比例和图纸幅面,利用缩放命令,将图样缩小相应的倍数,再利用打印命令进行打印。

二、布局空间

(一)创建和管理布局

1. 创建新布局

AutoCAD 默认的布局有布局 1、布局 2。在单个图形中可以创建最多 255 个布局,且布局名必须唯一。创建布局的方法如下:

(1)在“布局”选项卡上“右击”,在弹出的快捷菜单上单击“新建布局”,如图 1-7-5 所示,可以创建布局 3、布局 4 等;用同样的方法,可以删除布局。

(2)单击“模型布局选项卡”右侧的图标 + 。

(3)在命令行中输入命令“LAYOUT”,回车,输入“新建布局”的代号“N”,回车,回车。

(4)“插入”菜单:单击“布局” ➤ “新建布局”,回车。

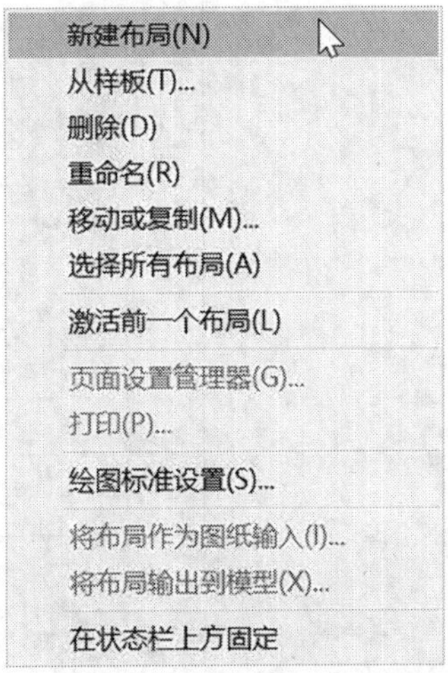

图 1-7-5　快捷菜单

2. 设置布局

1)打开页面设置管理器

(1)单击“布局 1”选项卡,进入布局空间,如图 1-7-6 所示。单击视口外框线,然后单击“删除”将其删除,使其成为一个没有视口的空白布局。

(2)在“布局 1”选项卡上右击,在打开的如图 1-7-5 所示的快捷菜单中,单击“页面设置管理器”,弹出如图 1-7-7 所示的“页面设置管理器”对话框。

2)选择绘图仪或打印机,设置布局参数

在“页面设置管理器”对话框中,单击“修改”。弹出如图 1-7-8 所示的“页面设置-布局 1”对话框,在此对话框中进行下列操作:

(1)打印机/绘图仪:单击文本框或其后按钮 ⌄ ,在其“名称”下拉列表中单击选择打

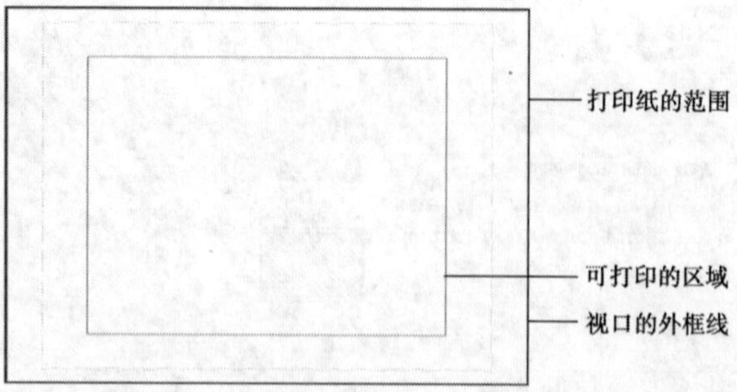

图 1-7-6　布局空间

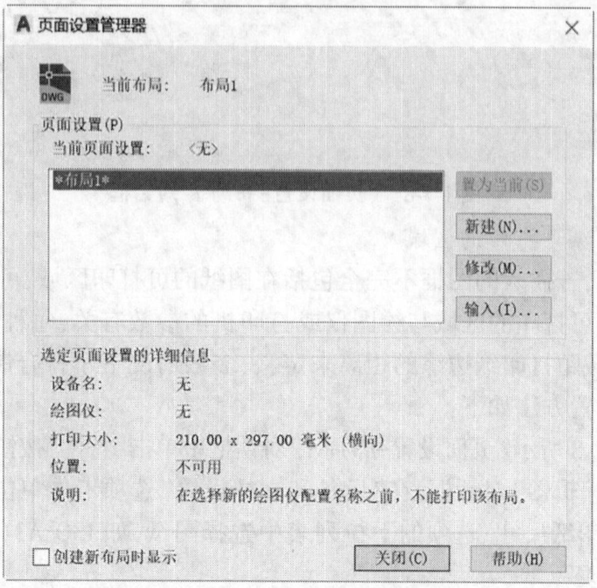

图 1-7-7　“页面设置管理器”对话框

印机型号,如 DesignJet 700 C4705B. pc3。

(2)图纸尺寸:单击▾,在下拉列表中选择图纸的尺寸,如 ISO A3(420.00×297.00 毫米)。

(3)打印偏移:指定打印区域相对于图纸边界的偏移。在打印预览后可修改偏移的尺寸。

(4)打印比例:选择 1:1。

(5)打印样式表:单击▾,在下拉列表中选择打印样式:

单击“acad. ctb”样式,用彩色打印机按图层特性的定义输入彩色图;

单击“grayscale. ctb”样式,将彩色抖动成灰度,用黑白打印机输出黑-白-灰组成的灰度图,线条的深浅区分不同的彩色图层;

单击“monochrome. ctb”样式,用彩色打印机打印纯黑色线条,这种黑白的线条是施工图复印、晒图所必需的。

(6)图形方向:根据图形可选择“横向”或“纵向”。

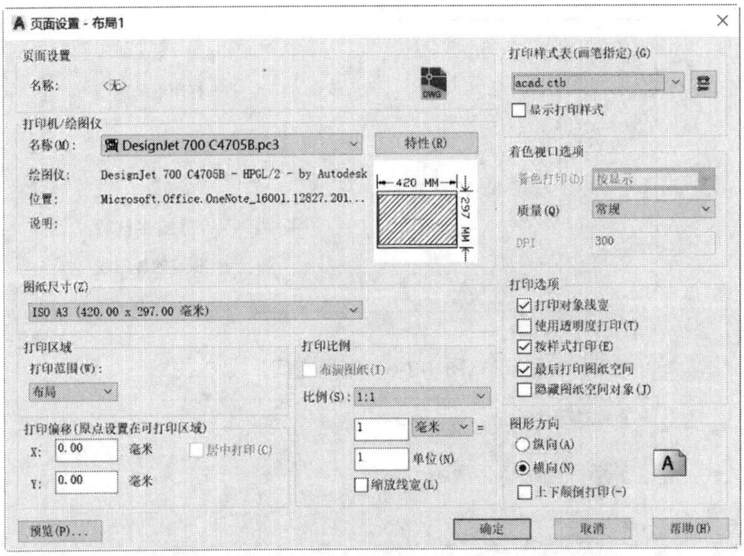

图 1-7-8　“页面设置-布局 1”对话框

3)修改标准图纸可打印的区域

在打印预览后,若插入的图框不完全包括在图纸的可打印区域,可进行打印区域的修改。这是因为图纸可打印的区域与绘图仪或打印机的参数有关,每种设备可能都有所不同,一般以打印区域距打印纸边缘的距离来定义,多数情况下不符合制图的国家标准,需要重新设置。其设置方法如下:

(1)在如图 1-7-8 所示“页面设置-布局 1”对话框中单击“特性”按钮,弹出如图 1-7-9 所示的“绘图仪配制编辑器”对话框,在“设备和文档设置”选项卡中单击“修改标准图纸尺寸”,在“修改标准图纸尺寸”选项的下拉列表中选择图纸,如 ISO A3(420. 00×297. 00 毫米),然后单击“修改”。

(2)在如图 1-7-10 所示的“自定义图纸尺寸-可打印区域”对话框中,要修改非打印区域,可调整页面的“上”“下”“左”“右”边界。

(3)单击“下一步”,打开如图 1-7-11 所示“自定义图纸尺寸-文件名” 对话框,在输入框中单击,移动鼠标到尾部,输入一个易于识别的名称,如在打印机名称尾部加缀 GB,用户对标准图纸可打印区域的设置将保存在配置文件 DesignJet 700 C4705B GB 中。

(4)单击“下一步”,打开“自定义图纸尺寸-完成”对话框,在提示框中选择送纸方式:单页送纸或卷筒送纸。

(5)单击“完成”后返回到图 1-7-9 所示的“绘图仪配置编辑器”对话框中,单击“确定”,在弹出的如图 1-7-12 所示的“修改打印机配置文件”对话框中,将修改进行保存。其操作方法是:在输入框中单击,移动鼠标到尾部,输入一个易于识别的名称,如在打印机名称尾部加缀 GB,用户对标准图纸可打印区域的设置将保存在配置文件 HP DesignJet 700 C4705B GB. pc3 中,以后在选择打印机时,就可以直接使用设置过的这种打印机标准图纸的打印区域了。然后单击“确定”,返回到图 1-7-8 所示的“页面设置-布局 1”对话框,单击“确定”,在“页面设置管理器”对话框中单击“关闭”,完成对图纸可打印区域的修改。

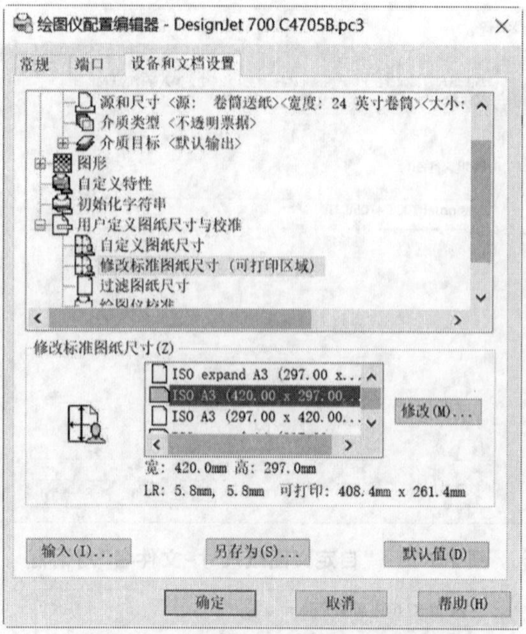

图 1-7-9　“绘图仪配制编辑器”对话框

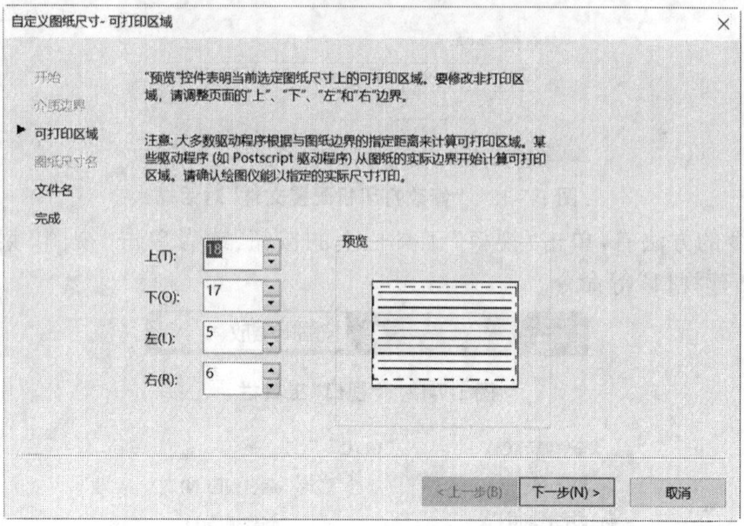

图 1-7-10　“自定义图纸尺寸-可打印区域”对话框

(二)创建视口与设置视口比例

在布局中可以创建并放置视口，一个布局可以创建多个视口，每个视口都可以指定不同的视口比例来显示模型空间对象。如一条 10 m 的长廊，在一个视口里的长度为 10 mm，在另一个视口里的长度为 50 mm，则两个视口的比例分别为 1∶1000 和 1∶200。

视口可以是矩形的，也可以是多边形或其他闭合图形。用户可以创建布满整个布局的单一布局视口，也可以在布局中创建多个布局视口。创建视口后，可以根据需要更改其大小、特性、比例，以及对其进行移动。一般来说，多布局视口主要用于复杂图形的输出。

创建视口命令在“视口”工具栏及“视口”子菜单，如图 1-7-13、图 1-7-14 所示。启动

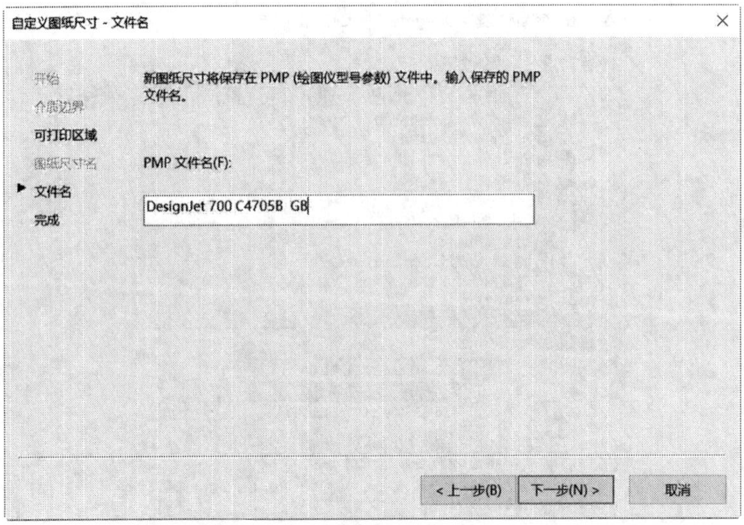

图 1-7-11　“自定义图纸尺寸-文件名”对话框

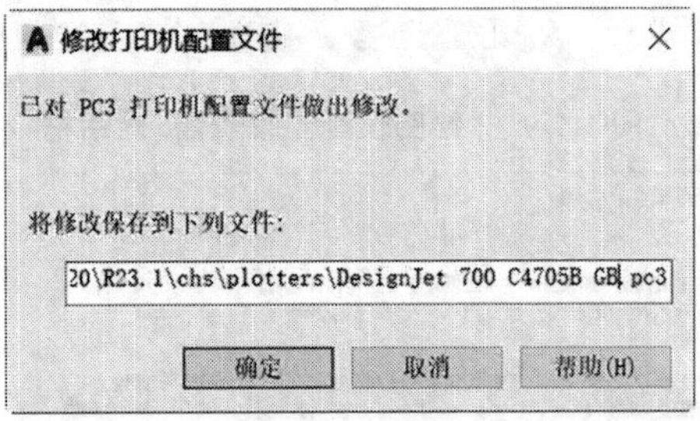

图 1-7-12　“修改打印机配置文件”对话框

创建视口命令的方法有:单击“视口”工具栏上的按钮,或者单击“视图”菜单,选择“视口”,单击“新建视口”等命令。

图 1-7-13　“视口”工具栏

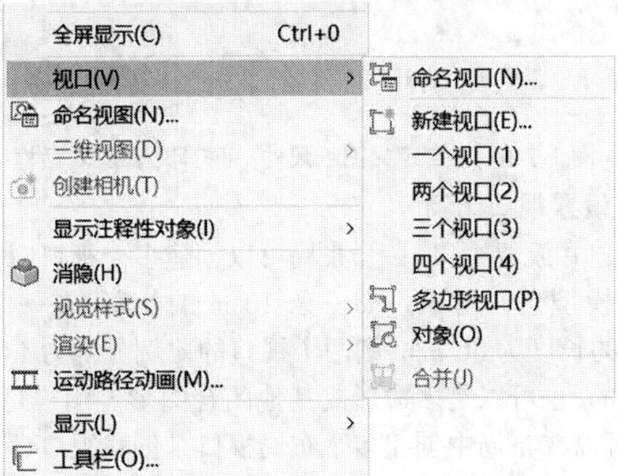

图 1-7-14　“视口”子菜单

1. 创建视口

创建“视口”图层,并将其置为当前图层。

1) 创建单个布局视口

如果图形较小,一般只需要创建一个视口。如图 1-7-15 所示,单击“视口”工具栏上“多边形视口”按钮,打开“对象捕捉”模式,顺序单击 *A*、*B*、*C*、*D*、*E*、*F* 点,右击,单击“闭合”,这样就创建了一个与图框线重合的多边形视口,整个图形将显示在视口中。

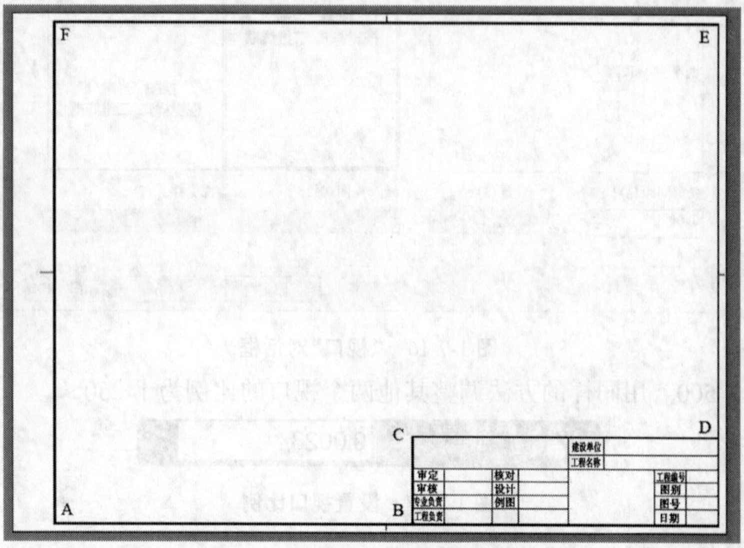

图 1-7-15　创建单个多边形视口布局

2) 创建标准的多个布局视口

单击“视口”工具栏上“显示视口对话框”按钮,打开如图 1-7-16 所示的“视口”对话框,单击可选择视口种类,如“三个:左”,在预览窗口显示视口形式,单击“确定”。

3) 创建其他视口

(1) 单击“视口”工具栏上“单个视口”按钮,在如图 1-7-15 所示的布局中单击 *A* 点,拖动鼠标到 *B* 点,在左侧创建了矩形视口。

(2) 在布局的右侧可绘制圆、椭圆、样条曲线、矩形等闭合图形对象,以创建其他视口。单击视口工具栏上“将对象转换为视口”按钮,单击“圆”、“矩形”或其他闭合对象,将其转换为视口框线,图形对象显示在圆形的视口内,这样就创建了“圆”和“矩形”两个视口,如图 1-7-16 所示。

2. 设置视口比例

1) 设置视口比例

在图 1-7-16 所示的左侧视口内双击,该视口的框线变为粗线,视口被激活成为当前视口,并且进入“浮动模型空间”,采用视图缩放、平移命令将当前视口内的图形缩放到合适大小、移动到合适的位置上,观察视口工具栏右侧显示的数值,如图 1-7-17 所示为 0. 0023,这就是当前的视口比例即 1:434。在视口缩放控制的文本框中输入 0. 0020,此时

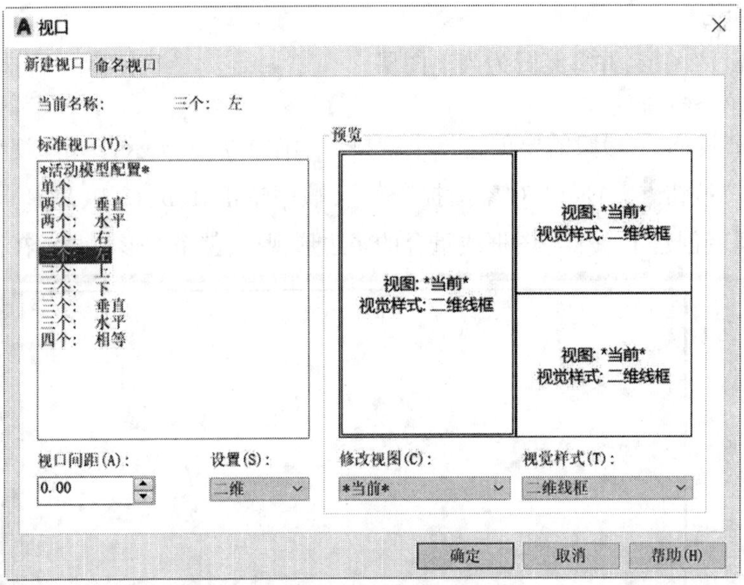

图 1-7-16　“视口”对话框

视口比例为 1∶500。用同样的方法调整其他两个视口的比例为 1∶250。

图 1-7-17　设置视口比例

2)锁定视口

设置好视口比例后,将光标移到视口线外双击,视口框线又以细线显示,此时从浮动模型空间回到图纸空间。为防止视口比例的意外修改,可将该视口比例锁定。在视口线上单击,然后右击,在弹出的如图 1-7-18 所示的快捷菜单中单击“显示锁定”,单击“是”。此时“视口”工具栏右侧显示“按图纸缩放”。

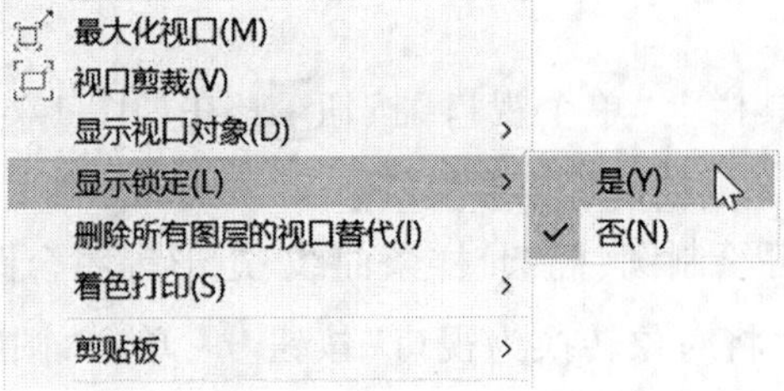

图 1-7-18　“视口锁定”快捷菜单

用同样的步骤可以将锁定的视口打开。

如果想查看布局中视口的比例,可以选中视口边界,在“视口”工具栏的比例设置框里会显示视口比例值。

3)设置视口的大小

在视口线上单击,该视口显示夹点,利用夹点编辑功能调节视口到合适的大小。

提示:

(1)在布局空间发现图形有错误需要修改时,应回到模型空间进行修改。

(2)在视口模型空间中为视口设置好比例后,不能使用屏幕缩放命令,否则会改变设定的比例。

(3)调整比例时要考虑两个因素:一是图形周围要留出一定的空白区域,用于放置标题文字、说明文字、尺寸标注、苗木表等对象;二是比例尺应符合《房屋建筑制图统一标准》(GB/T 50001—2017)、《风景园林制图标准》(CJJ/T 67—2015)等标准的规定。

三、向 Photoshop 输出图形

AutoCAD 通过文件打印机将图形输出为 PostScript 或光栅文件,如 EPS、JPEG、BMP、TGA、TIF 等,在 Photoshop 中可以打开这些文件,进一步处理成平面效果图。EPS 格式是两个软件间兼容的一种矢量格式,精度高,是 AutoCAD 向 Photoshop 传递文件的首选格式。

输出方法:确认安装文件打印机驱动及设置好需打印的图层;选择“布局”选项卡;单击“打印”按钮,弹出如图 1-7-19 所示的“打印-布局 1”对话框,选择“打印机”,选择“打印到文件”。单击“确定”,弹出如图 1-7-20 所示的“浏览打印文件”对话框,选择存储路径,输入文件名称,单击“保存”即可。

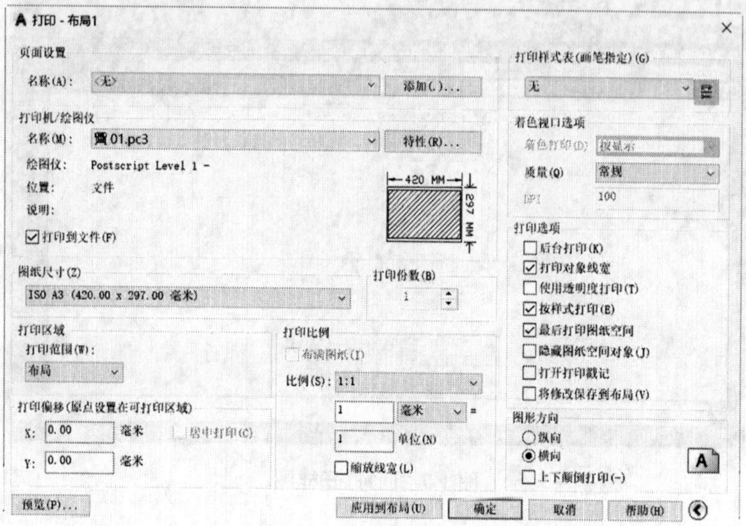

图 1-7-19　“打印-布局 1”对话框

任务实施

一、打开图样

启动 AutoCAD 2020,单击“打开”按钮,选择需要打印的文件,打开图样如图 1-7-21 所示。

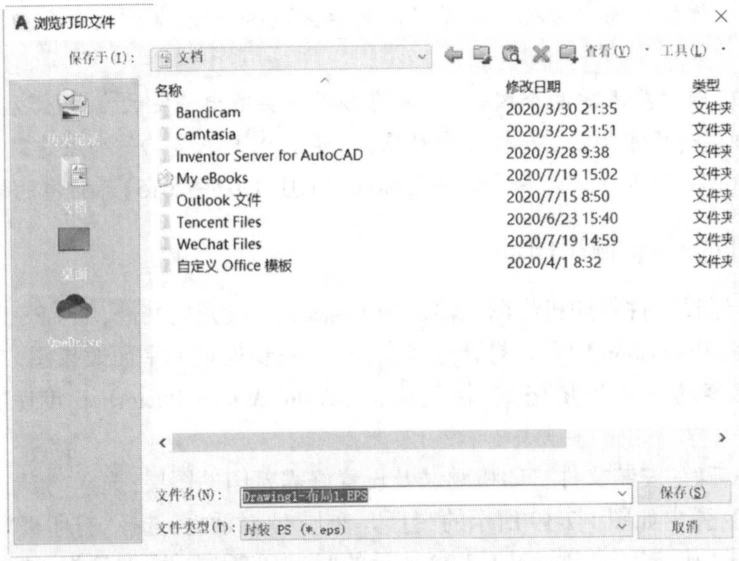

图 1-7-20 “浏览打印文件”对话框

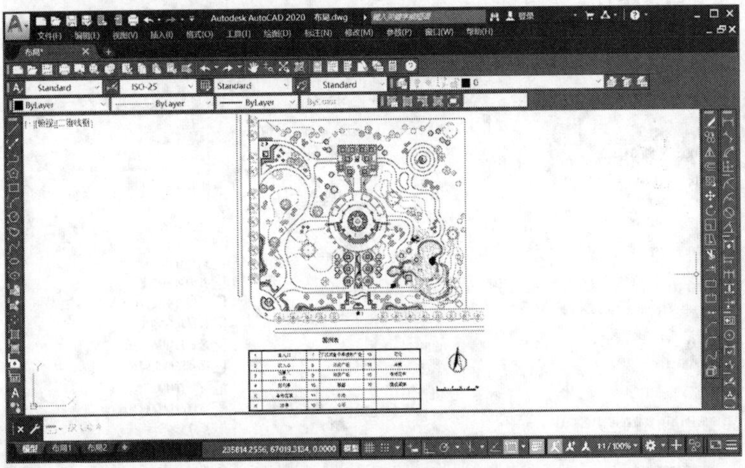

图 1-7-21 打开样图

二、创建和设置布局

(一)创建布局

在“布局”选项卡上“右击”,在弹出的快捷菜单中单击“新建布局”,创建布局 3。

(二)设置布局

1. 打开页面设置管理器

在“布局 3”选项卡上右击,在打开的快捷菜单中,单击“页面设置管理器”,弹出如图 1-7-7 所示的“页面设置管理器”对话框。

2. 选择绘图仪或打印机,设置布局参数

在“页面设置管理器”对话框中,单击“修改”。弹出“页面设置-布局 3”对话框,在此对话框中进行下列操作:

(1)打印机/绘图仪:单击⌄,在其"名称"下拉列表中单击选择打印机型号。

(2)图纸尺寸:单击⌄,在下拉列表中选择图纸的尺寸,如 ISO A2(594.00×420.00 毫米)。

(3)打印偏移:指定打印区域相对于图纸边界的偏移。在打印预览后可修改偏移的尺寸。

(4)打印比例:选择 1:1。

(5)打印样式表:单击⌄,在下拉列表中选择打印样式"acad.ctb"。

(6)图形方向:单击"横向"。

三、创建视口与设置视口比例

(一)创建视口

(1)单击"视口"工具栏上"单个视口"按钮,在如图 1-7-16 所示的布局中单击标题栏与图框线的左上交点向右上方拖动鼠标到图框线 2/3 处,单击,在左侧创建一个矩形视口。

(2)在布局的右侧绘制一个圆、一个矩形。单击"视口"工具栏上"将对象转换为视口命令"按钮,单击"圆""矩形",将其转换为视口框线,图形对象显示在圆形的视口内,这样就创建了"圆""矩形"2 个视口,如图 1-7-4 所示。

(二)设置视口比例

设置视口比例、锁定视口、调态视口的大小等内容参见前述(模块一项目七任务 2 相关知识二)。

四、打印

(一)启动打印命令

启动打印命令的方法有:

(1)点击窗口左上角的"打印"按钮。

(2)点击菜单"文件"➤"打印"。

(3)快捷键:Ctrl+P。

启动打印命令后,弹出图 1-7-22 所示"打印-布局 3"对话框。

(二)调整打印参数

根据打印需要,在"打印-布局 3"对话框中调整有关参数。

(三)打印预览

单击"预览"按钮,弹出图 1-7-23 所示"打印预览"对话框。

(四)打印

预览后无问题,单击"打印"按钮(或鼠标右击,在弹出的快捷菜单上单击"打印"),即开始打印图样。

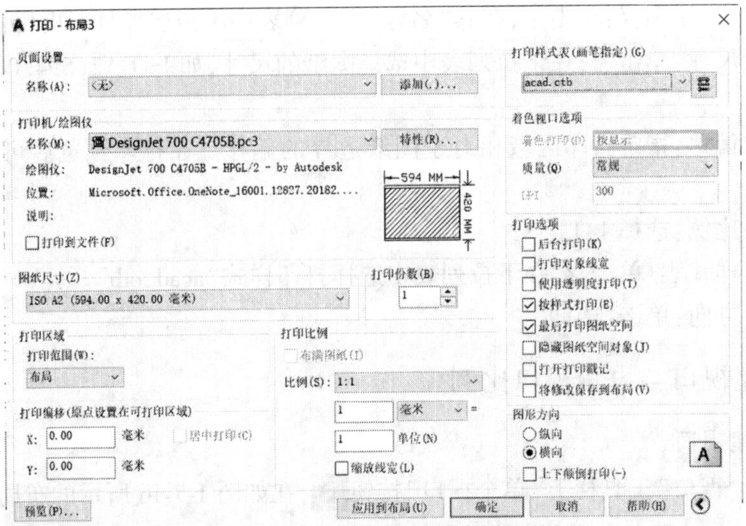

图 1-7-22　“打印-布局 3”对话框

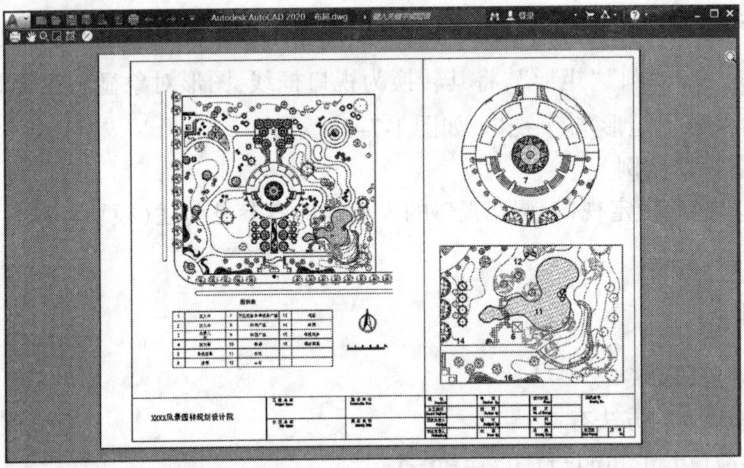

图 1-7-23　打印预览

案例实训

打印图形

一、任务描述

用 A2 图纸打印如图 1-7-24 所示图样。

二、目的要求

(1)了解图样打印方法。
(2)会利用模型空间打印图样。

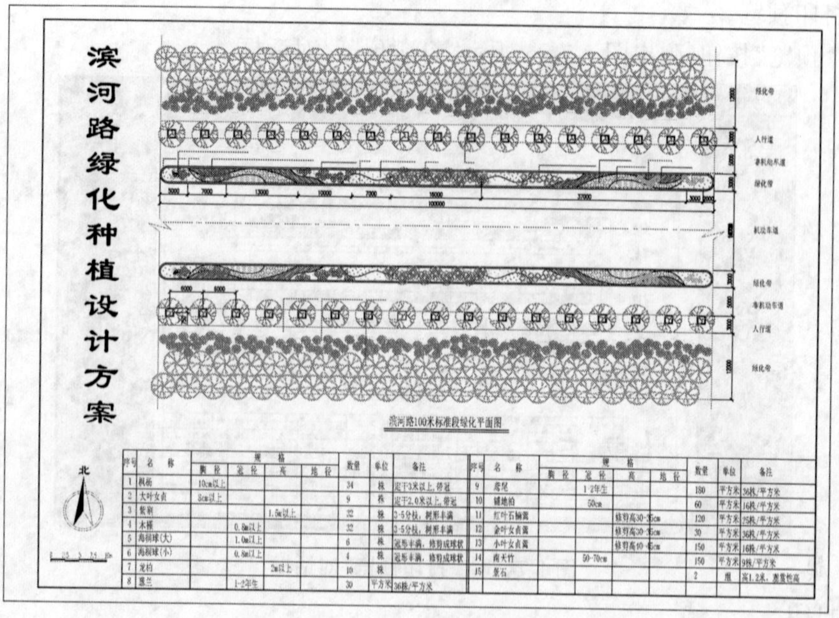

图 1-7-24　打印图样

三、操作步骤

(1)启动 AutoCAD 2020,打开图样。

(2)插入 A2 幅面,启动缩放命令,将 A2 幅面放大 250 倍;利用“移动”命令将 A2 幅面移到合适的位置,使图面布局合理,如图 1-7-24 所示。

(3)启动打印命令,弹出图 1-7-25 所示“打印-模型”对话框。

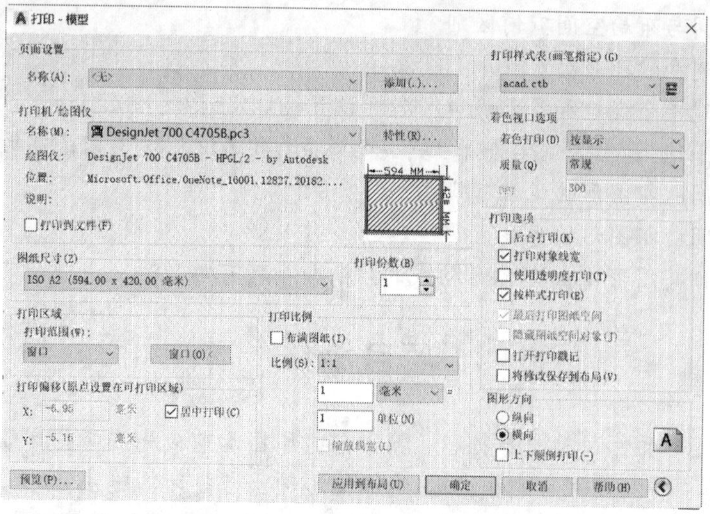

图 1-7-25　“打印-模型”对话框

在“打印-模型”对话框中分别设置打印机/绘图仪、图纸尺寸、打印区域、打印比例、图形方向等选项。

(4)打印预览。

单击“预览”按钮,弹出图 1-7-26 所示“打印预览”对话框。

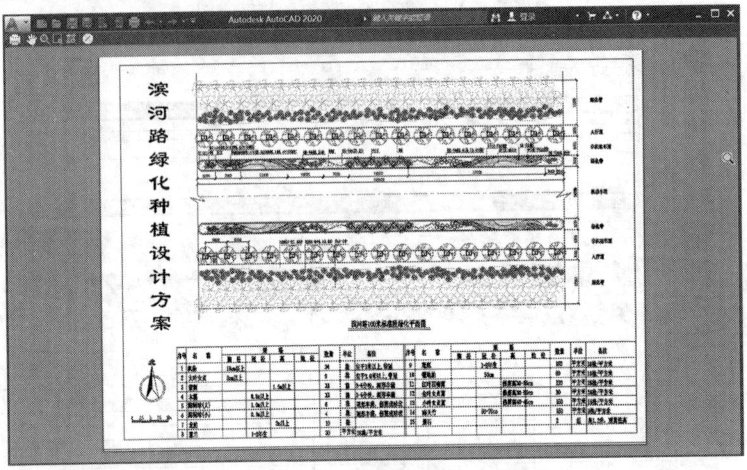

图 1-7-26 “打印预览”对话框

(5)打印。

预览后无问题,单击“打印”按钮(或鼠标右击,在弹出的快捷菜单中单击“打印”),即开始打印图样。

思考与练习

1. 根据驱动程序的种类,AutoCAD 将打印输出设备分为哪几类?
2. 如何安装非系统打印机与文件打印机?
3. 模型空间与布局空间有何区别?
4. 如何创建和管理布局?
5. 如何创建单个视口和多个视口?怎样设置视口比例?
6. 在打印图纸时,发现一些在屏幕上可见的线条打印不出来时,可能是哪些方面造成的?
7. 模型空间打印图形的步骤有哪些?
8. 布局空间打印图形的步骤有哪些?
9. AutoCAD 将图形输出为 EPS 格式的方法与步骤有哪些?

项目小结

本项目介绍了图形的输出与打印。输出与打印图形前应先安装打印机/绘图仪驱动程序,然后根据图样的使用目的和内容,选择图形输出与打印的方法:如果一张图纸上打印的图样比例一样,在模型空间或布局空间进行打印均可;如果一张图纸上打印的图样比例不一样,利用布局空间打印较便捷;AutoCAD 通过文件打印机将图形输出为 EPS 格式,利用 Photoshop 打开这些文件,并进一步处理成平面效果图。

模块二　AutoCAD 2020 园林应用综合案例

项目一　绘制园林设计方案图

【学习目标】

1. 了解利用 AutoCAD 绘制园林设计方案图的思路。
2. 了解图样的矢量化方法与光栅图像的应用方法。
3. 掌握利用 AutoCAD 描绘规划场地现状图的方法与步骤。
4. 能熟练描绘规划场地现状图。
5. 能熟练绘制园林设计方案图。

【工作任务】

任务 1　描绘规划场地现状图

任务 2　绘制广场总体规划平面图

任务 1　描绘规划场地现状图

【学习目标】

1. 了解图纸的矢量化方法与光栅图像的应用方法。
2. 掌握描绘规划场地现状图的步骤。
3. 能熟练利用 AutoCAD 描绘规划场地现状图。

任务描述

根据甲方提供的图纸，如图 2-1-1 所示的规划场地现状图（或现场实测图），用 AutoCAD 描绘成进行方案设计用的底图，即对图纸进行矢量化。

任务分析

进行方案设计时，甲方一般会提供场地现状图。图 2-1-1 是设计人员经常要面对的

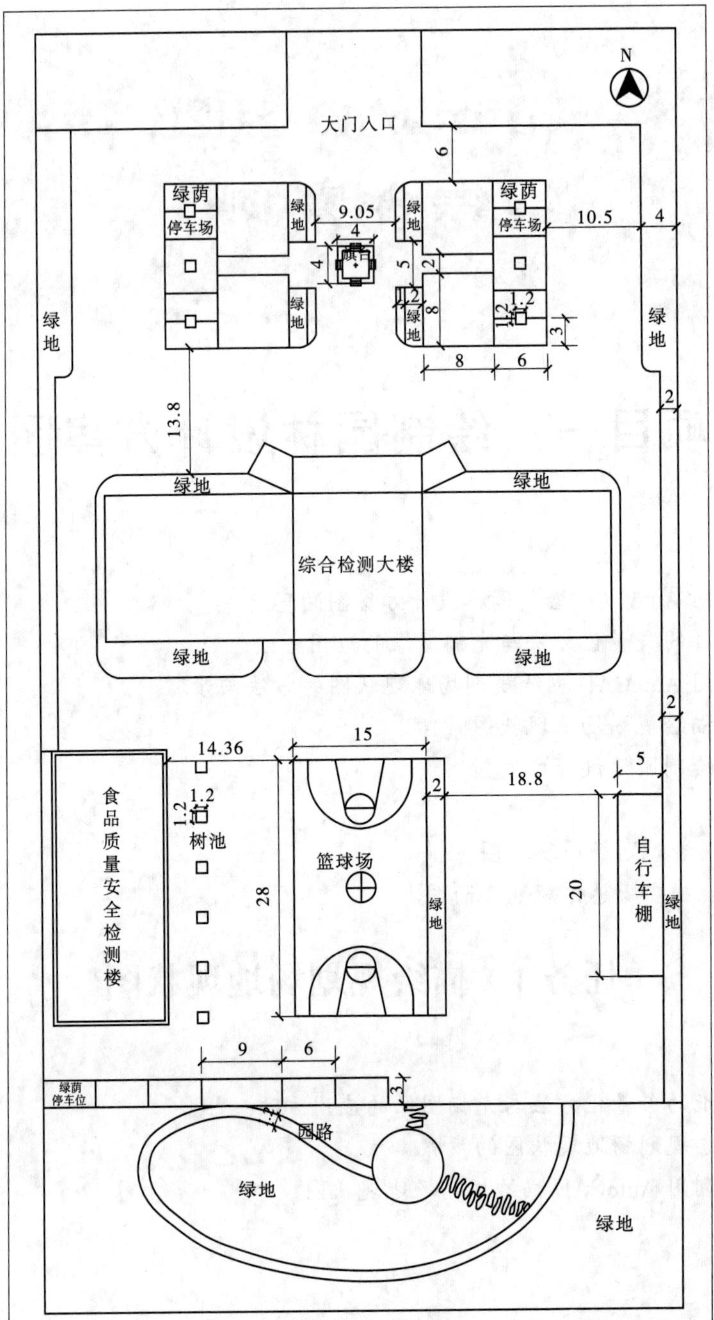

图 2-1-1　规划场地现状图

纸质图样。首先要做的工作就是将它输入计算机并转换成一个 AutoCAD 文件,这种转换过程称为矢量化。矢量化的方法主要有以下几种:量取坐标手工矢量化;扫描成图像衬底描红;扫描成图像,利用软件自动矢量化;数字化仪矢量化等。

相关知识

一、工程图纸的矢量化

(一) 量取坐标手工矢量化

对于地形、地物较少的简单的现状图,可以在图纸上逐个量取控制点的坐标,在 AutoCAD 中使用相关命令直接绘制底图上的图形对象。图纸矢量化的过程如下。

1. 确定坐标系的原点和 X、Y 轴

一般以现状图的左下角(或道路交叉点、建筑物角点等)为原点,以场地边界(或道路轮廓线及中心线、建筑物轮廓线等)作为坐标轴的轴线(或作为绘制坐标轴线的参照线),如图 2-1-2 所示。

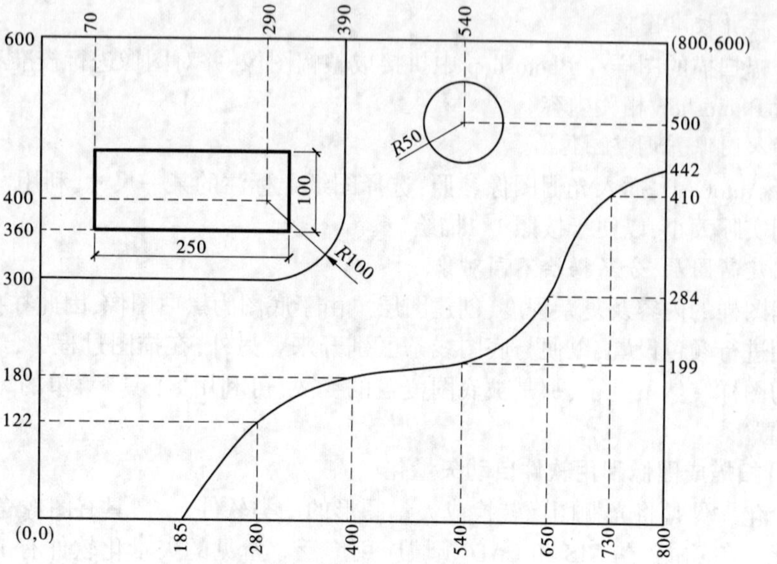

图 2-1-2 量取坐标手工矢量化

2. 逐个量取并标注图形对象上控制点的坐标

这里量取的是在绘图命令中需要输入的点,如直线的两个端点坐标,圆的圆心坐标及圆的半径,矩形的某一角点坐标及矩形的长和宽,等等。对于自由曲线应多设置一些控制点,以保证图样的准确性。尺寸可直接用直尺量取,以毫米(mm)为单位,且不必使用比例尺换算。

3. 在 AutoCAD 中使用绘图命令直接绘制底图上的图形对象

根据底图图形对象,选择合适的绘图命令进行绘制,如绘制图 2-1-2 时用到的命令有矩形、直线、圆弧、圆、样条曲线等。

4. 将底图缩放到实际尺寸

园林设计图在模型空间以实际尺寸进行绘制。因此,对当前图形应使用缩放命令将矢量化的底图进行缩放。参照缩放必须选择已知场地中两个明显地物点的实际距离,两个对角点有利于校正图纸在纵横两个方向上的变形。

(二)扫描成图像衬底描红

首先用扫描仪将图纸扫描成图像,存储为 JPG、TGA、TIF 等格式文件,在 AutoCAD 中将其插入作图区,新建图层,然后就像用硫酸纸描图那样,蒙在底图上面描一遍,完成矢量化。具体操作步骤如下。

1. 扫描图纸

扫描仪是工程设计常用的一种输入设备,它的使用方法可参见其使用说明书。扫描图纸之前应先对扫描仪进行扫描设置,一般将做底图的图片扫描为黑白图像;由于只在屏幕上显示图像,用于衬底描红,不用于打印输出,因此扫描分辨率设置为 100dpi 左右即可。

对于幅面过大的图样,可分幅扫描或先行缩印后再扫描,分幅扫描要有一定的重叠部分用于图像拼接。

2. 拼接并校准图像

将分幅扫描的图样在 Photoshop 中拼接成整幅图像,并对图像进行校准和校正。具体方法参考 Photoshop 相关内容。

3. 插入图像并调整图像

运行 AutoCAD,插入光栅图像参照,选择图纸上标注的某一尺寸,利用"缩放"命令调整图像到实际大小,以便于按照 1∶1描绘。

4. 创建新图层,分层描绘不同对象

根据图样的内容及复杂程度,创建图层。由于底图为黑白图像,因此在描绘时可根据对象类别进行颜色设置,以便与底图线条区别开来。另外,在描图过程中,经常会出现已经描绘的图样突然不见了,那是被底图覆盖的缘故,可利用"工具"菜单的"绘图次序"将底图"后置"。

(三)扫描成图像利用软件自动矢量化

矢量化软件是将光栅图像转换成矢量图形的一类软件,一般具有图像净化、光栅编辑和矢量化三项功能,在 GIS 和 CAD 领域应用广泛。常见的矢量化软件有 R2V、VPStudio 等,另外一些 GIS 软件也内置有矢量化模块。利用软件矢量化的一般步骤如下:

(1)扫描图纸。

(2)拼接并校准图像。

(3)图像净化。

(4)矢量化。

(5)矢量图形的后处理。

(6)输出图形存储为 AutoCAD 文件。

(7)在 AutoCAD 中缩放到实际尺寸后进一步应用。

具体操作方法参见相关软件应用手册。

二、园林设计平面图绘制的基本步骤

按照图纸绘制的先后顺序,园林设计平面图的绘制一般包括以下步骤:

(1)扫描图纸。
(2)插入图像,调整图像并缩放到实际尺寸。
(3)设置绘图环境。
(4)按 1:1分层绘制图形对象。
(5)注写文字、标注尺寸、添加图例符号等。
(6)保存图样。

任务实施

一、扫描图纸

下面以 Uniscan M800U 扫描仪为例,介绍扫描图纸的方法与步骤。关于扫描仪的连接与程序的安装,参见有关扫描仪使用说明书,这里不再赘述。

(一)把工程图纸平放在扫描仪的玻璃平台上

打开扫描仪顶盖,将工程图纸图样朝下扣放在扫描仪的玻璃平台上,盖上顶盖。

(二)启动扫描仪,设置扫描参数

启动扫描仪后,出现扫描仪操作面板,如图 2-1-3 所示。

图 2-1-3　扫描仪操作界面

单击“设置”按钮,设置扫描参数,如图 2-1-4 所示。扫描参数设置完成后,单击“确认”按钮,返回扫描仪操作界面。

(三)扫描与存储

单击“扫描”按钮进行扫描,结果如图 2-1-5 所示。单击“保存”按钮,保存后单击“退出”按钮,完成扫描任务,图纸扫图后的图像如图 2-1-1 所示。

提示:

如果图纸较大,或者扫描仪扫描的幅面小于图纸幅面,可分幅进行扫描。分幅扫描时,应根据扫描仪的幅面大小和图纸的尺寸,规划图纸如何分幅,且保证两幅图纸或多幅图纸边界要有一定的重叠区域,用于扫描后各幅面的拼接。

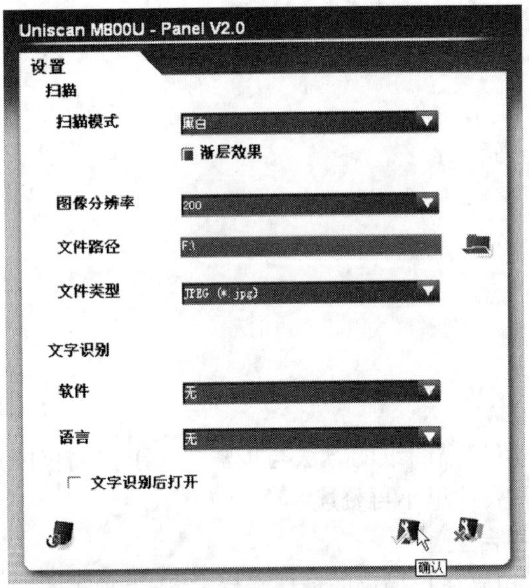

图 2-1-4　设置扫描参数

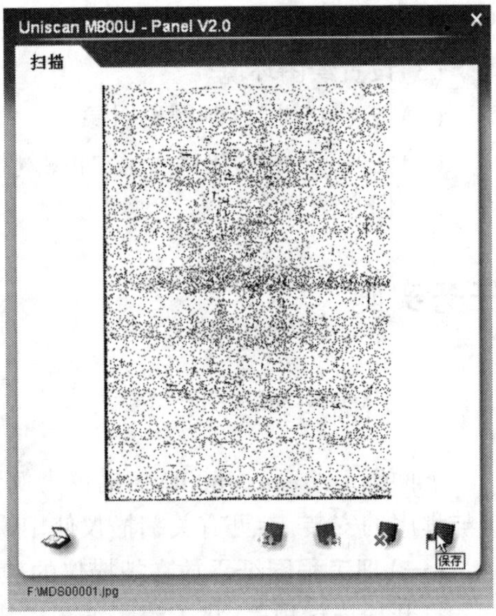

图 2-1-5　扫描图像

二、启动 AutoCAD 2020,设置绘图环境

(一)设置"图形单位"

启动 AutoCAD 2020,单击"格式"菜单 ➤ "单位",打开"图形单位"对话框,相关参数的设置可参考图 2-1-6。

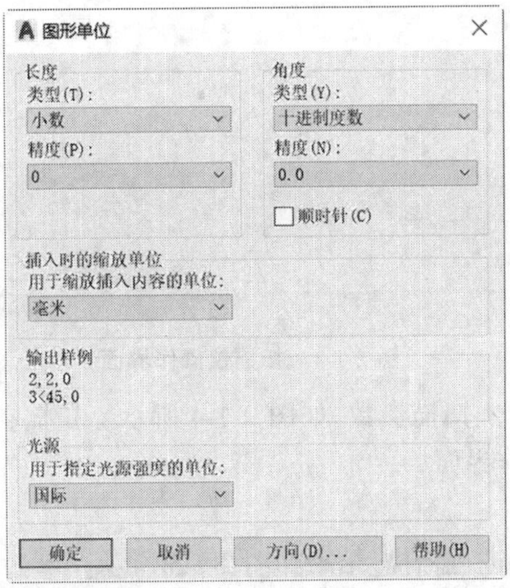

图 2-1-6　"图形单位"对话框

(二)创建并设置图层

单击"图层特性管理器"按钮,弹出"图层特性管理器"对话框,建立围墙、建筑、道

路、中心线、尺寸、文字等图层，如图 2-1-7 所示。在绘图过程中如有需要，还可以随时再添加新的图层。图层的颜色设置可自行选择；中心线层的线型为 Center，其余各层的线型为 Continuous；线宽设置可根据国标规定选择相应的线宽组及线宽，粗、中、细分开。

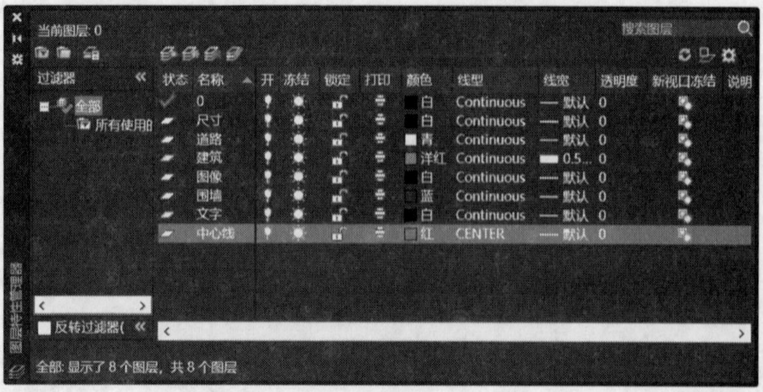

图 2-1-7　“图层特性管理器”对话框

若利用模块一项目一任务 2 创建的图形样板绘图，“设置绘图环境”此部分内容可忽略，直接进行下一项内容（下同）。

三、插入底图，并将底图以毫米为单位缩放为实际大小

（一）打开“插入”工具栏

鼠标右击任意工具栏 ➤ 单击“插入”，打开如图 2-1-8 所示的工具栏，单击“附着图像”按钮（或者单击“插入”菜单，如图 2-1-9 所示，选择“光栅图像参照”单击）。

图 2-1-8　“插入”工具栏

图 2-1-9　“插入”菜单

(二)选择参照文件

在打开的“选择参照文件”对话框中选择要插入的图像文件,如图 2-1-10 所示。

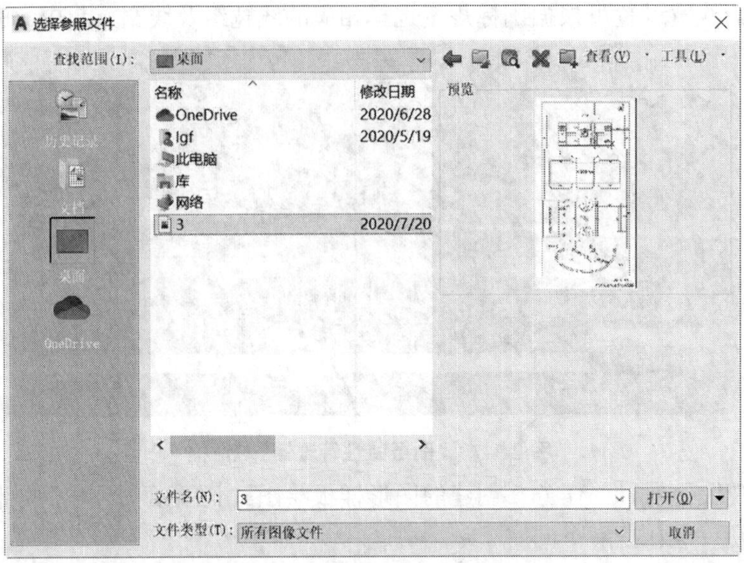

图 2-1-10　“选择参照文件”对话框

(三)设置“附着图像”选项参数

单击“打开”,弹出“附着图像”对话框,参照图 2-1-11 所示进行选项参数设置。

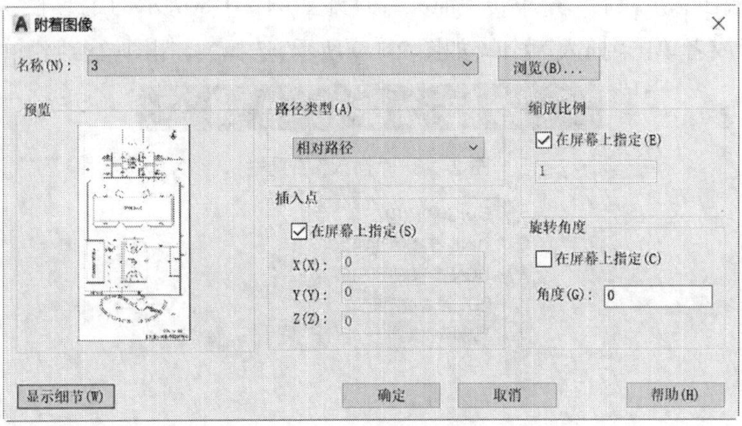

图 2-1-11　“附着图像”对话框

(四)插入光栅图像

单击“确定”,在命令行依次进行“指定插入点”“指定缩放比例因子”“指定旋转角度”等选项设置(或直接回车,图像的“插入点”为(0,0)、“缩放比例因子”为“1”、“旋转角度”为“0”),如图 2-1-12 所示。

(五)选择参照直线,调整图像比例为 1:1

图中标注尺寸单位为“米”(m),而利用 AutoCAD 进行绘图时一般以“毫米”(mm)为单位,因此需对图像进行缩放。

以图中标注的任一尺寸为参照,例如以图中入口处标注的道路尺寸“6”为参照,利用

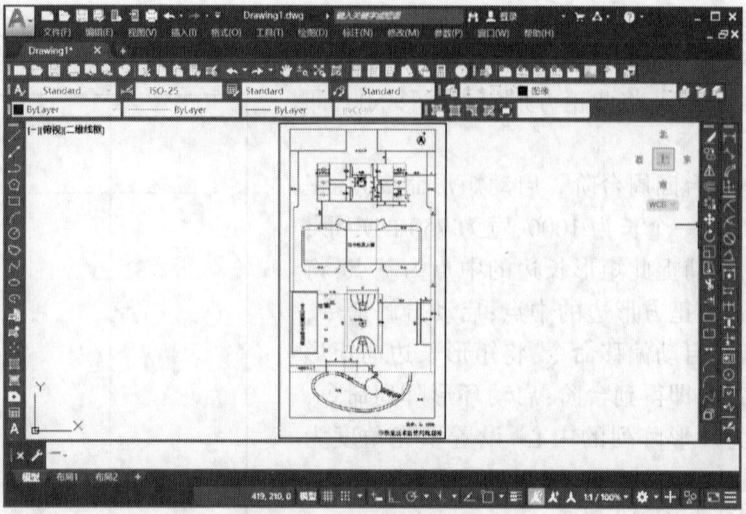

图 2-1-12　插入图像

“视图缩放”命令，调整视图为合适大小。

启动“缩放”命令，利用“参照”选项，将所选择的直线的长度缩放到“6000”，此时图面比例为 1:1。

四、描绘图形对象

描绘底图就是根据图样所标注的尺寸，按 1:1进行绘制。如果图样尺寸标注不完整，可通过甲方或现场实测得到图中所缺尺寸。另外，在描绘图样时，可能出现与底图错位现象，但只要按图示尺寸绘制即可，因为在利用缩放命令进行参照缩放时，参照直线的长度有误差。

（一）绘制围墙

将“围墙”图层设置为当前图层，启动矩形命令，以围墙的任意角点为矩形的第一角点绘制矩形，如：单击场地西南角点为矩形的第一角点，矩形的另一角点通过键盘输入“@72050，140000”，回车，即得到围墙的位置与轮廓，如图 2-1-13 所示。

（二）绘制中心线

整个场地的布局基本为左右对称，因此矩形的铅垂中线即为图样左右对称轴线。

将“辅助线”图层设置为当前图层，启动直线命令，打开“对象捕捉”模式，捕捉到围墙上下两条边的中点绘制直线，即为场地铅垂轴线。通过“线型控制器”对话框调整线型“Center”的全局比例因子为 200。

启动分解命令，将围墙轮廓线分解；启动偏移命令，将北围墙轮廓线向下偏移 25500，并将其置为“辅助线”图层，此水平线即为旗台的水平轴线。利用夹点，将水平轴线、铅垂轴线向水平方向、铅垂方向拉伸适当长度，如图 2-1-13 所示。

（三）绘制建筑物及构筑物

1. 绘制旗台及其四周台阶

（1）绘制旗台。将“建筑”图层设置为当前图层，启动正多边形命令，捕捉水平轴线与铅垂轴线的交点作为正多边形的中心点,选择“外切于圆(C)”选项,输入圆的半径 2000,可得到边长为 4000 的正方形,将此正方形向内偏移 500,即得到旗台。

(2)绘制旗台四周台阶。启动矩形命令,在正方形的一侧绘制一个长为 1000、宽为 750 的矩形;启动移动命令,捕捉此矩形长边的中点为基点,将其移动到旗台小正方形边的中点;启动分解命令,将此矩形分解;启动偏移命令,将矩形长边向矩形内依次偏移 250,即得到台阶;启动环形阵列命令,以旗台中心为环形阵列的中心,设置填充角度为 360°,阵列项目为 4,结果如图 2-1-14 所示。

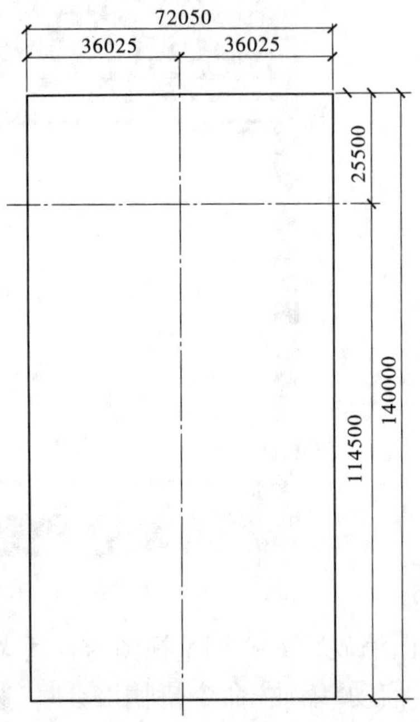

图 2-1-13　围墙及定位中心线

2. 绘制“综合检测大楼”

启动偏移命令,将水平轴线向下偏移 23500,并将其置为“建筑”图层,即为“综合检测大楼”的北墙体轮廓线所在位置。因建筑物左右对称,可采用绘制一半,另一半采用镜像命令得到(这里介绍绘制“综合检测大楼”右半部分)。

打开“正交”与“对象捕捉”模式,启动多段线命令,捕捉“综合检测大楼”的北墙体轮廓线与铅垂轴线的交点 A,调整鼠标的方向,向右绘制直线段长 28500,向下绘制直线段长 16000,向左捕捉到与铅垂轴线的垂足,单击,回车,即得到“综合检测大楼”右半部分墙体的外轮廓线。

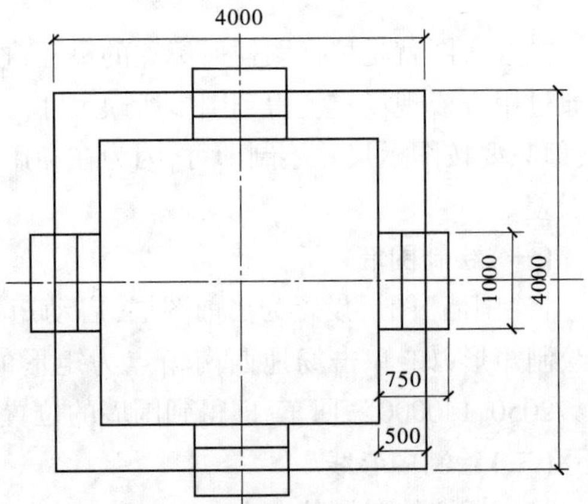

图 2-1-14　旗台及其四周台阶

启动矩形命令,绘制一个长为 14500、宽为 4000 的矩形;启动移动命令,捕捉其长边的中点为基点,移动此矩形并捕捉到“综合检测大楼”的北墙体的中点 A,单击。

启动圆命令,以旗台的中心为圆心,分别捕捉到 B、C 点为半径画两个圆;启动旋转命令,将铅垂轴线复制并旋转 30°,并把它置为“建筑”图层;利用修剪命令剪去多余的部分,即得到“综合检测大楼”北入口平台。

启动直线命令,捕捉到点 B,单击,捕捉到“综合检测大楼”南墙体的垂足,绘制直线,回车。

启动镜像命令,选择“综合检测大楼”右半部分轮廓线,以铅垂轴线为镜像线,镜像得到“综合检测大楼”的左半部分轮廓线。绘制完成后的“综合检测大楼”如图 2-1-15 所示。

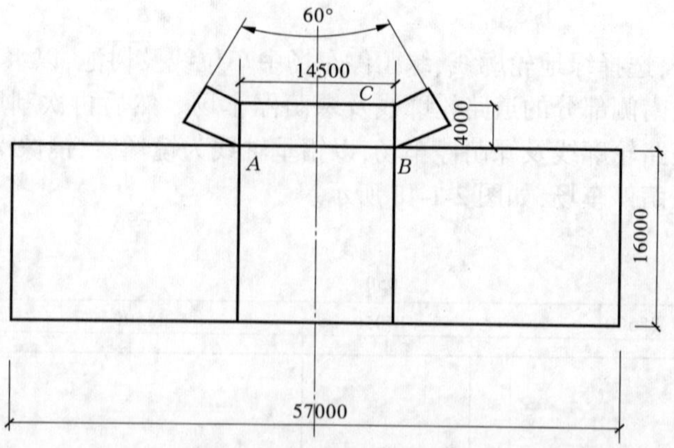

图 2-1-15　综合检测大楼

3. 绘制“食品质量安全检测楼”

鼠标右击任意工具栏➤单击“对象捕捉”，打开如图 2-1-16 所示的“对象捕捉”工具栏。

图 2-1-16　“对象捕捉”工具栏

启动矩形命令，利用“捕捉自”( )，捕捉“综合检测大楼”西南角点 D，单击，输入“@ -6200，-12000”，回车，得到 E 点，输入“@ 13000，-30000”，回车，得到此矩形的另一角点 F；启动偏移命令，将此矩形向内偏移 500，并设置其线宽为 0.3，如图 2-1-17 所示，完成“食品质量安全检测楼”的绘制。

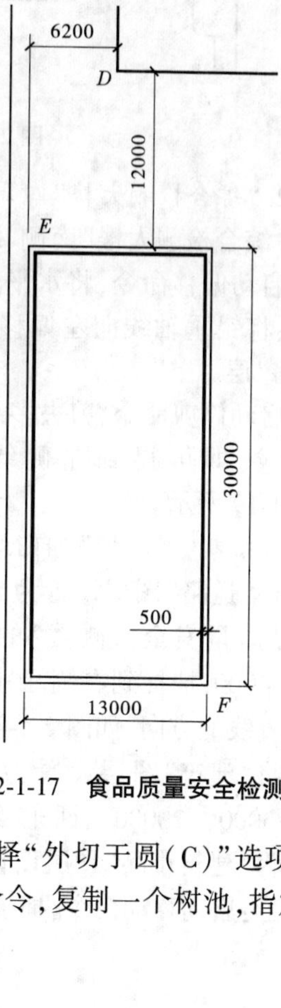

图 2-1-17　食品质量安全检测楼

(四) 绘制道路及绿地轮廓线

1. “大门入口”两侧绿地及入口广场区

由于入口区布局为左右对称，这里采用先绘制右半部分，再镜像得到左半部分的方法进行绘制。

启动偏移命令，将铅垂轴线向其右侧分别偏移 4525、5525、7500、15500、21500、32000、34000，将水平轴线向上分别偏移 1000、2500、3000、6000、9000、15000，向下偏移 12000，并将其置为“道路”图层。启动修剪命令，参照底图剪去多余的线条。

启动圆角命令，输入半径“2000”，回车，对入口处的道路轮廓线进行圆角；回车，重复圆角命令，输入半径“1000”，对铅垂轴线右侧的道路轮廓线进行圆角。

新建“建筑小品”图层并设置为当前图层，启动正多边形命令，捕捉水平轴线上的停车位的分界线中点为中心，选择“外切于圆(C)”选项，输入圆的半径“600”，可得到绿荫停车场中的树池。启动复制命令，复制一个树池，指定任意基点,打开“正交”模式,向北移动鼠标,输入“6000”,回车;利用修剪命令,剪去多余的线条。

启动镜像命令,选择绿地轮廓线、绿荫停车场中车位线及树池,以水平轴线为镜像线,镜像得到水平轴线南侧部分的道路轮廓线及绿荫停车场。然后再次利用镜像命令,选择铅垂轴线右侧的道路轮廓线及绿荫停车场,以铅垂轴线为镜像线,镜像得到铅垂轴线左侧的道路轮廓线及绿荫停车场,如图 2-1-18 所示。

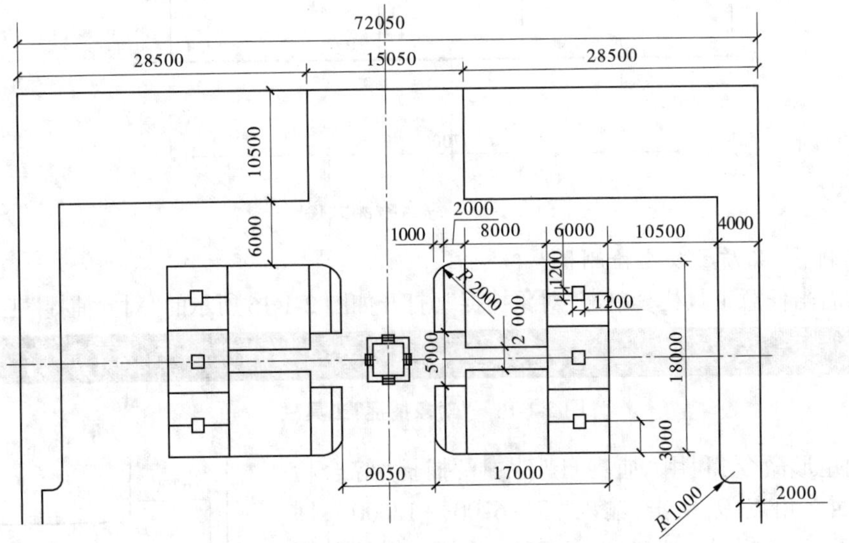

图 2-1-18　“大门入口”两侧绿地及入口广场区

2.“综合检测大楼”四周绿地轮廓线

“综合检测大楼”南侧、北侧及东西两侧的绿地的宽度分别为 4000、2200、1000。

启动偏移命令,将水平轴线向下分别偏移 22800、45000,即为大楼北侧、南侧绿地轮廓线;将铅垂轴线向左偏移 7250、17750、29500,即为大楼左侧绿地轮廓线,将它们置为“道路”层。

启动修剪命令,剪去多余的轮廓线;启动圆角命令,输入圆角半径“2500”,选择相关轮廓线,即可得到左侧绿地轮廓线。然后利用镜像得到右侧绿地轮廓线,如图 2-1-19 所示。

3. 绘制“篮球场”“自行车棚”“树池”

将“道路”图层设置为当前图层,启动多段线命令,在“正交”模式下,参照底图,捕捉“食品质量安全检测楼”的角点 G 点,绘制直线长度分别为 1200、4000、10200、15000、2000、4000,捕捉到右侧绿地轮廓线的垂足,单击,回车,结束直线的绘制。在绘图时注意调整直线的方向,如图 2-1-20 所示。

将“建筑”图层设置为当前图层,启动矩形命令,捕捉到图中角点 M,单击,输入“@ -5000,-20000”,回车,绘制一个长 5000、宽 20000 的矩形,即为自行车棚。

将“建筑小品”图层设置为当前图层,重复矩形命令,绘制一长为 1200、宽为 1200 的正方形;启动移动命令,捕捉到此矩形边的中点为基点,将此矩形移动到 H 点;利用矩形

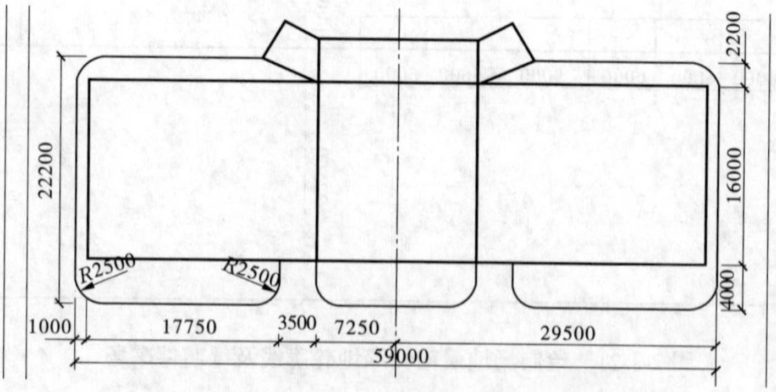

图 2-1-19　“综合检测大楼”四周绿地轮廓

阵列命令，设置矩形阵列相关参数：列数 1，列数之间的距离直接回车，行数 6，行数之间的距离为-5000，即可得到 6 个树池。

打开“设计中心”，在图库中找到“篮球场”图块，将其拖到绘图区；启动移动命令，捕捉“篮球场”上边线中点为基点，将其移动到铅垂轴线与道路轮廓线的交点 *N* 处即可，如图 2-1-20 所示。

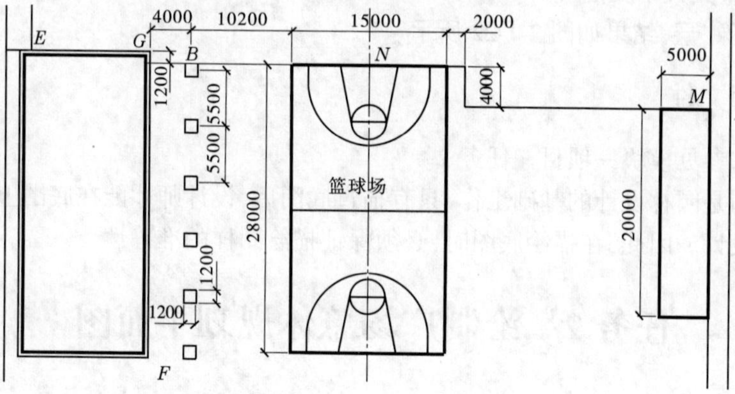

图 2-1-20　绘制“篮球场”“自行车棚”“树池”

4. 绘制场地最南侧绿地轮廓线及绿荫停车场

启动偏移命令，选择南侧围墙轮廓线，将其向北偏移 22500，即为绿地轮廓线，并将其置为“道路”层。

将该轮廓线向上偏移 3000，即为停车场的轮廓线，利用直线、偏移、修剪命令，绘制绿荫停车场，如图 2-1-21 所示。

五、注写文字、标注尺寸、添加图例符号

(一) 注写文字

将“文字”图层设置为当前图层，设置文字样式，使用单行或多行文字命令添加文本，

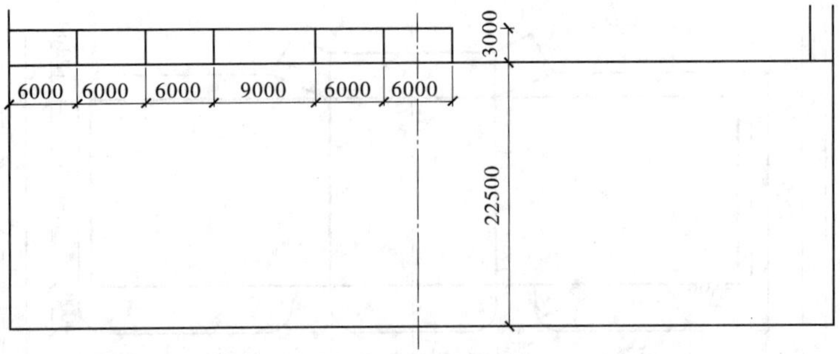

图 2-1-21　绘制场地最南侧绿地轮廓线及绿荫停车场

如图 2-1-20 所示。

(二)标注尺寸

将“尺寸”图层设置为当前图层,设置标注样式,以 ISO-25 为基础样式,根据打印图纸大小设置全局比例因子。为保证图样清晰,这里关闭了尺寸图层。

(三)添加图例符号

新建“符号”层并置为当前,打开“设计中心”,在图库中找到“指北针”图块,将其拖到绘图区,调整其大小及位置。

关闭“图像”层,结果如图 2-1-22 所示。

六、保存文件

具体要求参见模块一项目一任务 2。

描绘底图是园林设计的基础工作,只有描过底图后,设计师才能在底图上进行方案设计与施工图设计。因此,在描绘底图时,必须保证描绘图样的准确性。

任务 2　绘制广场总体规划平面图

【学习目标】

1. 了解园林设计总平面图绘制内容。
2. 熟悉绘制园林设计图时的系统设置。
3. 掌握 AutoCAD 绘制园林设计图的方法、步骤。
4. 能运用 AutoCAD 绘制园林设计方案图。

任务描述

运用 AutoCAD 有关绘图命令及编辑工具,结合所学专业知识,绘制图 2-1-23 所示的某广场总体规划平面图。

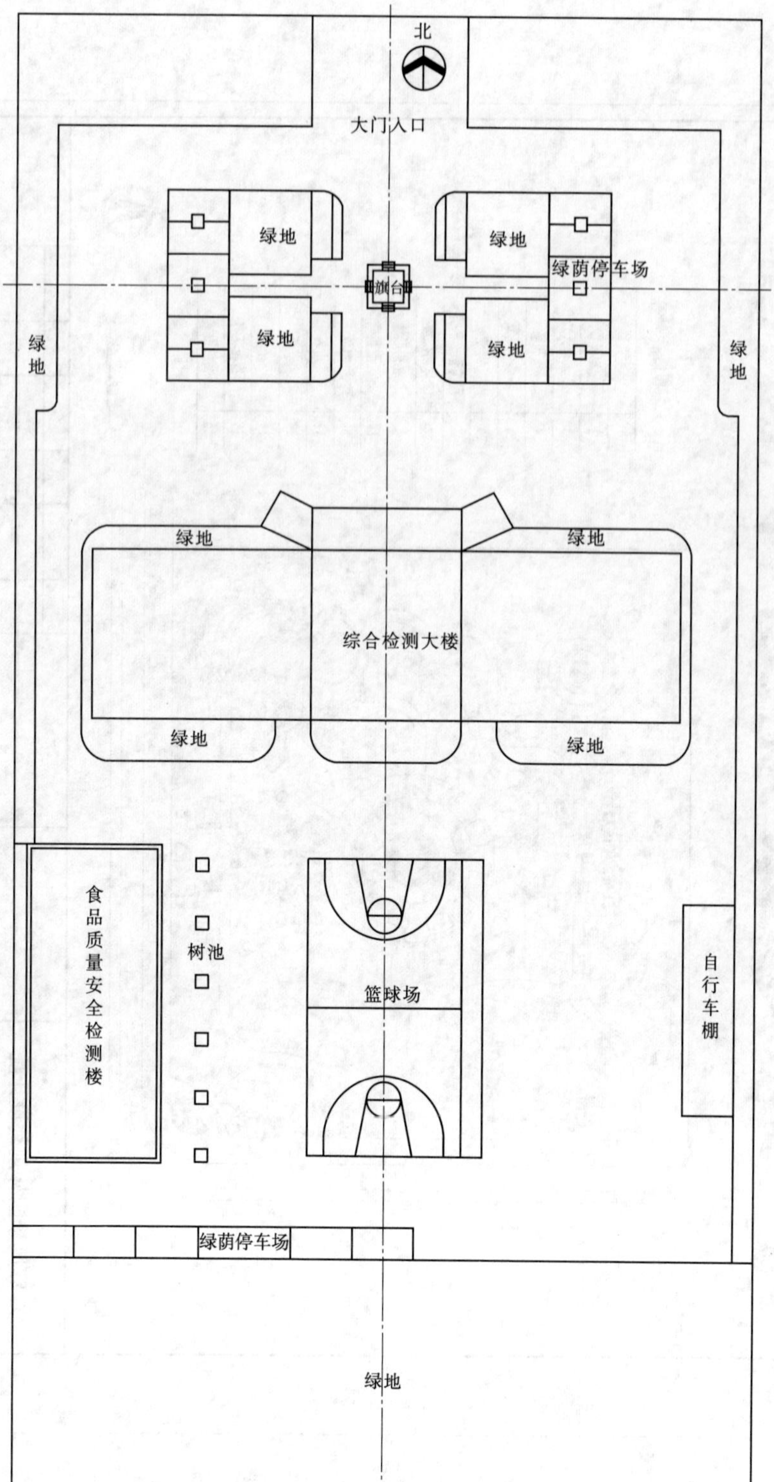

图 2-1-22　规划场地现状图

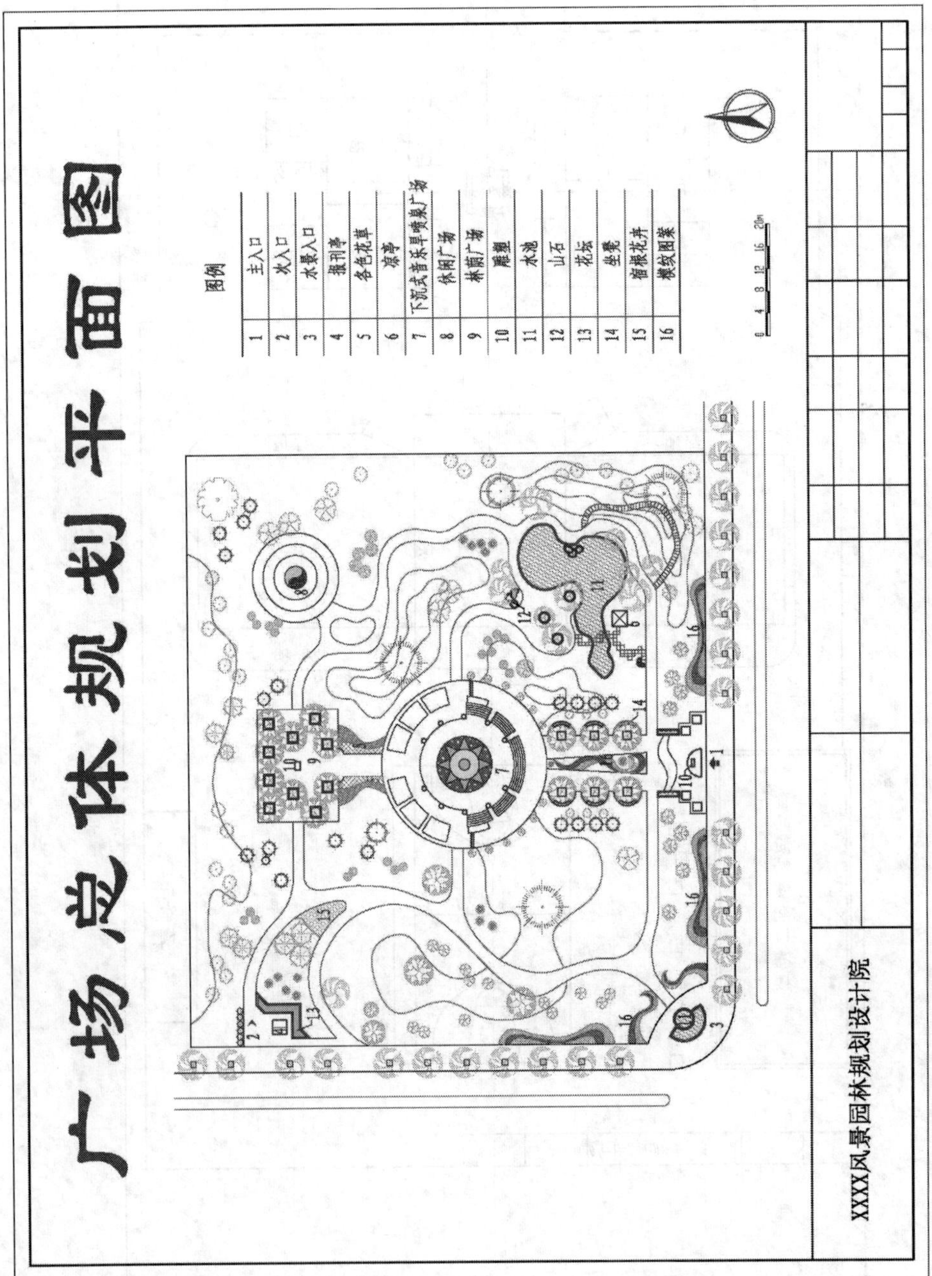

图 2-1-23　广场总体规划平面图

任务分析

园林设计是一个由浅入深不断完善的过程,它主要包括方案设计、初步设计和施工图设计等部分,各部分之间既相互联系又相互制约。其中方案设计作为园林设计的第一阶段,它对整个园林设计过程起指导性作用。

园林设计总平面图是方案设计的主要内容之一,主要表现为规划场地范围内的各种造园要素(如建筑、山石、地形、水体及植物等)的布局位置,它是反映园林工程总体设计意图的主要图样,也是绘制其他图纸及造园施工的依据。

由于总体设计平面图表现的内容较丰富,因此绘图时应综合利用前面所学的AutoCAD基本知识及基本技能,比如:图层的设置、绘图命令(如矩形、多段线、圆、样条曲线、文字注写、图块应用等)、修改命令(如修剪、偏移、阵列、镜像)等。另外,在绘图时还要做到思路清晰、方法灵活、绘制准确,使图面布局合理,色彩搭配协调,提高图样的艺术表现力与感染力。

相关知识

一、总平面图绘制的内容

根据规划的范围和内容不同,总平面图所包含的内容也有所不同。如果是较大区域的风景规划,总平面图上主要表明地形地貌和分区情况;如果所做的是一定范围内的园林绿地规划设计,总平面图上主要表现为设计的道路广场、建筑、山石水体、地形、绿化等。除此之外,总平面图上还有以下内容:

(1)图名、比例尺。

(2)一般用文字注明主要的道路、建筑及其他要素的位置与布局;较大区域的规划中常使用图例,表明道路、边界、设施等位置与布局。

(3)标出地形等高线或微地形走向变化。

(4)指北针:用来标明规划区域的朝向,有时采用风玫瑰图,同时表示该区域常年及夏季风向频率。

(5)设计说明:说明规划场地的位置、朝向、占地范围、地形、地貌、周围环境、设计意图及经济技术指标等。

二、总平面图绘制的步骤

根据规划设计的面积、内容、要求等不同,为使绘制的总平面图更准确、更快捷地表达设计意图,可采用如下步骤。

(一)设置绘图环境及图层

1. 设置绘图环境

主要包括绘图单位及图形界限的设置。在绘图单位“长度”选项组中,选择长度类型为“小数”,根据绘制图形的要求将“精度”设置为 0;设置“插入时的缩放单位”为毫米(mm)。在规划图形界限时,除考虑图形的大小外,还要考虑放置文字说明、图例表、尺寸标注及插入图框等,因此图形界限大小的设置为所绘制图形大小的 1.5~2 倍。

2. 设置图层及图层特性

可根据图样的复杂程度设置辅助线、建筑、道路、等高线、植物、尺寸标注、文字等图层,以及对图层特性包括颜色、线宽、线型等的设置,便于绘制和编辑。

(二)调整与绘制规划场地底图

根据甲方提供的图样或尺寸,进行规划场地底图的调整与绘制。如果甲方提供了场地的 AutoCAD 格式的文件,通过对原文件的修改或调整,可直接在原图样上进行方案设计;若甲方只提供了纸质图样,可按照项目二任务 1 的方法进行图纸矢量化,转换为 AutoCAD 格式的文件后再行设计。

(三)绘制规划总平面图

根据规划设计的内容,绘制边界、道路、广场、建筑小品及设施、山石、水体、地形、植物等要素。

(四)绘制方格网与标注尺寸

根据规划设计布局的形式,选择绘制方格网或标注尺寸进行定位。一般规则式设计采用标注尺寸,自然式及混合式设计则采用方格网。

(五)添加文字说明等

添加标题与说明文字,插入表格,添加比例尺、指北针等。

(六)进行打印设置、图纸输出

创建布局,插入图框,创建视口,输出文件。

任务实施

一、建立绘图环境

(一)设置绘图单位

单击“格式”➤“单位”,打开“图形单位”对话框,设置“长度”的类型:小数,“精度”:0;设置“角度”的类型:十进制度数,“精度”:0.0;设置“插入时的缩放单位”:毫米。单击“确定”。

(二)建立图层

如图 2-1-24 所示,建立“边界、道路、等高线、辅助线、建筑小品、广场、尺寸、文字”等图层。在绘图过程中可根据需要,还可以再添加新的图层。图层的颜色设置可参照图 2-1-24;辅助线层的线型为 Center,其余各层的线型为 Continuous;线宽设置可根据国标规定选择相应的线宽,粗、中、细分开。

二、绘制规划区域边界及辅助线

根据甲方提供的图样或尺寸进行边界范围绘制。

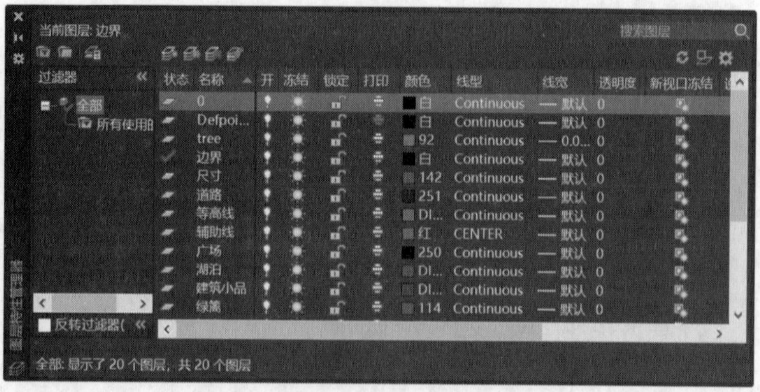

图 2-1-24　设置图层并定义图层特性

(一)绘制广场边界及西、南侧道路轮廓

(1)将“边界”图层设置为当前图层。

(2)启动矩形命令,在绘图区域的左下角单击一点,然后输入“@ 105400,95000”,回车,完成矩形边界的绘制;调整视图:单击“视图” ➤“缩放”➤“全部”;执行分解命令将矩形分解。

(3)启动偏移命令,将边界线向下偏移 5000,向左偏移 4600;执行圆角命令,右击,单击“半径”,输入“12500”,回车,单击偏移的两条直线,如图 2-1-25 所示。

(4)启动圆命令,捕捉并单击边界的左下角点作为圆心,输入半径“16200”,回车;执行修剪命令,按图 2-1-25 所示将多余的圆弧剪切即可。

(二)绘制辅助线

广场中心景观轴线的左右两侧为对称式布局,因此可通过绘制辅助线来简化作图步骤。

(1)将“辅助线”图层设置为当前图层。

(2)在任意工具栏上右击,单击“对象捕捉”,打开“对象捕捉”工具栏。

(3)启动直线命令,单击“捕捉自”按钮,在作图区中捕捉边界左上角点,单击,输入“@ 50000,0”,回车,在正交模式下,向下移动光标到合适的位置上单击,绘制垂直方向辅助线;右击(或回车、空格),单击“重复直线”,单击“捕捉自”按钮,捕捉边界右上角点,单击,输入“@ 0,-50800”,回车,向左移动光标到合适的位置上单击,绘制水平方向辅助线。

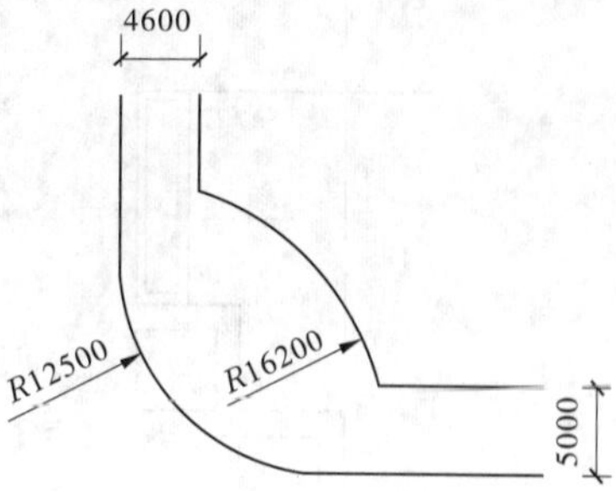

图 2-1-25　广场西南侧城市干道的轮廓

(4)利用夹点编辑命令将辅助线拉伸到适当长度,结果如图 2-1-26 所示。

三、绘制道路、广场、建筑及小品等硬质景观设施

由于铅垂辅助线两侧道路、广场、建筑及小品有对称的部分,因此绘制时可先绘制铅垂辅助线右侧(或左侧)部分,然后利用镜像命令得到铅垂辅助线另一侧部分。

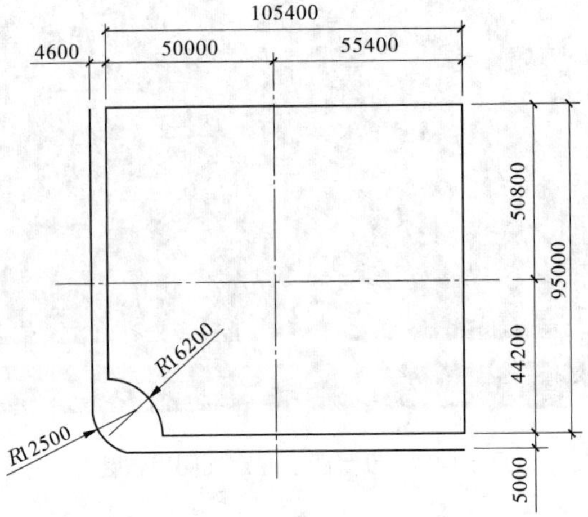

图 2-1-26　广场边界及辅助线的绘制

(一)主入口区

1. 绘制主入口区左侧轮廓线

将“道路”图层设置为当前图层,执行偏移命令,将铅垂辅助线向左偏移 9000,与广场南侧轮廓线相交于 B 点;捕捉 B 点,在“正交”模式下参照图 2-1-27 绘制多段线,多段线的长度依次为 3000、2000、2000、1000、4000,分别得到 C、D、E、F、G 点。在绘图时注意调整直线的方向,完成主入口区左侧轮廓线的绘制。

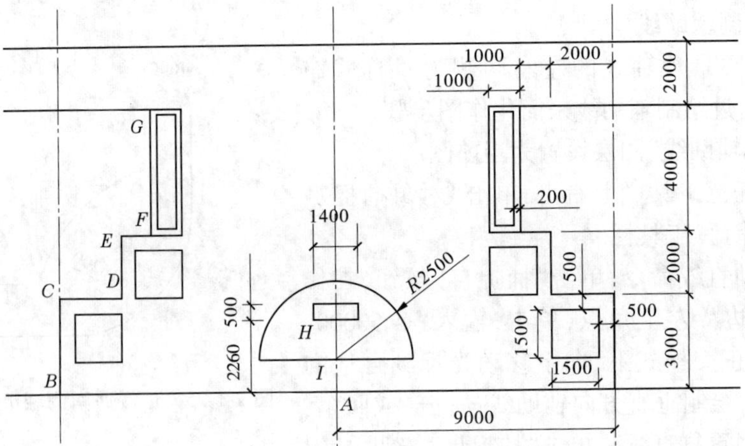

图 2-1-27　主入口区的绘制

2. 绘制树池与花坛

将“建筑小品”图层设置为当前图层。

启动矩形命令,单击“捕捉自”,在作图区捕捉并单击 C 点,输入“@ 500,-500”,回车,以确定矩形的第一个角点,然后输入“@ 1500,-1500”,回车,完成第一个树池的绘制。

捕捉 *E* 点，按同样的方法绘制第二个树池。

执行矩形命令，捕捉 *G* 点，输入“@1000，-4000”，回车；使用偏移命令，将矩形向内偏移 200，完成花坛的绘制。

启动镜像命令，选择以上绘制的多段线、树池、花坛等，以中轴线作为镜像线，将其镜像到另一侧，如图 2-1-27 所示。

3. 绘制雕塑

启动圆命令，单击“捕捉自”，在作图区中捕捉并单击 *A* 点（中轴辅助线与边界线的交点），输入“@0，1000”，回车，获得圆心 *I* 点，输入半径“2500”，回车即可。捕捉左、右象限点，绘制一条直线，并运用“修剪”命令将多余的半圆剪掉。

启动矩形命令，单击“捕捉自”，单击 *A* 点，输入“@-700，2260”，回车，以确定矩形的第一个角点 *H* 点，输入“@1400，500”，回车，完成小矩形的绘制，如图 2-1-27 所示。

4. 绘制入口区北侧道路的轮廓线

启动偏移命令，将水平辅助线向下偏移 35200，并将偏移后的直线再向上偏移 2000，得到入口区北侧道路的轮廓；并将其搬运到“道路”图层，参照图 2-1-27 进行修剪。

（二）休闲广场区

在入口区的北邻，同入口区一样，铅垂辅助线两侧采用对称布局，先绘制一侧，另一侧采用镜像命令得到。

1. 绘制圆弧

将铅垂辅助线向左偏移 5000，并将其置为“广场”层；将南侧道路的轮廓线向北依次偏移 1000、5000、1000；启动两点画圆命令，单击 *A* 点、*B* 点。执行修剪命令，将多余圆弧剪切，如图 2-1-28 所示。

2. 绘制弧形坐凳

将上面绘制的圆弧向内偏移 500，然后启动直线命令，捕捉左象限点和圆心，绘制一条直线；启动偏移命令，将其向上、向下各偏移 1500；启动直线命令，捕捉偏移的直线与圆弧的交点与圆心绘制直线；执行修剪命令，将多余部分剪切，得到坐凳的轮廓，见图 2-1-28。

3. 绘制正方形树池

启动正多边形命令，设置正多边形的中心位于圆弧的圆心，外切于圆的半径为 750，绘制正方形，如图 2-1-28 所示。

4. 利用阵列或复制命令，完成左侧的广场轮廓、坐凳、树池的绘制

启动矩形阵列命令，设置阵列的行数：3，行偏移距离：7000；列数：1，列偏移距离：1；或利用复制命令，打开“正交”模式，鼠标向上移动，使其偏移的距离为 7000、14000。

启动镜像命令，选择左侧的广场轮廓、坐凳、树池，设置镜像线为中轴线，完成右侧的广场轮廓、坐凳、树池的绘制，如图 2-1-29 所示。

5. 绘制广场中心的条形绿地

执行偏移命令，将铅垂辅助线向左、右各偏移 1900、850。启动圆命令，以水平辅助线和铅垂辅助线的交点为圆心，绘制半径为 15000 的圆。

启动直线命令，绘制条形绿地；执行修剪命令，剪切掉多余的部分，如图 2-1-29 所示。

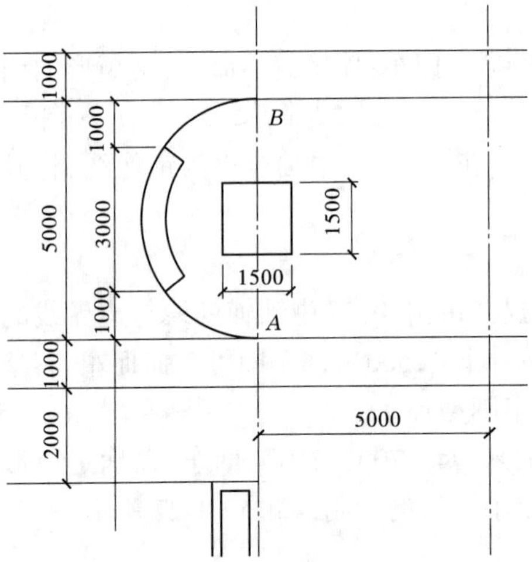

图 2-1-28　坐凳与树池的绘制

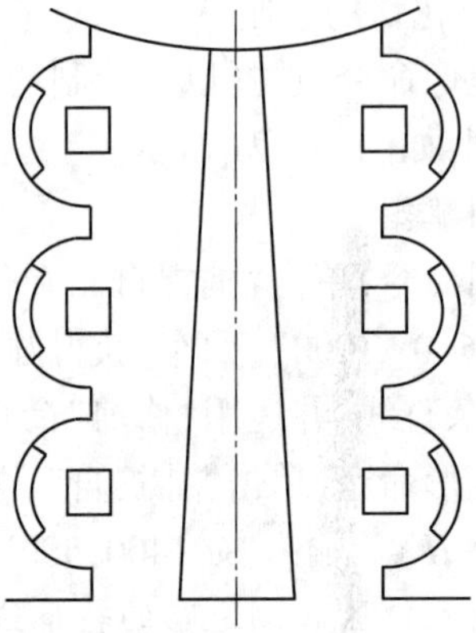

图 2-1-29　休闲广场区的绘制

(三)下沉式旱喷泉广场区

1. 绘制中心主广场外轮廓线

将“广场”图层设置为当前图层,启动圆命令,以水平和铅垂辅助线的交点为圆心,绘制半径为 14200、11000、8500、8100、5000、2700、1000 的圆。

2. 绘制中心区平面形状

先设置点样式,再执行“绘图”➤“点”➤“定数等分”命令,将半径为 5000 的圆 8 等分,将半径为 2700 的圆 16 等分,利用多段线命令参照图 2-1-30 对应连接即可。然后将点样式恢复为默认,或者将这些点删除。

3. 绘制景观灯柱

启动圆命令,捕捉半径为 8500 的圆与水平辅助线的交点作为圆心,以 400 为半径绘制圆,并将此圆的线宽修改为 0.35。

执行环形阵列命令,设置半径为 8500 的圆的圆心为阵列中心点,阵列项目数为 12,填充角度为 360°;然后删除半径为 8500 的圆及垂直辅助线上的两个小圆,完成景观灯柱的绘制,如图 2-1-31 所示。

4. 绘制北部 6 个扇形绿地

将铅垂辅助线向左偏移 2710,与半径为 14200 圆相交于 *A* 点,以点 *A* 为圆心、以 4850 为半径画圆,与该圆相交于 *B* 点;利用直线命令分别将 *A*、*B* 两点与中心圆心相连,如图 2-1-32 所示;运用修剪命令修剪多余的部分,即得到第一个扇面。运用编辑多段线命令,将其编辑为多段线。

启动环形阵列命令,将所得到的扇形向左下方阵列,按照命令行的提示,输入“填充角度(F)”:45;“项目(I)”:3。

使用镜像命令,将左侧的三个扇面镜像到右侧,结果如图 2-1-33 所示。

图 2-1-30　中心区的绘制

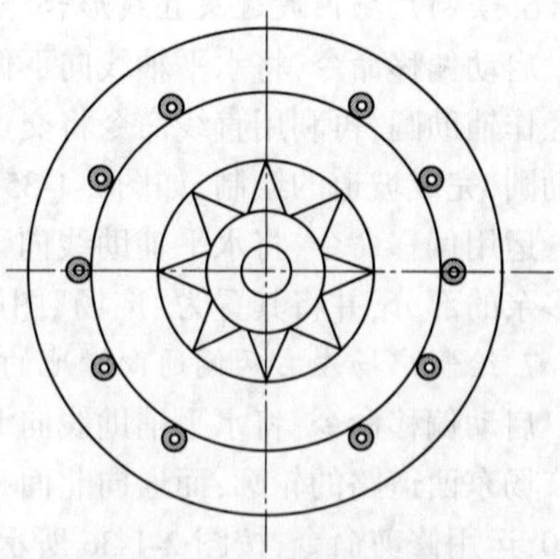

图 2-1-31　景观灯柱的绘制

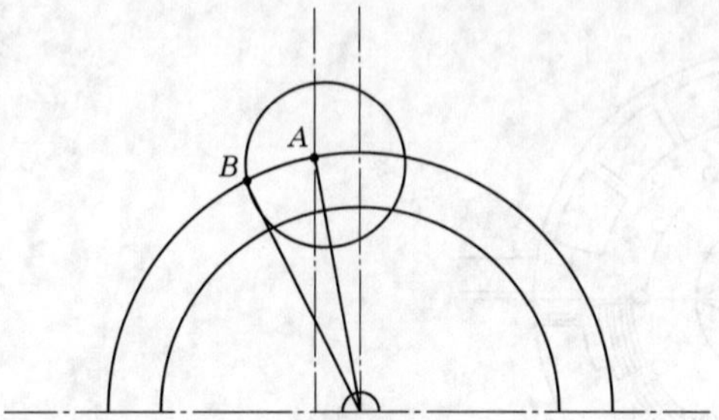

图 2-1-32　扇面的绘制

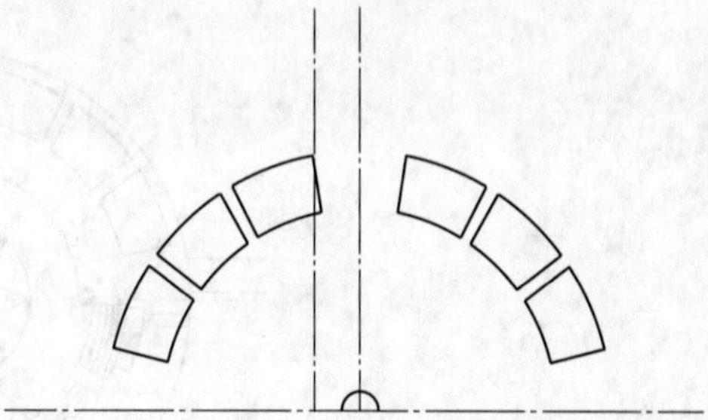

图 2-1-33　阵列、镜像后的效果

5. 绘制南部弧形台阶

南部弧形台阶与上述扇面的绘制方法相同。

启动直线命令,过水平轴线与铅垂轴线的交点,作景观灯柱的切线,并延长至半径为 11000 的圆,然后利用修剪命令,在半径为 8100 和 11000 的圆之间修剪出两条直线。

启动环形阵列命令,将修剪后的两条直线进行环形阵列,并删除多余的直线,结果如图 2-1-34 所示。

启动偏移命令,将水平辅助线向下偏移 400,利用修剪命令,剪去多余的线段,作为台阶北部两侧的边界线,删除两侧的斜线。

启动偏移命令,将半径为 11000 的圆线向内依次偏移 400,偏移 5 次,并利用修剪命令进行修剪,完成弧形台阶的绘制,如图 2-1-35 所示。

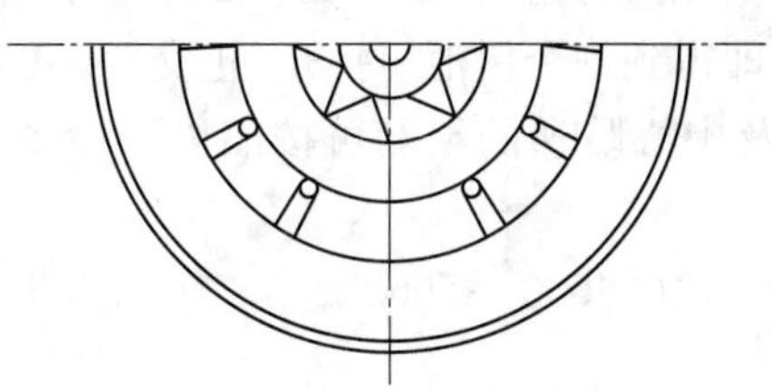

图 2-1-34　两条直线阵列后效果

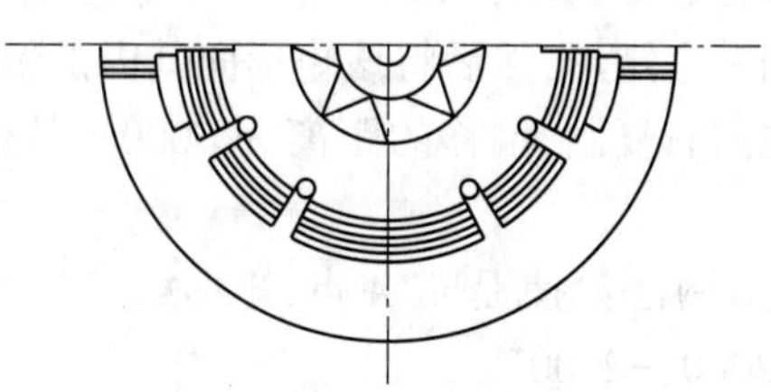

图 2-1-35　台阶、坡道的绘制

6. 绘制广场内坡道及直线形台阶

启动偏移命令,将水平轴线向下偏移 600,与 12200 的圆相交,以交点为圆心、4000 为半径作辅助圆,再利用直线命令将交点与圆心相连,然后利用修剪命令进行修剪,并删除辅助圆,完成坡道的绘制,如图 2-1-35 所示。

运用偏移命令,将水平辅助线向下偏移 1000,然后再偏移 300、300,运用修剪命令修剪多余的部分,并将其置为“广场”图层,如图 2-1-35 所示。

7. 绘制广场左右两侧通向绿地的道路

启动偏移命令,将水平辅助线向北偏移 380,将偏移后的直线再向北偏移 2000,即得到广场东西道路的轮廓;而通向北面林荫广场的道路,采用将铅垂辅助线向左、右各偏移 2000,运用修剪命令,按图 2-1-36 所示修剪多余的部分,并将其置为“道路”图层。

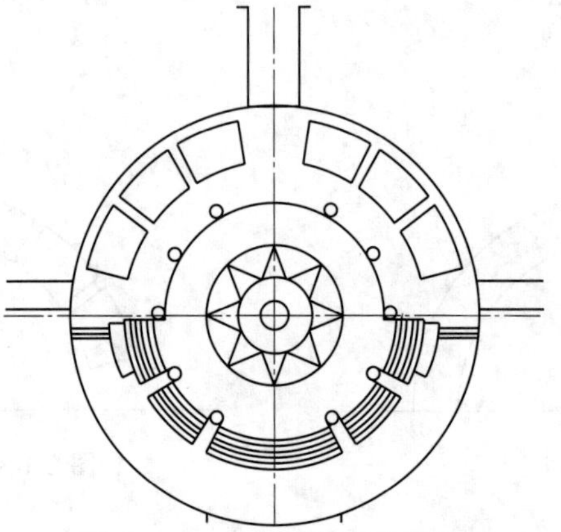

图 2-1-36　广场两侧道路的绘制

(四)林荫广场区

1. 绘制林荫广场外轮廓线

启动偏移命令,将水平辅助线向上偏移 22970、37970,将铅垂辅助线向左、右各偏移 10000,运用修剪命令修剪多余的部分,并将其置为“广场”图层。在此广场入口处,分别以水平直线与两侧道路的交点为圆心,绘制一半径为 1000 的圆弧,并修剪多余的部分,如图 2-1-37 所示。

2. 林荫广场内树池的绘制

广场内树池的布局左右对称,可以先绘制一侧,再进行镜像复制得到另一侧的树池。

现举例说明此广场 a 树池画法:启动矩形命令,单击“捕捉自”,在广场区域单击 *A* 点,输入“@ 1500,-1200”,回车,确定树池的第一个角点,输入“@ 2000,-2000”,回车,即得到一个矩形,然后将该矩形向其内部偏移 250 即得到一个树池。打开“正交”模式,将 a 树池向右复制,偏移的距离为 5000。其他树池及中心雕塑的绘制可按照以下命令和数据:

b 树池:“捕捉自”*A* 点,矩形第一个角点坐标为“@ 4000,-5660”,第二个角点坐标为“@ 2000,-2000”。

c 树池:“捕捉自”*B* 点,矩形第一个角点坐标为“@ 700,3200”,第二个角点坐标为“@

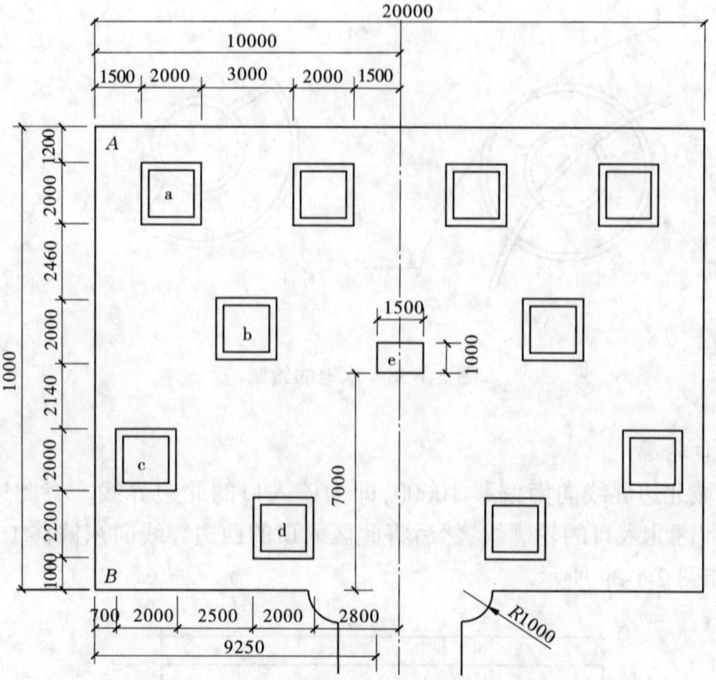

图 2-1-37　林荫广场轮廓线及广场内树池的绘制

2000, 2000”。

d 树池:“捕捉自”*B* 点,矩形第一个角点坐标为“@ 5200,1000”,第二个角点坐标为“@ 2000, 2000”。

中心雕塑 e:“捕捉自”*B* 点,矩形第一个角点坐标为“@ 9250,7000”,第二个角点坐标为“@ 1500,1000”。

执行镜像命令,将以上绘制的树池镜像到辅助线的另一侧,结果如图 2-1-37 所示。

(五) 西南水景入口区

1. 圆形水池的绘制

将“建筑小品”图层设置为当前图层,启动圆命令,单击“捕捉自”按钮,捕捉并单击规划边界的西南端点 *A*,输入“@ −6620,4400”,回车,即为圆形水池的圆心,根据命令行提示输入半径“1900”,回车,即得到一个圆,将该圆向其内部偏移 300,完成圆形水池的绘制。

2. 扇形水池的绘制

利用偏移命令,将圆形水池的外轮廓线向其外偏移 1800、2100,将广场的边界线(弧线部分)向外偏移 3200、3500,如图 2-1-38(a)所示。运用修剪命令,按图 2-1-38(b)所示修剪多余的部分,并将其修改为“建筑小品”图层即可。

(六) 西北次入口区

广场西北次入口区设计有一花坛和报刊亭。

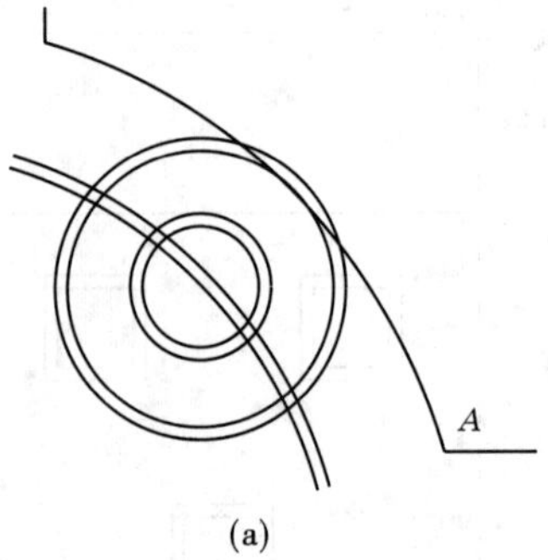

图 2-1-38 水池的绘制

1. 绘制入口轮廓

将规划区域北边界线向南偏移 10000,即为该入口的北边界线。将此边界线向南偏移 2100,得到此区北入口的轮廓线;然后将此区入口的西边界线向东偏移 1500,得到此区西侧轮廓线,如图 2-1-39 所示。

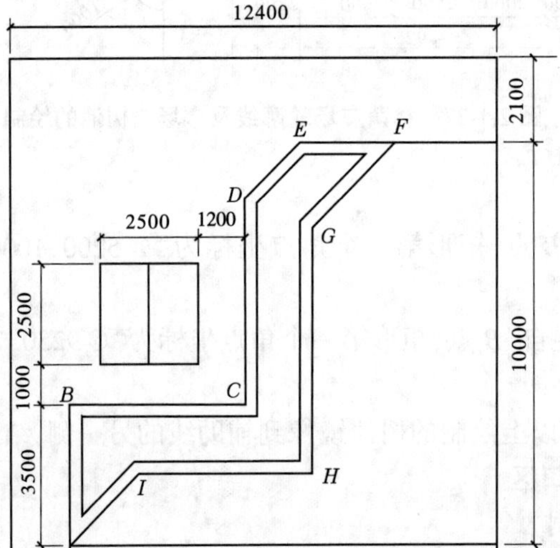

图 2-1-39 花坛与报刊亭的绘制

2. 绘制花坛

将“建筑小品”图层设置为当前,打开“正交”模式,启动多段线命令,捕捉 A 点,依次输入“3500”,回车,“4500”,回车,“5100”,回车,“@ 2000 < 45”,回车,“2400”,回车,“@ 3000<225”,回车,“6100”,回车,“4400”,回车;右击,在弹出的快捷菜单中单击“闭合”,完成花坛的外轮廓线绘制。然后将此轮廓线向其内部偏移 300,完成花坛的绘制,如图 2-1-39 所示。

3. 绘制报刊亭

启动矩形命令,单击"捕捉自",捕捉花坛上的 C 点,输入"@ -1200,1000",回车,即为矩形的第一个角点,输入"@ -2500, 2500",回车,完成矩形的绘制。启动直线命令绘制中线,完成报刊亭的绘制,如图 2-1-39 所示。

(七)绿地内东北侧的休闲广场

将水平辅助线向上偏移 30600,将铅垂辅助线向左偏移 33500,交点即为广场的中心。启动圆命令,捕捉辅助线的交点,绘制半径为 8000 的圆,并将圆依次向内偏移 2000,重复偏移 3 次,得到 4 个同心圆,完成休闲广场的绘制,如图 2-1-40 所示。

(八)绿地内凉亭及凉亭北侧的树池

1. 绘制凉亭

将水平辅助线向下偏移 28500,将铅垂辅助线向右偏移 25800,其交点即为凉亭的中心,运用正多边形命令,绘制边长为 2700 的正方形。运用直线命令连接对角线,完成凉亭的绘制,如图 2-1-41 所示。

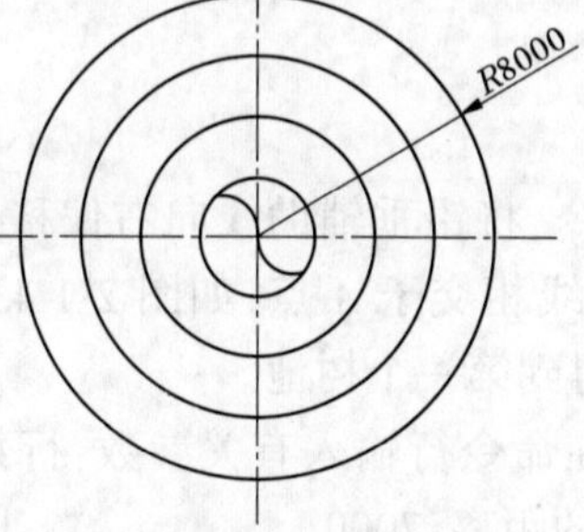

图 2-1-40　休闲广场的绘制

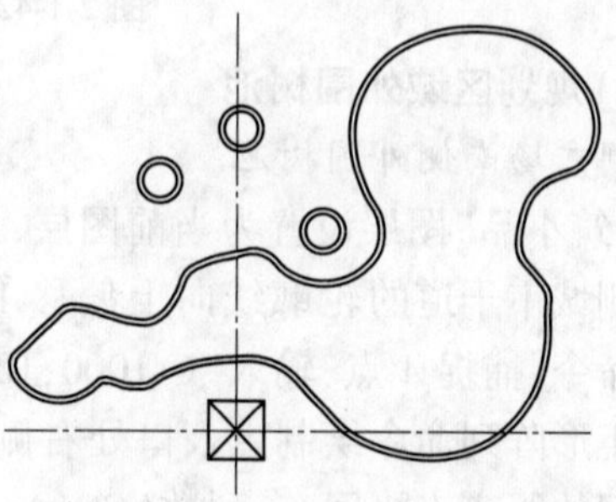

图 2-1-41　凉亭、树池与水体的绘制

2. 树池的绘制

运用圆命令绘制凉亭北侧的树池,并采用不等边三角形布置,外圆半径为 1000,然后向圆内偏移 250 即可,如图 2-1-41 所示。

(九)自然式湖泊

在凉亭的北侧布局有一自然式湖泊,如图 2-1-41 所示。运用样条曲线命令绘制驳岸线时,要注意线条要流畅,曲折自然,并调整为粗实线,在驳岸线内侧用细实线绘制湖底等高线。

(十)园路

规划区域内园路的绘制,采用样条曲线命令。先绘制园路中心线,根据景观观赏要求,调整园路的方向,达到步移景异之效果。然后运用偏移命令向两侧偏移,即得到园路。对于个别地方,还需采用圆角命令进行圆角,以便于游人行走,如图 2-1-42 所示。

对于石板路,可先用样条曲线命令绘制其外轮廓,再采用直线命令进行分割即可。

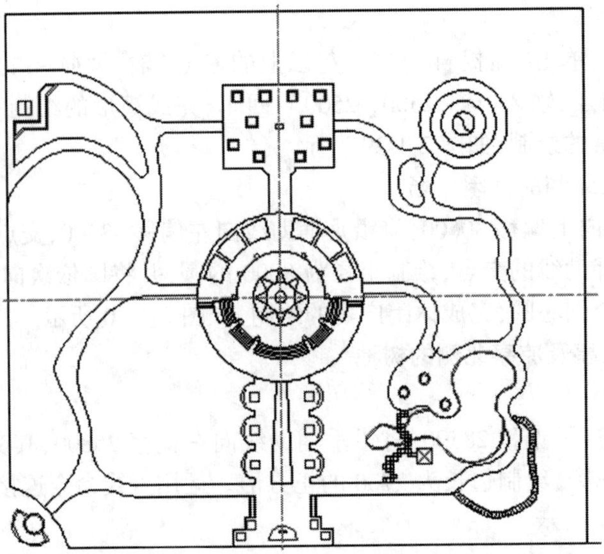

图 2-1-42　园路的绘制

(十一)规划区域外围树池

1. 绘制广场南侧外围树池

将"建筑小品"图层设置为当前图层,启动偏移命令,将铅垂辅助线向右偏移 11900,将广场南侧城市干道的轮廓线向上偏移 1000,两条直线相交于 *A* 点,如图 2-1-43 所示。运用矩形命令,捕捉 *A* 点,输入"@ 1000,1000",回车,得到第一个树池。

采用矩形阵列命令绘制主入口处右侧其他树池,在命令行输入有关参数:行数(R):1;行数之间的距离直接回车;列数(COL):7,列数之间的距离:7000。

启动镜像命令,将右边的树池镜像到入口处的左侧。

2. 绘制广场西侧外围树池

启动偏移命令,将广场西侧城市干道的轮廓线向右偏移 1000,以其与广场北侧的延长线交点作为矩形的角点绘制树池。或者启动矩形命令,单击"捕捉自"按钮,捕捉广场西北角点,输入"@ -3600,0",回车,确定矩形树池的第一个顶点,输入"@ 1000,-1000",回车,完成树池的绘制。

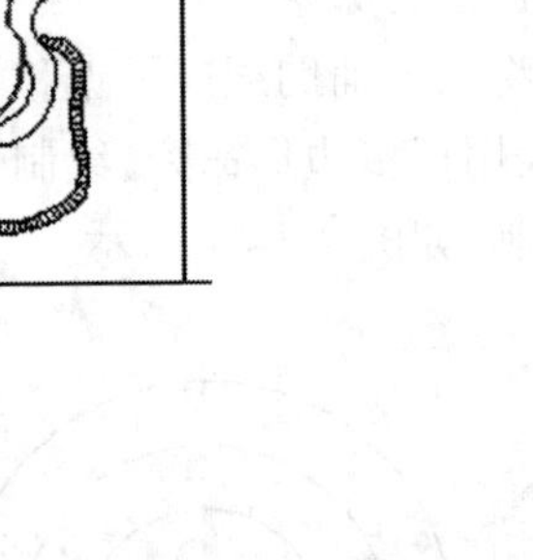

图 2-1-43　树池的绘制

采用矩形阵列命令绘制其他树池,在命令行输入有关参数:行数(R):13;行数之间的距离:-7000;列数(COL):1;列数之间的距离直接回车。

删除入口处的树池。

四、绘制地形

根据造景需要,规划区域内做了微地形处理,地形要和缓、自然起伏,体现得景随形、自成天然之趣。地形用等高线表达,等高线的绘制采用样条曲线命令,将"等高线"图层设置为当前图层,根据地形设计要求进行绘制,注意线条要自然流畅,如图 2-1-44 所示。

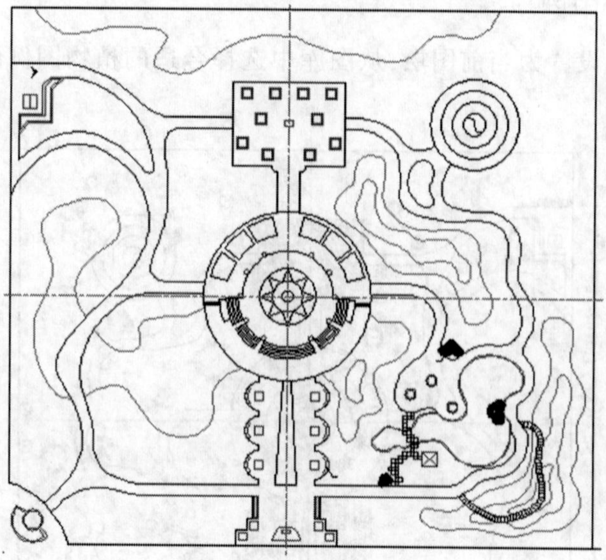

图 2-1-44　绘制地形

五、填充图案

对于地被、花卉、模纹造型、铺装纹样等一般需要进行图案填充。为提高电脑运行速度,避免死机现象的发生,可把与填充无关的图层关闭或冻结。

将"填充"图层设置为当前图层,运用图案填充命令,填充适宜图案,如图 2-1-45 所示。

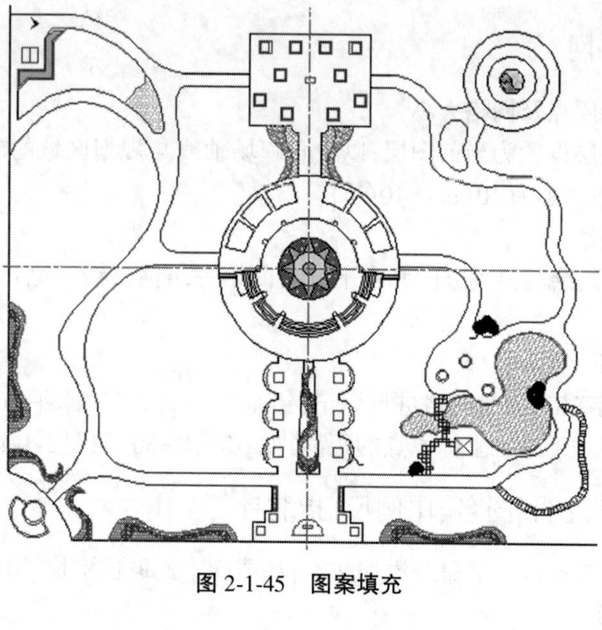

图 2-1-45　图案填充

六、添加植物图例

将“树木”图层设置为当前图层,从图库中选择合适的植物图例添加到图形中,如图 2-1-46 所示。

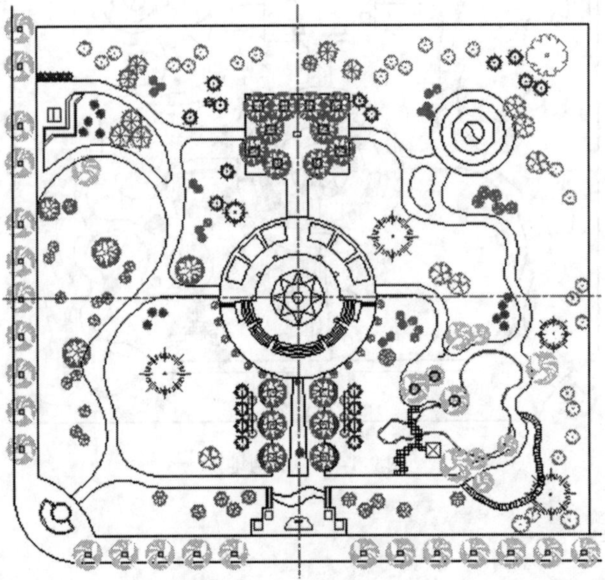

图 2-1-46　添加植物图例

七、编制图例说明

为使图面清晰,便于阅读,对图中的建筑及设施等予以编号,并注明相应的名称,编制图例表(或直接在图中用文字注明),如图 2-1-47 所示。

八、绘制方格网

(一)确定坐标原点及网格大小

将“方格网”图层设置为当前图层,以中心广场轴线与规划区域的南边界线的交点为施工坐标原点,网格大小为 10(m)×10(m)。

(二)绘制网格线

运用直线命令先绘制铅垂方向和水平方向的第一条网格线,然后运用矩形阵列命令绘制其他网格线。

(三)标注网格

运行“单行文字”工具,对网格进行标记,铅垂方向为 A 轴,水平方向为 B 轴,并在 A 或 B 的旁边标记相对于施工坐标原点的距离,如 A30、B-50,如图 2-1-48 所示。

九、添加文字说明、图名、比例尺、指北针等

使用单行文字或多行文字命令添加文本;从图库中选取比例尺、指北针添加到图形中。

十、标注

(一)设置标注样式

基础样式为 GB35,使用全局比例因子为 400。

(二)尺寸标注

将“标注”图层设置为当前图层,对图形对象进行尺寸标注。

图例	
1	主入口
2	次入口
3	水景入口
4	报刊亭
5	各色花草
6	凉亭
7	下沉音乐旱喷泉
8	休闲广场
9	雕塑
10	山石
11	花坛
12	坐凳
13	根宿花卉
14	模纹图案

图 2-1-47　图例表

十一、图纸输出

(一)设置布局

(1)选择绘图仪或打印机,设置布局参数,图纸尺寸为 ISO A2,横向。

(2)插入 GB-A2 建筑横向图框。

(3)创建视口,其视口比例为 400。

(二)打印图纸

(1)打印预览。

由于图纸的可打印区域与绘图仪或打印机的参数有关,如果打印区域距打印纸边缘的距离不符合需求,可修改标准图纸的可打印区域,结果如图 2-1-23 所示。

(2)打印图纸。

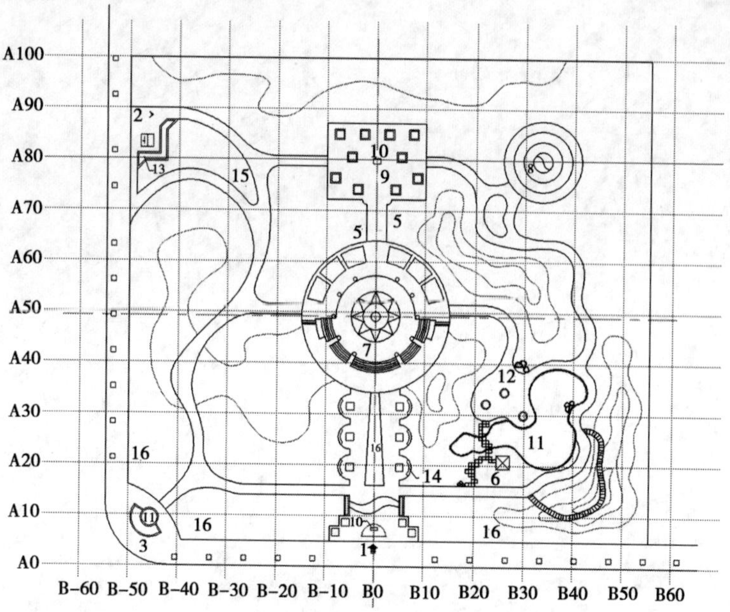

图 2-1-48　绘制方格网

思考与练习

1. 如果图纸幅面大于扫描仪的幅面,应该如何处理?
2. 为什么将光栅图像导入 CAD 后,最好把它缩放到实际大小?
3. 衬底描红的基本步骤有哪些?
4. 绘制园林设计方案图的基本步骤有哪些?

项目小结

本项目通过两个任务,介绍了园林设计方案图绘制的思路与方法,并综合运用了前面所学的基础知识和基本技能。学生只有通过大量的案例操作练习,才能熟练掌握 AutoCAD 绘制园林专业图样的操作技巧。

项目二　绘制园林工程施工图

【学习目标】

1. 了解园林工程施工图的绘制内容。
2. 熟悉绘制园林工程施工图时的系统设置及绘图方法。
3. 掌握 AutoCAD 绘制园林工程施工图的步骤与技巧。
4. 能熟练使用 AutoCAD 绘制常见的园林工程施工图。

【工作任务】

任务 1　绘制园林工程施工总平面图
任务 2　绘制园林竖向设计施工图
任务 3　绘制园林建筑及小品施工图
任务 4　绘制园路、广场施工图
任务 5　绘制园林植物种植施工图

任务 1　绘制园林工程施工总平面图

【学习目标】

1. 了解园林工程施工总平面图的绘制内容。
2. 掌握园林工程施工总平面图的绘制方法与绘制步骤。
3. 能利用 AutoCAD 绘制园林工程施工总平面图。

任务描述

园林工程施工总平面图是表现规划范围内的各种造园要素(如建筑、山石、地形、水体及植物等)布局位置的施工平面图,它既是反映园林工程总体设计意图的主要图样,也是绘制其他工程图样及造园施工的依据。

图 2-2-1 为某园林工程施工平面图,运用所学的 AutoCAD 绘图工具与技巧,绘制施工平面图。

任务分析

园林工程施工总平面图是表现工程总体布局的图样,是绘制竖向设计施工图、园林植物种植施工图等工程图样的依据。园林工程施工总平面图一般选用 1∶500、1∶1000、1∶2000 等比例绘制,如果图纸绘制不下,还要进行分区绘制,并且要注明图中各个景观要素。

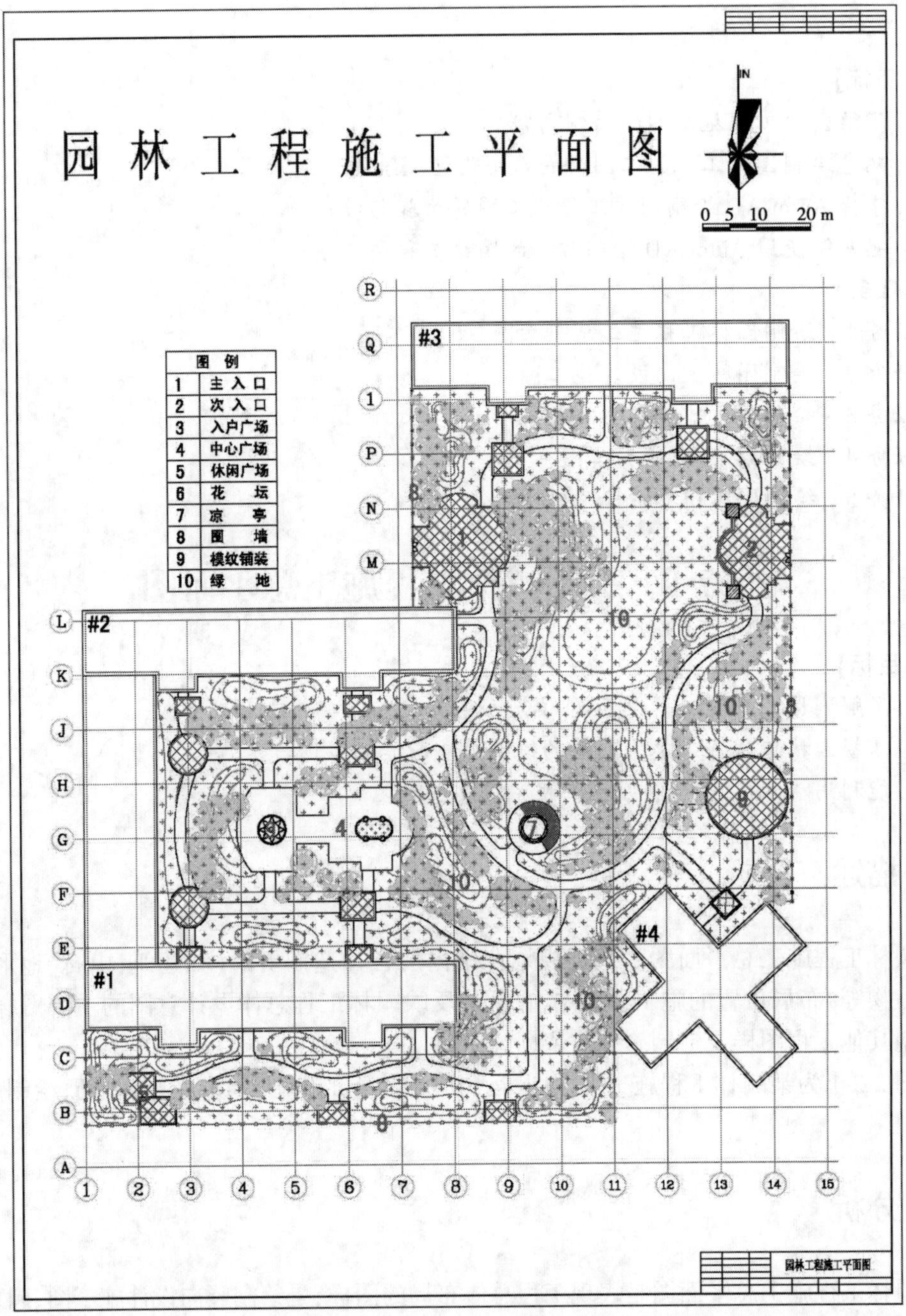

图 2-2-1　某园林工程施工平面图

相关知识

一、园林工程施工总平面图的绘制内容

园林工程施工总平面图主要表现规划设计的道路、广场、建筑、山石、水体、绿化等，除此之外，施工总平面图还应绘制以下内容：

(1)图名、比例尺。

(2)一般用文字注明主要道路、建筑和其他要素的位置与布局。

(3)标出地形等高线或微地形走向变化。

(4)指北针，用来标注规划区域的朝向。

二、园林工程施工总平面图的绘制步骤

(一)建立绘图环境及设置图层

绘图环境与图层的设置参见模块二项目一任务1，这里不再赘述。

(二)根据设计方案图或甲方提供的图样及尺寸，绘制园林工程施工总平面图

如果有前期的设计方案图，可直接在前期图样的基础上进行绘制和调整。

如果甲方提供了AutoCAD格式的规划场地文件，可在原文件的基础上修改或调整，也可直接在原图样上进行绘制。

若甲方只提供了纸质图样，可将纸质图样扫描成图像后，插入到AutoCAD中进行绘制(具体参见模块二项目一任务1相关知识一工程图纸的矢量化)。

根据施工的范围和内容，绘制规划场地边界、道路广场、建筑小品及设施、山石、水体、地形、植物等要素。

(三)绘制方格网(或标注尺寸)

根据规划设计的布局形式，绘制方格网与标注尺寸。

(四)编制图例，注写文字说明

绘制或插入表格，编制图例，注写文字说明。

(五)添加比例尺、指北针等图例符号

从图库中或其他文件中选取合适的比例尺、指北针等插入图中。

(六)保存图样与打印输出

任务实施

一、建立绘图环境

(一)设置绘图单位

单击菜单栏上的“格式”➤“单位”，打开“图形单位”对话框，参照图2-1-11进行设置，所有的绘图单位均为毫米(mm)。

(二)建立图层

如图 2-2-2 所示,建立轮廓、建筑、道路、辅助线、尺寸标注、文字等图层。在绘图过程中,根据需要可添加新的图层。图层的颜色设置可参照对话框;辅助线层的线型为 DASHED,其余各层的线型为 Continuous;线宽设置可根据国标规定选择相应的线宽,粗、中、细分开。

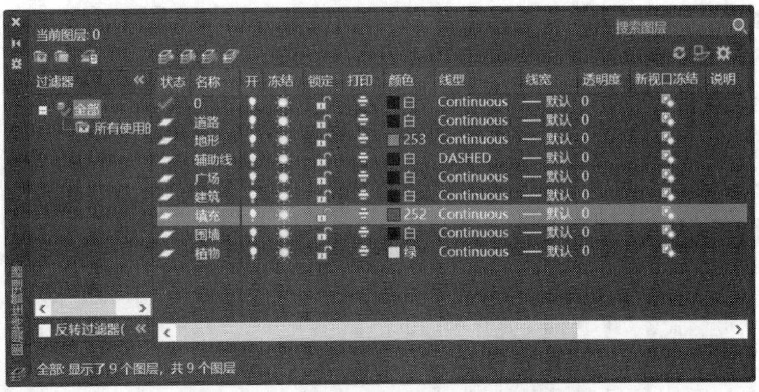

图 2-2-2　设置图层并定义图层特性

二、绘制园林工程施工总平面图

(一)绘制建筑

把"建筑"图层设置为当前图层,打开"正交"模式,启动多段线命令,用鼠标在屏幕上单击确定起点,接下来鼠标向右,输入"14000",回车,鼠标向下,输入"3200",回车,鼠标向右,输入"7900",回车,鼠标向上,输入"2800",回车,鼠标向右,输入"27000",回车,鼠标向下,输入"2800",回车,鼠标向右,输入"7900",回车,鼠标向上,输入"3200",回车,鼠标向右,输入"14000",回车,鼠标向上,输入"12000",回车,鼠标向左,输入"70800",回车,然后输入"C",回车;启动偏移命令,把绘制出的轮廓线向内偏移 500,这样就绘制出了 #1 建筑轮廓线。启动创建块命令,选择绘制的建筑轮廓线,将其定义为块"build1",并拾取建筑轮廓线左下角点为基点,如图 2-2-3 所示。

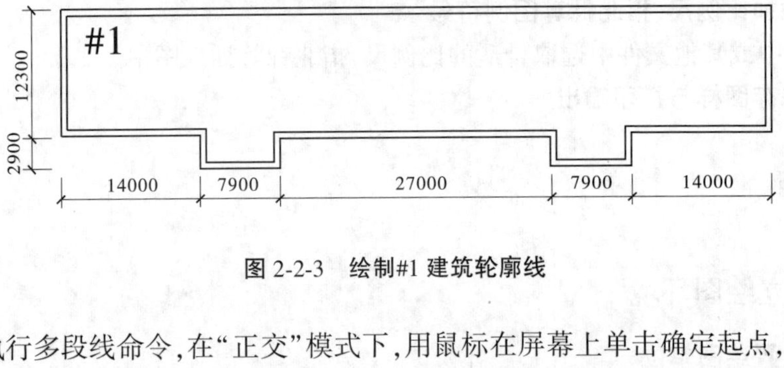

图 2-2-3　绘制#1 建筑轮廓线

继续执行多段线命令,在"正交"模式下,用鼠标在屏幕上单击确定起点,接下来鼠标向右,输入"12000",回车,鼠标向下,输入"14000",回车,鼠标向右,输入"11000",回车,鼠标向上,输入"12000",回车,鼠标向右,输入"13000",回车,鼠标向上,输入"10000",回车,鼠标向左,输入"12000",回车,鼠标向上,输入"14500",回车,鼠标向左,输入"12000",回车,鼠标向下,输入"12500",回车,鼠标向左,输入"12000",回车,然后输入"C",回车;启动偏移命令,把绘制出的轮廓线往内偏移500,这样就得到了#4 建筑轮廓线,如图2-2-4(a)所示。启动旋转命令,选择绘制的#4 建筑轮廓线,回车,选择此建筑的任一角点为基点单击,指定旋转角度,输入"42",回车,结果如图2-2-4(b)所示;启动创建块命令,将#4 建筑轮廓线定义为块"build2",并拾取此建筑轮廓线左下角点为基点。

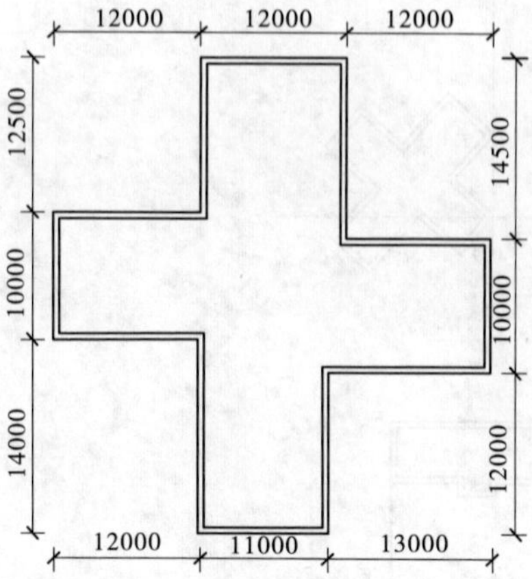

(a)#4建筑原始轮廓线

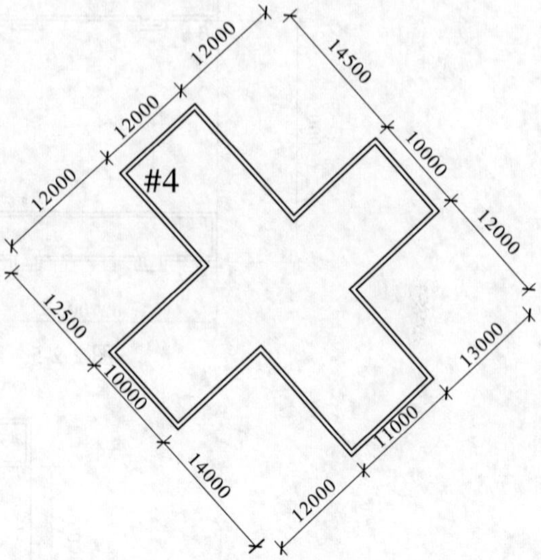

(b)旋转后的效果

图 2-2-4　绘制 4#建筑轮廓线

将"辅助线"图层设置为当前图层,在"正交"模式下,启动"直线"命令,在绘图区域左下角单击一点,沿 *X* 轴向绘制一条直线;启动偏移命令,向上分别偏移65000和51900。同样的方法,启动直线命令,在绘制的第一条辅助线的左端点的右下方附近单击一点,沿 *Y* 轴向绘制一条直线,然后将该辅助线向右分别偏移62700、37300,如图2-2-5所示。

选择"建筑"图层为当前图层,在 *A*、*B*、*C* 点插入块"build1",在 *D* 点插入块"build2"(*A*、*B*、*C*、*D* 四点为水平辅助线与铅垂辅助线的交点)。参照图2-2-5,启动"多行文字"命令,给建筑注写相应的名称。

(二)绘制底层商铺

启动直线命令,打开"对象捕捉"模式,第一点捕捉#2 建筑的左下角点,第二点捕捉#1 建筑的左上角点,然后回车。启动偏移命令,将该直线向右偏移14000,最后把两条轮廓线向内偏移500,如图2-2-6所示。

(三)绘制围墙

选择"围墙"图层为当前图层,启动多段线命令,在"正交"和"对象捕捉"模式下,捕捉#3 建筑左下角为起点,向下捕捉到与#2 建筑的垂足,回车;重复多段线命令,捕捉#1 建筑左下角为起点,向下输入"17500",回车,向右输入"100000",最后向上连接#4 建筑的左

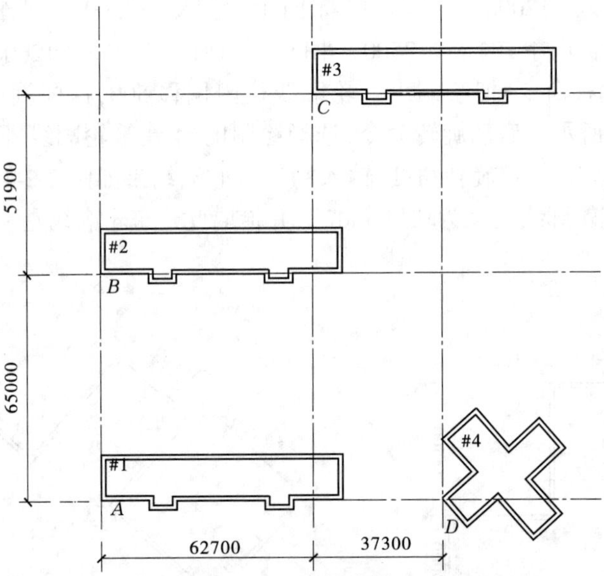

图 2-2-5　建筑布局

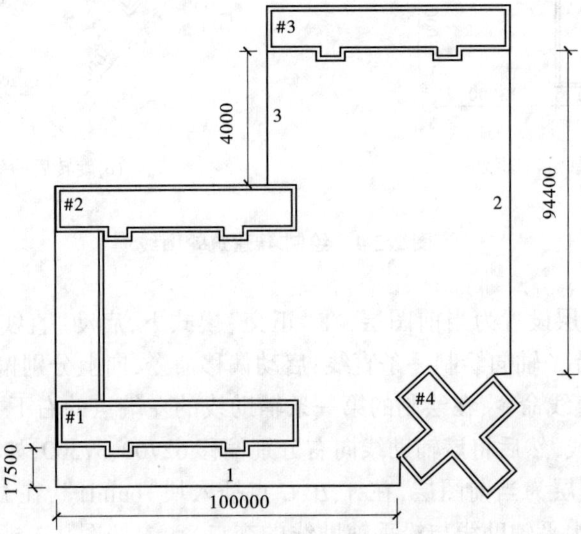

图 2-2-6　商铺与围墙的绘制

角点;捕捉#3 建筑右下角点,向下输入“94400”,回车,向左沿 *X* 轴向连接#4 建筑(不要捕捉到建筑角点),如图 2-2-6 所示。

启动矩形命令,绘制一个长 500、宽 500 的矩形。打开“对象捕捉”模式,捕捉到矩形右边线的中点,绘制一条长 2000 的直线,并将其分别向上、向下各偏移 30,然后删除此直线。启动创建块命令,把刚才绘制的图形定义为块“wall”,拾取 *A* 点(为 *B* 点延长至矩形左边线的位置)为基点,单位为毫米(mm),如图 2-2-7 所示。

启动“定距等分”命令,单击选中线条 1(见图 2-2-6)位置的围墙,输入“B”,回车,输入块名“wall”,回车,输入“Y”,回车。当命令行提示“指定线段长度”时,捕捉 *A* 到 *B*,回车，如图 2-2-8 所示，并将一些位置进行必要的移动调整。再用同样的方法绘制出#2 和#3（见图 2-2-9）位置的围墙。

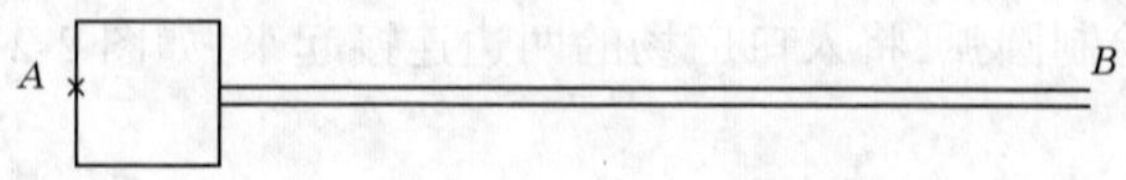

图 2-2-7　栏杆的绘制

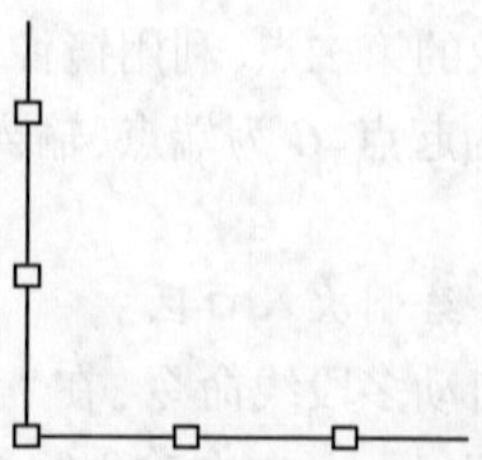

图 2-2-8　运用“定距等分”绘制围墙

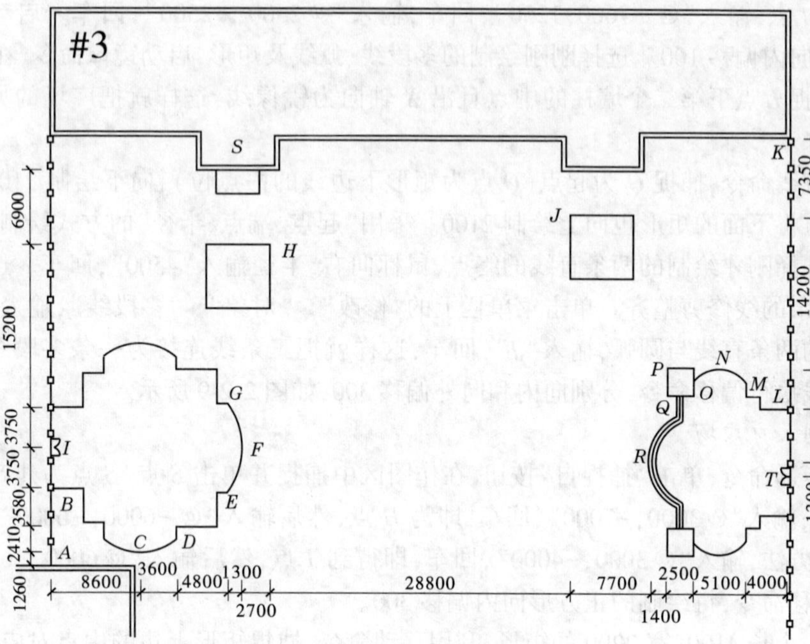

图 2-2-9　主入口的绘制

（四）绘制入口部分

1. 绘制主入口区

将“辅助线”图层设置为当前图层，启动多段线命令，捕捉 *A* 点，在“正交”模式下，参照图 2-2-9 向上和向右绘制多段线，向上多段线的长度依次为 7250、3750、3750、15200、6900；向右多段线的长度依次为 8600、3600、4800、1300、2700、28800、7700、1400、2500、5100、4000。捕捉 *K* 点，在“正交”模式下，向下绘制多段线，长度依次为 7350、14200、3650、5000、1300。

将“广场”图层设置为当前图层，启动多段线命令，在“正交”模式下，选择 *B* 点为起点，向右输入“2700”，回车，向下输入“3200”，回车，向右输入“2000”，回车，向下输入“1600”（此点沿 *X* 轴方向向右 7200 为 *D* 点），结束命令。启动圆弧命令，捕捉刚绘制的直线端点为起点，捕捉 *D* 点为端点，输入角度“75”绘制圆弧；选择多段线命令，向上输入

“1200”,回车,向右输入“3800”,回车,向上输入“3200”,回车,向右输入“1000”,至 E 点,结束命令。

启动镜像命令,在“正交”模式下,选择刚刚绘制的多段线,以 I 点为镜像的第一点,F 为镜像的第二点,利用镜像命令把入口区的另外一侧轮廓线绘制出来。启动圆弧命令,捕捉 E 为起点,G 为端点,输入角度“75”绘制圆弧,将入口广场的两边连接起来,如图 2-2-9 所示。

2. 绘制次入口区

启动多段线命令,在“正交”模式下,捕捉 L 点,向左输入“2600”,回车,向上输入“1200”,回车,向左输入“1400”,回车,向上输入“1200”,回车,向左“5200”至 O 点。以 M 为起点,O 为端点,输入角度“102”绘制圆弧。启动矩形命令,单击“捕捉自”按钮,在作图区中捕捉 M 点,输入“@ -7600,1250”,回车,输入“@ 2500,-2500”,回车。启动偏移命令,将矩形向内偏移 100。选择刚刚绘制的多段线、弧线及矩形,启动镜像命令,在“正交”模式下,捕捉 L 点下第二个墙柱的中点且沿 X 轴向为镜像线,这样就把广场的另外一部分绘制出来。

启动直线命令,捕捉 Q 为起点(Q 点为矩形下边线的中点位),向下绘制 2100。用同样的方法再将下面的矩形也向上绘制 2100。采用“起点、端点、半径”的方式绘制圆弧,起点和端点选择刚才绘制的两条直线的终点,鼠标向右,半径输入“4500”,回车。选择修剪命令,将多余的线修剪整齐。单击菜单栏上的“修改”➤“对象”➤“多段线”,输入 M,框选刚才绘制的两条直线与圆弧,输入“J”,回车,这样就把三条线连接为一条多段线。选择这条多段线执行偏移命令,分别向内和向外偏移 300,如图 2-2-9 所示。

3. 绘制入户广场

启动矩形命令,单击“捕捉自”按钮,在作图区中捕捉并单击 S 点(S 点为建筑凸出位置的中点),输入“@ 3000,-7000”,回车,即为 H 点,然后输入“@ -6000,-6000”,回车即可;同样的方法,输入“@ 3000,-4000”,回车,即得到 J 点,然后输入“@ 6000,-6000”,回车;启动偏移命令,将绘制的正方形向内偏移 300。

绘制一个长 4100、宽 2200 的矩形,利用移动命令,捕捉矩形上边的中点对应的 S 点,如图 2-2-9 所示。

4. 绘制入户门

启动矩形命令,绘制一个 40×800 的矩形;启动圆命令,捕捉矩形右下角的端点为圆心,绘制半径为 800 的圆;启动直线命令,绘制一条水平方向的半径;参照图 2-2-10(a),运用镜像命令绘制另外一半。运用修剪命令,将多余的线段修剪掉,如图 2-2-10(b)所示。启动块命令,将刚才绘制的图形定义为“door”图块,调整好角度,分别插入 I 和 T 点(I 和 T 点为图示围墙上栏杆的中点),如图 2-2-9 所示。

(五)绘制中心广场

1. 绘制入户广场

将“辅助线”层设置为当前图层,捕捉 A 点,在“正交”模式下参照图 2-2-11 向上和向右绘制多段线,向上多段线的长度依次为 3200、7200、2500、3800、7700,向右多段线长度依次为 3600、2400、12000、3900、12700、1000、8840、26700、36000。

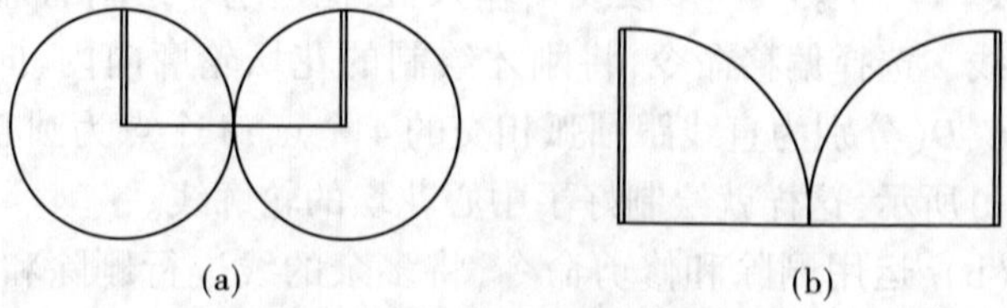

图 2-2-10　入户门的绘制

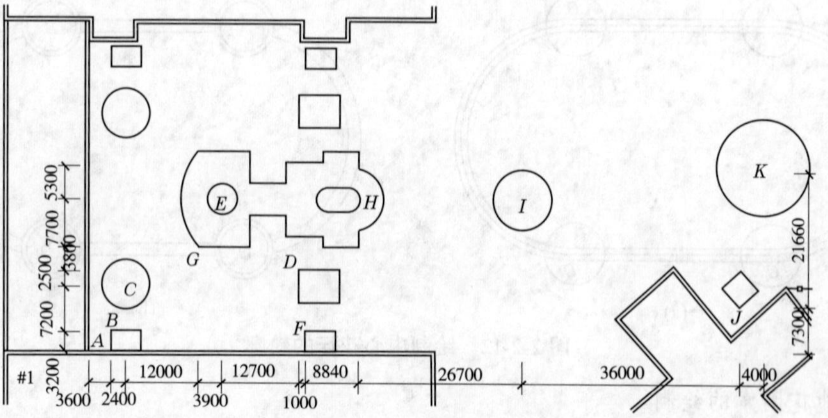

图 2-2-11　中心广场的绘制

将“广场”图层设置为当前图层，启动矩形命令，打开“对象捕捉”“对象捕捉追踪”模式，在作图区中捕捉并单击 *B*，输入“@ 5000，-3200”，回车；捕捉 *F* 点，输入“@ 5000，-3200”，回车；捕捉 *D* 点，输入“@ 6600，-5200”，回车。启动圆命令，捕捉 *C* 点为圆心，绘制半径为 3800 的圆；捕捉 *K* 点，绘制半径为 7700 的圆。运用矩形命令，绘制一个 4200×4200 的矩形；运用“旋转”命令，将此矩形旋转 42°，参照图 2-2-11，将矩形移动到 *J* 点。

启动镜像命令，选择刚才绘制的矩形和圆形，选择 *E* 点为镜像第一点，*H* 为第二点。这样就画出了另一边的入户广场。

2. 绘制中心花园

1) 中心花坛轮廓的绘制

启动多段线命令，在“正交”模式下，捕捉 *G* 点，向右输入“8580”，回车，向上输入“5100”，回车，向右输入“6000”，回车，向下输入“3400”，回车，向右输入“5960”，回车，向下输入“1600”，回车，向右输入“5900”，回车，向上输入“2690”，回车。启动镜像命令，选择刚才绘制的直线，以 *E*、*H* 点为镜像线的两个端点，绘制另外一侧轮廓线。采用“起点、端点、半径”的方式绘制圆弧，将起点和端点定义为中心花园最右边轮廓线的两个点，半径输入“5000”，用同样的方法绘制出中心花园左边的半径为 12000 的圆弧，如图 2-2-11 所示。

选择直线命令，在“正交”模式下，捕捉 *H* 为起点，向左输入“5000”绘制一直线；启动移动命令，将该直线向上移动 1800；启动偏移命令，将其向下偏移 3600。启动圆角命令，设置半径为 1800，将两条线进行圆角。再用同样的方式画出花坛的另外一边的圆弧。单击菜单栏上的“修改”➤“对象”➤“多段线”,输入 *M*,框选刚才绘制的直线与圆弧,输入 *J*,将它们合并为多段线。选择偏移命令,将刚才绘制的花坛轮廓向内、向外各偏移 100;启动圆命令,以 *A*、*B*、*C*、*D*(分别为直线跟圆弧相交的 4 个点)4 个点为圆心,绘制半径为 500 的圆,如图 2-2-12(a)所示,这样就绘制好了中心花坛的轮廓线。

参照图 2-2-12(b),运用删除和修剪命令,将多余的线进行删除和修剪;然后将四个圆向内偏移 100 即可。

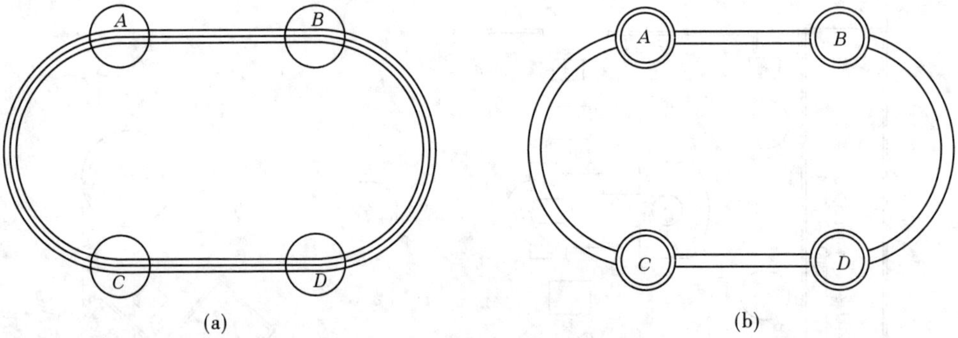

图 2-2-12　绘制中心花坛的轮廓

2)地花图案的绘制

启动圆命令,捕捉 *E* 点为圆心,分别绘制直径为 5000、2700 和 1000 的三个圆。单击“格式”菜单,设置点样式,并启动点命令,使用“定数等分”将直径为 5000 的圆 8 等分,将直径为 2700 的圆 16 等分,启动多段线命令,参照图 2-2-13(a)对应连接即可。

选择各等分点将其删除,或将点的样式恢复默认;运用偏移命令把最外圈的圆向外偏移 200,如图 2-2-13(b)所示。

图 2-2-13　地花图案的绘制

3. 绘制欧式亭区域

启动圆命令,参照图 2-2-11 捕捉 *I* 点,以 *I* 点为圆心,分别绘制半径为 2100、2500、2800、4800、4900 的圆。将半径为 2100 的圆 6 等分,捕捉各个等分点,绘制半径为 340 的圆;启动修剪命令,参照图 2-2-14(a),将圆与圆之间的线段进行修剪。

将“铺装”图层设置为当前图层,如图 2-2-14 所示,连接上下两点,运用延伸命令,将这根直线延伸到半径为 4800 的圆上;选择修剪命令,选择对象为半径 2800 的圆,修剪掉与圆内部相交的直线;选择各等分点将其删除,或将点的样式恢复默认,如图 2-2-14(b)所示。

启动环形阵列命令,根据命令行提示,拾取其中一根直线,拾取 *F* 点为中心点,项目总数为 50,角度选择 180,将线段进行阵列,如图 2-2-14(c)所示。

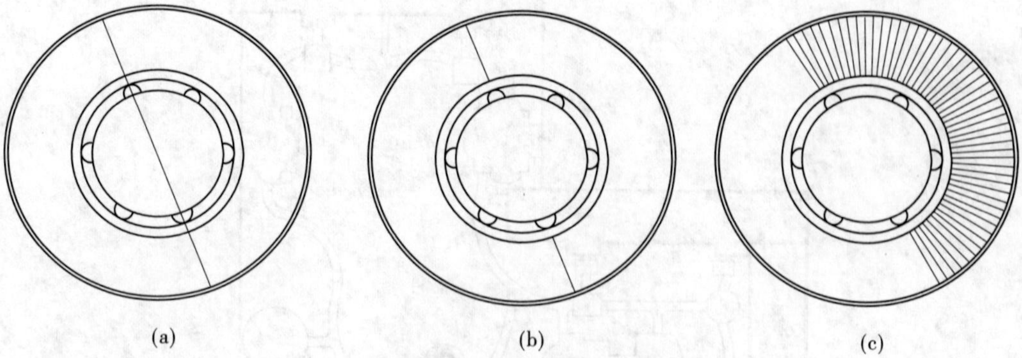

图 2-2-14　欧式亭轮廓绘制

(六)绘制休闲广场

将“辅助线”图层设置为当前图层,捕捉 *A* 点,在“正交”模式下,参照图 2-2-15 向下和向右绘制多段线,向下绘制的多段线长度依次为 7800、4400、1300,向右绘制的多段线长度依次为 7400、3000、33800、31200。

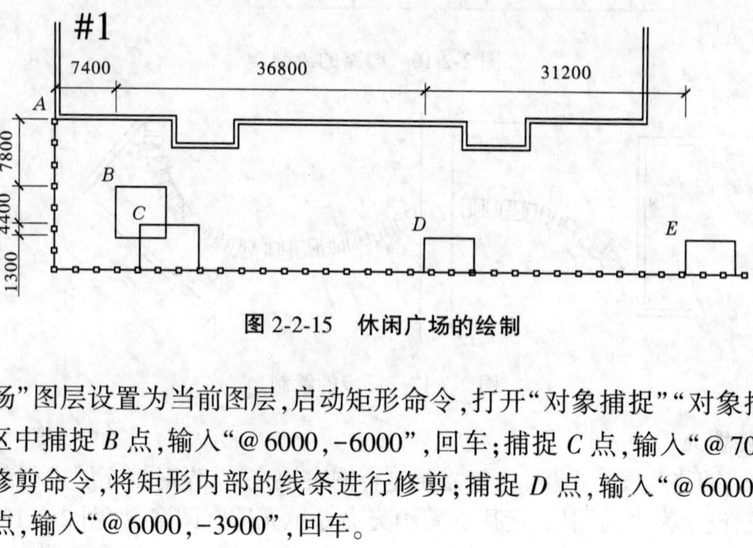

图 2-2-15　休闲广场的绘制

将“广场”图层设置为当前图层,启动矩形命令,打开“对象捕捉”“对象捕捉追踪”模式,在作图区中捕捉 *B* 点,输入“@6000,-6000”,回车;捕捉 *C* 点,输入“@7000,-5100”,回车,运用修剪命令,将矩形内部的线条进行修剪;捕捉 *D* 点,输入“@6000,-3900”,回车;捕捉 *E* 点,输入“@6000,-3900”,回车。

(七)园路的绘制

规划区内园路的绘制,采用样条曲线命令。先将“道路”图层设置为当前图层,绘制园路的一侧,根据景观观赏要求,调整园路方向,达到步移景异的效果;园路一侧的轮廓绘制好之后,运用偏移命令得到园路的另一侧。对于个别地方,可根据需要采用圆角命令进行修改,以便于行走,绘制结果如图 2-2-16 所示。

如果项目中有汀步,可以采用“路径阵列”或“定数等分”命令进行绘制,这里采用“定数等分”命令绘制:先绘制一个 600×1200 的矩形,并把它创建为块,再使用定数等分命令插入步石,如图 2-2-17 所示。

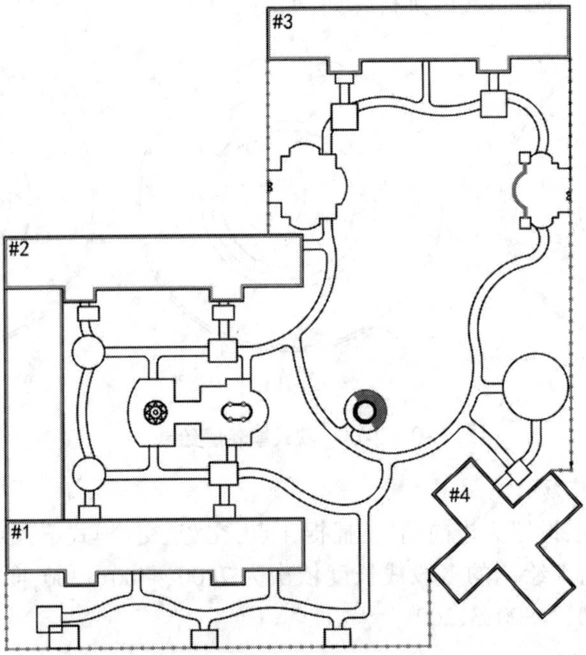

图 2-2-16　园路的绘制

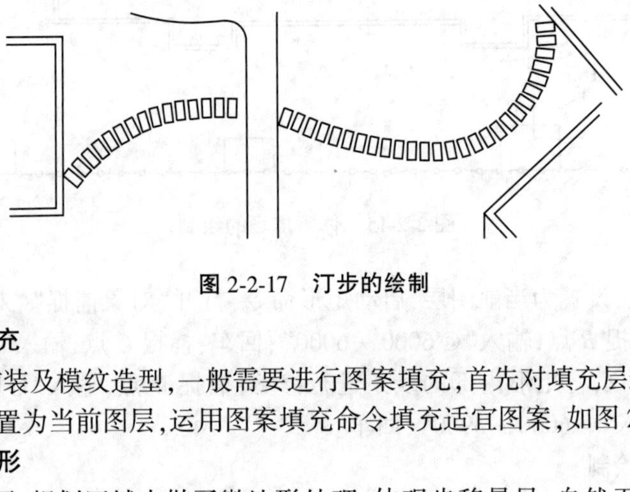

图 2-2-17　汀步的绘制

(八)铺装填充

对于地被、铺装及模纹造型,一般需要进行图案填充,首先对填充层进行颜色设置,再将"填充"图层设置为当前图层,运用图案填充命令填充适宜图案,如图 2-2-18 所示。

(九)绘制地形

根据造景需要,规划区域内做了微地形处理,体现步移景异、自然天成之趣。地形用等高线表达,绘制时采用样条曲线命令。

将"地形"图层设置为当前图层,根据地形设计要求,绘制时要自然流畅,如图 2-2-18 所示。

(十)添加植物

将"植物"图层设置为当前图层,从图库中选择合适的植物图例添加到图形中,如图 2-2-19 所示。

三、编制方格网(或标注尺寸)

将"网格"图层设置为当前图层,打开"正交"模式,启动直线命令,捕捉#2 建筑左下

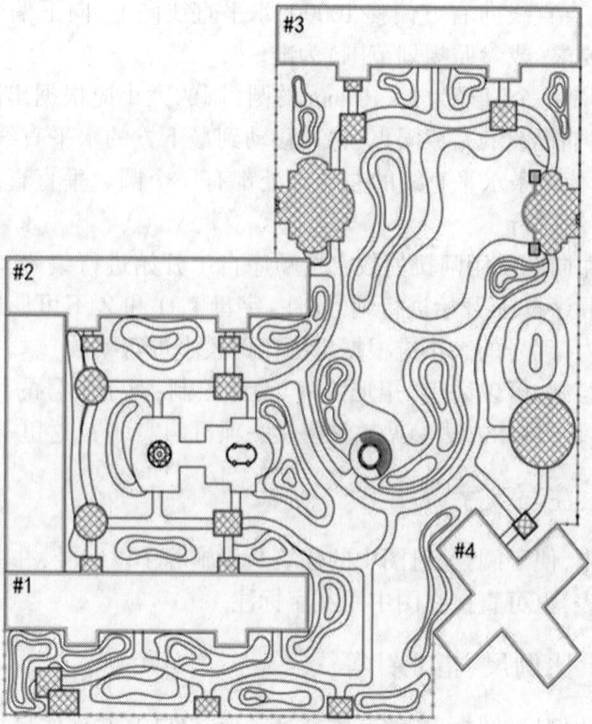

图 2-2-18　铺装、地形的绘制

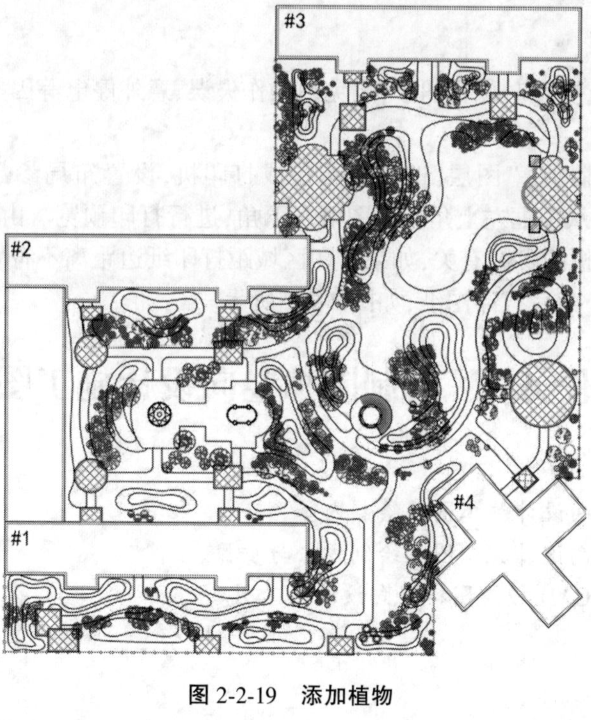

图 2-2-19　添加植物

角点,沿垂直方向和水平方向绘制直线。调整直线的长度,使其超出规划区域适当长度。

启动偏移命令,将垂直直线向右方偏移 10000,水平直线向上、向下偏移 10000,偏移的直线数量以满足设计要求(或参照规划范围)为准。

启动圆命令,绘制一个直径为 8~10 mm 的圆(圆的大小应根据出图比例大小进行缩放);启动移动命令,捕捉圆的右象限点,将其移动到最下方的水平直线的左端点即可;启动复制或阵列命令,使每条水平直线的左端点处都有一个圆。垂直直线的下端点处的圆的绘制,参照上述方法进行。

将垂直直线自左向右使用阿拉伯数字按顺序自 1 开始进行编号,将水平直线自下而上使用拉丁字母按顺序自 A 开始进行编号(注:字母 I、O 和 Z 不可使用),数字与字母的编号要注写于圆圈内(编号的大小应根据出图比例大小进行缩放)。

对于方格网的绘制,可以采用"矩形阵列"命令绘制;对于轴号的注写,可以先创建带属性的块,然后插入块,具体方法参见教材模块一项目四实训 1,这里不再赘述。

四、编制图例,注写文字说明

为了使图面清晰,便于阅读,对图中的建筑及设施等予以编号,并注明相应的名称,编制图例说明或图例表,也可直接在图中用文字标注。

五、添加图框、比例尺、指北针等

从图库中选取比例尺、图框、指北针添加到图形文件中,并标注尺寸。

六、保存与输出图形

(一)保存图形

在绘图过程中,要及时保存图形,避免因操作失误、意外停电等因素造成损失。

(二)输出图形

隐藏或删除"辅助线"图层,选择绘图仪或打印机,设置布局参数,图纸尺寸为 ISO A1,横向,窗口选择从图框左上角拖至图框右下角,进行打印预览。由于图纸的可打印区域与绘图仪或打印机的参数有关,如果打印区域距打印纸边距离不符合要求,可修改标注图纸的可打印区域,最后打印图纸,如图 2-2-1 所示。

任务 2　绘制园林竖向设计施工图

【学习目标】

1. 了解园林竖向设计施工图的绘制内容。
2. 掌握园林竖向设计施工图的绘制方法与步骤。
3. 能利用 AutoCAD 抄绘园林竖向设计施工图。

任务描述

竖向设计图是根据施工总平面图(或总体规划方案)和原地形图绘制的地形详图,它借助标注高程的方法,表示地形在竖直方向上的变化情况及各造园要素之间位置高低的相互关系。它主要表现规划区域内地形、地貌、建筑物及构筑物、植物和园林道路系统的高程等内容,并且确定排水方向。它是设计者从园林的实用功能出发,统筹安排园内各种景点、设施和地貌景观之间的关系,使地上设施和地下设施之间、山水之间、园内与园外之间在高程上有合理的关系所进行的综合竖向设计。

图 2-2-20 为某工程竖向设计施工图,运用所学的 AutoCAD 绘图方法与技巧,绘制竖向设计施工图。

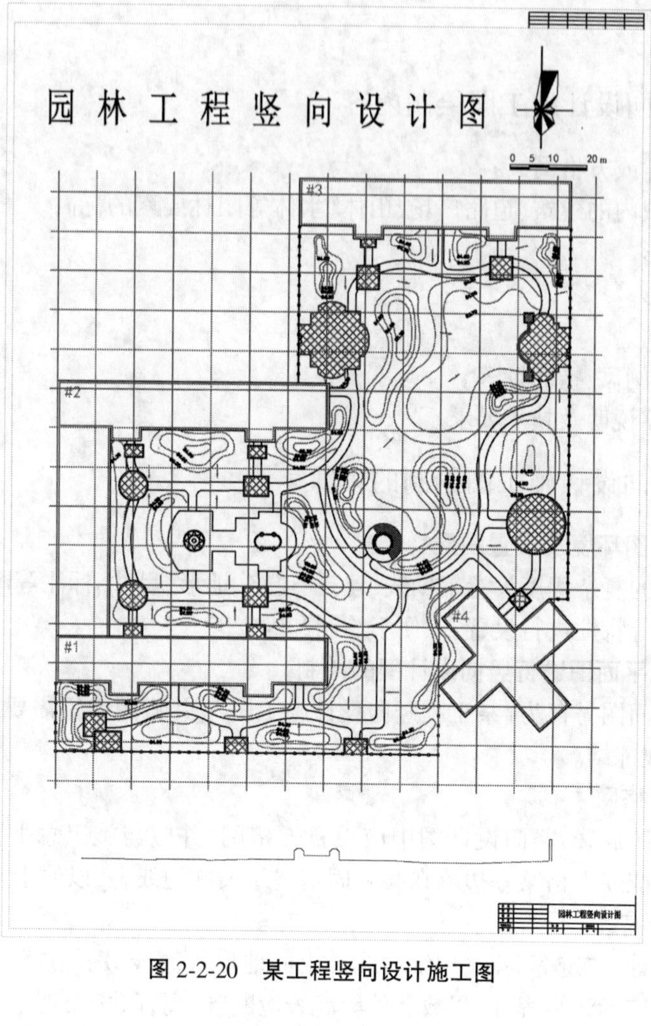

图 2-2-20　某工程竖向设计施工图

任务分析

竖向设计施工图主要表示地形在竖直方向上的变化情况,为造园工程土方调配预算、地形改造施工提供依据,是指导园林土方工程施工的技术性文件。竖向施工图主要包括平面图、断面图和做法说明等。除此之外,还包括以下绘制要点:

(1)绘图的比例尺一般选用 1:100~1:500。

(2)绘制等高线:设计地形和原地形用等高线表示,等高距一般为 0.25～0.5 m。水池池底高程若用等高线表示,水面要标出最低、最高水位及常水位。

(3)标注高程:标明建筑室内外和出入口、土(假)山山顶、水体驳岸岸顶、岸底的标高,道路的转折点、交会处、变坡处应注明标高及纵坡坡度。

(4)画出排水方向、雨水口位置。必要时可增加土方调配图,方格为 2 m×2 m～10 m×10 m,注明各方格交点原地面标高、设计标高及填挖高度,并列出土方平衡表。

(5)绘制断面图:对于重点地区及部位、坡度变化复杂地段可增加断面图。

相关知识

一、园林竖向设计施工图绘制内容

(1)定位尺寸或方格网。

(2)规划区域内的建筑、道路广场、山体、水体等园林要素的标高。

(3)原有地形。

(4)规划地形。

(5)排水方向。

(6)图名、比例尺、指北针等。

(7)有关文字说明及技术要求。

二、园林竖向设计施工图绘制的步骤

(一)建立绘图环境及设置图层

可根据图样的复杂程度设置辅助线、建筑、道路、地形、尺寸、标注等图层,并对图层的颜色、线宽、线型等特性进行设置,以便于绘制和编辑。

(二)根据总平面图进行竖向设计图的绘制

可以将总平面图另存为"某工程竖向设计施工图",并将图中不需要或者没用的图层进行删除、关闭或冻结。

(三)绘制方格网

为了便于施工放线,竖向设计图中应设置方格网,并应与施工总平面图的方格网一致。设置时尽可能使方格某一边落在某一固定建筑设施边线上,以便于现场施工。

(四)绘制等高线

根据地形设计,选定等高距,用细实线绘出原地形等高线,用细虚线绘出设计地形等高线。等高线上应标注高程,高程数字处等高线应断开,高程数字的字头应朝向山头。

每一条等高线都应该是闭合的,等高线的间距大小表示地形的缓与陡,等高线不相交或重叠(只在悬崖边上才会重叠),等高线不穿越河流、道路和建筑。

(五)标注标高

路面标高用实体倒三角形表示,水体标高则用空心倒三角形表示;绿地标高应标注在最高部位;道路的三角标高一般标注在交会、转向、变坡处;水体标高一般用湖底标高表示,当湖底为缓坡时,在湖底等高线上标注高程。

（六）标注排水方向

排水方向一般用箭头表示，由高处指向低处。

（七）绘制剖（断）面图

根据工程需要，可用剖、断面图直观地表达某剖面上景观竖向变化情况。

（八）添加比例尺、指北针，注写文字说明

在施工图适当位置添加比例尺、指北针，或修改图面，注写标题栏、文字等。

（九）保存图样与打印输出

进行打印设置，输出文件。

任务实施

一、打开施工总平面图

竖向设计施工图是在施工总平面图的基础上进行绘制的，因此首先要打开前面绘制的施工总平面图，并将其另存为“某工程竖向设计施工图”。

二、设置图层

根据图面内容表达需要，隐藏原图中不需要的“植物”“地被”等图层，保留“辅助线”“建筑”“道路”“地形”“尺寸”“文字”等图层，同时，对图层特性如颜色、线宽、线型等进行设置，以便于编辑，如图 2-2-21 所示。

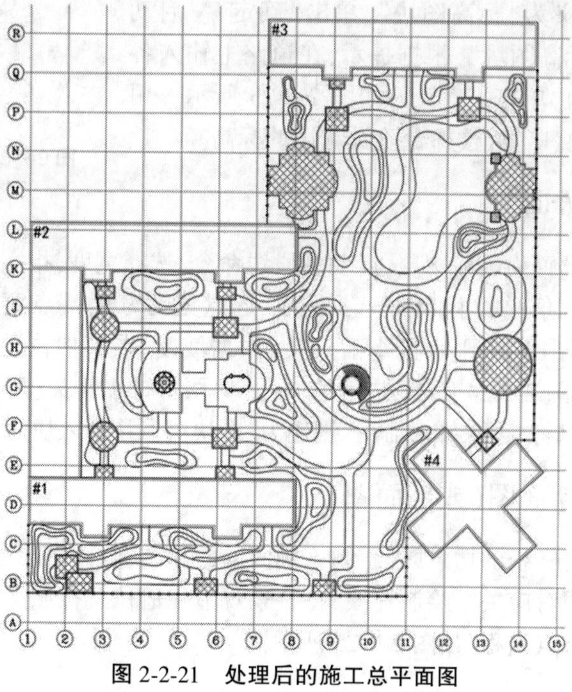

图 2-2-21　处理后的施工总平面图

三、绘制等高线

如果采用因地制宜的设计手法,可以使用以前的原地形等高线。如果规划有新地形,将"设计地形等高线"图层设置为当前图层,运用样条曲线命令绘制设计地形等高线,并采用细虚线;也可以把控制点坐标在 CAD 中标好,运用多段线命令把各个点连接起来,然后点击菜单栏上的"修改"➤"对象"➤"多段线",选择多段线进行样条曲线化,如图 2-2-22 所示。

四、标高标注

将"尺寸标注"图层设置为当前图层,启动多行文字命令,在地形等高线的一侧标注高程数字,如图 2-2-22 所示。直接输入文字大小,注意等高线上输入高程数字时,字头应朝向山头,数字要排列整齐。

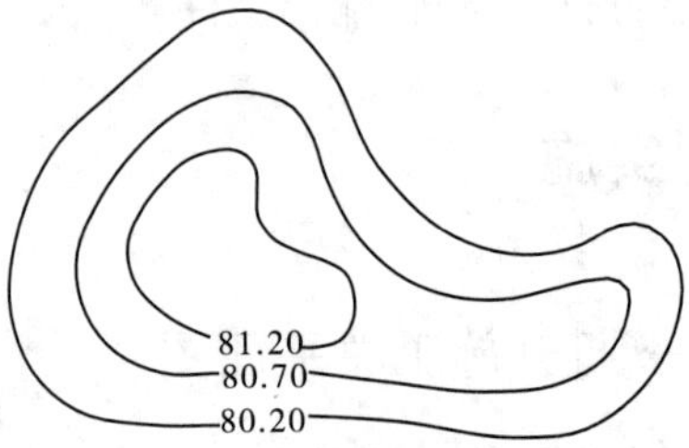

图 2-2-22　等高线的绘制

打开"正交"模式,启动正多边形命令,输入数目为"3",回车,鼠标在屏幕上指定正多边形圆心,选择"内接于圆(I)",将三角形倒置,指定圆心的半径为 600,回车;启动填充图案命令,将三角形填充"SOLID"图案。

单击"绘图"菜单➤"块"➤"定义属性",弹出"属性定义"对话框,对其中的参数进行设置,单击"确定",并把数值放在做好的三角形的上方。

启动创建块命令,将画好的"标高符号"和"标高数值"创建成块,将名称定义为"标高图块",单击"确定"。启动插入块命令,选择"标高图块",根据提示,在道路上输入各个位置正确的高度值,单击"确定",如图 2-2-23 所示。用同样的方法标注绿地、广场、楼梯台阶及花坛的标高。

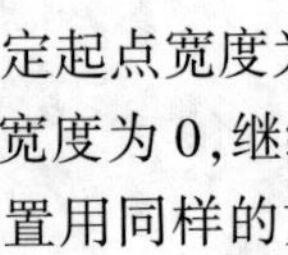

图 2-2-23　绘制标高图块

五、标注排水方向

将"排水"图层设置为当前图层,启动多段线命令,选择宽度,指定起点宽度为 0,端点宽度为 500,调整好三角形大小,继续选择宽度,起点宽度为 0,端点宽度为 0,继续调整好直线位置,这样就绘制出了"雨水排水箭头"。根据坡度,在其他位置用同样的方法标注"雨水排水箭头",如图 2-2-24 所示;或者绘制一个"雨水排水箭头"后,运用复制以及旋转命令进行绘制,也可以将"雨水排水箭头"创建为"图块",利用插入块命令进行绘制。

六、绘制局部断面图(或剖面图)

沿编号为 6 的网格线剖切景区,绘制该剖面的断面图,以便直观地表达该剖面上竖向变化情况。首先按照对应关系绘制连线,将各景观节点的位置按照高程关系表达出来,并在图样上标注出各节点高程,如图 2-2-25 所示。

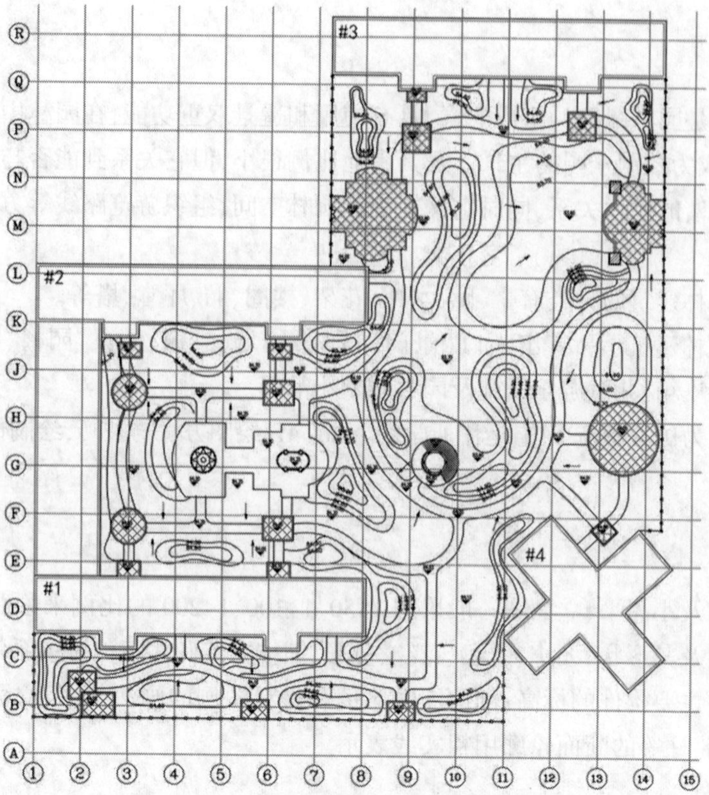

图 2-2-24 绘制等高线、高程和排水方向

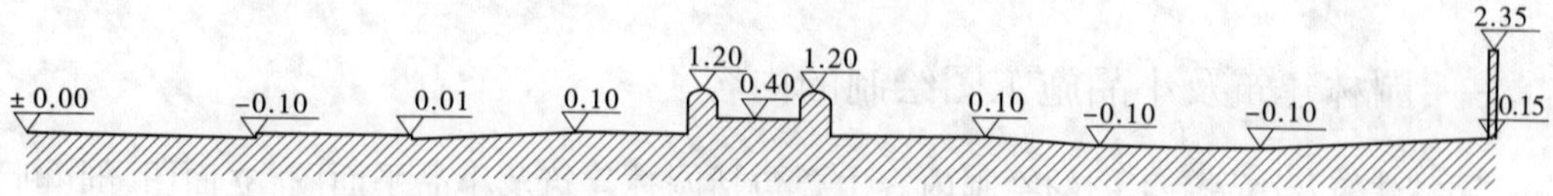

图 2-2-25 绘制局部断面图

七、保存图样及打印图纸

修改图名、比例尺、指北针、图框及注写有关文字说明等，然后保存图样。根据需要，可进行打印设置并打印图纸。

任务 3 绘制园林建筑及小品施工图

【学习目标】

1. 了解园林建筑及小品施工图绘制的内容与方法。
2. 掌握 AutoCAD 绘制园林建筑及小品平、立、剖面图的步骤。
3. 能利用 AutoCAD 准确绘制园林建筑及小品平、立、剖(断)面图。

任务描述

园林建筑是园林绿地的组成要素,具有使用和造景双重功能,在园林中往往成为视线的焦点,甚至成为控制全园的主景。虽其占地比例很小,但它关系到能否与绿地空间和环境建立有机和谐的整体关系,同时它又在划分园林空间、组织游览路线等方面发挥着重要作用。

常见的园林建筑的种类有亭、廊、水榭、花架、楼阁、舫、厅堂、塔等。

常见的园林建筑小品有出入口(景门)、围(景)墙、景窗、园桌、园椅、园凳、园灯、栏杆、标志牌、果皮箱、儿童游乐设施及园林雕塑小品等。

图 2-2-26 为仿古亭施工图,运用所学的 AutoCAD 绘图方法与技巧,绘制仿古亭施工图。

任务分析

园林建筑及小品平、立面图一般采用 1:50、1:100、1:200 的比例来绘制,正确地反映出其表面材料及其形状、大小、图案、花纹、色彩、铺排方式和相互位置关系等,并且在立面图中还需标注主要构件的标高;剖面图的比例和材料图例的画法与平、立面图相同,并且被剖切到的墙、柱等的断面轮廓用粗实线表示。

相关知识

一、园林建筑及小品施工图绘制的内容

园林建筑及小品施工图的绘制内容主要包括园林建筑及小品平面图、立面图、剖(断)面图。

(一)园林建筑及小品平面图

它用于表示园林建筑及小品的平面形状、各组成部分的大小、位置关系等,有时用它的水平剖面图来表示,主要包括以下内容:

(1)图名、比例尺等。

(2)平面形状及名称标注。

(3)细部构件的形状、大小、位置及名称标注。

(4)必要的尺寸标注,各部分图的索引和有关说明。

(5)图形的说明和标题。

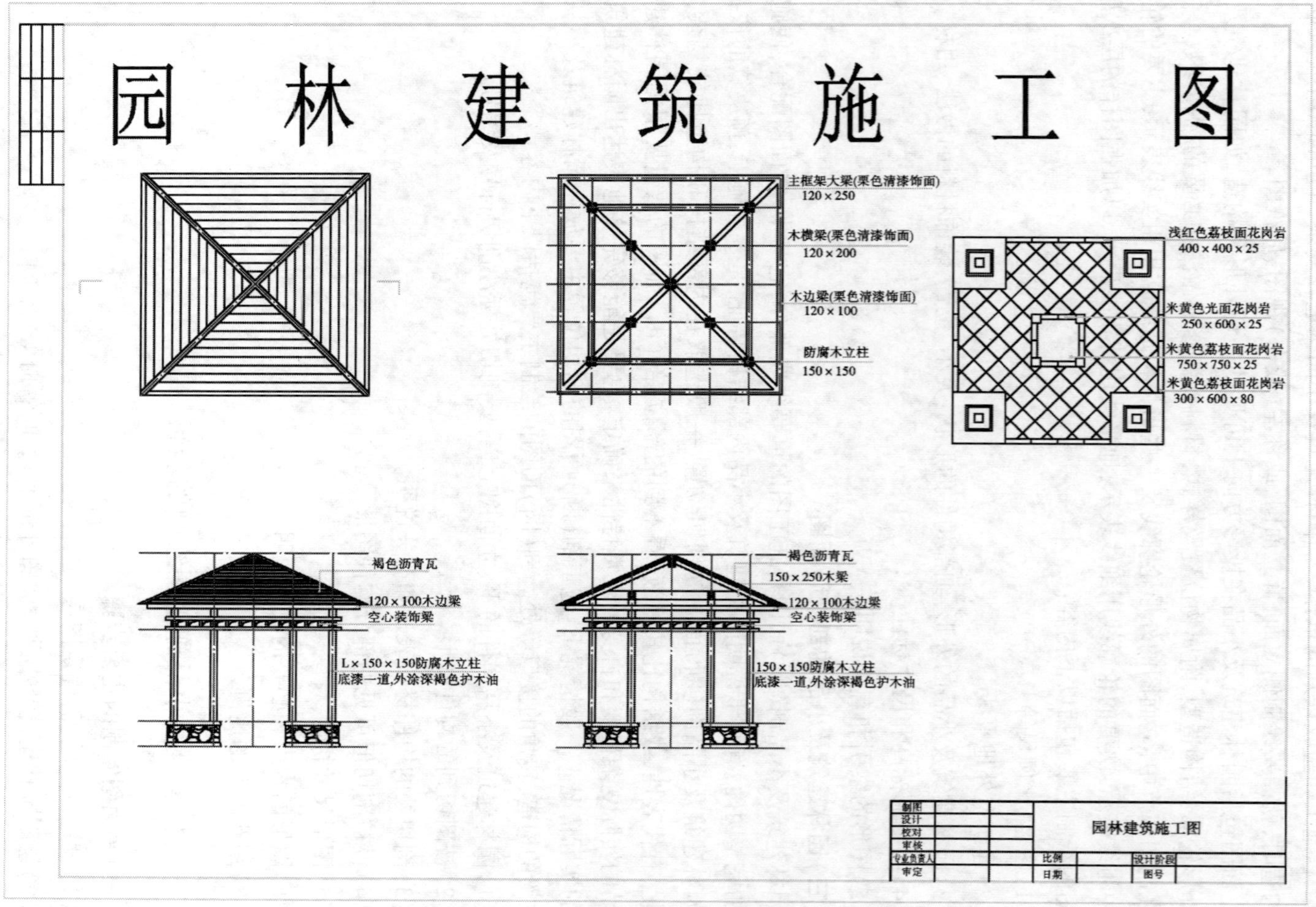

图 2-2-26　仿古亭施工图

(二)园林建筑及小品立面图

它用于表示园林建筑及小品的立面形状和立体空间的景观效果,它与平面图相互补充,是工程施工和验收评判的依据。当园林建筑及小品构造较复杂,正立面图不能反映其形状构造时,就需要绘制侧立面、背立面图,或称左(或右)视图、后视图。

立面图包括园林建筑及小品在投影方向上可见的一切外形和构造,如园林建筑及小品的外形轮廓、结构造型,附属物位置及样式,材料外装修的做法和必要的标高参数等。

在制图规范中,立面图的外形轮廓线及一些形体构造线常用粗实线表示,主要的轮廓线用中粗线表示,次要的轮廓线用细线表示,地平线用特粗线表示,以加强图样的层次感。立面图的绘制主要包括以下内容:

(1)图名、比例尺等。

(2)建筑室外地平线。

(3)园林建筑及小品的外形,细部构件的形状、大小、位置,装饰材料的做法、用材。

(4)必要的标高和尺寸标注。

(5)图形的索引和有关说明。

(三)园林建筑及小品的剖(断)面图

园林建筑及小品剖(断)面图是施工图的重要组成部分,它与平、立面图配合,使施工图更加完整明确,有利于说明园林建筑及小品内部结构特征,是工程施工、预决算的依据。

园林建筑及小品剖(断)面图的剖切位置,一般选取在内部结构和构造比较复杂,或有变化、有代表性,或结构比较隐蔽、看不到的部位;剖(断)面图的数量要根据园林建筑及小品的实际复杂程度和自身的观赏特性来确定,主要是能够完整地表达出园林建筑及小品的实际情况。一般情况下,施工剖(断)面图的剖切位置主要放在园林建筑及小品地基、柱梁的构造、转角的接口等处。剖(断)面图的绘制主要包括以下内容:

(1)园林建筑及小品构件的平、立面图上,需要剖切处标注剖切符号及编号。

(2)被剖切到的构件图形。

(3)剖切处的构件材质表达和有关说明。

(4)没被剖切但可见的部分构件图形。

(5)图形尺寸标注。

(6)图形的索引和必要的文字说明。

(7)细部图形的比例。

二、园林建筑及小品施工图绘制的步骤

(一)平面图绘制的主要步骤

(1)设置绘图环境,确定图层。

(2)绘制园林建筑及小品平面图外部形状和名称标注。

(3)绘制园林建筑及小品细部构件的形状、大小、位置,并标注名称。

(4)完成园林建筑及小品的尺寸标注,各部分图的索引和有关说明。

(5)添加图形的说明和标题。

(二)立面图绘制的主要步骤

(1)设置绘图环境,确定图层。

(2)绘制地平线、园林建筑及小品立面轮廓线。

(3)绘制园林建筑及小品的细部构件的形状、大小、位置,并标注名称和装修材料。

(4)对园林建筑及小品必要部分分别进行尺寸标注和标高注写,添加各部分图的索引和有关说明。

(5)完成图形的说明和标题。

(三)剖(断)面图绘制的主要步骤

(1)设置绘图环境,确定图层。

(2)在园林建筑及小品构件的平、立面图上,添加需要剖切处的符号标记。

(3)绘制被剖切到的构件图形。

(4)绘制剖切处的构件材质并添加有关说明。

(5)绘制没被剖切但可见的部分构件图形。

(6)标注图形尺寸。

(7)添加图形的索引和必要的文字说明。

任务实施

图形绘制前,要首先熟悉图形文件的内容,以确定绘制的主要过程和步骤,然后再着手绘制。

一、建立绘图环境

主要进行绘图单位、图形界限的设置。

二、设置图层

建立基础、柱梁、辅助线、尺寸标注、文字等图层。图层的颜色设置参照“图层特性管理器”对话框,“辅助线”层的线型为 Center,线型比例为 25,其余各层的线型为 Continuous,线宽采用默认值,参数设置如图 2-2-27 所示。

三、绘制仿古亭平面图

为了方便施工,让施工者了解各个部件、各种材质,仿古亭平面施工图分为仿古亭平面图、仿古亭结构图及仿古亭底面图。

(一)仿古亭平面图

将“构件”图层设置为当前图层,启动矩形命令,绘制一个 5200×5200 的矩形;启动多线命令,设置比例(S)为 120,对正类型(J)选择“无”(Z),参照图 2-2-28(a)进行绘制。单击“修改”菜单➤“对象”➤“多线”,选择“十字合并”,把多线中间部分进行处理。

启动偏移命令,选择前面绘制的矩形,向内偏移 100;启动分解命令,将多线进行分解,运用修剪命令,将矩形跟多线相交的部分进行修剪;将“填充”图层设置为当前图层,

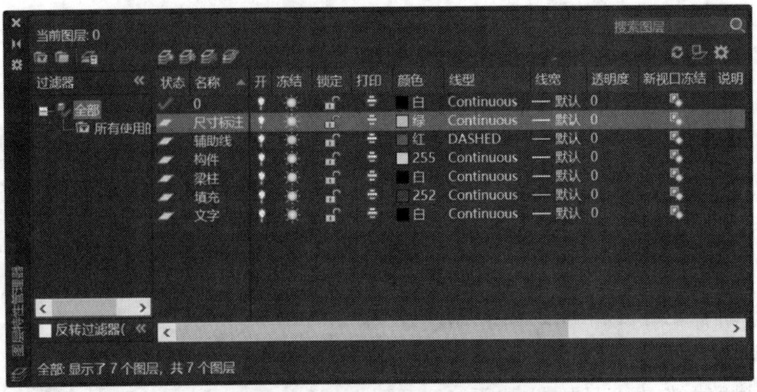

图 2-2-27　设置图层并定义图层特性

启动图案填充命令,参照图 2-2-28(a)进行图案填充。

将“辅助线”图层设置为当前图层,启动直线命令,连接矩形两条对角线;启动环形阵列命令,选择刚才“填充”图层里的图案,根据命令行的提示依次选择:“指定阵列的中心点”捕捉为矩形中心点、“输入阵列中的项目数”为 4、“指定填充角度”为 360,如图 2-2-28(b)所示。

在“格式”菜单进行标注样式设置后,将“尺寸标注”图层设置为当前图层,进行尺寸标注,如图 2-2-28(b)所示。

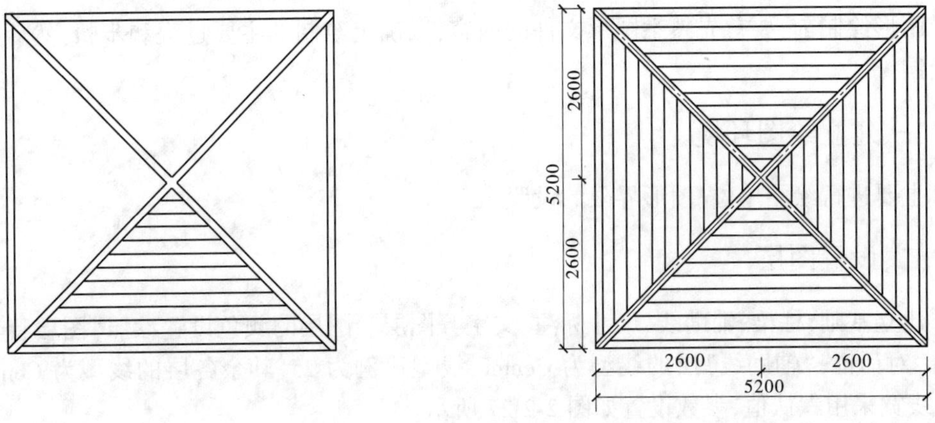

(a)　　(b)

图 2-2-28　仿古亭平面图的绘制

(二)仿古亭结构图

将“辅助线”图层设置为当前图层,沿 *X* 轴向、*Y* 轴向绘制辅助线;启动偏移命令,沿 *Y* 轴向偏移 700、1800、1800、700,沿 *X* 轴向偏移 700、1800、1800、700。

将“梁柱”层置为当前图层,启动多线命令,设置比例(S)为 120,对正类型(J)选择“无(Z)”,参照图 2-2-29 进行绘制;单击“修改”菜单➤“对象”➤“多线”,选择“T 形打开”对四个对角的多线进行处理。

启动矩形命令,绘制一个 150×150 的矩形;启动填充命令,将矩形填充“SOLID”图案;启动创建块命令,名称输入“柱”,基点选择矩形的中心点。将块“柱”参照图 2-2-29 插入各个位置。

将“尺寸标注”图层设置为当前图层，进行尺寸标注；启动多行文字命令，对材料进行文字标注，这样就绘制出了仿古亭结构图，如图 2-2-29 所示。

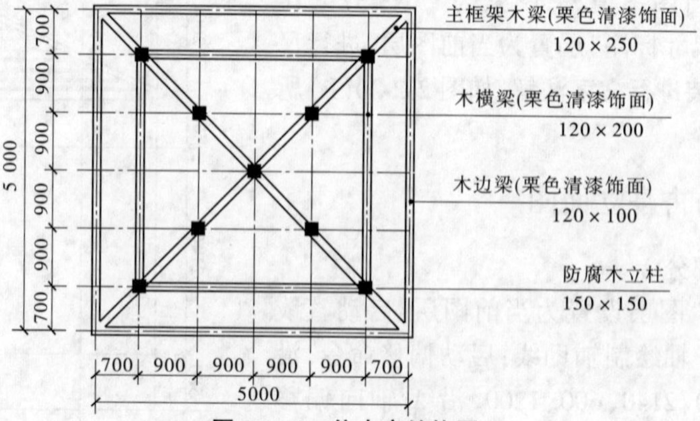

图 2-2-29　仿古亭结构图

(三) 仿古亭地面图

仿古亭地面图主要表示地面尺寸及地面施工材料。将“辅助线”图层设置为当前图层，沿 X 轴、Y 轴方向绘制辅助线，启动偏移命令，沿 Y 轴向偏移 600、1200、600，沿 X 轴向偏移 600、1200、600，如图 2-2-30(a) 所示。

将“铺装”图层设置为当前图层，参照图 2-2-30(a)，启动矩形命令，捕捉 A 点，下一点输入“@ 1200，-1200”，回车；启动偏移命令，然后将矩形分别向内偏移 300、350、525。启动矩形命令，捕捉 B 点，下一点输入“@ 150，15”，回车；启动矩形命令，捕捉 E 点，下一点输入“@ 600，-120”，回车，运用复制命令，将矩形沿 E 点复制到 F 点。用同样的方法绘制出 C、D 两处的矩形。继续使用矩形命令，捕捉 G 点，下一点输入“@ 450，-120”，回车，用同样的方法绘制出 H 处的矩形，如图 2-2-30(a) 所示。

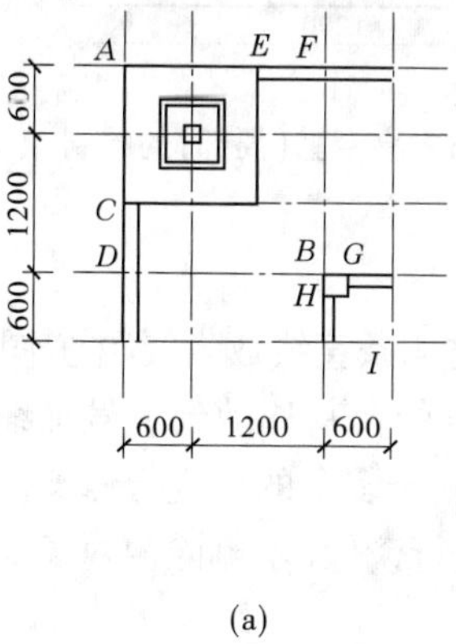

(a)

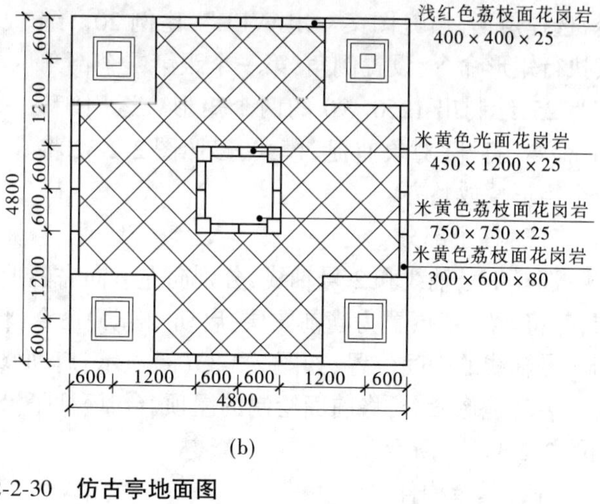

(b)

图 2-2-30　仿古亭地面图

启动环形阵列命令,根据命令行的提示依次选择:指定阵列的中心点为 I 点(平面图的中心),“输入阵列中的项目数”为 4、“指定填充角度”为 360,如图 2-2-30(b)所示。

隐藏“辅助线”层,启动图案填充命令,参照图 2-2-30(b)进行图案填充,图案为“ANSI37”,比例为 100。将“尺寸标注”层置为当前图层,进行尺寸标注,并对铺装进行文字注解,如图 2-2-30(b)所示。

四、绘制仿古亭立面图

(一)屋顶部分

将“辅助线”图层设置为当前图层,启动直线命令,沿 X 轴、Y 轴绘制辅助线;启动偏移命令,沿 Y 轴向偏移 580、2140、600、1200,沿 X 轴向偏移 800、900、900,如图 2-2-31 所示。

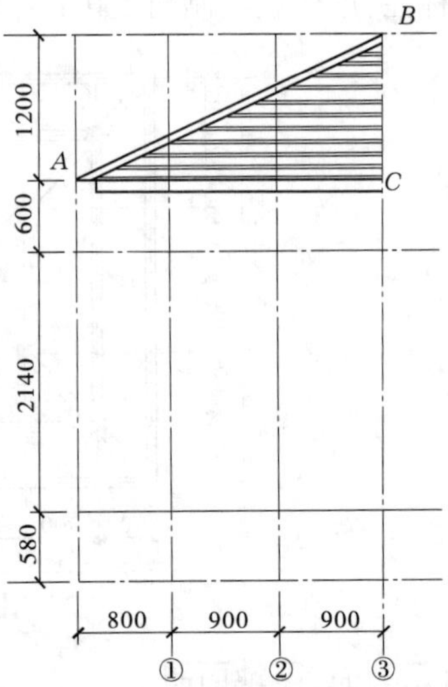

图 2-2-31　仿古亭屋顶(局部)的绘制

将“构件”图层设置为当前图层,参照图 2-2-31,启动直线命令,连接 AB 和 AC;启动偏移命令,AB 向内侧偏移 50,AC 向下偏移 100;再运用修剪命令,将多余的线修剪掉;启动多段线命令,捕捉 A 点,输入“@ 100,0”,回车,“@ 0,-100”,回车,“@ 2500,0”,回车,如图 2-2-31 所示。

将“填充”层设置为当前图层,启动“图案填充”命令,在 ABC 区域内填充图案,有关参数如下:填充图案“steel”,角度 315,比例 50,“指定原点”捕捉 C 点,这样绘制出了屋顶部分,如图 2-2-31 所示。

(二)台基部分

将“构件”图层设置为当前图层,启动矩形命令,绘制一个 1200×400 的矩形。启动图案填充命令,选择矩形,填充图案“GRAVEL”,比例 20。继续执行矩形命令,设置倒角,第一个跟第二个倒角都为 25,绘制出 1250×90 的两个矩形。运用“移动”命令,打开“对象捕捉”模式,参照图 2-2-32 将三个矩形叠放整齐。

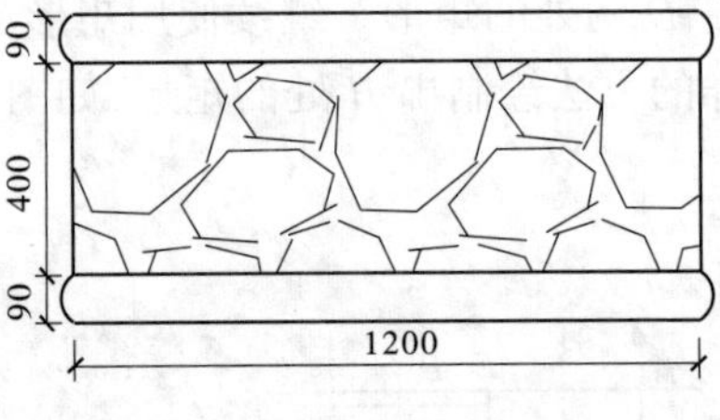

图 2-2-32　仿古亭台基(局部)的绘制

(三)柱子部分

选择 1 号轴线和 2 号轴线,分别向左、向右各偏移 75,把这 4 条直线放入“梁柱”图层,并将“梁柱”层置为当前图层;启动“移动”命令,将刚才绘制好的台基移动到 1 号轴线与 2 号轴线的中间位置,如图 2-2-33(a)所示;启动修剪命令,对柱子多余的线进行修剪。

启动镜像命令,将前面绘制的屋顶、台基、柱子沿 3 号轴线进行镜像(不删除源对象),如图 2-2-33(b)所示。

(四)其余构件

将“构件”图层置设为当前图层,启动矩形命令,绘制一个 4000×70 的矩形;打开“正

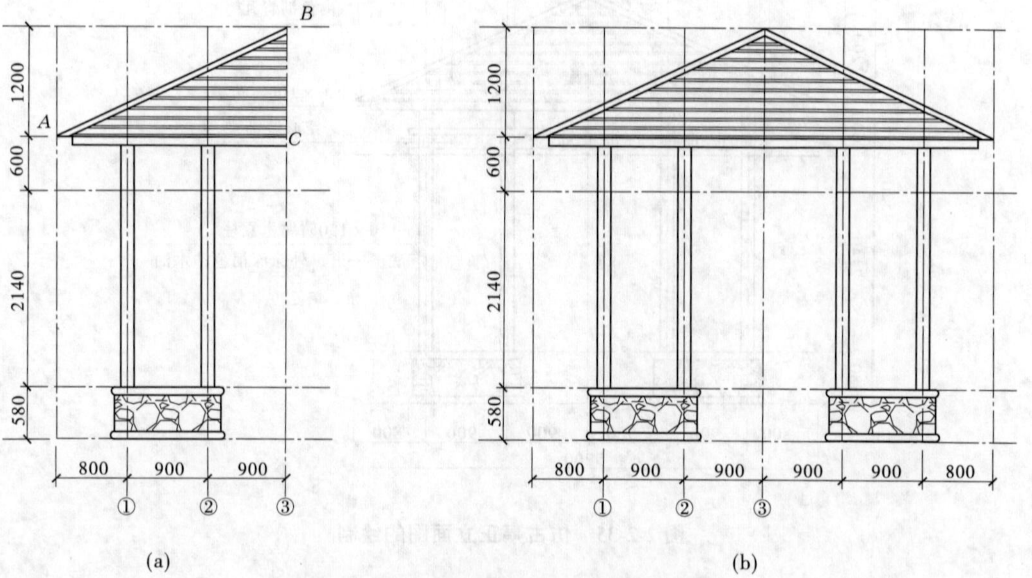

图 2-2-33　仿古亭台基、柱、屋顶的绘制

交”模式，运用复制命令，选择矩形上的任意点，方向向下，输入“230”，回车。

单击菜单栏的“绘图”➤“多线”，设置“比例(S)”为 50，对正类型(J)选择“无(Z)”，捕捉上下两个矩形的边的中点，将其连接；启动矩形阵列命令，根据命令行的提示依次输入：“选择对象”为矩形，“输入列数”为 7，“指定列数之间的距离”为 300，“输入行数”为 1，“指定行数之间的距离”直接回车；启动镜像命令，将刚才阵列的矩形镜像到另外一侧，最后绘制结果如图 2-2-34 所示。

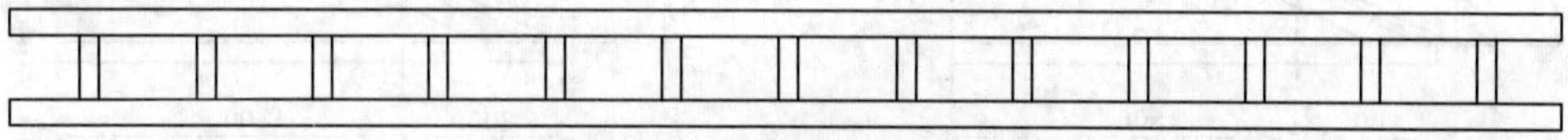

图 2-2-34　仿古亭构件的绘制

启动移动命令，参照图 2-2-35 将构件最下方的中心位置移动到图中 A 点位置；启动修剪命令，将立面图上看不到的柱子部分修剪掉。

将“尺寸标注”图层设置为当前图层，进行尺寸标注(标高的注写可参考模块一项目四任务 1 带属性的块)，并对材料进行文字注解，如图 2-2-35 所示。

五、绘制仿古亭剖面图

参照图 2-2-26，在仿古亭平面图上加上剖切符号。

此视图上的剖面图绘制方法与立面图绘制方法相同，只有屋顶部分有所不同，这里只介绍屋顶部分的绘制，其他部分的绘制步骤略。

将“辅助线”图层设置为当前图层，启动直线命令，沿 X 轴、Y 轴绘制辅助线；启动偏移命令，沿 Y 轴向偏移 150、200、850，沿 X 轴向偏移 800、1800。

将“构件”图层设置为当前图层，参照图 2-2-36(a)，启动直线命令，连接 AB 和 AE；启

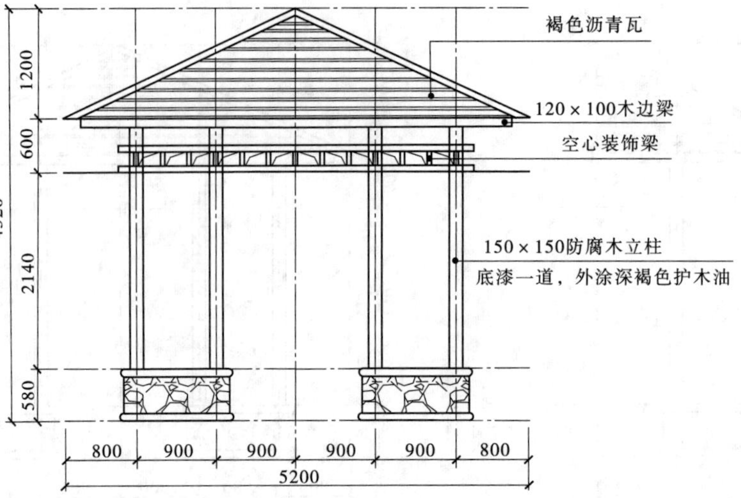

图 2-2-35　仿古亭正立面图的绘制

动偏移命令,AB 向内分别偏移 50、25、100;AE 向下偏移 100。启动直线命令,连接 CD,并向下偏移 200;启动修剪命令,将多余的线条进行修剪。

启动多段线命令,捕捉 A 点,输入"@ 100,0",回车,"@ 0,-100",回车,"@ 2500,0",回车。

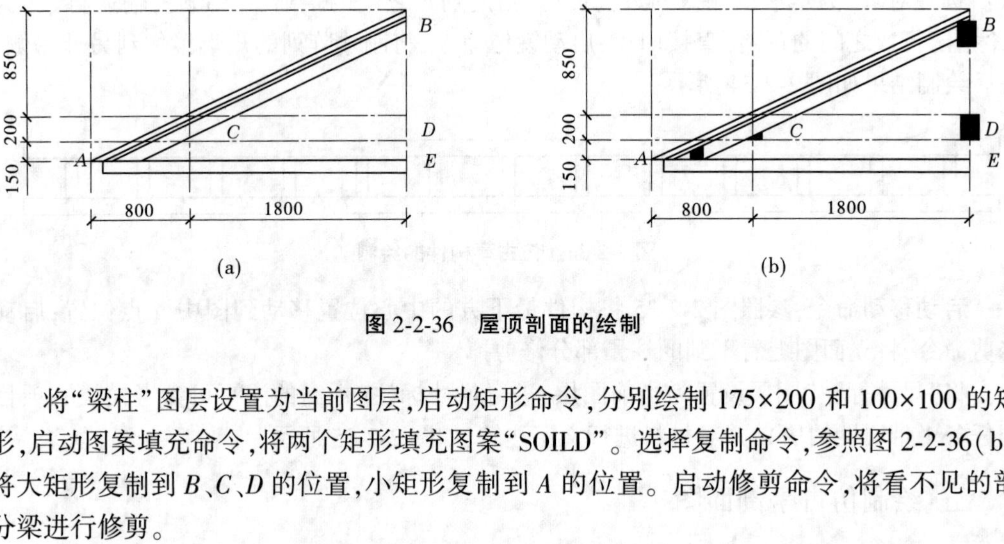

图 2-2-36　屋顶剖面的绘制

将"梁柱"图层设置为当前图层,启动矩形命令,分别绘制 175×200 和 100×100 的矩形,启动图案填充命令,将两个矩形填充图案"SOILD"。选择复制命令,参照图 2-2-36(b)将大矩形复制到 B、C、D 的位置,小矩形复制到 A 的位置。启动修剪命令,将看不见的部分梁进行修剪。

启动镜像命令,选择屋顶剖面图形,将镜像轴线定为 BE,不删除源对象,得到屋顶另外一侧的剖面;启动图案填充命令,将青瓦层填充图案"AR-CONC",比例为 50,如图 2-2-37 所示。

将"尺寸标注"图层设置为当前图层,进行尺寸及标高标注(标高的注写可参考模块一项目四任务 1 常属性的块),并对材料进行文字注解,如图 2-2-37 所示。

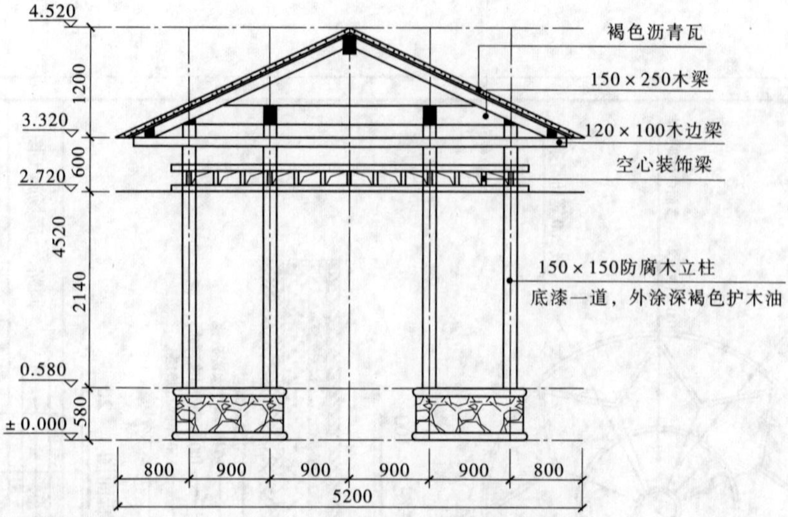

图 2-2-37　仿古亭剖面图的绘制

六、插入图框及注写文字等

插入图框、比例尺,注写文字、施工技术要求等,如图 2-2-26 所示。

七、保存图形

保存图样,图名为“仿古亭施工图”。

任务 4　绘制园路、广场施工图

【学习目标】

1. 了解园路、广场施工图绘制的内容。
2. 掌握园路、广场施工图的绘制方法与步骤。
3. 能熟练使用 AutoCAD 抄绘园路、广场施工图。

任务描述

园路与广场不仅具有组织交通和引导游憩的功能,还为人们提供良好的休息环境、活动场地,同时还直接创造优美的地面景观,给人以美的享受,增强园林的艺术效果。

图 2-2-38 为某园林绿地园路、广场施工图,运用所学的 AutoCAD 绘图方法与技巧,绘制园路、广场施工图。

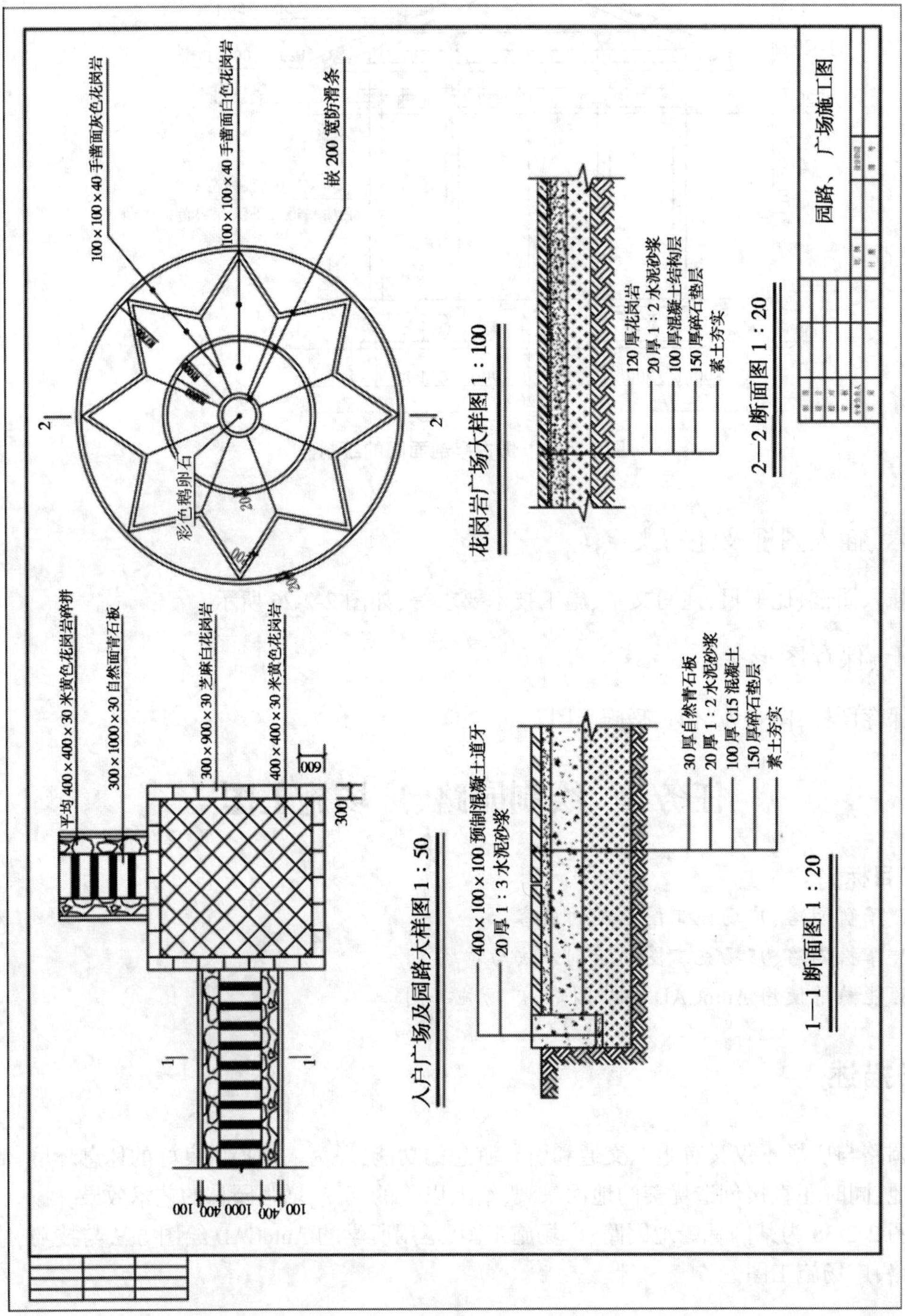

图 2-2-38　某园林绿地园路、广场施工图

任务分析

园路、广场施工图是指导园林道路和广场施工的技术性图样，它能够清楚地反映园林路网和广场布局及园路、广场铺装的材料、施工方法和技术要求等。园路、广场施工图包括平面图、断面图、详图和做法说明等。此外，园路、广场施工图的绘制还有以下要求：

(1)园路、广场施工平面图的比例尺一般为1:50~1:100，并标注广场的轮廓、路面宽度与细部尺寸，以及广场、园路与周围设施的相对位置尺寸；园路及广场的表面铺装材料及其形状、大小、图案、花纹、色彩、铺排方式和相互位置关系等。

(2)断面图应标注路面和广场的纵、横断面的尺寸，表达铺装路面结构及表层、基础做法等，绘图的比例尺一般为1:20~1:50。

(3)必要时应对路面的重点结合部、路面花纹等用详图进行表达。

相关知识

一、园路、广场施工图的绘制内容

园路、广场施工图的绘制内容主要有园路、广场施工总平面图、施工大样图、剖(断)面图等。

(一)园路、广场放样图

放样图是在总平面图的基础上截取出广场及园路的位置，并索引出广场和园路的大样图。

(1)图名、比例尺、绘制指北针等。

(2)平面放线图。

(3)索引符号的标记。

(二)园路、广场施工大样图

(1)图名、比例尺等。

(2)园路、广场的形状、位置及颜色说明。

(3)园路、广场的尺寸标注及材料名称标注。

(4)图形说明和标题。

(三)园路、广场剖(断)面图

(1)在施工图的平、立面图上，标注剖切符号及编号。

(2)绘制被剖切到的路牙及基层的做法。

(3)图形尺寸标注。

(4)材料的索引和必要的文字说明。

二、园路、广场施工图绘制的步骤

(一)园路、广场放样图绘制的主要步骤

(1)设置绘图环境,确定图层。

(2)根据总平面图进行分区放样图的绘制,并绘制方格网。

(3)完成园路及广场的尺寸标注,索引出园路和广场的大样图并进行有关说明。

(4)添加图形的说明和标题。

(二)园路、广场大样图绘制的主要步骤

(1)设置绘图环境,确定图层。

(2)绘制园路及广场平面图外部形状和名称标注。

(3)绘制园路及广场细部配件的形状、大小、位置,并标注名称。

(4)完成园路及广场的尺寸标注,并索引出剖面位置。

(三)园路、广场做法详图绘制的主要步骤

(1)设置绘图环境,确定图层。

(2)在园路及广场的大样图上,添加需要剖切处的符号标记。

(3)绘制被剖切到的构件图形。

(4)绘制剖切处的材质并添加有关说明。

(5)标注图形尺寸、添加图形的索引和必要的文字说明。

任务实施

一、打开文件

打开任务 2 所绘制的“某居住区园林竖向设计施工图”,另存为“某居住区园路、广场施工图”。

二、设置图层

保留需要的图层,如“建筑”“道路”“广场”等图层,关闭“地被”“乔木”“辅助线”等不需要的图层。

三、绘制园路、广场分区图

因为园路、广场施工图的比例要求不一样,一般要绘制分区图,因此打开前面绘制的“某居住区园林竖向设计施工图”,参照图 2-2-39 从中截取一段,作为分区平面图,将“尺寸标注”设置为当前图层,添加索引标注。然后插入 A4 图框。

四、绘制园路、广场铺装大样图

(一)花岗岩广场大样图

在施工图中,广场如果有花纹图案,需要详细绘制。以入口广场的花纹铺装图案为例

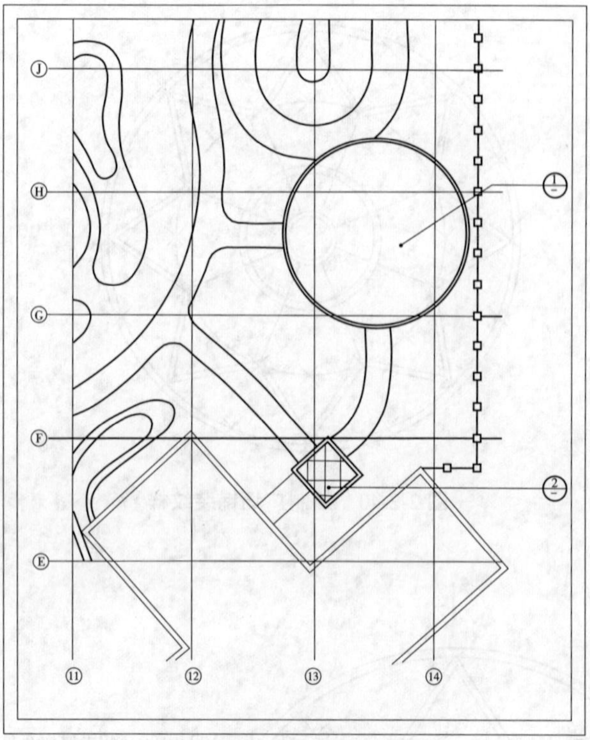

图 2-2-39　绘制分区放样图

(索引符号为"1"),介绍广场的花纹图案绘制、尺寸标注。

首先绘制中间的圆形铺装,将当前图层设置为"铺装"层,启动圆命令,绘制半径为7700的圆;启动偏移命令,将该圆向内偏移4100、6700,并对所绘制的圆继续使用偏移命令,向内偏移200,如图2-2-40所示。

将"辅助线"图层设置为当前图层,在图2-2-40中绘制辅助圆。启动圆命令,捕捉圆心并绘制半径为5000的圆;单击"格式"菜单,设置"点样式";单击"绘图"菜单,选择"点"➤"定数等分",将辅助圆与外圆16等分,如图2-2-40所示。

将"铺装"图层设置为当前图层,启动多段线命令,打开"对象捕捉"模式,勾选"节点"捕捉,参照图2-2-40将有关节点连接起来;启动偏移命令,将绘制好的多段线轮廓向内偏移200,并关闭"辅助线"图层。

单击"格式"菜单,设置"标注样式""文字样式""多重引线样式"。将"尺寸标注"图层设置为当前图层,进行尺寸标注、材料标注及剖断符号的标注,如图2-2-41所示。

(二)园路铺装大样图

在绘制大样图和详图时,施工技术相同的部分只绘制一份,如本例中的园路。

将"道路"图层设置为当前图层,打开分区放样平面图,复制索引为"2"的部分,修改图名为"入户广场和铺装大样图";启动偏移命令,将道路两侧轮廓线分别向内偏移100、400、1000,矩形向内偏移距离为300;启动图案填充命令,在矩形内填充图案"NET",设置填充图案的参数为:图案填充原点为矩形的中心,角度为45,比例为130,结果如图2-2-42所示。

图 2-2-40　绘制广场铺装纹样

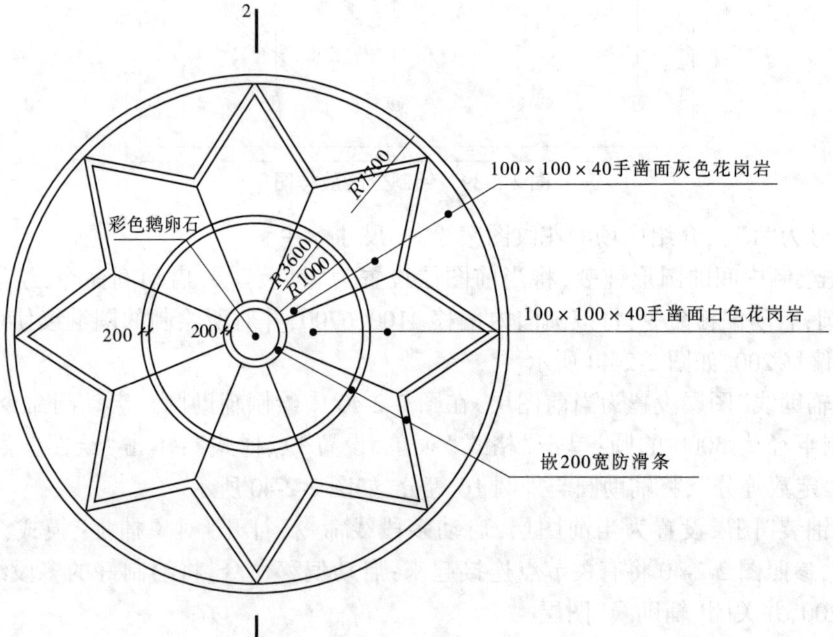

图 2-2-41　花岗岩广场大样图

启动矩形命令,捕捉道路与小广场的交点,绘制一个 300×1000 的矩形;启动矩形阵列命令,将此矩形沿道路方向进行阵列,根据命令行的提示依次输入:“选择对象”为矩形,“输入列数”为 10,“指定列数之间的距离”为-450,“输入行数”为 1,“指定行数之间的距离”为 1。用同样的方法绘制另外一个方向的园路铺装纹样。

将“填充”图层设置为当前图层,运用图案填充命令,在道路偏移 100 与 400 的轮廓线之间填充图案“GRVEL”,比例为 50;矩形与矩形之间填充草地(图案为“AR-SAND”,填充比例为 1),如图 2-2-43 所示。

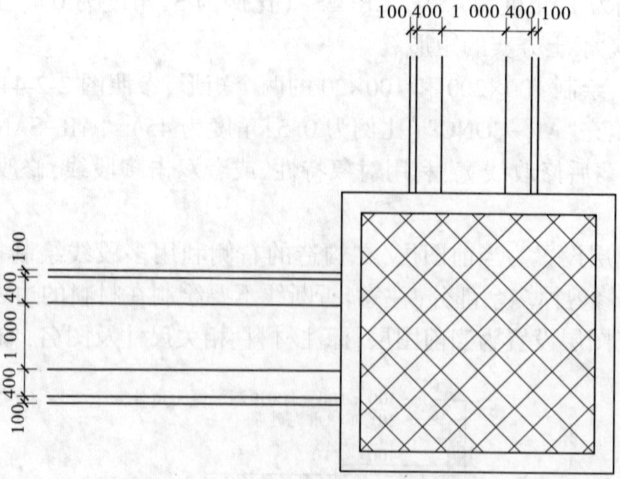

图 2-2-42　绘制园路轮廓线

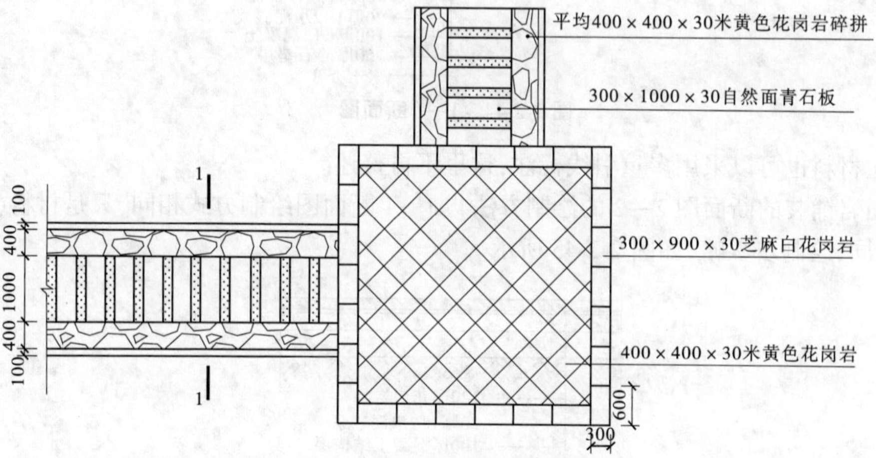

图 2-2-43　园路铺装大样图

将"尺寸标注"图层设置为当前图层，将绘制的图形进行尺寸标注、材料注解和断面横断（利用多段线进行绘制，线宽为10），如图 2-2-43 所示。

五、园路、广场做法详图

首先在平面图上绘制剖切符号，见图 2-2-38。大样图的绘图方法与其他剖面的绘制方法类似，但是铺装大样主要在于表现结构构造，所以要用到图案填充；绘制每层结构时，可以利用多段线绘制为封闭的多边形，图案填充后，再根据表达的需要去掉或者隐藏掉部分边界。这里以 1—1 断面图的绘制为例进行说明。

将"构件"图层设置为当前图层，根据图 2-2-44 所示的尺寸绘制矩形或者利用多段线绘制多边形。将"铺装"图层设置为当前图层，对各个封闭图形进行图案填充，自上而下的图案依次为"ANSI32"（比例为 5，角度为 3）、"AR-SAND"（比例为 0.5，角度为 0）、

“AR-CONC”(比例为 1,角度为 45)、“CROSS”(比例为 5,角度为 0)、“EARTH”(比例为 5,角度为 45)。删除素土夯实的矩形。

使用矩形命令,绘制 100×200 和 100×20 的两个矩形,参照图 2-2-44 将矩形移动到道牙位置,自上而下填充“AR-CONC”(比例为 0.5,角度为 45)、“AR-SAND”(比例为 0.2,角度为 0),填充图案后修改线宽,利用对象特性,或者双击多段线,修改填充边界的线宽为 0.5。

将“辅助线”图层设置为当前图层,在构造的右侧利用多段线绘制折断线,表示结构的部分做法,同时,修剪掉多余部分(注意:折断线不要绘制在材料的边缘)。

将“尺寸标注”图层设置为当前图层,标注材料、相关尺寸及图名,如图 2-2-44 所示。

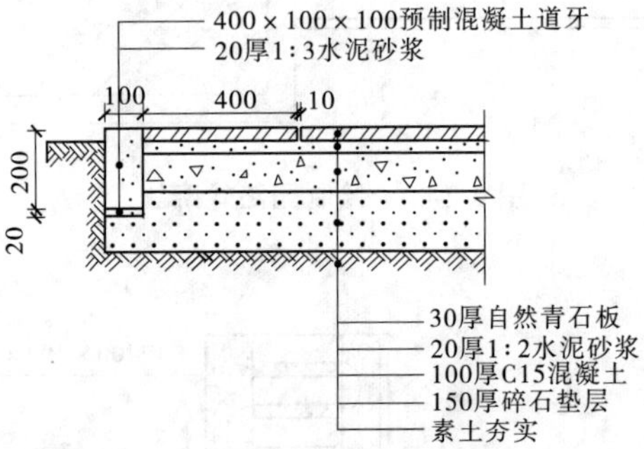

图 2-2-44　1—1 断面图

标注材料也可以采用多重引线标注,这里不再赘述。

花岗岩铺装的断面图 2—2 的绘制方法与 1—1 断面图绘制方式相同,只是材料(填充图案)不同,绘制步骤略,如图 2-2-45 所示。

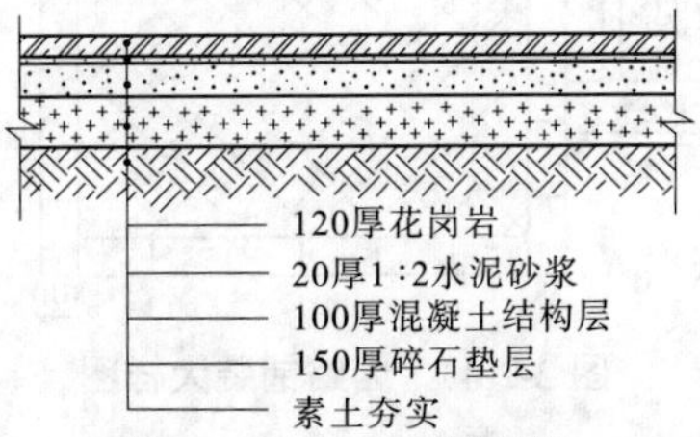

图 2-2-45　2—2 断面图

六、插入图框及注写文字等

插入图框、比例尺,注写文字、施工技术要求等,结果如图 2-2-38 所示。

七、保存图形

保存图形,图名为“某园林绿地园路、广场施工图”。

任务5　绘制园林植物种植施工图

【学习目标】

1. 了解园林植物种植施工图的绘制内容。
2. 掌握园林植物种植施工图的绘制方法与步骤。
3. 能熟练使用 AutoCAD 抄绘园林植物种植施工图。

任务描述

园林植物种植施工图是在总体规划方案的基础上,以植物配置为主的设计图样,主要表示规划区域内设计植物的名称、数量、规格、种植位置及要求,它是组织种植施工、编制预算和养护管理的重要依据。

图 2-2-46 为某绿地园林植物种植施工图,运用所学的 AutoCAD 绘图方法与技巧,绘制植物种植施工图。

任务分析

园林植物种植施工图是表示园林植物的名称、数量、规格及种植形式和施工要求的图样,是定点放线和组织种植施工与养护管理、编制预算的依据。园林植物种植施工图主要包括平面图、详图、苗木表、做法说明等。为了反映植物的高低配置要求及设计效果,必要时还要绘制立面图等。园林植物种植施工图绘制的基本要求如下:

(1)图样的比例一般为 1∶100~1∶500。

(2)标注尺寸或绘制方格网。在图上标注出植物的间距和位置尺寸以及植物的品种、数量,标明与周围固定构筑物和地下管线距离的尺寸,作为施工放线的依据。自然式种植可以用方格网控制距离和位置,方格网用 2 m×2 m~10 m×10 m,方格网尽量与测量图的方格线在方向上一致。现状保留树种,如古树名木,要单独注明。

(3)树木种类及数量较多时,可分别绘出乔木、灌木、地被的种植施工图。

相关知识

一、园林植物种植施工图绘制的内容

(1)图名、比例尺、指北针等。

(2)规划区域内的建筑、道路、广场、山石、水体、地形等。

(3)需保留的现有树木。

(4)新种植的乔木、灌木、草坪、地被等植物。

(5)定位尺寸或方格网。

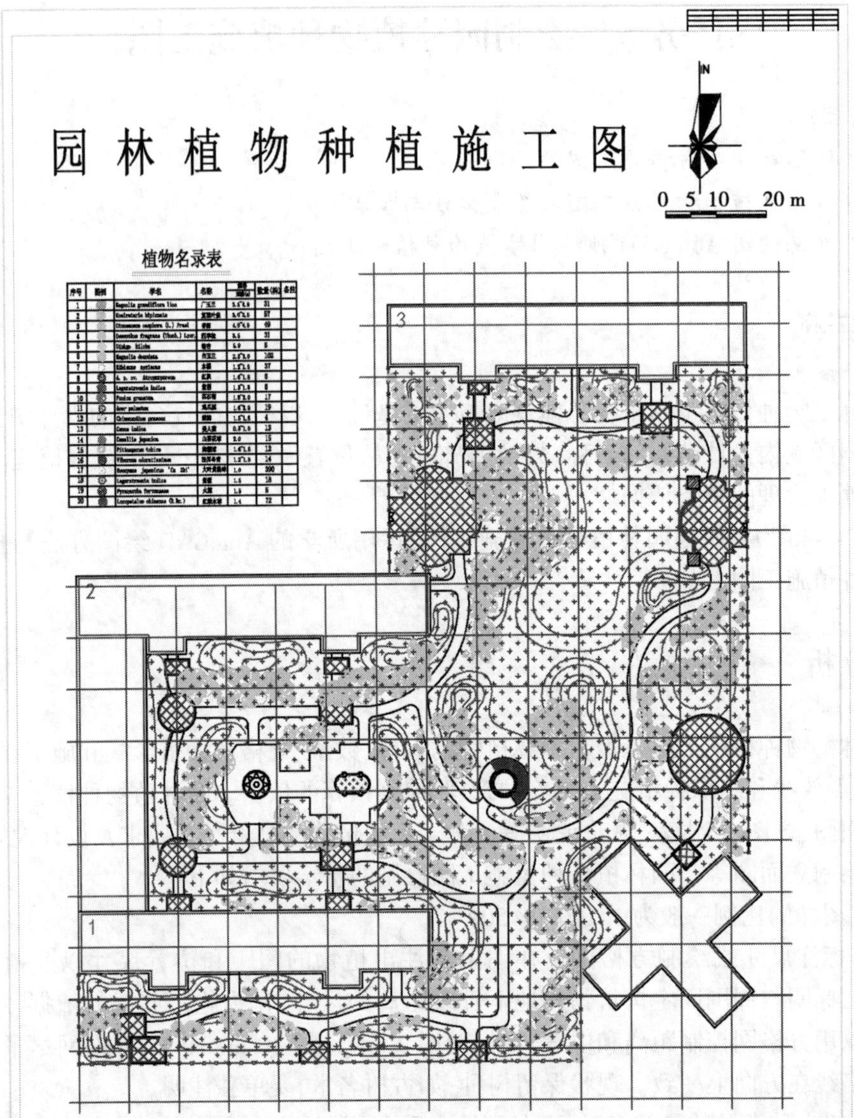

图 2-2-46　某绿地园林植物种植施工图

(6)苗木统计表及图例表。

(7)种植详图。

(8)有关文字说明及技术要求。

二、园林植物种植施工图绘制的步骤

(一)建立绘图环境及设置图层

设置图形单位、图形界限;根据图样的复杂程度设置辅助线、建筑、道路、植物(可细分为乔木、灌木、地被、草坪等)、尺寸、文字等图层,以及对图层特性包括颜色、线宽、线型等进行设置,以便于绘制和编辑。

(二)绘制种植设计图的主要内容

植物种植设计图除主要表现植物外,还要绘制场地内规划的道路、广场、建筑及小品设施、山石水体等要素。

如果甲方提供的有 AutoCAD 格式的文件,可将其另存为"某工程园林植物种植施工图",直接在原图样上进行绘制,此时应删除或关闭不需要的图层,删除不需要的轮廓线等。本任务就是在前述总平面图的基础上,进行植物种植设计图的绘制。

如果甲方提供的是纸质图样,应先把纸质图样扫描成图像,然后插入到 AutoCAD 中,在 AutoCAD 中对需要的线条进行描绘,然后根据实际尺寸对扫描的图形进行缩放,按 1:1 的比例进行绘制(详见模块二项目一任务 1 工程图纸的矢量化)。

(三)绘制方格网

植物种植设计图宜采用与设计平面图、地形设计图同样大小的坐标网确定种植位置。

(四)地被与灌木植物的绘制

园林植物在种植设计图中绘制的步骤是,一般先绘制草坪与地被植物,再绘制灌木丛和绿篱,最后插入乔木图块。草坪与地被植物的绘制一般先绘制栽种的范围,然后采用图案填充方式表达;灌木丛和绿篱一般使用修订云线绘制,灌木球和乔木一般做成图块插入。

(五)乔木的绘制

乔木的图例一般做成图块,创建为图库(具体可参照模块一项目四任务 1),使用时直接插入即可;植物图例树冠大小按其成龄后植株的冠幅绘制。

(六)绘制苗木统计表

列表说明所设计的植物的编号、名称、单位、数量、规格、备注等,作为工程施工、预决算、验收的依据。

苗木统计表或植物图例表的绘制,要根据图纸空间来确定,如果图纸空间允许,可在图纸的空闲处绘制苗木统计表;如果图纸空间不允许,可根据图面内容只绘制植物图例表,苗木统计表可放置于设计说明书中。图例表主要包括序号、图例、植物名称等,苗木统计表主要包括序号、植物名称、规格(地径、胸径、干高、冠幅等)、数量、备注等。

(七)绘制种植详图

必要时按苗木统计表中植物编号绘制种植详图,说明种植某一种植物时挖坑、覆土、施肥、支撑等种植施工及养护要求,以提高苗木成活率,主要包括平面图、立面图、剖(断)面图及施工技术要求等。

(八)保存图样与打印输出

添加比例尺、指北针,添加或修改图名、标题栏等内容,保存图样;进行打印设置,图纸输出。

任务实施

一、建立绘图环境及设置图层

打开前面绘制的竖向设计施工图,关闭标注图层,关闭或冻结不需要的图层,如填充、排水等,新建乔木、地被等,另存为“园林植物种植施工图”。

二、绘制方格网

植物排列不规则,为了准确定位,需要绘制坐标网,这里直接使用前面竖向设计施工图的方格网。

三、绘制草坪及地被植物

将“地被”图层设置为当前图层,根据提供的样图采用云线或多段线命令分别绘制出地被的种植范围,然后使用图案填充命令进行填充。一般地被的填充图案为“CROSS”“AR-SAND”“AR-CONC”“GRASS”等,图案填充的具体过程这里不再赘述。

如果想绘制出草坪从外向内逐渐稀疏的渐变效果,可以采用分层填充的方法,具体参照图 1-3-16。

四、种植乔木与灌木

将“灌木”图层设置为当前图层,使用修订云线命令绘制灌木的种植范围,必要时可进行图案填充,如图 2-2-46 所示。

将“乔木”图层设置为当前图层,从图库中选择合适的植物图例,插入到图形中,使用矩形阵列命令或定数等分命令进行规则式种植;不规则式种植一般采用复制命令,将所需要的乔木进行合理的配置,如图 2-2-46 所示。

五、编制苗木统计表

苗木统计表的绘制可参照模块一项目五任务 2,列表说明所设计的植物编号、名称、拉丁文名称、单位、数量、规格、出圃年龄等。

将“文字”图层设置为当前图层,启动多行文字命令,在图中表格适当位置进行文字注写;表格中苗木数量的统计可参照模块一项目六任务 2。

六、保存图样

添加图名、比例尺、风玫瑰图或指北针,注写主要技术要求,修改标题栏等,保存图样,结果如图 2-2-46 所示。

思考与练习

1. 绘制园林工程施工总平面图的内容和步骤有哪些?
2. 如何绘制园林工程竖向设计图中的标高、排水方向等符号?
3. 绘制园林工程竖向设计图的内容和步骤有哪些?
4. 绘制园林建筑及小品平、立、剖面图的内容和步骤有哪些?
5. 绘制园林工程施工大样图及详图的内容和步骤有哪些?
6. 绘制园林植物配置图时,怎样确定各个乔灌木冠幅的大小?
7. 绘制园林植物种植施工图的内容和步骤有哪些?

项目小结

本项目介绍了园林工程施工图绘制的方法,并综合运用了前面所学的基础知识和基本技能。学生只有通过案例操作练习,并紧密结合专业知识,才能熟练掌握AutoCAD绘制园林工程施工图的操作技巧,以提高岗位适应能力。

参 考 文 献

[1] 李高峰,杨向黎. 园林 AutoCAD 辅助设计[M]. 2 版. 郑州:黄河水利出版社,2016.
[2] 程绪琦,王建华,张文杰,等. AutoCAD 2020 中文版标准教程[M]. 北京:电子工业出版社,2020.
[3] 马丽,菅锐,陈英杰. AutoCAD 2018 中文版园林设计实战手册[M]. 北京:清华大学出版社,2019.
[4] CAD/CAM/CAE 技术联盟. AutoCAD 2020 中文版园林景观设计从入门到精通[M]. 北京:清华大学出版社,2020.
[5] 邢黎峰. 园林计算机辅助设计[M]. 2 版. 北京:中国农业出版社,2014.
[6] 赵林,于添泓,徐照东,等. 园林景观设计详细图集—4[M]. 北京:中国建筑工业出版社,2004.
[7] 史小娟. 园林制图与计算机绘图[M]. 北京:中国劳动社会保障出版社,2008.
[8] 陈战是,张燕,陈建业. AutoCAD+Photoshop 园林设计实例[M]. 北京:中国建筑工业出版社,2003.
[9] 贾宁,赵春仙. AutoCAD 与园林及建筑设计应用[M]. 北京:中国林业出版社,2006.
[10] 杨向黎,李高峰. 园林 AutoCAD 辅助设计[M]. 郑州:黄河水利出版社,2010.
[11] 段广德,闫晓云,崔丽屏. 城市园林设计集萃[M]. 北京:中国林业出版社,2004.
[12] 常会宁. 园林计算机辅助设计[M]. 北京:高等教育出版社,2005.

附录　AutoCAD 2020 快捷键

快捷键	说明
ALT+F4	关闭应用程序窗口
ALT+F8	显示“宏”对话框(仅限于 AutoCAD)
ALT+F11	显示“Visual Basic 编辑器”(仅限于 AutoCAD)
CTRL+F2	显示文本窗口
CTRL+F4	关闭当前图形
CTRL+F6	移动到下一个文件选项卡
CTRL+0	切换“全屏显示”
CTRL+1	切换特性选项板
CTRL+2	切换设计中心
CTRL+3	切换“工具选项板”窗口
CTRL+4	切换“图纸集管理器”
CTRL+6	切换“数据库连接管理器”(仅限于 AutoCAD)
CTRL+7	切换“标记集管理器”
CTRL+8	切换“快速计算器”选项板
CTRL+9	切换“命令行”窗口
CTRL+A	选择图形中未锁定或冻结的所有对象
CTRL+SHIFT+A	切换组
CTRL+B	切换捕捉
CTRL+C	将对象复制到 Windows 剪贴板
CTRL+SHIFT+C	使用基点将对象复制到 Windows 剪贴板
CTRL+D	切换动态 UCS(仅限于 AutoCAD)
CTRL+E	在等轴测平面之间循环
CTRL+SHIFT+E	支持使用隐含面,并允许拉伸选择的面
CTRL+F	切换执行对象捕捉
CTRL+G	切换栅格显示模式
CTRL+H	切换 PICKSTYLE
CTRL+SHIFT+H	使用 HIDEPALETTES 和 SHOWPALETTES 切换选项板的显示
CTRL+I	切换坐标显示(仅限于 AutoCAD)
CTRL+SHIFT+I	切换推断约束(仅限于 AutoCAD)
CTRL+J	重复上一个命令
CTRL+K	插入超链接
CTRL+L	切换正交模式

CTRL+SHIFT+L	选择以前选定的对象
CTRL+M	重复上一个命令
CTRL+N	创建新图形
CTRL+O	打开现有图形
CTRL+P	打印当前图形
CTRL+SHIFT+P	切换“快捷特性”界面
CTRL+Q	退出应用程序
CTRL+R	在“模型”选项卡上的平铺视口之间或当前命名的布局上的浮动视口之间循环
CTRL+S	保存当前图形
CTRL+SHIFT+S	显示“另存为”对话框
CTRL+T	切换数字化仪模式
CTRL+U	切换“极轴追踪”
CTRL+V	粘贴 Windows 剪贴板中的数据
CTRL+SHIFT+V	将 Windows 剪贴板中的数据作为块进行粘贴
CTRL+W	切换选择循环
CTRL+X	将对象从当前图形剪切到 Windows 剪贴板中
CTRL+Y	取消前面的“放弃”动作
CTRL+SHIFT+Y	切换三维对象捕捉模式(仅限于 AutoCAD)
CTRL+Z	恢复上一个动作
CTRL+[	取消当前命令
CTRL+\	取消当前命令
CTRL+HOME	将焦点移动到“开始”选项卡
CTRL+PAGE UP	移动到上一个布局选项卡
CTRL+PAGE DOWN	移动到下一个布局选项卡
CTRL+TAB	移动到下一个文件选项卡
CTRL+SHIFT+TAB	移动到上一个文件选项卡
F1	显示帮助
F2	当“命令行”窗口是浮动时,展开“命令行”历史记录,或当“命令行”窗口是固定时,显示“文本”窗口
F3	切换 OSNAP
F4	切换 3DOSNAP(仅限 AutoCAD)或切换 TABMODE(仅限 AutoCAD LT)
F5	切换 ISOPLANE
F6	切换 UCSDETECT(仅限于 AutoCAD)
F7	切换 GRIDMODE
F8	切换 ORTHOMODE
F9	切换 SNAPMODE

F10	切换“极轴追踪”
F11	切换“对象捕捉追踪”
F12	切换“动态输入”
SHIFT + F1	子对象选择未过滤(仅限于 AutoCAD)
SHIFT + F2	子对象选择受限于顶点(仅限于 AutoCAD)
SHIFT + F3	子对象选择受限于边(仅限于 AutoCAD)
SHIFT + F4	子对象选择受限于面(仅限于 AutoCAD)
SHIFT + F5	子对象选择受限于对象的实体历史记录(仅限于 AutoCAD)